建筑幕墙创新与发展

（2016 年卷）

主　编　黄　圻

副主编　刘忠伟　董　红

主编单位　中国建筑金属结构协会铝门窗幕墙委员会
支持单位　常熟市恒信粘胶有限公司

中国建材工业出版社

图书在版编目（CIP）数据

建筑幕墙创新与发展. 2016 年卷/黄圻主编. —北京：中国建材工业出版社，2017.2
ISBN 978-7-5160-1781-4

Ⅰ. ①建… Ⅱ. ①黄… Ⅲ. ①铝合金-门-文集②铝合金-窗-文集③幕墙-文集 Ⅳ. ①TU228-53②TU227-53

中国版本图书馆 CIP 数据核字（2017）第 027432 号

内 容 简 介

《建筑幕墙创新与发展（2016 年卷）》共收集论文 46 篇，分为综合篇、设计与施工篇、检测与标准篇、材料与性能篇四部分，涵盖了建筑幕墙行业发展现状、生产工艺、技术装备、新产品、标准规范、管理创新等内容，反映了近年来行业发展的部分成果。

编辑出版本书，旨在为幕墙行业在更广泛的范围内开展技术交流提供平台，为行业和企业的发展提供指导。本书适合所有幕墙行业从业人员阅读和在实际工作中借鉴，也可供相关专业的科研、教学和培训使用

建筑幕墙创新与发展（2016 年卷）

主　编　黄　圻

副主编　刘忠伟　董　红

出版发行　**中国建材工业出版社**

地　　址：北京市海淀区三里河路 1 号
邮　　编：100044
经　　销：全国各地新华书店
印　　刷：北京中科印刷有限公司
开　　本：787mm×1092mm　　1/16
印　　张：30.5
字　　数：760 千字
版　　次：2017 年 2 月第 1 版
印　　次：2017 年 2 月第 1 次
定　　价：**128.00 元**

本社网址：www.jccbs.com　　微信公众号：zgjcgycbs
广告经营许可证号：京海工商广字第 8293 号
本书如出现印装质量问题，由我社市场营销部负责调换。联系电话：(010)88386906

序

一年一度的铝门窗幕墙展又要开幕了，作为展览会的重要内容——论文集也如期付印，这是我们铝门窗幕墙行业的一件大事，也是我们整个门窗行业的一件大事，更是我们中国建筑金属结构协会的一件大事。它反映出我们对技术的重视，反映出对创新的执著，对总结的用心。现在不仅铝门窗幕墙展在业界口碑良好，是我们协会的一张靓丽名片，就是论文集也成为业内人士关注的焦点。

目前我国正处在改革的深化阶段，我们必须坚持"五位一体"和"四个全面"的发展理念。据 2015 年《中国建筑节能年度发展研究报告》数据显示：截至 2013 年，我国民用建筑综合面积为 545 亿平方米，其中 97％以上是高能耗建筑，如果我们再不注重建筑节能设计，改变建造方式，加强"四节一环保"的绿色建筑的使用，将直接加剧能源危机。

而节能建筑涉及面广，但门窗幕墙的节能与否影响很大，我国门窗每年有五亿平方米的产量，它的产值超过了两千亿元人民币；幕墙每年有八千万到九千万平方米的产量，产值超过一千亿元。作为建筑业的重要组成部分，加快其工业化的步伐，实现其工业化与信息化的深度融合不仅具有十分重要的现实意义，而且具有长远的社会意义。

这次论文集共收录论文 46 篇，内容紧密结合实际，是我们行业一年来的工作总结，内容不仅涉及门窗材料，而且涉及制作加工；不仅有理论研究，也有实验分析；不仅有技术性文章，也有管理方面的文章；既有老专家的大作，也有年轻人的心得。论文集充分反映出大家对行业的热爱和对业务的钻研。

我相信，这本论文集的出版必将和以往一样，进一步促进我们行业的科技进步，使大家在交流的基础上互相帮助，共同提高。

　　谨以此文是为序。

中国建筑金属结构协会　　会长

西安建筑科技大学　　副校长

目　录

一、综合篇

绿色引领　创新发展　为社会进步发出门窗行业之光

郝际平

中国建筑金属结构协会、西安建筑科技大学　北京　100031

摘　要　在中国经济进入转型升级的"新常态"下，降低建筑能耗，推动建筑工业化，是发展绿色建筑的重点。建筑门窗幕墙行业作为建筑业重要组成部分，加快建筑门窗幕墙工业化的步伐，实现建筑门窗幕墙工业化与信息化的深度融合具有重要意义。本文分析了中国铝门窗幕墙行业发展的现状和问题，并提出了如何更好得向工业化发展的若干建议。

关键词　绿色建筑；铝门窗幕墙；工业化；信息化

2016 年接近尾声的时候，全国大部分地区雾霾天持续不断，雾霾的严重程度使各地纷纷采取史上最严厉措施。一方面是雾霾确实严重，另一方面，说明人们的认识水平提高了。从国家层面上，环境保护的力度和强度都空前加大。我们是要持续的高速经济增长，还是要有质量的可持续发展？显然，我们应该选择后者。这几年我国有计划的调控取得了显著的成绩。2016 年年初以来，工业企业各月利润均保持增长，改变了 2015 年利润下降局面，从产业链看，利润大幅回升的行业集中于煤炭开采和洗选业、石油加工、炼焦和核燃料加工业、黑色金属冶炼和压延加工业，有色金属冶炼和压延加工业等中上游行业。可以说 2016 年中国经济缓中趋稳，稳中向好。供给侧改革取得阶段性成果，经济增长积极性因素增多，但经济发展的结构性矛盾和风险仍然存在。供给侧的结构性问题和深层次矛盾还没有完全解决，2017 年经济增长仍有下行压力。应抓住经济缓中趋稳的时机，化解经济中潜藏的风险，使经济运行保持在合理区间。经济发展稳中向好，积极因素增多。和我们行业密切相关的房地产投资回升对稳增长具有积极作用。

2016 年中央和地方政府相继推出了一系列鼓励房地产消费的政策，房地产市场通过销售增长带动房价上涨，进而推动房地产投资、开工面积、土地购置面积、地方政府卖地收入增加，对稳投资产生了积极作用。这其中一是 1 至 11 月全国商品房销售面积 13.58 亿平方米，同比增长 24.3%，其中住宅销售面积增长 24.5%。11 月末，全国商品房待售面积 6.9 亿平方米，比去年 12 月底减少 275.8 万平方米。全国商品房销售额 10.25 万亿元，同比增长 37.5%，其中住宅销售额增长 39.3%。二是 1 至 11 月份，全国房地产开发投资 9.3 万亿元，同比增长 6.5%，比上年同期增长 5.2%，其中，住宅投资增长 4.8%。房屋新开工面积 15.1 亿平方米，同比增长 7.6%，其中住宅新开工面积 10.5 亿平方米，增长 7.9%。三是房地产开发企业土地购置面积 1.9 亿平方米，同比下降 4.3%；土地成交价款 7777 亿元，增长 21.4%。四是 1 至 11 月份，房地产开发企业到位资金 12.9 万亿元，同比增长 15.0%。五是 1 至 11 月累计，国有土地使用权出让收入 30979 亿元，同比增长 19.1%；国有土地使用权出让收入相关支出 29780 亿元，同比增长 12.6%，扭转了 2015 年大幅负增长的局面。六是 2016 年前三季度房地产业对 GDP 的贡献率达到 8.02%，拉动 GDP 增长 0.5%，建筑业拉动 GDP 增长 0.4%。

我们铝门窗幕墙行业身在其中，有所感受。在未来的一段时间，我们还是要紧紧抓住绿色发展、和谐发展的机遇，顺势而上，谋求发展。在成就绿色建筑的过程中成就自己。纵观我国建筑的现状，无论在建造、使用还是在拆除的过程中，能耗都很大。建筑能耗占社会总能耗的比例在逐年上升，已从20世纪七十年代末的10%上升到27.45%。据住建部科技司推算：随着城市化进程的加快和人民生活质量的改善，我国建筑耗能比例最终还将上升至35%左右，如此大的比重，建筑耗能已经成为我国经济发展的软肋。从另一方面看，这恰恰给我们行业提供了施展本领的舞台。

据2015年《中国建筑节能年度发展研究报告》数据显示：截至2013年我国民用建筑综合面积为545亿平方米，其中97%以上是高能耗建筑，而我国目前每年建成的房屋面积仍高达16亿平方米，超过所有发达国家年建成建筑面积的总和。以如此建设速度，预计到2020年，全国高耗能建筑面积将达到700亿平方米。如果再不注重建筑节能设计，改变建造方式，加强"四节一环保"的绿色建筑的使用，将直接加剧能源危机。

我国《绿色建筑行动方案》中也明确指出："住房城乡建设部等部门要加快建立促进建筑工业化的设计、施工、部品生产等环节的标准体系，推动结构件、部品、部件的标准化，丰富标准件的种类，提高通用性和可置换性。推广适合工业化生产的预制装配式混凝土、钢结构等建筑体系，加快发展建设工程的预制和装配技术，提高建筑工业化技术集成水平。"

铝门窗幕墙行业作为建筑业重要的组成部分，加快其工业化的步伐，实现其工业化与信息化的深度融合不仅具有十分重要的现实意义，而且具有长远的社会意义。

在建筑领域，我国门窗每年有五亿平方米的产量，它的产值超过了两千亿元人民币；幕墙每年有八千万到九千万平方米的产量，产值超过一千亿元。就产业化程度而言，幕墙相对比较高，大型建筑和公共建筑，特别是超高层，单元式幕墙使用率80%，一般幕墙安装方式无法实现。而门窗作为一种工业化产品，工业化的生产、加工、安装比例也在逐年增加。

建筑门窗幕墙工业化的定义就是采用现代工业的生产和管理手段替代传统的、分散式手工业的生产方式，从而达到降低成本、提高质量的目的。其特征在于以门窗幕墙系统的设计标准化为前提、工厂生产集约化为手段、现场施工装配化与标准化为核心、组织管理科学化为保证。在建筑门窗幕墙系统化、标准化和信息化的基础上，实现建筑门窗幕墙的工业化，进而达到产品化的目标，是建筑门窗幕墙行业发展的必然趋势。

1 门窗企业的工业化发展

在新型建筑工业化发展的大环境下，门窗需要设计系统化、标准化；生产精细化、工艺化；施工机械化、装配化，这样的发展模式对于门窗企业既是机遇又是挑战。

门窗企业要注意工艺标准化、设备标准化使产品性能更加稳定并且得到提高。在具备条件的情况下，标准规格的门窗产品整樘出厂。对于建筑标准规格外的门窗采用标准附框或专用附框进行安装。附框内口的宽、高构造尺寸应与门窗洞口标志尺寸一致，在洞口装修阶段或装修完成后采用标准的方法进行整体安装，从而最大程度地解决标准化与多元化之间的矛盾，使门窗产品更适合于建筑工业化发展。

在生产过程中，建立智能化工厂。将大批量标准化产品生产与柔性定制化生产相结合，满足后工业化时代不同层次消费者对产品的需求。

2 幕墙企业的工业化发展

应对建筑工业化，幕墙企业要从设计、生产、施工和信息化管理等方面寻求发展与突破。从设计开始，BIM作为建筑信息模型技术，贯穿于幕墙工程始终，通过参数模型整合各种项目的相关信息，在项目策划、运行和维护的全生命周期过程中进行共享和传递，在提高生产效率、节约成本和缩短工期方面发挥重要作用。在设计与产品生产中注重研发，推广单元式幕墙的应用，提高产品标准化程度，使部件、附件的通用性和可置换性得以提高。同时大力推动装配式建筑发展，注重预制建筑节点的延性和防水等关键技术研发，提升施工管理的水平。从而达到各环节整体发展，提升我国新型建筑工业化进行的速度。

3 注重系统研究和专门人才的培养

创新是生命，人才是关键。未来科技的主体是企业，企业要加大科技投入，铝门窗幕墙行业要高度重视对研究的投入和研究机构的支持，主动和高等院校、设计、研究机构等采取多方位、多层次的联合，以问题为导向，建立"政、产、学、研、用"五位一体的机制。财政科技经费也应支持行业的科研及引进、消化、吸收再创造等工作。同时要高度关注人才的培养，我们既要培养专业技术人才，也要培养管理经营人才，同时不能忽视具有"工匠精神"的产业工人的培养。

4 建立标准化体系的同时调和标准化与多元化之间的矛盾

一方面我国目前建筑行业标准的监管存在缺失，制定的标准体系尚未出台行业强制性准则，产业链中很多环节并未按照标准切实执行。而标准体系的建立是实现建筑产品的大批量、社会化、商品化生产的前提，也是大幅降低工业化成本的必要条件。从世界各国的经验来讲，标准化体系的建立能够极大地推动建筑工业化的发展。因此在未来制订工业化建筑全过程、主要产业链的标准体系尤为重要；而建筑的标准化、模块化设计技术体系与通用化接口技术研发也是铝门窗幕墙行业发展的必然需求。就目前情况看，我们和世界各国发展相比，领跑的不多，跟跑的不少，齐跑的也还需要花气力，稍不留神就会落后为跟跑。

另一方面，目前标准化体系设计方面还处于设计定型、构件统一、规格少且强调标准化与通用化阶段，而现在消费者需求的是个性化、多元化的产品。在今后标准的设定中应更多的注重灵活性以及解决标准领域的制约瓶颈问题，促进行业快速发展。

5 注意门窗幕墙知识的普及和宣传

目前，社会上普遍缺少对门窗体系的认知，由于这样那样的原因，不少人对门窗的了解还停留在遮风挡雨的阶段，对门窗气密、水密、保温隔热的要求知之甚少。我们要加大宣传力度，让更多的人了解现代门窗，正确选择门窗，正确使用门窗。使人们生活的更舒适，能源的消耗更合理。

总之，人类社会发展要走可持续之路，建筑业发展要走绿色化之路已成为大家的共识和必然选择。新型建筑工业化就是建筑业绿色发展的首选之路，她为门窗幕墙企业带来了无限的发展空间，产品的创新、技术的进步、绿色的要求、社会的期待、百姓的渴望，都是企业的机遇，只有善抓机遇，顺应大势，走在前列的企业才能成为舞台中央真正的主角。

参考文献

［1］ 陈文玲. 2016 年世界经济形势分析及 2017 年预期和建议[J]. 《中国流通经济》，2016，30(12).

［2］ 郝际平. 踏着时代的脚步再创辉煌—纪念中国建筑金属结构协会成立 35 周年[J]. 《中国建筑金属结构》，2016，（10）.

供给侧结构性改革与门窗幕墙行业的关系

黄　圻

中国建筑金属结构协会　北京　100031

摘　要　2017 年是供给侧结构性改革的深化之年，刚刚闭幕的中央经济工作会议明确了"稳中求进"工作总基调。稳中求进是十八大以来我国经济社会发展的经验总结，当前中国的经济要发展就必须在稳的基础上讲发展。

稳是基调，稳是大局。当前我国铝门窗幕墙企业面临的压力是多方面的，资金短缺、订货不足、低价竞争、三角债、以房抵款等各种不利环境干扰着铝门窗幕墙行业的正常发展。在供给侧结构性改革的环境下，如何让让铝门窗幕墙行业紧跟形势，走出困境，是在 2017 年里大家应该关注的重要议题。文章分析了在当前国家提倡供给侧结构性改革中，门窗幕墙行业稳中求进的工作思路。

关键词　供给侧结构性改革；门窗幕墙；稳中求进

1　新形势下供给侧结构性改革的重要性

2016 年是国家"十三五"规划的开局之年，供给侧结构性改革不断深化，刚刚闭幕的中央经济工作会议明确了"稳中求进"工作总基调。"稳中求进"是十八大以来我国经济社会发展的经验总结，当前中国的经济要发展就必须在稳的基础上讲发展。稳是基调，稳是大局，中国要在稳的前提下才有所进取。

党的十八大以来，我国已经确立了适应经济发展新常态下的经济政策框架，形成一心向上的格局、以供给侧结构性改革为主体的政策体系，贯彻中央稳中求进的工作总基调。2017 年是供给侧改革的深化之年，中央经济工作会议提出"三去一降一补"的方针，要继续推动钢铁、煤炭行业化解过剩产能。同时对火电、建材、水泥、平板玻璃等存在产能过剩现象的领域，也需要统筹化解。

去库存，国家要在坚持分类调控、因地施策的前提下，把去库存和促进人口城镇化结合起来。去杠杆，要在控制总杠杆的前提下，把国有企业去杠杆作为重点。降成本，要在减税、降费、降低要素成本上加大工作力度。补短板、既要补硬短板，也要补软短板，补发展短板，补制度短板。

明年中央提出振兴实体经济，明确要在坚持提高质量和核心竞争力为中心，坚持创新驱动发展，扩大高质量产品和服务供给。抓住实体经济，振兴制造业，促进制造业提质增效，作为推进供给侧结构性改革的重要内容。

建立房地产市场稳健发展的长效机制，楼市的平稳健康发展是供给侧经济发展的总基调，"房子是用来住的，不是用来炒的"要建立房地产经济发展的长效建设机制。

从供给侧结构性改革的基础上分析，其旨在调整经济结构，使要素实现最优配置，提升经济增长的质量和数量。需求侧改革主要有投资、消费、出口三驾马车，供给侧则有劳动力、土地、资本、制度创造、创新等要素。

供给侧结构性改革，就是从提高供给质量出发，用改革的办法推进结构调整，矫正要素配置扭曲，扩大有效供给，提高供给结构对需求变化的适应性和灵活性，提高全要素生产率，更好满足广大人民群众的需要，促进经济社会持续健康发展。

用增量改革促存量调整，在增加投资过程中优化投资结构、产业结构开源疏流，在经济可持续高速增长的基础上实现经济可持续发展与人民生活水平不断提高。

优化产权结构，国进民进、政府宏观调控与民间活力相互促进。优化投融资结构，促进资源整合，实现资源优化配置与优化再生。

优化产业结构、提高产业质量，优化产品结构、提升产品质量。优化分配结构，实现公平分配，使消费成为生产力。

优化流通结构，节省交易成本，提高有效经济总量。

优化消费结构，实现消费品不断升级，不断提高人民生活品质，实现创新、协调、绿色、开放、共享的全面发展。

上述五点，我们不难发现，侧供给结构性改革带来的不仅是变革，更是创新驱动、优化升级的过程。

2　供给侧结构性改革对建筑门窗幕墙行业的重要性

认真分析我国这几年的房地产政策，我国的房地产业始终是在收缩、适度放开、适当控制、个别微调的调控模式中转化。因此，门窗幕墙行业也持续受相关政策影响，最辉煌的时期应该在逐步地在退去。

很多企业的销售额都在一定幅度的削减，包括我们的上、下游产品。供给侧结构性改革绝不是头脑发热喊出的一句口号，而是市场倒逼企业做出改变的信号。

随着供给侧结构性改革的实施，对整个国民经济建设提出新的要求，当然也包括我们门窗幕墙行业。近年来，门窗幕墙行业发展面临转型，产业急待升级，更重要的是，我们的思维方式、发展理念需要变革。

门窗幕墙行业是属于房地产行业的下游产业，型材、五金、玻璃、设备、配件等产业的上游产业，随着上下游产业的形式不断变化，尤其是跟国家大的经济面波动相伴的经济结构调整、生产制造要素配置变化息息相关。

2016年，铝门窗幕墙委员会再次启动铝门窗幕墙行业调查统计工作。

统计工作是行业的一件大事，国家和行业向来都很注重统计工作，新形势下供给侧改革，国家进行结构性调整，企业同样也面临着生产规模调整、产品研发、新项目投产的重大问题的抉择，这些工作都需要行业统计工作作为基础。铝门窗幕墙委员会在会员单位的大力支持下，自2005年开始进行了行业统计工作，统计工作做的比较基础、也比较扎实。通过几年的统计数据积累，基本摸清了行业生产规模，产业生产规律和产品发展方向。

大家都知道，统计工作是个比较困难的工作。统计工作需要认真细致，需要大量扎实的基础数据支持，特别是需要广大会员单位的基础数据的汇总。但是，我们的统计基础数据汇总困难，统计表格上交率低，基础数据不足，导致行业统计工作暂时停滞。

今年，铝门窗幕墙委员会再次启动行业统计工作，希望通过这次行业统计工作，在国家新形势的供给侧改革下，为企业发展和再投资，做一些有意义的参考数据。2016年度行业统计工作我们共收到企业统计表374份，统计工作涵盖铝门窗、建筑幕墙、建筑密封胶、建筑玻璃、铝型材、建筑五金、门窗加工设备、隔热条和密封材料等9大类企业。

3 当前我国铝门窗幕墙企业面临的问题

首先是资金紧张。对于大部分产业链企业，特别是各类供应商来说，严峻的行业环境，上游企业尤其是房地产企业资金紧张，银行及金融系统谨慎贷款等不利因素，都造成了整个门窗幕墙行业企业的资金紧张状况。

其次是订单不足。从2016年11月份36个大中城市存销比（库存压力指标）变化来看，由于"救市"、房企冲刺年度销售业绩指标等因素，一线城市及部分二线城市库存去化周期回落至合理区间，但是，库存压力仍然较大、市场去化周期在15个月以上、市场基本面表现欠佳的城市仍然占大多数。尤其是在2017年初，对于大多数城市而言，由于冲刺年度销售业绩指标的意愿降低，导致市场去化速度降低，去化周期还会略有回升，此时，"去库存"仍然是市场主旋律，房价在2017年年内仍然有下行压力。总体来讲，当前中国货币政策尽管有宽松趋势，但是还没有出现大水漫灌的特征。从房地产调控政策走向来看，在宏观经济尚未明显好转之时，房地产市场调控政策不会向从严方向有太大变化。上游企业的紧张状况，必然导致门窗幕墙行业工程量减少，新开工程不足，无法满足门窗幕墙行业企业的经济增长、订单增长的要求。

最后，门窗幕墙行业内出现很多工程以房抵款、资不抵债和三角债的现象。

针对当前行业现状，如何发展、如何改变、如何变革，在此给予大家三点建议。

第一，企业要把新产品和新技术，作为我们的发展方向。企业不重研发、低价恶性竞争，导致开发商、用户都不重视门窗这种产品，最终更低质、更低价，形成恶性循环。

这几年铝合金门窗工程量减少，而家装市场的零单门窗生意见好，有些超出我们的预想。当然，铝合金门窗家装市场的到来也不是空穴来风，改革开放以来我国的建筑业蓬勃发展，新建建筑的工程量巨大，新建建筑的门窗大都是统一规格、统一型号，工程的设计施工便利不少，工程对应的业主也仅是房地产公司一家，工程管理、工程质量、工程结算都相对简单方便。而对于家装的零单门窗工程我们的企业却甚少涉足，门窗工程零散，合同一单一谈，门窗设计加工安装都需要大量的人工介入，相对于过去的房地产工程而言，成本大大增加。

但是家装门窗市场有许多我们过去看不到的亮点，比如资金回收，困扰我国建筑业多年的顽疾就是建筑业的三角债问题，我国从事30年以上的门窗幕墙企业都深有感受，很多企业的应收资金多达几亿元，有些债务繁纷复杂、盘根错节，有些债务长达20年时间，有些已经很难找到原始债务的责任方。而家装市场的资金回收就大大简化和方便，一单一结，清晰明了。

我国门窗企业这几年拼命打造自己的企业品牌，花钱不少，花力气不少，但收效甚微。门窗产品品牌虽然早已进入市场，但是以房地产工程作为供需方的市场经济，对消费者而言，门窗的选择是极为被动的，对门窗品牌的选择仅停留在买什么房子就只能用什么窗户，产品质量能过得去就行的地步。这就为很多的家装门窗提供了生存空间，他们的灵活性、个性化设计往往能在第一时间吸引住消费者。

当然现在的家装市场也存在着很多问题，一个就是门窗标准的执行，很多家装门窗厂对贯彻国家标准的意识淡漠，甚至不懂得应该执行那些国家标准，对当前国家的建筑节能要求、门窗防火性能要求、安全要求不是十分了解。对于家装市场的门窗工程验收也仅是做些表面文章，老百姓很难掌握各种十分专业的门窗技术要求，任凭个体商家的游说。

未来成熟的门窗市场中，价格战永远没有出路。虽然以价格为主要促销手段的方式将在很长一段时间存在下去，但从长远看，商家和厂家应该更注意资本积累和文化沉淀，提升产品和服务的竞争力，提高企业的抗风险能力和应对危机的能力，特别是二、三级市场的门窗经销商，他们更多的是考虑眼下利益。市场不好做，高价位产品销路不好，只有用低价产品，靠量来保持利润增长。因为消费者不可能永远把眼光放在价格上。

第二，企业要结合我们国家的建筑节能政策，建筑节能是一个长期话题。

我们的许多建设项目，90％以上是高耗能建筑。在此基础上，预计到 2020 年，全国高耗能建筑面积将达到 70 亿万平方米。因此，如果不注重建筑节能设计，将直接提高我们的能源危机。

目前在中国超过 400 亿平方米现有建筑中，在高能耗建筑中，门窗幕墙对能源的消耗占了近一半。建筑门窗幕墙节能是建筑节能的关键。因此，采用新型节能门窗幕墙，既有建筑节能，能源形势的客观要求，也有住宅新需求的要求，节能型门窗幕墙将成为发展的必然趋势。

当然包括门窗幕墙节能，这几年的行业都在不断地努力，特别是前两年北京、上海等地区率先执行 75％的节能标准，而在夏热冬暖地区，建筑遮阳系统也受到重视，从而延伸出新的要求，企业应该积极响应。

第三，企业应该加强新产品在设计院、房地产开发商以及普通用户层面的推广力度。伴随着当前外部品牌进入我国市场、与我国品牌融合，产品技术的日新月异，丰富的差异化需求，尤其是越来越多的个体需求化等造成巨大的行业竞争压力。提高品牌影响力和产品竞争力，突破市场禁锢，在自身行业竞争中领先对手占领市场高地、开拓新市场是企业当前及未来几年考虑的首要问题。

有的企业在这方面下了很大的功夫，包括做系统门窗、节能门窗等，这些对推动了我们行业技术进步和发展，是非常有益的，委员会也会对这样的企业，给予大力支持和帮助。

4 2017 年门窗幕墙行业需要关注的几个问题

1）进一步国家落实建筑节能政策

2017 年是国家"十三五"规划的深化之年，国家继续落实各项建筑节能政策。2015 年开始，随着我国建筑节能的进一步落实，北京、上海等地率先执行 75％建筑节能指标，从各地门窗节能落实情况看，门窗幕墙工程对于 75％节能政策的实际落实情况并不理想。多数企业的门窗产品的节能指标仅是落实在样品门窗，真正的实际工程门窗其节能指标未能达到设计要求。各地区建设部管部门对建筑节能的检查也仅停留在样品指标或图纸审查阶段。

也有个别地区的建设行政主管部门盲目提高门窗建筑节能 K 值指标、门窗遮阳、节能辅框等要求，使得当地门窗建筑节能指标难以实施。建筑门窗的设计使用脱离不开经济环境和当地的使用习惯，仅提高节能指标，门窗产品的节能范围是很有限的，现有材料的使用想要做到突破性进展是不可能的。大家都觉得德国的门窗产品好，从我国目前门窗企业的制造技术来看，企业应该完全可以生产出德国的门窗产品。包括 K 值在 1.6 以下的门窗、防火门窗、被动房门窗、隔声率达到 30 分贝门窗等，于是各地区的建设行政主管部门纷纷提出，要大幅度提高建筑节能指标，要增加门窗各项性能的综合要求，其中包括：提高节能指标、防火、防盗、安全、遮阳、隔声等要求，要推广使用满足新节能要求的门窗。但是完全忽略了我国现有的建筑价格体系要想使用符合德国的门窗产品也是完全达不到的，我国现在实际工程门窗应用水平很低，经济较发达的北上广深等几大城市的门窗平均价格也就是在 800 元/平方米，西北、东北等地区门窗的平均价格在 450/平方米上下。我们企业的样品室里看，真有不少性能高、质量好的门窗，有些门窗设计，一点不比德国的门窗差。而我们实际到建筑工地一看，真正使用的门窗产品质量相差甚远。因此，脱离开了我国建筑门窗的整体价格体系，仅是靠我们门窗行业空喊建筑节能口号是不可能转变我国建筑门窗落后面貌。

2）住建部发展装配式建筑与门窗的关系

大力发展装配式建筑是建造方式的重大变革，党中央、国务院高度重视装配式建筑的发展，《中共中央国务院关于进一步加强城市规划建设管理工作的若干意见》提出，要发展新型建造方式，大力推广装配式建筑，力争用 10 年左右时间，使装配式建筑占新建建筑面积的比例达到 30％。2016 年 9 月 27 日，国务院办公厅印发了《关于大力发展装配式建筑的指导意见》，提出以京津冀、长三角、珠三角三大城市群为重点推进地区，常住人口超过 300 万的其他城市为积极推进地区，其余城市为鼓励推进地区，因地制宜发展装配式混凝土结构、钢结构和现代木结构建筑。

2016 年 11 月，陈政高部长在全国装配式建筑工作现场会上，要求大力发展装配式建筑，促进建筑业转型升级。他指出：装配式建筑是建造方式的重大变革，要充分认识发展装配式建筑的重大意义。一是贯彻绿色发展理念的需要；二是实现建筑现代化的需要；三是保证工程质量的需要；四是缩短建设周期的需要；五是可以催生新的产业和相关的服务业。

（1）装配式混凝土建筑技术规范提出了与门窗幕墙有关的问题：

① 装配式混凝土建筑宜采用装配式的单元幕墙系统。

② 装配式混凝土建筑幕墙设计应与建筑设计、结构设计和机电设计同步协调进行，并应与照明设计协同。

③ 幕墙结构的设计使用年限宜与建筑主体结构的设计使用年限一致，且不应低于 25 年。幕墙支承结构的设计使用年限应与主体结构相同。

（2）装配式钢结构建筑技术规范提出了与门窗幕墙有关的问题：

① 术语中提到：部品包括屋顶、外墙板、幕墙、门窗、等建筑外围护系统。

② 围护系统提到：建筑幕墙体系应符合下列规定，建筑幕墙可采用玻璃幕墙、金属幕墙、石材幕墙、人造板材幕墙。

③ 在围护系统的设计应考虑以下内容提到：围护系统的连接、接缝及门窗洞口等部位的构造节点。

（3）装配式木结构建筑技术规范提出了与门窗幕墙有关的问题：

① 建筑外围护结构应采用结构构件与保温、气密、饰面等材料的一体化集成系统，满足结构、防火、保温、防水、防潮以及装饰等设计要求。

② 组合墙体单元的接缝及门窗洞口等防水薄弱部位宜采用材料防水和构造防水相结合的做法

3）建筑门窗零售业的市场探讨

近些年随着国家宏观经济调控，去产能去库存政策的实施，压缩房地产总量，新建建筑的数量在不断地减少，但是我国的一线城市的楼市依然火爆，房价还在继续攀升，引发出了二手房火爆的现象。新建住宅建筑明显减少，新楼盘的全面"豪宅化"，不少地区已经进入存量房时代。相反，二手房交易市场逐步扩大。北京市统计，2016年9月份，新建商品住宅合同签约5525套，而二手房屋网签高达30516套，环比增长18.9%，二手房成交合同是新房的5.46倍。2016年8月份的广州建博会，家装门窗馆爆棚，全部是华南地区的个体门窗和系统门窗企业的招商大会。同样原来我们的门窗企业大多是以新建建筑的工程类门窗为主体，原来的工程市场，现在如何转为零售市场。

门窗的零售市场引发我们问题思考：

（1）二手房交易大大增加，房屋改建装修，旧房换新门窗的机率大大增加。我们以工程类为主的门窗企业需要转型。

（2）随着门窗的家装零单市场的扩大，家装门窗质量监控怎们控制，是否执行国家标准，行业怎样管理数量众多、水平参差不齐的小型门窗企业。

（3）过去建筑主体是房地产开发商、建筑施工单位和门窗厂，现在建筑主体转向家装个体，怎样保证个体消费者权益，如何保证门窗产品质量和工程质量成为一个新的行业问题。

我国的建筑市场是从计划经济逐步转变为市场经济，建筑门窗市场管理也同样是经历了这样一个阶段，从20世纪60年代的木门窗，80年代的以钢代木政策的实施，到90年代改革开放，各种钢、铝、塑、木、复合门窗全面在行业推广使用，我们还经历了从门窗生产许可证，到门窗施工资质的政府监管时期。随着我国改革开放工作的不断深入，国家下决心加快改革开放进程，取消和减少政府的行政审批，由过去的行政准入准变为市场淘汰。国家陆续取消了门窗生产许可证和门窗施工资质的行政管理。

现在门窗企业突然放开，大家习惯的企业入门门槛没有了，房地产行业成为习惯的以资质论能力的框框没了，以资质衡量企业产品质量水平的标准没有了。怎么去衡量一个企业的能力和水平，成了行业一个大的问题。

门窗的零售市场问题更加严重，长期以来我们的建筑质量监控都是以建筑主体方为核心，也就是建筑的发包方或建筑的总承包方为主体。现在的零售市场，发包方是个体消费者，并且一点不懂门窗，承包方是参差不齐的小型门窗门店。门窗产品如何执行国家标准，如何落实国家建筑节能政策，如何保证门窗的施工质量，俨然成为门窗零售市场的一个重大问题。近几年，各地区的建设行政主管部门都在陆续出台一些有关门窗工程质量的管理条例，这些条例和管理办法也大多是管理以工程类为主的建筑门窗工程，对于家装零售类门窗工程的管理办法几乎也是空白。

因此，家装类门窗工程的产品质量问题、工程投诉问题、门窗落实国家节能指标问题，工程质量监管问题，就都成为今后门窗行业的新问题。总不能指望每一个家装个体在换门窗之前去恶补门窗知识，学习有关门窗设计原理和施工工艺，去了解国家的建筑节能政策，去懂得门窗的6个物理性能。

因此，企业首先要设计生产出合格的门窗产品，有优质的售后维修服务，努力打造门窗行业品牌，以品牌为基础、以信誉为前提、以质量为原则，让客户信任你的产品，依赖你的产品，购买你的产品才是零售门窗企业发展的核心要素。

4）住建部市场司《关于促进建筑工程设计事务所发展的通知》

按照《中共中央国务院关于进一步加强城市规划建设管理工作的若干意见》要求，为建筑工程设计事务所发展创造更加良好的条件，激发设计人员活力，促进建筑工程设计事务所发展，简化《工程设计资质标准》中建筑工程设计事务所资质标准指标。减少建筑师等注册人员数量，放宽注册人员年龄限制，取消技术装备、标准体系等指标的考核。

这些新的要求对我国建筑幕墙设计咨询机构也开放了，更多从事幕墙顾问和设计咨询可以申请设计资质。

5）征询幕墙设计资质改革的意见

住建筑为了进一步落实国务院行政审批制度改革要求，进一步推进简政放权、放管结合、优化服务改革，进一步减少资质类别，拟对建筑装饰、建筑幕墙工程等8个专项资质进行改革，委托中国建筑金属结构协会铝门窗幕墙委员会广泛征求行业意见。委员会立即召集6个省、市协会和8家幕墙企业的座谈会，就取消幕墙工程专项设计资质问题进行了讨论和研究，及时把企业的汇总意见报给有关建设主管部门。

6）积极推进门窗幕墙行业团体标准工作

根据国务院深化标准化工作改革方案，今后由政府主导制定的标准精简为4类，分别是强制性国家标准和推荐性国家标准、推荐性行业标准、推荐性地方标准。市场自主制定的标准分为团体标准和企业标准。政府主导制定的标准侧重于保基本，市场自主制定的标准侧重于提高竞争力。

建立健全新型标准体系配套的标准化管理体制，鼓励具备相应能力的学会、协会、商会、联合会等社会组织和产业技术联盟，协调相关市场主体共同制定满足市场和创新需要的标准，供市场自愿选用，增加标准的有效供给。在标准管理上，对团体标准不设行政许可，由社会组织和产业技术联盟自主制定发布，通过市场竞争优胜劣汰。

有关部门正在制定团体标准管理办法，对团体标准进行必要的规范、引导和监督行业标准的进行。在工作推进上，选择市场化程度高、技术创新活跃、产品类标准较多的领域，先行开展团体标准试点工作。支持专利融入团体标准，推动技术进步。

2017年，铝门窗幕墙委员会要把组织团体标准作为首要工作，积极开展建筑门窗幕墙团体标准的编制工作。未来几年，把制订适用于行业需要的团体标准作为委员会行业技术领域发展的重点。通过标准制订工作，提升委员会的技术管理水平，带动整个行业向规范化、标准化方向发展，打造工业化程度高、科技含量高的新一代门窗幕墙行业。

过去的2016年是我国国民经济社会发展第十三个五年计划的开局之年，国家产业结构面临调整，各行各业的发展都需要不断的创新，而即将到来的2017年是供给侧结构性改革的深化之年。我们更是要团结奋进，加倍努力，抓机遇，迎挑战，共同努力，为了我国铝门窗幕墙行业的明天更加美好。

立足当下，放眼未来——铝门窗幕墙行业现状分析

董 红

中国建筑金属结构协会铝门窗幕墙委员会　北京　100031

摘　要　中国建筑金属结构协会铝门窗幕墙委员会作为门窗幕墙行业最具影响力的组织机构之一，长期致力于国家政策标准的宣贯执行以及相关标准规范的编制、修订工作。纵观国内外宏观经济形势和门窗幕墙行业运行状况，委员会通过努力学习、了解、掌握经济信号和行业动态，为会员单位提供客观分析及发展建议，带领行业企业向着健康稳定的方向进步。

关键词　门窗幕墙；现状分析；发展趋势

1　国内外经济形势对行业的影响

2016 年，虽然国外发达经济体总体增长乏力，但我国宏观经济保持平稳运行。随着一系列稳增长措施的加紧落实、供给侧结构性改革的推进，2016 年全年 GDP 增速预测为 6.6% 左右，处于 6.5%～7.0% 的增长目标区间。同时，下半年房地产和出口部门的压力可能使得全年经济增长略微承压。国内货币供应平稳增长，下半年可能保持适度宽松。国内工业生产企稳回升，企业利润稳步增长。上半年，全国规模以上工业增加值按可比价格计算同比增长 6.0%，增速比一季度加快 0.2%。分经济类型看，国有控股企业增加值同比下降 0.2%，集体企业增长 2.6%，股份制企业增长 7.2%，外商及港澳台商投资企业增长 3.2%。分三大门类看，采矿业增加值同比增长 0.1%，制造业增长 6.9%，电力、热力、燃气及水生产和供应业增长 2.6%。工业结构继续优化。1 至 5 月份，全国规模以上工业企业实现利润总额 23816 亿元，同比增长 6.4%（上年同期为下降 0.8%）。规模以上工业企业每百元主营业务收入中的成本为 85.73 元，主营业务收入利润率为 5.59%。

中国经济正处在结构调整、转型升级的关键阶段，调整的阵痛还在持续，实体经济运行还是比较困难。另外，宏观调控的两难和多难的问题有所增加。整个形势还比较复杂，困难还很多，而且经济下行压力仍然较大。从国际环境看，仍然复杂严峻。全年国内经济依然能够保持平稳运行，可能略有下行压力，但有信心完成全年经济增长目标。

2　房地产行业供给侧改革情况对行业的影响

房地产行业作为国民经济稳定发展的关键性支柱产业，在 2016 年经历了创新发展和换代升级的过程。首先是城市分化严重，库存压力大，由于城市人口流动和资源配置的差别，不同城市房地产分化严重，一线城市和部分二线城市面临房价上涨的压力。三级城市库存压力大，已连续多月下降，但商品房的面积仍是高的。去库存成为当前的一项重要任务。其次是房地产成本不断上升。一是土地成本增加，二是材料成本增加，三是劳动力和管理成本也

在增加。房地产是高度依赖土地和资金的行业，但土地不能无限供应，企业拿地的成本不断提高，引起社会的关注。

12月9日召开的政治局会议强调"明年要加快研究建立符合国情、适应市场规律的房地产平稳健康发展长效机制"。可见，房地产行业的改革是一个长期的过程，必须要经历一个痛苦的转型期，才能实现较好的供需平衡。未来，房地产行业如何平稳发展将是国民经济发展最重要的议题。

目前，一方面是一线城市高不可攀的房价，另一方面是三四线城市地产业的苦苦挣扎。一方面是门窗幕墙行业日益过剩的产能，另一方面是很多领域刚起步亟待发展并提供成熟的产品。那么，在房地产整个行业的变革时期，门窗幕墙行业如何思变成为我们需要思考的问题。

首先，建筑行业在"十三五"期间的发展重心是建筑工业化，以期通过技术革新抵御未来人力成本陡增和人力资源短缺的现状。但建筑的工业化之路存在较多的难点，如何配合建筑业整体的转型，研发适用于装配式建筑的高品质门窗系统，将成为未来行业发展的关键点。

其次，被动房技术的出现，表明国内房地产业正在从低端基础产业向高端舒适化方向发展，未来，人们将更注重生活品质和居住舒适性及智能化，因此，门窗幕墙行业的发展也应向未来的高标准高层次方向发展。无论是住宅产业化还是被动房绿色建筑，技术的革新才是行业发展的王道。

3 行业企业面临结构和规模调整

近两年，因经营不善而难以维持的材料生产企业数量呈增长的态势，大部分企业表示经营难度加剧，许多企业因盲目扩大生产或新投资项目失败或追求上市资本运作而导致经营困难。整个行业在经济下行压力下，面临企业间洗牌和重组的可能，未来能够生存并发展的企业一定是有思想、会思考的企业。那么，如何根据市场需求合理发展，成为行业企业近一两年需要认真思考的问题。我认为，真正能长远发展下去的企业一定是具有质量过硬的产品和足够市场影响力的品牌，做百年企业，有长远规划应该成为我们整个行业企业发展的座右铭。

4 国家宏观政策对行业的影响

委员会将协同行业企业及有关专家，认真学习和解读国家相关政策，及时获取前沿信息，捕捉行业发展契机，将成为委员会及各企业长期以往的工作内容之一。国家近期出台的相关政策有：

（1）《关于党政机关停止新建楼堂馆所和清理办公用房的通知》，通知要求：政府部门严禁以任何理由，新建、扩建、改建、楼堂馆所。

（2）《住房和城乡建设部、国家安全监管总局关于进一步加强玻璃幕墙安全防护工作的通知》，通知要求：新建住宅、党政机关办公楼、医院、中小学校、人员密集、流动性大的商业中心，交通枢纽，公共文化体育设施等场所，临近道路、广场及下部为出入口、人员通道的建筑，严禁采用全隐框玻璃幕墙。

（3）2014年住房和城乡建设部关于印发《建筑业企业资质标准》的通知，在新《建筑业企业资质标准》中取消了有关建筑门窗的资质。

（4）随着国家标准《建筑设计防火规范》（GB 50016—2014）和《建筑幕墙、门窗通用技术条件》（GB/T 31433—2015）的陆续实施，国家对建筑幕墙及外墙上门、窗的耐火完整性提出了较高的要求。目前市场上生产的大部分建筑外窗都难以满足耐火完整性 0.5h 的要求。

（5）《国务院关于进一步加强城市规划建设管理工作的若干意见》中，明确提出大力发展新型建造形式，大力推广装配式建筑；制定装配式建筑设计、施工和验收规范；用 10 年左右的时间，使装配式建筑占新建建筑的比例达到 30％。

（6）《装配式混凝土结构技术规程》（JGJ 1—2014）、北京市地标《装配式剪力墙住宅建筑设计规程》（DB 11/T 970—2013）、上海市工程建设规范《装配整体式混凝土住宅体系设计规程》（DG/TJ 08—2071—2010》中对门窗设计提出了新的要求。

5 原材料价格波动对行业的影响

2016 年 9 月，负增长了长达四年半之久的 PPI 终于逆转，这标志着中国工业领域全面涨价正式开启。事实上，从年初开始，煤碳、铁矿石、造纸等大宗原材料就开始上涨，数月后传导到整个建筑业及工业领域。

铝合金、锌合金 TDI 从年初时每吨 1 万多元相比，目前已涨到接近每吨 2 万元的水平；尤其到了 10 月份市场大幅拉涨，全年累计涨幅 70％左右。受原材料价格大幅拉涨，现在门窗、幕墙、五金、配件等价格已涨了接近 50％。

运费上涨，各行各业受影响。2016 年 9 月 21 日，国家发布"最严治超令"，部分地区物流由 6 元一件货涨到了 10 元一件，建材每吨运输成本上涨 100 元，饲料运输成本上涨 35％以上，化工原料涨幅惊人，煤碳上涨 10 元/吨。

各类建筑及工业原材料的涨价风波依然持续，2016 年建筑铝门窗、建筑幕墙受到的原材料涨价冲击，强度之大、势头之猛，在近十年来看，都很少见。

我们结合建筑行业，尤其是铝门窗、建筑幕墙行业固有的"压货多、收款难"现象，不难分析出一个结果，大多数企业的利润甚至是成本都消耗在了原材料涨价及应收货款上，企业内部的流动资金压力大，资金链非常脆弱。合理的企业市场布局，清晰的企业经营思路，更多的收集行业数据信息，及时调整经营策略、资金投入等方面，应成为我们行业企业的重中之重。

6 结语

2017 年将是我国国民经济社会发展第十三个五年计划实施的关键一年，国家将继续调整产业结构，不断深化改革，增强企业创新能力，铝门窗幕墙行业要共同努力，承受压力，抓住机遇，迎接挑战，共创行业新的辉煌。

寻找关键时刻—提升客户体验价值

张 旭

杭州之江有机硅化工有限公司　杭州　311200

摘 要　"峰终定律"是顾客价值创造过程中，用来衡量客户满意程度的一种常用模型，但在实际市场管理过程中存在一定的局限性。本文以杭州之江有机硅化工有限公司为例，通过梳理企业经销商接触过程，重塑了经销商客户体验评价体系，并结合客观地市场调研，分析了除"峰终定律"以外的对客户价值和满意度有决定性影响的因素，为提升企业客户价值提供建议与策略。

关键词　峰终定律；客户价值；客户体验；客户忠诚度

Finding Key Moment
—Improve Customer Experience Value

Zhang Xu

Hangzhou Zhijiang Silicone Chemicals Co. ， Ltd

Hangzhou　311200

Abstract　"Peak-end Rule" is a common model to measure customer satifaction during value creation process，but there are certain limitations during the acutral marketing management process. Just take the example from Hangzhou zhijiang Silicone Chemicals Co. ， Ltd，to re-build the customer experience evaluation system during the contact with the distributors，to analyasis the key factors which have decisive influence on the customer value and satisfaction besides "Peak-end Rule" base on the indepent marketing research，and provide the sugggestions and strategies to improve enterprises customer value.

Keywords　peak-end rule；customer value；customer experice；customer loyalty

　　当今世界，随着产品的质量与技术日趋同质，许多市场从原本的卖方市场转向买方市场，企业要想在维持老客户的同时吸引更多的新顾客、增大市场占有率，除了为客户提供高品质的"私人订制"外，需要提升客户对产品和服务体验的整体满意度，从而树立客户对企业的忠诚度。因此，如何以高效率和低成本的方式赢得客户尽可能高的满意度，成为企业极为关注的问题。

　　因此，众多企业纷纷尝试将管理学界已经重视的"峰终定律"运用到顾客价值创造过程中，以期通过提升客户在关键时刻的满意度而使客户的整体满意度大幅提升，最终更为成功地塑造企业品牌。但在实际的案例研究中我们发现，客户的整体满意度并非像"峰终定律"所说的那样是"峰值"与"终值"的算数平均值。事实上，在客户的体验循环中，"峰值"或"终值"未必会对整体满意度产生显著性的影响，一些被忽略的"次高峰"反而是左右客户整体满意度的关键时刻。

杭州之江有机硅化工有限公司是一家专门从事化工新材料研发和生产的股份制企业，是国家经贸委首批认定的三家硅酮结构胶生产企业之一。之江公司能在短短的十几年中在行业领域中打响自己的品牌，以显著的优势占领细分市场，靠的就是从实践出发确定了企业与经销商客户接触过程中的关键点，并持之以恒地在这些关键时刻上影响客户，使承担企业七成以上销售额的经销商客户在与之江的接触过程中获得整体满意的体验，最终提高了客户价值。

1 基于客户体验的价值模型

2002 年诺贝尔经济学奖获奖者、心理学家丹尼尔·卡纳曼（Daniel Kahneman）经过实验研究发现，人们在评价过去的体验时的主要依据并非是体验过程的总体感觉或平均感觉，而主要依靠两个关键时刻的感觉，即感觉最强烈的时刻（峰）与体验终结的时刻（终），而且这既无关乎"峰"或"终"的感觉是否愉悦，也无关乎体验的持续时间是长是短，这就是峰终定律（Peak-end Rule）。换言之，如果在一段体验的高峰和结尾，一个人的体验是愉悦的，那么他对整个体验的感受就是愉悦的，即使总的来看这次体验更多的是痛苦。其实，这里的"峰"与"终"就是所谓的"关键时刻"（MOT，Moment of Truth），这是当今服务界最具影响力与震撼力的管理概念与评价指标。

客户对公司的整体满意度并不是均匀地取决于各个接触点，卡尼曼发现了"峰终定律"，但在实践中我们发现，并不是峰值体验的接触点就一定能够对客户满意度起决定性影响，而是另有一些关键点，有可能在这些关键点上，虽然客户的体验始于对一个企业的产品或服务的接触和了解。在整个体验过程中，顾客与企业一般会有十几个甚至几十个接触点，倘若企业试图在所有的接触点上都力争完美，既不现实也无法取得相应的回报。但决定客户体验的仅是感受最强烈的时刻与最终的时刻吗？通过对之江与其经销商客户的多个接触点的实证分析，可以发现客户对许多接触点、甚至是"峰值"接触点上的体验都是不太在意的，在这类接触点上的情感值即使特别高或特别低，也不会对客户的总体满意度产生根本影响，或者说，这些接触点仅是赫茨伯格所称的保健因素；而决定客户整体满意度的关键时刻有可能是峰终定律所忽略的某个或某些时刻。因此，企业可以通过分析顾客对产品与服务的体验感受来判断那些关键时刻，并且在这些接触点上消除客户的疼痛、提升客户的满意度，使得顾客对产品与服务形成总体满意的记忆，进而获取客户的忠诚度，提升客户的价值感受。

根据之江公司与其经销商的接触过程，可以勾勒出经销商客户的体验循环，其中包括企业形象、产品外观、科技含量、产品质量、送货速度、经销商年会等十几个接触点。在与之江的相关部门经理进行深度访谈之后，确定了品牌形象、科技含量、产品质量、价格、送货速度、客服人员的专业性、经销商会议等七项是客户体验循环中可能存在的关键接触点，并以此设计了实证模型与调查问卷。

首先，之江一直秉承质量和技术是品牌基石的战略理念，认为产品的高质量是用户选择品牌的首要因素，只有以质量为核心的品牌才可能有持久的市场生命力。自 2001 年以来，之江每年都会制定科技发展规划,专注于产品研发、设备开发、生产工艺的革新与产品质量体系的创新,积极开展与国外公司的技术交流。显然,产品质量与科技含量也被认为是提升客户满意度的关键点。

其次,价格决定需求,经销商作为独立的企业,必然会谋求自身利益的最大化。寻找性价比最高的产品是作为理性经济人的经销商的本能举动。因此,价格理所当然地成为影响经销商整体满意度的潜在关键点。同理,送货速度因为直接影响到经销商的市场交付、资金回笼,也是可能存在的关键接触点。

其三,对于一个企业,良好的售后服务能够扩大顾客群的宽度与深度,培养长期顾客甚至是终生顾客。由于其产品广泛应用于多个领域,之江与国内众多企业建立了广泛的合作关系,建立起了几十个地区网点,还将销售网络扩展到了北美、欧洲、东南亚、中东等地区。为此,之江聘请的售后服务人员都具备较高的专业水平与外语水平。通过提高售后服务人员的专业能力与素质、定期回访客户等手段,之江赢得了良好的客户体验。因此,我们将客服人员的专业性也假定为关键点之一。

其四,之江经常组织定期的经销商客户活动,比如公司每年都会举办一些酒会、推广会,邀请众多经销商客户参与聚会,并邀请经销商喜爱的明星助阵,以期通过这些细节拉近客户与企业的距离,提升客户对企业的好感。这类活动一来利于维系经销商客户与企业中高层管理者之间的私人关系,二来也有助于经销商客户之间的互相交流与结识,为他们提供一个关系网络平台。因此,我们也把经销商会议作为潜在的关键点之一,对其进行检验。由于之江公司每年都会定期举办经销商会议,因此也可将此视为客户体验循环的一个阶段性终点。

最后,为了让更多的人了解之江,信任之江,甚至成为之江的忠实客户,之江通过积极参与产品展销会、系列博览会等活动,举办经销商大会,建立起了其在行业内的高端形象。作为之江展现在经销商客户面前的第一印象,品牌形象很有可能也是影响整体满意度的关键点。

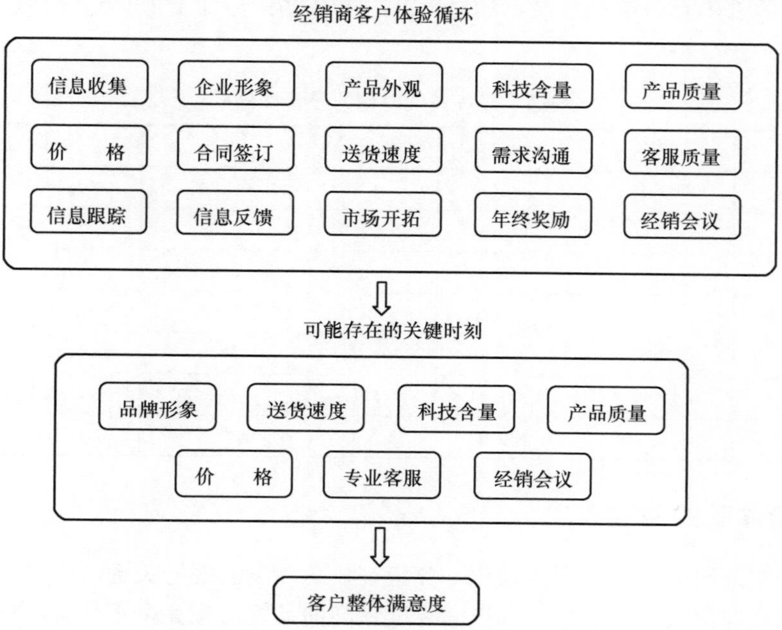

经销商客户体验循环

信息收集	企业形象	产品外观	科技含量	产品质量
价　　格	合同签订	送货速度	需求沟通	客服质量
信息跟踪	信息反馈	市场开拓	年终奖励	经销会议

⇩

可能存在的关键时刻

品牌形象	送货速度	科技含量	产品质量
价　　格	专业客服	经销会议	

⇩

客户整体满意度

图 1　之江的客户体验模型

2 基于客户体验的品牌战略实证研究

为了研究之江公司优化经销商客户的体验，促进其品牌战略的实施，并最终巩固之江与经销商之间的纵向互补型战略联盟。本次调查主要采用的是问卷形式，对象是之江分布全国的主要经销商。问卷采用五点评分量表。本次调查共发放问卷 54 份，收回问卷 54 份，其中有效问卷 47 份，通过了效度与信度检验。

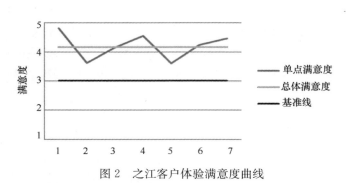

图 2 之江客户体验满意度曲线

首先我们看到，经销商对自身与之江接触的整体满意度的均值为 4.17，到达了"比较满意"的程度。其中，经销商对品牌形象的满意度均值为 4.82，价格为 3.62，科技含量为 4.15，产品质量为 4.54，送货速度为 3.61，客服人员的专业性为 4.23，经销商会议为 4.46。我们把 3 分即"一般"作为基准点。因为这里不存在低于 3 分的不满意点，我们取 3 分之上的最高分为峰值，即品牌形象的满意度 4.82，而终值为经销商会议的满意度 4.46，按照峰终定律，经销商客户的总体满意度应为两者的算数平均值 4.64，而这大大高于实际测得的整体满意度 4.17。我们用整体满意度对品牌形象满意度和经销商会议满意度两项因素进行回归分析，其结果是作为峰值的品牌形象满意度不具有统计显著性。

接着，根据自身设定的模型，用整体满意度对可能存在的七个关键时刻进行了回归分析。根据统计结果，只有送货速度与经销商会议两项与总体满意度才是具有显著意义的因素，其余几项的都不具备统计意义上的显著性。这从实证层面上似乎与峰终定律的结论不相符合，值得进一步分析。

表 1　潜在关键时刻的显著性分析

总体满意度	系数	标准差	T 检验	P＞t	95％置信区间	
品牌形象	0.081616	0.389141	0.21	0.835	−0.7055	0.868727
价格	−0.02467	0.172061	−0.14	0.887	−0.3727	0.323351
科技含量	−0.18923	0.146235	−1.29	0.203	−0.48502	0.106555
产品质量	−0.00246	0.29521	−0.01	0.993	−0.59958	0.594653
送货速度	0.448734	0.134626	3.33	0.002 ＊＊	0.176428	0.72104
客服专业性	0.172432	0.144641	1.19	0.24	−0.12013	0.464996
经销商会议	0.472547	0.159096	2.97	0.005 ＊＊	0.150746	0.794348

3 寻找客户体验的关键点

从上面的实证研究中我们不难发现，决定客户总体满意度的关键时刻确实包含在我们设计的模型之内。但出人意料的是，单点满意度最高的品牌形象完全不具有统计显著性。这是否违背了峰终定律呢？下面我们从对各个单点进行分析。

首先，经销商对作为品牌基石的质量和科技含量的满意度并未显著影响他们对之江的总体满意度，即使他们对之江产品质量的满意程度明显超过其整体的满意度。虽然质量与科技含量是终端消费者最关切的因素，但作为之江纵向战略伙伴的经销商却并不太在意这个问题。考虑到经销商主要谋求的是供应商价格和消费者价格之间的差价，而非产品的绝对价格，这也同样解释了为何经销商对价格的满意度偏低，但这却并不影响他们对之江的总体满意度。

其次，客服人员的专业性很高，但客服人员主要针对终端消费者。经销商虽然可能居间联系，但这依然不足以对经销商的总体满意度产生质的影响。

其三，送货速度一直是困扰公司的难题。由于密封胶产品的保存期较短，客户的需求经常有特殊性，密封胶的生产通常都是按照以销定产的，因此，所谓的送货速度慢其实包含两个方面，一是从接单到生产装运需要时间，二是物流速度本身较慢，送货速度慢长期以来就是经销商在与之江接触过程中的"疼痛点"。送货速度偏慢直接影响了公司和经销商在终端客户的信誉度。由于及时认识到按时供货的重要性，之江公司在接单生产和物流运输环节尽量提升效率，就此次调查来看，经销商对之江送货速度的满意程度已经超过一般水平。不过，送货速度的满意度仍然只有 3.61，明显低于整体满意度。

最后，经销商会议出人意料地成为了关键时刻。公司的这一做法虽然在业内比较普遍，但之江公司的经销商会议非但没有成为经销商的审美疲劳，而且成为经销商每年的节日，正是由于经销商会议给予了经销商客户美好的体验，在关键点上大幅提升了客户体验的满意度，弥补了送货速度慢所带来的负面效应，使客户的整体满意度达到了"比较满意"的程度。

对照"峰终定律"，我们发现峰值（品牌形象）未必对整体满意度具有显著的影响，而同为最低值的价格与送货速度也具有截然不同的影响力。事实上，客户体验过程中的关键时刻是相对固定的，并不因单点是否是峰值而改变。所以，企业若想以较低的成本收获较高的品牌效益，并不仅需要塑造一个或一些峰值，还必须在关键时刻上优化客户体验。以之江公司为例，如果在经销商会议和送货速度上下文章，就能更有效地提升经销商客户的满意度。不同的企业应该通过具体调查、实证研究明确客户体验循环中的关键点，把精力与财力放在这些关键点上。

综上，本文分析了之江公司如何通过寻找除了"峰和终"以外的，对客户价值和满意度有决定性影响的接触点，并通过改善经销商客户在这些关键时刻的体验来提升客户的整体满意度，从而树立良好的企业形象，加深客户对企业的忠诚度，提高企业的竞争力。同时，本文通过实证研究对传统的峰终定律，为其它企业如何提升客户价值提供了一些可以参考的建议与策略。

参考文献

[1] 於军，季成. 体验管理之峰终体验法[J]. 企业管理，2009(09).

[2] 高俊光，林颖，刘炜莉. 基于 PRCA 模型的商业银行客户满意度评价实证研究[J]. 金融理论与实践，2013(03).

[3] 张晓梅. 基于峰终定律的饭店顾客体验研究[D]. 东北财经大学，2013.

[4] 耿晓伟，郑全全. 经验回顾评价中峰—终定律的检验[J]. 心理科学，2011(01).

［5］ 克里·博丁. 打造正确的客户体验［J］. 北大商业评论，2015(09).

［6］ 黄琳. 客户满意策略的改进——基于客户体验的视角［J］. 江苏商论，2010(08).

［7］ 魏亚男，魏玉芝，何晓波. 关于客户体验的几点思考［J］. 辽宁行政学院学报，2007(05).

［8］ 张贝贝. 提升客户体验不再困难［J］. 软件和信息服务，2015(03).

［9］ 代微. 情绪因素是决定客户体验成败的关键 最新《全球客户体验调查》报告揭露客户去留背后的原因［J］. 现代商业，2013(16).

［10］ 张保军，仪德琛，张韬. 对银行业务客户体验的探究与思考［J］. 中国金融电脑，2016(07).

作者简介

张旭(Zhang Xu)，男，1969 年生. 研究方向：市场推广；工作单位：杭州之江有机硅化工有限公司；地址：杭州市萧山区所前镇白鹿塘；邮编：311200；联系电话：0571-82393667；E-mail：hzzhangxu@163.com。

成都市环球中心洲际酒店大堂侧面幕墙因风灾破损情况初步原因分析

吴智勇

四川省建筑金属结构协会　成都　610041

摘　要　成都市环球中心洲际酒店大堂玻璃幕墙风灾受损、情况及技术分析、整改意见。

关键词　玻璃肋点驳玻璃幕墙；风灾导致玻璃垮塌破损；结构合理性；造价及设计安全余度；设计施工问题

2016 年 8 月 7 日下午成都市高新南区在突发狂风暴雨冰雹袭击，成都气象信息报道当天该区域风力不小于 10 级加冰雹，给成都该区部分区域的建筑、植物造成严重的破坏，周边树木吹倒数百株，包括环球中心侧面的洲际酒店大堂玻璃幕墙破损严重（图 1），（其他尚有不少建筑玻璃破损，如益州广场、新会展、红星美凯龙（图 2）等。

图 1　洲际酒店大堂玻　　　　图 2　红星美凯龙点式玻璃幕墙转角处，7 块玻璃破损
　　　　璃幕墙大面积破损

环球中心洲际酒店大堂侧面幕墙此部分为玻璃肋点驳玻璃幕墙，幕墙立面宽度 46m、最大高度 24.5m，玻璃肋做为幕墙主要承担荷载的结构体系通过钢板-螺栓夹持安装于拱形钢结构梁上，玻璃面板通过不锈钢点驳爪、玻璃胶固定于玻璃肋上，玻璃板块横向排列 26 块，高度方向排列 9 块，面积 1100m²。玻璃幕墙结构体系基本分为上下两个部分，地面起至标高 6m 有横向结构梁，玻璃肋在此分上下两段承力体系并形成幕墙整体造型（图 3）。

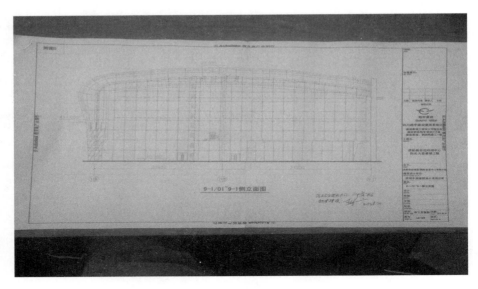

图3　洲际酒店大堂玻璃幕墙正面图

这次该玻璃幕墙因风灾为起因导致先后逐步（当即风损和排危）破损形成了位于外立面左起第6排至11排、高从底部起第3排至9排的区域的玻璃板块共37块破碎脱落、竖向玻璃肋左起第5个至第9个基本上整体破碎脱落（仅部分上局部残留），涉及面积约170m²，周边尚有部分玻璃板块、玻璃肋、不锈钢点驳爪有破裂、变形、未脱落情况（图4、图5）。

图4　　　　　　　　　　　　　　　　　　　图5

根据专家人员于8月8日、9日的会同业主等相关人员现场察看、查阅相关设计、施工资料，初步形成以下意见：

1. 洲际酒店大堂幕墙此部分为玻璃肋点驳玻璃幕墙，由于四川省某建设集团有限公司设计施工，施工图于2013年1月提交审查并通过，工程约于2013年3月竣工交付使用，根据提供的相关图纸、施工、验收资料，初步认定该项目是由具备资质的幕墙专业公司负责设计施工的，该项目基本按正常程序进行报审、备案、施工、质检的。

2. 查看施工图及现场，破损处的玻璃幕墙为玻璃肋点驳玻璃幕墙，幕墙面板玻璃为19mm钢化白玻，玻璃肋为19＋1.52PVB＋19mm钢化夹胶白玻，玻璃肋宽525mm。标高

6m 以下玻璃肋为一通长整体肋，标高 6m 以上，玻璃肋按 3.9m、6、3.9m 分 3 段，通过不锈钢夹板（16 个 M16 螺栓）连接形长总长 14.76m 玻璃肋系统，玻璃肋在其下端起 3.9 及 9.9m 玻璃肋拼接处，设置不锈钢栓杆系（杆径 20mm）横向支撑稳定系统，玻璃面板标准规格 1.75×2.8，最大分格 1.75×3.0，不锈钢点驳爪为 250 系列。查看其设计资料，基本合理可行，但其玻璃肋 525mm 宽的结构强度指标值已基本达到材料极限值，风荷载局部体型系数偏小，不锈钢点驳爪臂为薄板型，侧向承力比较弱，计算虽合格但没有留合理适当的安全余度，这对玻璃结构体系更为重要（图 6～图 9）。

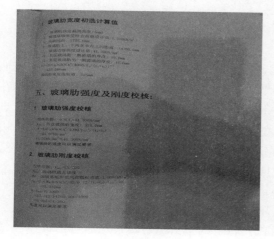

图 6

图 7

图 8

图 9

3. 从施工现场看，除破损坠落部分外，涉及周边的幕墙上存在玻璃破碎（面板、玻璃肋）、点驳爪件偏扭状态，因该玻璃幕墙已经使用了三年多，并承受相关的外界因素影响，无法简单判定幕墙施工中是否存在相关影响因素。但作为该幕墙承力体的大跨度钢结构架，在其大变位（2 倍框架结构）特性及持久荷载作用下产生的下沉形变（蠕变），对结构承力玻璃肋固定安装时应有合理的可变位间隙是个关键因素，玻璃肋下端点夹持底部若间隙不能满足变位要求，将使玻璃肋产生挤压，也可能出现局部破坏失效；该项目不锈钢点驳爪臂为薄板型，侧向承力比较弱，在长时间重力作用下，容易产生偏扭变形，对玻璃孔周边产生不利影响，也会引起局部失效破坏（图 10～图 12）。

图 10

图 11

图 12

4. 抛开设计施工因素，目前我国整个行业对玻璃作为承力结构体系还是处于宏观一般性的研究，对在特定条件下的局部状态变化研究不深，由此常规状态推算出来的计算结果不是很准确，该项目应该说采用的玻璃肋分段用夹板连接形成一个整体肋承力体系，结构研究同样不深入，此类非整体的组合连续玻璃支承构件不符合常规力学原理的，目前在国标《建筑幕墙术语》中没有将此类结构纳入；从国内行业对此类大跨度组合玻璃肋试验情况看，很难通过结构荷载试验；从破坏情况看出，上下段玻璃肋都破坏了，而中段玻璃肋完好，表明荷载没有等效作用到中段上，说明此类玻璃肋受力不是简单的"整体"状态；还有使用中的边界条件与设计理想状态是否相符也是需要考虑的问题。

5. 该项目超高度的玻璃肋系统虽然作了稳定支撑系统，但不完善、欠妥当，或者从具体实施上来说存在有重大失误，该横向的拉杆平衡稳定系统仅仅在玻璃肋之间拉接，两侧端拉杆没有与主体结构、钢结构连接、传力，这实际上不可能形成张拉稳定系统，拉杆平衡稳定系统若局部产生破坏，平衡支撑系统就会整体失效（图 13、图 14）。

图 13

图 14

6. 玻璃材料经过加工开孔夹持各种连接方式下，其参数与理想状态应有很多差别，特别是开孔处玻璃承载能力下降很多，在没有足够安全余度下，玻璃材料的敏感特性可能让我们无法掌控，本项目设计上来看，对关键的玻璃肋强度指标已经达到材料极限值，这可能是在超常规风荷载作用下，玻璃肋应复杂力作用下，局部的破坏带来支撑系统的失衡，从而导致大面积的破坏垮塌（图15、图16）。

图 15

图 16

7. 建筑风荷载常规情况下根据国家不同区域标准来制定，对突发性、偶发性狂风是无法包含的，本项目中的高大内空间，大尺寸的门洞，两建筑体转折区，极易形成风漩涡，风通过门洞灌入大空间形成高内压，外部漩涡区大负压（现场玻璃基本是倒在室外），在内外压差作用、风箱效应作用下，对本项目的结构薄弱点造成局部破坏，从而引起系统失衡，形成大面积破坏，（同类如2002年西昌火车南站候车大厅采光顶整体从内向上吹落）。

综合上述原因分析，总的来说应该是：突发的大风强荷载、局部的风旋涡作用是主要外因（玻璃基本是倒在室外），而对此类拼接肋点驳玻璃结构体系应用还研究不够，项目的设计安全余度不足、大跨度玻璃肋横向稳定系统未规范、可靠与主体结构拉接等因素，是在突发的外在作用下成为该幕墙结构破坏的突破点。

8. 对现有的破损幕墙整改意见：

第一方案：将此部分大跨度的玻璃肋点驳玻璃幕墙全部拆除，采用常规可靠的钢桁架支撑结构体系的点式玻璃幕墙，整体外观上没有太大差别，只是在内部视觉上多了钢桁架支撑结构体系（此结构的点式玻璃幕墙在该环球中心其他位置、同样外观造型的写字楼大堂中使用没有出现问题）。

第二方案：在原来结构形式上进行整改恢复，即按规范顺序拆除面板玻璃肋（含周边受影响尚未破损、固定爪件产生变形的），重新检查调整承力体系，更换、采用优质、高承载能力的点驳件；恢复安装时建议增大玻璃肋宽度；玻璃肋拼接方式应采用可靠的传力措施（不能仅靠螺栓传力），并对其结构形式进行必要的试验验证；玻璃肋安装下支座应有足够的可变位间隙；横向稳定不锈钢杆系统采用有一定稳定能力的大直径杆件并规范可靠连接、传力在建筑结构体上。

上述整改方案的实施都必须通过专业的设计来确定具体的结构参数、结构方式，在有可靠的安全余度情况下实施。

作者简介

吴智勇（Wu Zhiyong），男，1960 年生，高级工程师。研究方向：金属结构、门窗幕墙；工作单位：四川省建筑金属结构协会；地址：成都市人民南路四段 36 号省建设厅综合楼 408 室；邮编：610041；联系电话：13808236012；E-mail：395902059@qq.com/wuzy4937@163.com。

玻璃结构在国内外的应用

温嘉励

广州斯意达幕墙设计咨询有限公司　广州　510620

摘　要　文章通过介绍国内外玻璃结构的研究成果、发展历程和目前的发展水平，为业内人士提供创作和研发思路，同时尝试对玻璃结构设计提出设计方法。

关键词　结构玻璃；玻璃结构；玻璃建筑；玻璃承重结构

Application on Glass Structure in China and Abroad

Wen Jiali

C. E. D. Facade Design & Consultant Ltd. Guangzhou 510620

Abstract　The progress and current status of glass structure and its research achievements in China and abroad were addressed in detail, and design method of glass structure were attempted to raise.

Keywords　structural glass; glass structure; glass architecture; load bearing glass structure

随着制造工艺的不断改进，玻璃已经成为一种主承载结构材料，玻璃结构与木结构、砖结构、钢混结构、钢结构等一样，作为一种建筑结构，成为现代公共建筑中的一个新亮点。经过多年的研发和尝试，国外玻璃建筑已在公共领域中崭露头角。而在国内，由于对玻璃的结构安全性的了解还不够充分，因此业主和开发商还处于观望的态度，设计研发者也因此缺少设计研发的机会。本文试图通过对国外玻璃结构的归纳介绍，增加公众对玻璃结构的关注，为国内从业人员提供设计思路和参考，促进国内玻璃结构的发展。

玻璃是没有屈服阶段的脆性材料，因此玻璃结构的设计理论和方法有别于钢筋混凝土结构、钢结构等传统建筑结构。全玻璃结构的应用经历了一个试验阶段。在 20 世纪晚期，荷兰首先工程师在一个短租地块上建造玻璃住宅，该建筑物三面为通透的承重全玻璃幕墙，轻型屋面的张弦梁通过螺栓支承在玻璃肋上。此结构证明了玻璃能成为承重建筑材料，但还未能解决玻璃结构的安生性、防火等问题。随后英国、法国的工程师也做了不同的尝试，如榫锲方式胶接的玻璃结构、十字型玻璃柱等承重结构。国内对此阶段的玻璃结构项目有较详细的介绍[1-5]，代表作有荷兰玻璃屋（House De Fantasie, Almere）[2]，荷兰 Sonsbeek 雕塑亭[2]，英国 Kingswinford 玻璃博物馆[1]，荷兰鹿特丹的玻璃连桥[2]，玻璃柱应用（Saint-

Germain-en-Laye 办公室)[2]，东京乐町线出口雨篷[5]。

到了 21 世纪初期，全玻璃结构开始在国外广泛应用到公共领域、商业建筑和私人住宅。其中荷兰的 benthemcrouwel，英国的 Dewhurst Macfariane，英国的 Eckersley O'Callaghan 和意大利的建筑/玻璃设计师组合的 Santambrogio 等几个著名的结构设计事务所的作品举世瞩目，也一定程度反映了玻璃结构的发展过程。

作为美国苹果公司旗舰店的结构设计单位——英国 Eckersley O'Callaghan，该事务所拥有大量设计延续性的玻璃结构的机会。因此，英国 Eckersley O'Callaghan 对玻璃结构技术发展，作出了重大的贡献。同时，美国苹果公司在各地的旗舰店也展示了玻璃结构发展。

在中国，玻璃作为承重材料的应用并不多，主要用作玻璃楼板或楼梯踏板。最令人注目的玻璃结构为苹果公司在北京、上海和香港等地开的旗舰店里，这些玻璃结构有力的证明了我国玻璃制造和装配业已经走到了世界的前列，但玻璃结构的设计在我国还基本处于空白。

1 本世纪初全玻璃结构在国外的应用

由英国 Brian Eckersley 与 James O'Callaghan 于 2004 年建立的 Eckersley O'Callaghan 工作室是目前建筑玻璃结构的领导者。经过多年探索，该工作室已经拥有最严谨的玻璃结构设计理论和分析方法，也是多个国家玻璃结构设计标准委员会成员，因此，了解 Eckersley O'Callaghan 的玻璃项目，便是了解玻璃结构的简史，下面将介绍几个代表性的项目。

2014 年开业的美国国家纪念馆门前的 2.5m 悬臂的玻璃墙，此玻璃墙由 4 层夹胶浮法玻璃组成。玻璃表层的浮雕是通过深酸蚀刻，深雕刻和印刷等工艺制造而成。（图 1）

图 1　美国国家纪念馆的 2.5m 高玻璃墙[6]

2014 年完工的美国费城迪尔沃思公园地下交通枢纽的两个玻璃亭出口（图 2），可能是目前世界最大最高的胶接式全玻璃结构。每个玻璃亭是一个全玻璃结构，由 18ft（5.486m）高的玻璃墙和跨度为 17 ft（5.182m）的玻璃屋顶组成。玻璃墙面板为 5 片 3/8"（9.525mm）厚 SGP 夹胶半钢化玻璃，玻璃屋顶为 7 片 SGP 夹胶半钢华玻璃。整个玻璃亭由钢梁与混凝土反梁支撑，玻璃墙固接于不锈钢槽中，从地面向上悬挑。玻璃屋面通过硅酮结构密封胶直接支撑在玻璃墙面上。整个玻璃亭从地面上看，没有任何的金属配件。这个项目的成功取决于玻璃结构的地基为全砖石结构。

此玻璃亭可视为斜的排架结构，入口处三片大尺寸玻璃组成一个的斜排架，斜排架的一部分重力作用在旁侧的尺寸较小排架上，一个较大的排架压在一个较小排架上，直到玻璃亭的根部，形成一个结构整体。当风荷载作用下，整个玻璃屋顶对排架结构起到一定的侧向支撑作用。大尺寸的屋顶玻璃通过结构胶及玻璃垫片将水平风荷载传到小尺寸的屋顶玻璃，直到底部基础。其中，结构胶应为小变形的，才能起到水平荷载传递作用。在玻璃重力作用下，玻璃与垫片之间通过摩擦力将一部分水平荷载传递到屋顶根部。

图 2 迪尔沃思公园的交通枢纽出口[6]

另外，意大利米兰的建筑/玻璃设计师组合 Santambrogio（Carlo Santambrogio & Ennio Arosic）也是世界上有名的玻璃结构专家。他们设计并建造了两套完全由蓝色玻璃组成的玻璃屋子[7]。两间屋子均为框架体系的全玻璃结构，一间为三层玻璃屋（图 3），另一间为建于水面长方形吊脚式玻璃屋（图 4）。

图 3 意大利 Santambrogio 设计的玻璃屋（一）[7]

图 4 意大利 Santambrogio 设计的玻璃屋（二）[7]

三层玻璃屋的中柱为置于室外的玻璃肋与玻璃墙面板组成的 T 型截面柱，其中玻璃肋由两片玻璃组成。角柱为转角玻璃墙面板和与之延伸的玻璃肋结成的十字型截面柱。玻璃梁系为纵横两方向玻璃梁，通过螺栓连接而成的网格梁系。网格的每个末端通过螺栓与玻璃柱连接，构成了主体框架。室内的玻璃书架和玻璃厨子与玻璃梁柱连接，成为玻璃屋的次结构，为玻璃屋提供支撑作用。玻璃楼梯安装在玻璃墙面和室内玻璃厨子之间，由两边的玻璃面板支承。

建于水面上的长方形吊脚式玻璃屋，由两片玻璃组成的玻璃Ⅱ型柱子穿过水面，与地基连接，离水面一定高度处，建立一层梁网格，交接处通过玻璃耳板用螺栓进行连接。玻璃地面铺在梁网格上面，玻璃屋顶做法与楼板相似。入口楼梯道由两块到地基的玻璃面板做为主梁，楼梯踏板与玻璃面板连接，顶部由从屋内延伸出来的玻璃梁作为主支撑架，玻璃墙面板与屋面板与之连接。

2 苹果公司的全玻璃结构产品

2001 年苹果公司与建筑师 Bohlin Cywinski Jackson、工程结构师 Eckersley O'Callaghan 等合作，建造出一系列用于共公建筑的玻璃结构作品。他们的作品几乎都具有继承和发展特点，使得玻璃结构的发展得到非常大的突破。

2004 年开业的位于英国伦敦摄政王街的苹果旗舰店的玻璃楼梯（图 5）和玻璃桥（图 6），是当时较大跨度的玻璃作品。玻璃楼梯是由起承重作用的夹胶钢化玻璃墙和玻璃踏板组成，玻璃踏板的跨度为 2.4m，由多层夹胶浮法玻璃组成，通过定制的钛合金连接件与玻璃墙连接。其中，钛合金连接件是在玻璃踏板进行夹层粘结的过程中一同预埋粘结的。

图 5 摄政王街店的玻璃楼梯[6]　　图 6 摄政王街店的玻璃楼梯和玻璃桥[6]

2005 年开业的日本东京苹果专卖店的全玻璃楼梯（图 7），将玻璃栏河视为楼梯的主承重单跨梁，横跨在一楼与地面之间。由于受玻璃制造业的限制，玻璃承重栏河需要由三块等长的玻璃，通过钢件铰接起来。玻璃踏板通过金属件与玻璃栏河连接起来，共同抵抗当地高烈度的地震作用。

图 7　东京店的玻璃楼梯与玻璃桥[6]

　　2011 年开业的德国汉堡苹果专卖店的玻璃楼梯（图 8），12m 跨度的承重玻璃栏河为一块 5×12mm 厚夹胶半钢化玻璃，重量超过 4 吨。另外，玻璃踏板与栏河之间的连接件为背栓式，与栏河玻璃的夹胶层粘结，不再需要穿透栏河玻璃的外层，保持了玻璃外表面的完整性。

图 8　汉堡店玻璃楼梯[6]

2012 年伦敦王子街 103 号的苹果旗舰店（图 9）重新装修，玻璃楼梯重新设计成跨度 13m 的新一代玻璃楼梯，跨度 13m 的玻璃栏河为一块 5 层夹胶半钢化玻璃，重量超过 2 吨。

图 9   伦敦苹果店 13m 跨度玻璃楼梯[6]

2004 年在日本大阪苹果专卖店建成的螺旋形玻璃楼梯（图 10），由高承受力的夹层化学钢化圆弧玻璃通过钢件连接成螺旋形的承载栏河（即楼梯的主梁），通过钢索吊挂在上部梁上。玻璃踏面选用浮法玻璃，两端使用钢件与玻璃栏河连接，形成一个整体共同抵抗当地多发的高烈度地震作用。

图 10   大阪苹果店的螺旋形玻璃楼梯[6]

2006 年 5 月开业的位于纽约第五大道的苹果专卖店里的玻璃圆柱电梯及与之环绕的螺旋形的玻璃楼梯（图 11）。整个圆柱形玻璃电梯井和玻璃楼梯由地下室底板支承，地面楼板提供侧向支撑。电梯井的圆形平面为 6 块弧形玻璃，一共 3 层，其中最底层和最高层开有电

图 11　玻璃楼梯[6]

梯门，共 16 块有玻璃组成。平面间玻璃通过金属件连接，层间玻璃通过不锈钢圈连接，形成抗拉环梁。电梯井作为整个玻璃结构的核心承重柱，玻璃楼梯的外围栏河是楼梯外螺旋形梁承重梁。外螺旋栏河其投影平面为 6 块弧形玻璃，底部玻璃与地下室楼板连接，顶部玻璃与一层楼板连接，中间弧形玻璃由倒 L 型玻璃柱支承。倒 L 型玻璃柱的另一边与中心电梯井连接，将荷载传会中心电梯井。楼梯踏板连接电梯井和外螺旋栏河，起侧向连接作用，保证楼梯的稳定性。

　　2007 年于纽约第十四大道的苹果专卖店里完成的螺旋玻璃楼梯，首次将螺旋玻璃楼梯技术由单层上升到两层（图 12）。

图 12　纽约苹果专卖店的两层螺旋玻璃楼梯[6]

楼梯中心处为圆形核心承重柱，核心承重柱平面为 6 块弧形玻璃，竖向有 4.5 层，共 30 块玻璃组成。核心承重柱玻璃间的连接方式，与他其螺旋玻璃楼梯项目一样，平面间玻璃通过金属件连接，层间玻璃通过不锈钢圈连接。核心承重柱由预埋在地面层下面的钢网格支承，二层、三层的楼板提供侧向连接。外围的玻璃栏河由三层化学钢化夹胶玻璃组成，作为楼梯外螺旋形梁承重梁，支承于从核心承重柱悬挑的玻璃梁上。

对楼梯稳定性最大的挑战是，建筑物本身的刚性不大，有一定的侧向位移。因此，楼梯与建筑物之间的连接必须有足够的相对滑动的能力，从而楼梯不会对建筑物起侧向加固作用。

2008 年波士顿苹果店也采用两层螺旋玻璃楼梯（图 13）。

2006 年 5 月开业的位于纽约第五大道的苹果专卖店玻璃门厅（图 14），这个玻璃屋是长宽高均为 32.5ft（约 10m）的立方体。这是个玻璃框架结构，屋顶为双向薄壁玻璃平面网格，通过拼接的玻璃柱进行支撑，其横向稳定性由玻璃墙面板提供。玻璃网格与玻璃柱均由多层的夹胶玻璃组成，所以玻璃构件之间通过金属件连接。整个玻璃结构包括 106 件玻璃面板，和 250 件玻璃肋（即玻璃网格与玻璃柱）。在屋顶的中部挂着一个 8ft（约 2.4m）的会发光的苹果商标。

图 13　2008 年波士顿苹果店的
两层螺旋玻璃楼梯[6]

图 14　纽约苹果店门厅[6]

此玻璃门厅处于 Eckersley O'Callaghan 建造玻璃结构的初期，受限于当时的玻璃结构分析水平和玻璃制造能力。所以玻璃构件尺寸相对较小，连接件也相当多。在此后经过多方的努力，玻璃结构的设计方法得到非常大的发展，玻璃制造安装也得突破。此时，夹胶钢化玻璃面板的尺寸能做到 18m×3.6m。

为此，苹果公司总裁史蒂夫·乔布斯决定重建纽约第五大道的苹果专卖店玻璃门厅，使得 2011 年完成的新方案更为通透和简洁，最新的玻璃结构的设计概念得已展示。改建后的玻璃门厅外观尺寸不变，玻璃面板减至 15 块，玻璃肋减至 40 块。新方案中屋顶仅为 7 块玻璃肋组成的玻璃网格，其端部与玻璃柱铰接，玻璃柱由一块玻璃组成，不再需要拼接。（图 15）

图 15　改建后的纽约苹果店门厅[6]

2010 年开业的上海浦东金融国际中心的苹果专卖店的门厅（图 16），为高 12.6m，直径 10m 的玻璃圆筒。其立面由 12 块超大弯钢化玻璃组成。面板背后的玻璃柱也是一块 12m 高、70mm 厚的夹胶钢化玻璃，通过嵌入式的金属件与玻璃面板连接。屋面由四块玻璃组成，支承在径向的玻璃梁上。玻璃梁的外端与玻璃柱连接，内端与中心玻璃环梁连接，形成主承重玻璃框架，其侧向稳定由玻璃面板提供。

图 16　上海店门厅[6]

值得一提，我国的北京北玻安全玻璃有限公司与山东金晶科技股份有限公司经过共同研发，将初步方案的三块 4.2m 长的弯钢化玻璃改为一块 12.6m 长×2.6m 弧长的弯钢化玻璃。突破了世界纪录，获得"中国创造"的美誉。为我国的玻璃结构发展提供了物质基础。

2014 年完成的位于土耳其的伊斯坦布尔佐鲁中心的苹果专卖店屋顶玻璃盒子（图 17，图 18），是最极致的透明度。四面墙均仅为一块 10m 长×3m 高、3×12mm 厚 SGP 夹胶钢化玻璃。屋面为一块带反拱碳纤维增强塑料（CRFP），其中心处比四边高出 210mm，以便排水。屋面板的四边均为 60mm 宽的边缘与玻璃墙面板连接。所有的连接部分都使用硅酮结构胶，没有任何连接件影响建筑物的完整性和透明度。[6]。

图 17　伊斯坦布尔的苹果专卖店屋顶玻璃盒子[6]　　图 18　伊斯坦布尔的苹果专卖店屋顶玻璃盒子[6]

3　全玻璃结构在我国的概况

在中国玻璃作为承重材料的应用还处于一个相当低级的阶段，目前主要的应用是全玻幕墙，玻璃楼板，玻璃楼梯等。但全玻幕墙的设计技术水平与国际相比，也是相对落后的。在杭州的中国美术学院里的一座玻璃桥，尽管其跨度较小，但也是玻璃结构应用的一个尝试。（图 19）

尽管北京、上海和香港的苹果旗舰店已将玻璃结构带到中国来，并大大促进了中国玻璃制造的发展，使国内完全有能力生产和安装全玻璃结构。但是玻璃结构的设计玻璃结构的设计还处于启步阶段，有待尝试和开发。

图 19　杭州的中国美术学院的玻璃桥[2]

4　玻璃承重结构的设计方法

对于传统的建筑结构，如钢筋混凝土结构和钢结构等，其结构设计可依据相应的国家规范进行验算。如果是超规范的设计，就需要进行专家论证，有必要时需要对其中关键部位进行实验。同时，项目的实际应用，也是一个反复调整尝试和调整的过程。

目前对于玻璃结构，全球还没有一个国家提出指导性的设计方法或参考标准。由于玻璃材料脆性的特点，结构师们对玻璃结构既充满期待又心有疑惑。在国外，玻璃结构有近 30 年的发展史，国外结构师走过了玻璃结构的探索阶段基本进入工程应用实践阶段，因为没有行业性的设计标准，所以对于玻璃结构的研究一直是一个热门的研究课题，为工程师提供大量的设计参考。但在我国，无论是研究机构还是一线的工程师都极少对玻璃结构设计进行探索或试验性研发，因此我国的玻璃结构设计基本处于空白。但相信，以玻璃材料梦幻般的通透性，一旦我国结构师撑握玻璃结构的设计方法，玻璃结构建筑会瞬间在全国蔓延起来。

　　笔者大胆对玻璃结构设计提出一个简单的思路：力学理论分析——某一构件破坏时，结构的剩余强度设计——对所有玻璃构件进行1∶1的仿真实验——根据实验、概率论对设计方案进行调整——对玻璃构件添加保护层（防撞击、防火设计）——玻璃结构实际工程应用。

　　玻璃结构的力学理论分析是对玻璃结构的初始设想按弹性力学理论进行数值分析，了解玻璃理论上应力或应变分布，为玻璃结构设计提供初始的结构方案。但由于玻璃实际情况受生产和加工的限制，可能出现多种数据分析无法预见的问题，因此力学理论分析得到的结构方案绝对不能作为玻璃结构实际应用的设计依据。

　　由于玻璃的破碎无法完全避免，必需了解一旦某一玻璃构件损坏失效后，损坏的玻璃构件原承载的荷载能否通过另外路径分配到其他结构构件中，增加受荷的构件是否因此受损而使建筑结构更加危险。换句话说，就是需要对建筑进行剩余强度设计，当某一玻璃构件破坏后，整体结构不会在采取应急措施前出现进一步的损坏或倒塌。此时没破坏的玻璃构件所承受的荷载才是玻璃构件的荷载设计值。

　　1∶1的防真实验是对玻璃构件实际受力情况进行观察，文献中，实验中实际破坏情况与数据分析预期相差较远，因此，必须对全部玻璃构件进行实验，以得到真实的构件受力情况。

　　由于每一个玻璃构件成品都有其独特性和唯一性，实验也只能对工程实际情况进行仿真，玻璃构件并不能完全反映玻璃构件在实际应用中的实际情况，所以必须运用统计学概率论对实验结构进行调整，从而得到一个被认为较为可靠的玻璃构件承载力数据。

　　最后，还需要考虑玻璃构件的防火和防冲击问题。当遇到意外事件，在玻璃结构中的所以有人能够全部安全撤离的时间内，玻璃结构没有发生倒塌，那么说明玻璃结构是安全的。这个时间取决于玻璃结构的防火（防冲击）能力、玻璃结构的面积、能容纳的人数、玻璃结构所处的位置及人员撤离的容易程度等。对于提高玻璃结构的防火（防冲击）能力，目前最常用的方法就是在玻璃构件的外表面增加夹胶玻璃层或在玻璃构件的外围增加防护套，使玻璃保护层与玻璃受力构件组成完整的玻璃构件系统。（图20）

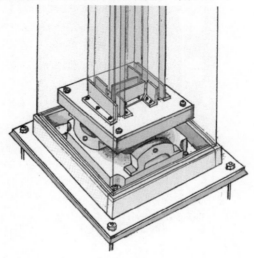

图20　玻璃柱防护套[8]

在工程实际应用时，一定要保证玻璃构件的公差在设计的允许范围内。定期对玻璃构件进行观察检测（图 21），了解玻璃构件在应用过程中的应力和变形情况。并做好防护措施，一旦玻璃出现可见裂痕或破损，马上提供临时的支护，为整体结构提供安全保证。

图 21　杜邦公司进行的"牺牲层"验证试验[9]

参考文献

[1]　史蒂西，施塔伊贝，巴尔库等 . 玻璃结构手册[M]. 白宝鲲，厉敏，赵波 . 大连：大连理工大学出版社，2004：53，274-278.

[2]　傅岚 . 玻璃建筑表现初探[D]. 南京：东南大学，2005.

[3]　马晓曦 . 玻璃材料在建筑设计中的应用研究[D]. 西安：西安建筑科技大学，2011.

[4]　陈神周 . 点式玻璃技术在当代国外建筑中的应用[D]. 北京：清华大学，2004.

[5]　渡边邦夫，王健 . 东京国际会议中心：建筑家和结构设计者的共同合作[J]. 建筑创作，2012（02）：124-146.

[6]　Eckersley O'Callaghan［EB / OL］. http：//www. eocengineers. com/♯projects.

[7]　Glass Homes / Santambrogio［EB / OL］. http：//www. gooood. hk/_d274987782. htm.

[8]　Ouwerkerk E. Glass columns：a fundamental study to slender glass columns assembled from rectangular monolithic flat glass plates under compression as a basis to design a structural glass column for a pavilion［D］. Netherlands：Master of Science program of Civil Engineering at the Delft University of Technology. Faculty of Civil Engineering and Geosciences；2011.

[9]　邱岩 . 玻璃及其层合材料表面与界面性能评价技术研究［D］. 北京：中国建筑材料科学研究总院，2008.

作者简介

温嘉励（Wen Jiali），女，1983 年生，工程硕士，建筑工程结构设计工程师。研究方向：玻璃承重结构；工作单位：广州斯意达幕墙设计咨询有限公司；地址：广州市天河区广州大道中 900 号金穗大厦裙楼五楼 529 房；邮编：510620；联系电话：13527713774；E-mail：wenjiali001@163.com。

台风侵袭下的门窗幕墙玻璃安全

吴从真

广东金刚玻璃科技股份有限公司　　汕头　　515063

近年来，频发的超强台风来势汹汹，海燕、灿鸿、妮妲、海马等超强台风的破坏力无不让人心有余悸，而台风"莫兰蒂"更是重创厦门，台风登陆鼎盛时强度达到 17 级（表 1），是厦门市自新中国成立以来所遭受的最强的一次台风侵袭，狂风暴雨过后整个城市满目疮痍，令人触目惊心，灾难直接导致经济损失高达 102 亿元，房屋倒塌或损坏达 17907 间，尤其是靠近海边的诸多高层海景房，其玻璃幕墙、门窗损毁严重。建筑幕墙、门窗的安全问题，再次成为全社会关注的焦点。

表 1　台风莫兰蒂气象数据

中文名	台风莫兰蒂	最低气压	883hPa
英文名	Meranti Super Typhoon	最大风速	70m/s
最大风力	17 级以上	最快移动速度	25km/h 左右
最强级别	超强台风	生成时间	2016-9-7

作为建筑物外围护结构的门窗幕墙，是抵御外界灾害入侵的第一道屏障，如果其安全性无法保证，那么保障居民基本的生命安全就无从谈起。

此次厦门莫兰蒂台风对厦门各建筑物的玻璃幕墙、门窗造成了不同程度的损坏，很多建筑幕墙受损，少数受损比较严重。总体讲，玻璃的破损情况还是相当突出，特别是一些沿海建筑，海景房阳台的玻璃、玻璃门、玻璃窗损毁严重（图 1～图 4）

图 1　门窗幕墙受损情况（一）　　　图 2　门窗幕墙受损情况（二）

图 3　门窗幕墙受损情况（三）　　　图 4　门窗幕墙受损情况（四）

　　据有关方面对建筑幕墙在台风"莫兰蒂"的损毁情况统计，大多数的幕墙受损是由于玻璃受损，占 73%（图 5）。门窗幕墙玻璃已成为建筑围护结构抵抗台风袭击的最薄弱环节。

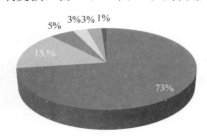

图 5　数据来自中国幕墙网

　　导致门窗幕墙玻璃大面积损毁的原因，分析主要有以下几点：

　　1. 莫兰蒂台风超强，设计上未考虑超强台风的客观因素。国家标准对玻璃幕墙设计标准承受风压的上限值为 12 级，而此次强台风风力最大风力达 15 级，局部地区甚至达到 17 级以上，远远超过设计值的上限。

　　2. 部分玻璃抗风压设计等级可能偏低，甚至没有抗风性能设计，造成使用的玻璃面板强度低、厚度薄。

　　3. 部分建筑由于建筑物之间风切变的影响，加剧了台风的强度，形成了瞬间风力剧增的情况。

　　4. 许多业主喜欢将部分玻璃幕墙开启扇当通风窗使用，甚至还私自更改原设计，安装不符合安全标准的玻璃，开启活动越多密封性能就越差，一旦受风荷载作用未关闭的开启窗等部位受震动，极易造成玻璃破裂、开启扇变形，甚至整体脱落。

　　5. 除了以上因素，我们认为多数玻璃破裂的最关键原因还是由台风携带的碎物撞击所致，而非台风本身风压所致。台风对建筑物袭击的最显著特征是在不断变化的高风压下伴随着高速夹杂物的冲击，风携碎物冲击的破坏力是惊人的（图 6、图 7）。超强风压夹杂着高速碎物、雨水的叠加作用使门窗幕墙玻璃或面积较大的阳台玻璃超过受力极限导致受损。

　　据有关资料证明，台风发生时，台风对建筑物造成的破坏，大部分是通过台风产生的循环风压及飓风夹带的固体杂物冲击，先破坏建筑物中最薄弱的玻璃部分，玻璃碎片的飞溅造

图 6　风携碎物冲击的破坏力惊人　　　图 7　风携碎物冲击的破坏力惊人

成对人们生命及财产的破坏，然后强风进入屋内，对建筑物形成增压破坏力，最坏的情况下可以掀翻屋顶甚至破坏整个建筑物结构（图 8）。因此，建筑玻璃防飓风性能的好坏直接关系到人们的生命财产受威胁及整个建筑物受破坏的可能性。玻璃是门窗幕墙建筑外围护结构最敏感的部件之一，需要重点加以保护以免台风成为灾难。

　　目前我国门窗、幕墙抗风压设计，主要的考虑因素是在风荷载作用下玻璃的最大应力设计值不能超过短期荷载作用下的玻璃强度标准值、挠度要求及承载力极限状态和正常使用极限状态的要求等；门窗幕墙的性能检测主要侧重气密性、水密性和抗风压性能；而在反复气压循环条件下的抗风携碎物冲击这个抵抗台风的关键技术指标设计和测试上存在缺失。

　　2004 年初，四部委联合下发《建筑安全玻璃管理规定》规定十一个部位必须使用安全玻璃，其中包括了 7 层及 7 层以上建筑物外开窗、面积大于 1.5 平方米的窗玻璃等。安全玻璃在建筑门窗上得

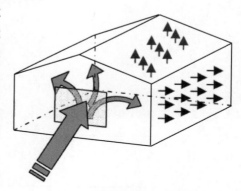

图 8　台风通过破坏窗玻璃进而
破坏建筑结构

以普及应用，然而安全玻璃的安全性能如抗落球冲击、霰弹袋冲击性能等并不能替代抗风携碎物冲击性能，后者更苛刻。普通钢化玻璃、夹层玻璃门窗虽然具有一定的安全性能，但其安全级别仍偏低，还不足以抵御强台风所产生的破坏力。

　　作为频繁受到飓风袭击的美国，在门窗、幕墙防飓风方面的经验值得我们借鉴。

　　安德鲁飓风是值得美国人铭记的飓风，它促成了美国建筑物防飓风方面的立法。1992 年，安德鲁飓风从 8 月 16 日开始一直持续到 8 月 28 日，席卷了佛罗里达、巴哈马群岛和路易斯安那，重创美国，造成了 27 人死亡，近 8 万人背井离乡。防飓风的建筑规范的制订就始于 1992 年，以保护美国公民和建筑物。国际建筑规范（IBC）、国际住宅规范（IRC）和

佛罗里达建筑规范（FBC）等规范的实施目的就是用以保护建筑物外围护结构免受飓风侵袭。佛罗里达的建筑规范要求在布劳沃德、迈阿密－戴德等高速飓风区的抗撞击系统必须满足迈阿密－戴德技术标准：

（1）TAS 201——"Impact Test Procedures"；

（2）TAS 202——"Criteria for Testing Impact & Non Impact Resistant Building Envelope Components Using Uniform Static Air Pressure"

（3）TAS 203——"Criteria for Testing Products Subject to Cyclic Wind Pressure Loading"。

以上这些防飓风测试标准在佛罗里达被广泛认可。当然还要根据 ASTM E1300 确定玻璃厚度，根据 ASCE7-98 进行抗风压设计。

美国 ASTM E1996《受飓风中的风携碎物冲击的外窗、幕墙、门和百叶窗的性能技术规范》按照不同的发射物和发射速度将门窗幕墙的抗飓风级别分为 A、B、C、D、E 五个级别（图9）。测试样品在通过发射物冲击测试后还必须通过次正、负压各 4500 次、共计 9000 次的循环风压试验（图10）。试验后门窗玻璃应保持完整，不能被发射物穿透，也不能产生可使 76mm 直径球体通过的开口及长度超过 130mm 的裂口。

Missile Level	Missile	Impact Soeed (m/s)
A	2g±5% ateel ball	39.62(130 f/s)
B	910g±100g(2.0 lb.±0.25 lb.)2×4in. 52.5cm±100mm(1 ft-9 in.±4in.) lumber	15.25(50 f/s)
C	2050g±100g(4.5 lb.±0.25 lb.)2×4 in. 1.2m±100mm(4 ft.±4 in.) lumber	12.19(40 f/s)
D	4100g±100g(9.0 lb.±0.25 lb.)2×4 in. 2.4m±100mm(8 ft.±4 in..) lumber	15.25(50 f/s)
E	4100g±100g(9.0 lb.±0.25 lb.)2×4 in. 2.4m±100mm(8 ft.±4 in..) lumber	24.38(80 f/s)

图 9　ASTM E1996 发射物冲击试验对发射物的要求

Loading Sequence	Loading Direction Air Pressure Cycles		Number of Air Pressure Cycles
1	Positive	0.2 to 0.5 P_{pos}	3500
2	Positive	0.0 to 0.6 P_{pos}	300
3	Positive	0.5 to 0.8 P_{pos}	600
4	Positive	0.3 to 1.0 P_{pos}	100
5	Negative	0.3 to 1.0 P_{neg}	50
6	Negative	0.5 to 0.8 P_{neg}	1050
7	Negative	0.0 to 0.6 P_{neg}	50
8	Negative	0.2 to 0.5 P_{neg}	3350

图 10　ASTM E1996 对压差循环试验的要求

在进行防飓风设计时，可根据美国大西洋海岸的不同风区、不同建筑高度和建筑物保护类别，确定门窗、幕墙防风携碎物冲击级别（图11、图12）。

图 11　美国东海岸风速分区

Level of Protection	Enhanced Protection (Essential Facilities)		Basic Protection	
Assembly elevation	≤9.1m (30 ft.)	>9.1m (30 ft.)	≤9.1m (30 ft.)	>9.1m (30 ft.)
Wind Zone 1 49m/s(110mph)–54m/s(120mph)	D	D	C	A
Wind Zone 2 54m/s(120mph)–58m/s(130mph)	D	D	C	A
Wind Zone 3 58m/s(130mph)–63m/s(140mph)	E	D	D	A
Wind Zone 4 ≥63m/s(140mph)	E	D	D	A

图 12　门窗幕墙抗风携碎物冲击的级别确定

　　我国海岸线漫长，是太平洋沿岸遭受台风侵袭最频繁的国家之一，每年台风给我国海南、广东、福建、浙江等沿海各省带来巨大的经济损失和人员伤亡。根据 1949 年以来的台风资料分析，我国的热带气旋在登陆时的强度有逐年增加的趋势，并且在登陆台风中强台风所占比重也呈逐年增加的趋势。解决建筑物门窗幕墙的台风防护问题已刻不容缓。

　　建筑物在门窗幕墙设计上，主要考虑的是功能、审美和可建造性。然而为确保这些建筑在设计寿命内的功能和审美性，还需对地区性自然灾害因素予以考虑，如台风袭击等，防御这些自然灾害而对建筑物提出的要求，与日常功能要求同等重要。

　　我们认为，沿海台风高发地区的建筑，应根据当地的基本风速，进行适当的防台风设计。而对于敏感建筑、要害建筑、应急设施等，应提高防台风设计的级别，如医院、应急健康医疗中心；监狱和拘留所；消防、急救、警局和急救车库；指定的应急避难所；电站；商业中心和其他要求应急反应的公共设施；具有国防功能的建筑物和其他设施等。门窗幕墙产品只有通过了相应级别的防台风测试，才能应用于实际工程。

令人欣慰的是，我国已陆续发布实施了防台风的相关标准：

（1）2013年9月1日，《防台风玻璃》（JC/T 2165）实施。

（2）2014年6月1日，《玻璃幕墙和门窗抗风携碎物冲击性能分级及检测方法》（GB/T 29738）实施。

（3）2015年12月1日，《建筑幕墙、门窗通用技术条件》（GB/T 31433）实施，该标准将抗风携碎物冲击性能作为可选性能列入安全性指标。

这些国家或行业标准的制订是以美国标准为重要参照，其颁布反映了我国建筑幕墙、门窗行业对防台风的日益重视和我国防台风技术法规的进步。

与此同时，我国一些企业在防台风门窗、玻璃产品的研发上也加快了步伐，并达到了世界先进水平。如广东金刚玻璃科技股份有限公司的防飓风玻璃及门窗产品，按照美国标准经美国佛罗里达州迈阿密防飓风试验室 Hurricane Test Laboratory 检测（图13～图16），防飓风性能可以达到美国标准规定的最高级别 E 级，可承受63m/s以上的飓风冲击和±200psf风荷载作用下9000次的压差循环测试（测试数据见表2）。这也是我国首家通过美国迈阿密防飓风试验室测试的企业。

图13　发射物冲击测试

图14　气压循环测试

表2　金刚防飓风玻璃测试数据

玻璃厚度 （in）	尺寸 （in×in）	防飓风等级	测试风区	设计风荷载 （PSF）	检测标准
104″ （2652mm）	109.2″×55.7″	E	4	200	ASTM E1996
0.85″ （2152mm）	109.2″×55.7″	E	4	150	ASTM E1996
218″ （15mm）	95.0″×59.8″	D	4	150	ASTM E1996
0.55″ （1390mm）	100.0″×55.5″	C	4	90	ASTM E1996

技术标准和产品研发的进步，并不意味着产品的普及应用。基于上述标准是非强制性的，不具约束力，因此在发布实施后执行力度上相对有限，我国沿海地区建筑幕墙、门窗工

程也鲜有做过防台风性能的专门设计、测试和普及应用。建议我国沿海台风多发地区如海南、广东、福建、浙江各省在建筑规范方面做防台风的强制性立法，在门窗幕墙规范中加入防风携碎物冲击等特性指标要求，从而更有力地推动和提高我国沿海地区建筑物防台风水平。

参考文献

［1］ Stefan Hiss, Practical guide to participate in the US hurricane glazing market［C］，GPD 2007 Conference Proceedings，576～578.

［2］ ASTM E1996-04《Standard Specification for Performance of Exterior Windows，Curtain Walls，Doors and Impact Protective Systems Impacted by Windborne Debris in Hurricanes 1》［S］.

［3］ 杨清，莫兰蒂台风对厦门幕墙工程的影响分析［R］. 工程治理论坛.

科技创新对于建筑节能门窗领域的影响

赵观新

杰斯两合建筑节能技术（北京）有限公司　北京　100025

摘　要　随着我国建筑节能政策的不断推进，我国建筑节能门窗幕墙企业在和房地产行业对接中发现了很多问题。门窗产品的系列、节能性、价格竞争性等因素为我们的企业建造了一个"围城"。在本文的介绍中，我们将通过分析国家节能政策、现有门窗产品的特点以及其他方面向大家重点分析造成这一困境的原因和解决方案，希望能够为企业的发展助力。

关键词　建筑节能；系统类门窗；品牌；开启方式；苹果；万阁；研和

1　我国建筑节能政策的发展

我国改革开放数十年以来，城市和乡镇得到了迅猛的发展。随着城镇化水平的不断提高，石油、煤炭、电力等能源价格的不断提高，土地、水等资源也体现出越来越紧张的态势。目前，我国的建筑能耗已经占到了全国总能耗的30%～40%，建筑节能已经成为了节能的重点对象。

在我国的建筑门窗幕墙行业中经常提及的是国家三步节能政策，中国的建筑节能从1986年起实施30%的节能标准，1995年起逐步实施50%的节能标准。目前，京津等部分地区已经开始实施75%的节能设计标准。

对于越来越严的节能政策，中国门窗幕墙行业的生产企业在与房地产行业接轨的过程中，感觉到了越来越压抑的"围城"感。这是一个以节能政策、产品和价格织成的围城，使得我们广大的门窗幕墙企业不知该如何前进，突破围城。

2　我国建筑节能门窗行业的现状

首先，从建筑门窗用材来分类，目前我国市场上的节能型建筑门窗主要包括塑钢门窗、隔热铝合金门窗和木门窗产品。

塑钢门窗是20世纪五十年代末，首先由德国研制开发的，伴随着1972年世界性的能源危机，节能效果较好的塑钢门窗得到了大量使用，也推动了型材生产技术的提高。我国塑钢门窗的发展是从20世纪90年代开始，随着一大批国外先进设备和产品品牌的引入开始逐步推进的。经过了近20多年的发展，以德国维卡、韩国LG等为代表的国外品牌占据了塑钢门窗的高价市场。而以安徽海螺为代表的国内品牌则占据了中低价市场。目前，这一类节能型门窗多用于保障型民用住宅中。

隔热铝合金门窗起源于20世纪六七十年代的美国和德国。随着我国于20世纪九十年代末对于这两种隔热技术及设备的引进，一批国外知名的门窗系统品牌同时进入了国内。目前国内市场上的隔热铝合金门窗分为系统类门窗和国内铝业自研系列。系统类门窗主要包括来自于欧美的德国旭格、意大利阿鲁克等国外品牌和沈阳正典、上海万阁等国内品牌。这些系统类门窗产品具有系列完整，技术成熟的特点。其工程价格一般在 700 元/平米～1800 元/平米。此类节能门窗在中高端民用和商用项目上均有使用。

实木门窗、铝木复合门窗均属于木门窗一类。现代实木和铝木门窗技术来源于德国和意大利。由于受到刀具、模具等条件的限制，目前我国市场上仍以 58 系列、68 系列和 78 系列为主。木门窗品牌目前仍以国内知名门窗公司品牌为主。例如：哈尔滨森鹰、北京美驰、上海研和等。其工程价格一般高于 1500 元/平米。木门窗至今仍属于高档节能门窗，主要应用在高档别墅和高端民用项目上。当然，我们也看到了一些令人振奋的变化。例如，上海研和已经开始通过研发创新完善产品系列，打破惯性思维开始向其他门窗企业提供成材、五金等方式，开始向木门窗系统化品牌迈进。

以下是各种节能型建筑门窗在国内市场上所占的比例：如图所示。

其次，从建筑节能门窗的开启方式来分类。目前我国节能门窗的开启方式主要是内开和外开。虽然门窗开启方式众多，但由于结构设计等因素所限，大部分均不能达到节能门窗的标准。我们以推拉门窗为例，这种开启方式的特点主要体现在低成本和大通风量的设计上，而密封性、抗风压和节能性就成了无法逾越的天堑。目前，内开（内倒）方式似乎成为了建

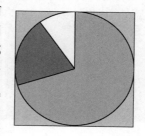

筑节能门窗开启方式的不二选择。虽然这种开启方式是否真的适合中国房屋的建筑设计理念和中国人的生活习惯尚未可知，但在没有其他选择的情况下，我国的房地产企业、门窗企业和最终用户也只能主动或被动的选择它。令人欣慰的是目前有一种新型的门窗开启方式已经出现，这种开启方式既可以实现门窗微量通风的内倒功能，也可以实现类似于推拉窗的内移通风功能（不占室内空间）。我们期待有更多新的开启方式可以供我国的建筑设计师和房地产企业来选择。

3 我国建筑节能门窗领域的困境

（1）节能政策和价格的围城

随着中国建筑节能政策的推进，国家相关部门要求房地产行业在具体项目中要执行相应的地区节能政策。以北京为例，门窗保温性能 K 值不高于 2.0 成为了北京市建筑节能门窗的一道红线。部分房地产企业按照自身的要求，甚至提出了更高的节能要求，如 K 值不高于 1.8。在提高节能要求的同时，房地产企业提出的价格条件却没有做相应的提高。在过去的这些年里，限购、限贷、限价、房地产税试点、增加保障房供给频繁见诸于报章电台，成为市场关注的焦点。

在这些政策的持续作用下，部分房地产开发商的销售量开始下降、资金链变得越来越紧张，房地产企业把严格控制采购成本变成了公司的第一要务。在同类产品的前提下，基本达到性能即可。甚至于为了压低采购价格，不惜采用一些不能达标但价格较低的产品，即打着 75% 的节能口号，使用节能 30% 或 50% 的产品。

（2）节能门窗产品同质化的围城

就像我们在前面提过的那样，在我国的建筑工程上为门窗幕墙企业可选择的产品同类并

不多。

塑钢门窗行业目前仍处于泥沼中。基于目前中国市场上的塑窗型材本身质量存在隐患，加上中国房地产市场的窗型、玻璃配置方面的因素，导致塑窗出现太多的质量问题。所以，房地产行业普遍的认识是目前中国市场上塑钢门窗仍然属于低端产品。虽然塑钢门窗拥有保温性能优异、价格偏低的优势，缺乏创新的塑钢门窗也只能应用在政府保障房等低端项目上。

隔热铝合金门窗的软肋在于窗型和成本。平开门窗中的外开系列由于安全性能和环境条件的限制，在很多城市的使用都有严格的限制。而硕果仅存的内开门窗也让大家爱恨不能。虽然外观和使用性能相差无几，但由于品牌和非品牌、系统和非系统之争出现了价格差异较大的情况。我国的门窗幕墙企业不得不咬紧牙关，都在内开型节能门窗上压缩利润满足房地产企业的采购价格要求，能用便宜的就尽量使用便宜的材料。

从全国来看，在建筑节能50％标准要求下，铝合金门窗的平均工程市场销售价格约为550元/平方米；当建筑节能标准提高到65％时，门窗平均工程市场售价约为650元/平方米。也就是说，从节能50％标准到节能65％标准，指标提高了30％，隔热铝合金窗的成本大约提高20％。但是，如果将节能指标从65％提高到75％，虽然节能指标提高的幅度不大，但是隔热铝合金窗的成本上升将超过30％。在提高了如此之多成本的前提下，房地产企业开始重新考虑一些价格较低，但无品牌影响力的木门窗产品。因为在价格相近的情况下，木门窗无疑比隔热铝合金门窗要高了一个档次。

木门窗产品的节能性能是无人质疑的，但由于其偏高的价格目前仍只在一些高档别墅类项目中使用。究其价格居高不下的原因，木门窗生产企业在初期准备时动辄数百万的设备和人员投资是个主要原因。另外，由于进口刀具等限制因素的影响，IV58、IV68内开窗已经成为木门窗企业在工程竞标时的同一选择。不是他们不想使用其他的系列竞标，而是因为真的没有。不可否认的是，国内一些顶尖企业在被动房项目研究中开始崭露头角，尤其是行业内相继出现了以木窗为主体的被动窗。但由于价格因素限制，这些新的"概念窗"距离真正成批量使用在我国的建筑上还有一段相当长的路要走。

2014年国内节能门窗幕墙行业正在经历着一场前所未有的"挑战"。国家建筑节能标准的提升给行业市场格局带来冲击；行业低端产品充斥着市场，落后产能严重过剩；大众对门窗知识的缺乏，国家监管的缺失，建筑门窗工程质量问题泛滥……这些与当前动荡的房地产市场交织在一起，成为阻碍节能门窗幕墙企业发展道路上的一座围城。

4 科技创新是我们走出围城的必由之路

科技创新是指创造和应用新知识和新技术、新工艺，采用新的生产方式和经营管理模式，开发新产品，提高产品质量，提供新服务的过程。世界上有很多成功的案例可以为我们所效仿。我们可以从他们身上找到属于我国节能门窗幕墙企业突围的途径。

(1) 其他行业的成功经验—它山之石可以攻玉

移动电话是我们现代生活经常使用的通信工具，我们就以这个行业作为案例，希望大家可以从中获得有益的成功经验。

诺基亚（Nokia Corporation）作为国际著名的通讯业巨头，从1996年开始连续15年占据手机市场份额第一的位置，并且推出了Symbian和MeeGo的智能手机。2010年第二季度，诺基亚在移动终端市场的份额约为35.0%，领先当时其他手机市场占有率20.6%。对于当时的中国市场而言，诺基亚已经成为了移动电话的代言人。

随着市场的不断扩大和管理者的惯性思维，诺基亚逐渐失去了科技创新的勇气，不再有划时代的新技术和产品出现。于是针对于诺基亚的挑战来了。2007年，美国苹果公司推出了震惊业界的划时代产品"iphone"。iphone不是凭空设计出来的。2004年，苹果公司召集了1000多名内部员工组成研发iPhone团队，开始了被列为高度机密的项目，订名为"Project Purple"。苹果公司的掌门人乔布斯吸取了之前只重视技术创新，不重视客户体验的教训，在开发iphone时除了将最新的科学技术应用到产品上之外，将潜在客户的需求放到了最大。同时，创新性的使用了"饥饿营销"的营销模式

和"APP Store"的服务模式。所有的这些创新将曾经的业界老大诺基亚打到了谷底，至今都不能超越苹果的领先地位和市场份额。

智能手机iphone一经推出立刻得到了广大手机使用者的接受。但因其定价居高不下和产品系列过于单一，给韩国三星（samsung）带来了机会。三星的科技研发能力在电子通信行业是非常著名的，它看到了更多潜在用户对于苹果手机高价格和产品单一系列的不满。于是三星选择了更多人使用的安卓系统，同时在显示屏的材质、尺寸，处理器的技术更新上投入了巨资。最终为更多的用户提供了高、中、低档各种智能手机产品，尽可能满足了人们对于移动通信工具的各种要求，俨然已经成为了智能手机时代的领导者。

从以上的案例中，我们可以发现科技创新和用户体验一样是一个公司或一个行业不断向前发展的原动力。

(2) 建筑节能门窗材料和开启方式的创新

与其他行业相同，科技创新也是建筑节能门窗幕墙行业走出围城的必由之路。

首先，我们可以先从节能门窗幕墙的主材来考虑创新。以木门窗产品为例，从欧美地区引入的产品主要包括实木和铝木两种。为了适应中国建筑设计的外观特点，房地产行业多使用铝木门窗。现有铝木门窗是在保留纯实木门窗特性和功能的前提下，将隔热断桥铝合金型材和实木通过机械方法复合而成。室外铝合金部分为45度镜面连接，而室内木材部分因工艺限制，基本均为90度榫接。

这种结构设计在全国的木门窗行业均在使用，很多年来均没有技术创新的材料出现。难道中国的门窗幕墙行业不能有自己的创新吗？要知道没有创新是没有出路的，只能跟在国外公司的后面喝彩。

所幸我们看到有这么一群人已经在做超越传统的创新。笔者在中国科技创新的最前沿——上海看到了这么一群人和他们的创新。这是一种利用特殊热熔胶和专用机械加工生产设备，将卷状金属膜覆贴在实木材料室外表面上的专属覆膜技术。该技术由于应用了创新的加工工艺，其金属覆膜木门窗产品实现了室内木材部分与室外金属膜部分一样，均成 45 度镜面连接，而且窗型系列打破了原有欧洲技术工艺的限制。我们看到了欧式内开（内倒）、外开、推拉、提升推拉等门窗产品。其中的外开、推拉等系列开创了铝木门窗的先河。

对于建筑节能门窗的开启方式，我们同样可以进行技术创新。目前的内开（内倒）开启方式来自德国，德国的房屋设计和生活习惯与中国不同。首先，在当前中国房价较高的前提下，中国人买房主要计算的是室内使用面积，任何有可能减少室内使用空间的设计或装饰都会被重新考虑。另外，随着中国进入老龄化社会，老人和儿童的人身安全显得越来越重要。儿童天性活泼，喜欢到处跑跳，向室内打开的窗扇对于儿童和老人这样的弱势群体无疑构成了潜在的安全威胁。

同样在中国上海，另外一群人完成了与铝木门窗技术创新风格迥异的工作，他们将铝材与五金配件的设计和使用重新做了定义。利用型材隐扇结构、隐五金及类扣板设计，将框架结构分割的整齐划一。更加重要的是，他们的创新设计将常用的高密封性提升推拉开启方式和主动人身安防功能合二为一。这种突破传统的创新设计，使门窗系统在实现侧推微通风功能的同时，也实现了主动安防功能的需要。与此同时，我们在他们的创意空间内也看到了具有同样优势，但开启方式却截然不同的另外一种设计。就是将防窗扇坠落和开启安全限位结合在一起的安防型外开节能铝窗产品，这两种

产品设计都已经超出了我们对于常规门窗产品和技术的认知。这些设计既没有占用中国人需要的室内空间，也避免了内开设计造成的未知人体伤害。

以上的这两个科技创新都发生在我们的建筑节能门窗行业中，他们在我国的既有工程项目实践中也都获得了巨大成功。如果我们不想通过挤压利润来打价格战，我们就要进行有效的科技创新。只有存在差异，我们才能突围。

（3）建筑节能门窗企业经营理念的创新

除了技术创新之外，企业经营理念的创新也是至关重要的。以美国苹果为例，在技术创新上始终走在绝对前面的苹果，乔布斯不满足于在计算机行业已经取得的骄人战绩，他将眼光转向了互联网技术，它开发的 iPod＋iTunes 相结合的商业模式为用户找到了一种通过下载音乐赚钱的方式。苹果自身也从 iPod 的销售中获得收益。他在 iPhone 产品上运用的 APP Store 服务模式成为了用户变为果粉的利器。

中国节能门窗企业也可以通过经营理念的创新为自己开拓出一个崭新的市场。我们仍以木门窗产品为例。木门窗产品的先期投入是一道坎，不是什么企业都可以准备几百万资金在没有成熟项目的时候先期投资购买进口设备的。因此，大型木门窗企业的产品价格也是居高不下。而一些小企业通过前期投入几十万购买国产设备，在没有成熟工艺和技术指导的前提下闭门造车，虽然也可以制造出木门窗产品，但由于工艺粗糙、没有品牌影响力，也难以取得房地产企业的重视。目前也仅仅可以在零售市场上占得一份空间。

我们可以假设，如果一家拥有进口设备和成熟技术的木门窗企业，其产品在国内属于一线品牌，该企业可以将木门窗产品按照铝合金门窗系统的概念进行供应的话，那将是一件三方均盈利的营销理念创新。首先，对于打算生产铝木门窗产品的节能门窗企业来讲，它既可以省掉了先期动辄数百万的投资，又可以象生产铝合金门窗那样获得铝木成材、配套五金及附件、成熟技术指导和品牌使用权。有了这样的条件，该企业就可以以一个颇具竞争性的价格和一线的品牌影响度去参加工程竞标，且中标希望极大；其次，对于房地产企业来讲，它终于可以以一个企业内控的价格采购到符合当前节能规范的品牌木门窗产品；最后，对于该技术输出企业来讲，由于创新了经营理念，从而使得该企业成功进行了转型，扩大了市场份额和品牌影响度。

虽然这只是一个设想，但笔者在国内已经看到了实践的先行者。希望类似于这样的创新越来越多。

5 结语

对于中国建筑节能门窗幕墙行业而言，科技创新应该不是一个新词。但是一路走来，能够坚持做创新的企业却不多。面对目前由节能政策、产品和价格竞争构成的围城，我们中国的企业只有坚持走科技创新的路，才可以不落后于欧美同行，才可以走出围城。

"既有建筑外立面改造"的思考和研究

陈 勇

弗思特工程咨询 南京 210019

1 "既有建筑外立面改造"的研究背景

2015年2月28日，广州市城市更新局正式挂牌成立；2015年9月12日，深圳城市更新局成立。城市更新局的成立，开创了国家中心城市以更新改造推进城市可持续发展的新路径，探索建立城市低效存量建设用地盘活利用的新机制。

在2015年北京既有建筑改造产业研讨会上，住建部林峰副主任表示："既有建筑改造已然成为城市建设过程中的一个重要问题。"

我们知道，在世界发达国家，基本上都经历过这么三个阶段的建筑建设：①大规模新建；②新建与维修改造同步；③重点转向旧建筑的维修改造。从20世纪70年代起，欧洲就开始特别的重视，旧建筑的保护、改造和再利用。国内的建筑，同样也在经历或即将经历这三个阶段。

建筑是城市的史书，记载了城市的文化和历史，承载了人们对过去的追忆，是社会、经济、文化发展的产物。随着社会经济的不断发展，物质需求的不断提高，人们对建筑的功能、外观需求，变得越来越高。

建筑外立面逐渐呈现出多样化，它不再是传统意义上的"一层皮"。作为连接和转换建筑内、外空间的媒介，在很大程度上，都影响着建筑外观、空间功能以及城市界面。

在建筑立面全寿命管理中，改造是很重要的一个部分。在各种不同的改造方法中，外立面改造，因其迅速而有效的建筑改造效果得到了大范围的应用。

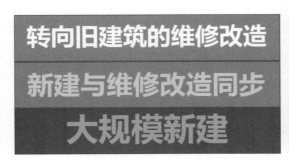

图1 建筑建设的三个阶段

图2 "既有建筑"改造要点

2 当前国内"既有建筑外立面改造"的实施现状

目前国内比较多的问题是，因为种种外界条件的制约，建筑外立面改造大多都会遵循着

"低造价、低技术、工期短"的特点，这种快捷低成本的立面改造方式，在既有建筑改造实践中被大量复制并应用着。

比图3和图4中2006年开始实施的连云港中山东路一条街的建筑改造，考虑当时政府资金预算的限制以及当时决策层的规划改造目标，这条街所有的建筑改造多数聚焦于外立面的实体翻新，并外增装饰造型。而在业主和使用者关注的节能隔热、隔声降噪方面，做得还不够多。

博业大厦改造前后　　　　　船务公司改造前后　　　　　嘉福大厦改造前后

图3　连云港中山东路整体改造建筑群 A

金磊住宅改造前后　　　　　地产交易中心改造前后　　　　　龙凤酒店改造前后

图4　连云港中山东路整体改造建筑群 B

然而这样的立面改造方式同样也会带来一些负面影响，比如：（1）对原有建筑表皮的损坏；（2）或是对原有建筑风格的扭曲等；（3）虽然经改造后外表皮恍若新生，但却让原有建筑的风貌荡然无存。

3 "既有建筑外立面改造"的实施理念

正如大家所了解的，我国许多城市，都存在着大批具有保留价值的既有建筑。在这些建筑不能做到正常的经营运转的时候，就需要通过设计对其改造，实现功能与经济价值的转移，从而达到延续建筑历史与文脉的目的。

立面改造不仅要求尊重历史，同时也需要在建筑与环境变换中，注入新的生命力，达到新旧协调共存的目的。

图 5 "既有建筑外立面改造"的实施理念

3.1 案例之一：上海"南市发电厂"改造

1897 年的"南市发电厂"亮起了上海第一盏灯泡，从此上海出现了"夜上海"的景象。

百年风雨之后，2010 年世博会期间，南市发电厂被改造为"城市未来馆"，后改建为上海当代艺术博物馆。2012 年 10 月 1 日，修缮一新的上海当代艺术博物馆正式对公众开放；

图 6 老上海"南市发电厂"旧照

此类建筑，身份不断地转变，实现了建筑生命的不断延续，也实现了对原有资源的可持续利用。这是建筑自身的变化，但从某种意义上来说，同时也是一种新生。在保留历史旧有

图 7　电厂改造后的上海世博会之城市未来馆

图 8　电厂再次改造后的"上海当代艺术博物馆"

记忆，延续原来场所精神的同时，也满足了建筑物新的功能要求。

3.2　案例之二：南京 1912 街区的前世今生

民国时期的南京城，聚集着最显赫的政界要人和学术大家，是中西文化交会之地，建筑、社会风尚都带着中西合璧的味道。

"南京 1912"的设计风格，与附近的民国总统府遗址建筑群，总体风貌保持一致，体现的是民国建筑的精神。

图 9　改造前的"南京 1912"旧照

图 10　改造后的"南京 1912"实景

在建筑外观上，大多数改造修缮后建筑，门窗做了节能处理，补充了一些广告招牌。

毫无修饰与浮华的青砖既是墙体，又是外部装饰，烟灰色的墙面上，勾勒了白色的砖缝，除此之外很少其他修饰。

3.3　案例之三：北京的菊儿胡同项目。

菊儿胡同位于北京东城区的西北部，这是一处充满历史文化色彩的地方。

按照老一辈大师们的说法，北京那些老城文化中最能沉淀下来的部分都以建筑的形式呈现在这里。比如说，菊儿胡同内 3、5、7 号院是清直隶总督大学士荣禄的府邸。

20 世纪 90 年代初，菊儿胡同以旧城改造试点的身份引起过全北京，乃至全世界的重视。

两院院士、著名建筑学与城市规划大师吴良镛主持的新四合院设计。这组建筑群的设计，得到过"联合国人居奖"等奖项和赞誉。

新四合院在建筑用色上，则是基本沿袭了传统，通过灰瓦白墙、基座处理和细部处理等

图 11　老北京"菊儿胡同"旧照

图 12　"联合国人居奖"的改造

手法，取得和周边四舍院和谐、统一的风格，谦逊但很有活力。而顶层的玻璃阳光屋又能告诉人们这是现代的产物。

4 "既有建筑外立面改造"的方式方法

建筑外立面的改造，往往是在原有建筑立面的条件下，通过像构图、比例、材质、形式等设计手段，来达到改造的目的。既有建筑全生命周期的管理，要么维持、要么改造、要么拆除。而在建筑外立面改造中，具体表现形式为两种：第一，采用对比法则，强调新旧分离以达到对话历史的效果；第二，采用相似法则，模糊新旧界限以达到再现历史的效果。

在这两种表现形式中，材料的选取、色彩的选择以及现代化技术的应用等都发挥着很大的作用。

4.1 材料的选择

材料是建筑外立面的重要组成元素，其物理性以及对人的感官影响，都直接影响着建筑改造后的效果。

图 13 青岛复兴路某办公楼项目

无论是运用旧材料的还原维护，还是在原有的基础上应用新材料，其目的都是为了用合适的材料重现旧建筑的活力。

大部分时候旧建筑的原材料是可以被循环利用的，这是节资资源、可持续发展的良好途径，较好地延续了既有建筑的历史文脉和建筑风貌。

但由于能循环再利用的原材料有限，往往无法满足需求。

因此，在往往需要引入新材料。新材料的运用扩大了表皮改造的自由性，也增加了改造的多样性，通过新材料的引入，可以令新旧表皮融为一体。

4.2 色彩的选择

在既有建筑的改造实践中，色彩作为建筑立面最突出的表达元素，真实地反映着新旧表皮之间的相互关系。（相近和对比的原则）

下图中意大利拉奎拉的彩虹礼堂（图15），这个项目的改造完全是自然的因素导致的，在2009年的意大利地震之后，当地的管理机构重新启动了礼堂的重建。

礼堂选用落叶松木板作为外立面和地面材料，用云杉木制作箱型桁架结构。每块木板都

图14　布鲁塞尔某郊区住宅

图15　意大利拉奎拉的彩虹礼堂

刷上了好看的颜色，似乎是让城市重新燃起生机。

　　木材作为可再生的环保能源的同时，也能更好地与周围的石墙形成自然融合。同时，实施单位为了抵消用于建造的木材损耗，建筑建成后将在基地上栽种200棵树木。

　　而另外一个项目德国美因茨犹太人社区的教堂建筑（图16）改造呢，则主要是因为当地人口的增加，原来的教堂不能满足功能需要，因此要扩建。

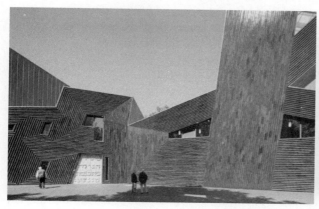

图16　德国美因茨社区教堂

　　建筑的外立面由绿色的玻璃瓷砖组成，可以反映周围环境，还能显示出多彩变化的光线。

4.3 现代化技术的利用

建筑立面是建筑与外界环境进行能量与物质交换的介质，为了降低建筑的能源消耗，外立面改造已成为优化建筑性能的有效方式。

从生态的角度讲，大自然是主要的能源供给者。目前很多绿色建筑以太阳能作能源，我们可以运用这些生态低能耗、环保可持续的建筑表皮改造，这是未来既有建筑改造发展的一个必然趋势。

另一方面，智能化的建筑表皮改造，可以做出针对环境变化的智能调整，以最小的能源消耗维持建筑内部的舒适环境。

下图中这个爱沙尼亚塔林的 NO99 稻草剧院（图 17），尽管它是一个临时建筑，但建筑师还是希望能体现出一些环保可持续的理念。这个建筑的外立面采用漆黑的稻草来进行装饰，突出可持续材料生命循环的象征意义。

图 17　爱沙尼亚塔林稻草剧院

而位于马来西亚槟城的 HOHO 主题精品酒店（图 18）则是另外一种风格。原建筑是已有 35 年历史的旧办公楼，建筑师在改造中，最大限度地保留了建筑原有的结构与空间，外部以全新的钢结构框架覆裹，植物蜿蜒生长缠绕钢架；智能化的新风和温度调节系统，使得酒店环境非常舒适。

图 18　马来西亚槟城主题酒店

5　影响"既有建筑外立面生命周期管理"的四个重要因素

作为立面表皮，他是连接建筑内外空间的媒介，它一方面要满足建筑内部的功能要求，而另一方面要反映外部建筑形态，从而更好地与周边建筑协调，更好地适应外部环境的需要。

因此，建筑立面的生命周期管理，会受到诸多方面的因素影响，这些因素大致包括：建筑功能、建筑结构、建筑所处的地域环境以及当时当地的经济技术条件等。

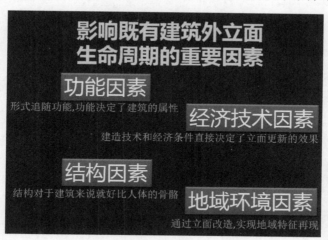

图 19 "建筑立面的生命周期管理"的影响因素

5.1 功能因素

理论上，建筑的使用功能是建筑中起决定作用的因素之一。

功能决定了建筑的属性，功能不同的建筑往往需要有着不同的形态特征和建筑语言环境。功能发生变化的旧建筑，依靠立面调整提供了新生的机会。

位于法国 Morzine 的一个"蜗牛特色居室"，是一个建立于 1826 年的古老的农舍，它在 2012 年被改造成为一个奢华的租借别墅。

这个别墅设计翻新的挑战，在于要保持这些原有木制外层包裹层，同时又让阳光透射而入。因此做了木质镂空，在木板上雕刻出很多的带孔区域。拆分出不同的功能区间，住宿、厨房、餐厅等位置的所有的外门窗都做了完全的功能性调整。

5.2 结构因素

结构体系对于建筑来说就好比人体的骨骼，它是建筑最基础的部分，也是建筑中最不易更改的部分。我们现在所进行的建筑改造大部分是在原有建筑结构的基础上进行，即使功能发生改变，结构仍然保持不变。

这是烟台莱阳的市中心的某幢烂尾办公楼项目（图 21），之前整整空置 10 年了。

在这个 15000m² 的钢筋混凝土建筑中，设计师在不改变原有结构柱网的前提下，将八个居住楼层分割成了三种，共 244 户的居住单元，然后把尺度不一、功能各异的公共空间穿插其间。

为了消化建筑平面中不适合居住的区域，设计师在各个楼层设计了一些公共露台，这也为住户们提供了一些功能性极强的活动空间。

立面装饰方面，设计师在较低楼层的阳台部分，专门增加了一层穿孔钢板，希望尽可能弱化喧嚣的街道对于私人生活空间的干扰。

图 20　法国 Morzine "蜗牛室"

图 21　烟台莱阳某办公楼改造

5.3 经济技术因素

在大部分情况下，既有建筑改造再利用项目大都比新建项目投资低。但是，在旧建筑改造过程中，经济条件对建筑改造有着重大的影响，尤其是在一些技术要求较高的表皮改造项目中，经济的影响尤为明显。

图 22　项目投资预算是既有建筑改造的经济技术因素

这是一座韩国一座好几十年的砖房改造项目。考虑到项目本身的预算控制，实际上设计师有很多非常棒的设想都没法实现。

图 23　韩国某砖房建筑的改造

这个项目的外立面改造基本单元，是由 87 块黑色不锈钢组成的，这已经是业主能够接受的最大的一笔材料投资预算了。

尽管改造方案中高昂价格的材料尽可能被减少使用，但是设计师在立面上非常新颖的采用了 15000 种几何图案的四面体，这些四面体将原有的砌体墙包裹起来。

红色韩式屋顶瓦和砖块。百叶窗和石材交替变换，考虑方案的落地性，设计师将 LED 照明单元嵌入上方的百叶窗中，尽可能地避免灯具外露。

5.4 地域环境因素

大家知道，建筑和我们所在的环境是一种部分与整体的关系，而既有建筑被历史赋予的地域性，既是文化价值所在，也是特点，同时这又是改造中不可回避的难点。很多建筑师朋友告诉我，如何与地域历史文化建立联系，是改造和设计环节中非常重要的内容。

杭州白塔公园，位于老复兴路，毗邻钱塘江边，被认为是西湖文化遗产的实证。

公园内的这个古一宏红茶馆，为了和地域文化以及历史底蕴相吻合，在设计手法上没有

图 24　杭州古一宏红茶馆

过多的修饰，整体简洁、清秀、同时却处处散发着属于传统文化的底气和神韵。

建筑的墙面层叠造型是以宜兴地貌为原型，格栅作为本次设计主要考虑的元素，设计师意图让东方禅意得到更好的体现。竹制实木条排列在空间中随处可见，配合特殊工艺处理的大块面白墙以及人造水景。

6 结语

用尊重原建筑历史的态度，去诠释延续生命周期的既有建筑。

既有建筑不管是生命周期的延续，还是立面改造发展，这既影响着既有建筑的内、外空间，同时也影响着城市的界立面。

在既有建筑全生命周期日渐受到重视的今天，建筑立面管理中的改造，将开始建立起一种与原建筑全新的组合形态与关系模式。

本文使用的部分项目案例由建筑师朋友提供，在既有建筑改造和全生命周期管理的研究中，也参考了很多业内同仁的观点和意见。在此一并感谢。

作为专业工程咨询顾问，我们非常愿意和业主、建筑师以及所有有志于此的工程师们一道，在尊重既有建筑的前提下，摒弃单纯的形式，回归原有建筑的本体，将材料、构造、功能、技术等多种因素归入研究领域，继而设计创造出与原建筑形态良好匹配的新建筑立面形式。

作者简介：

陈勇（Chen Yong），弗思特工程咨询公司的高级合伙人，资深工程顾问，16 年的幕墙行业及专业经验。东南大学结构工程学士 & 工程力学硕士，多年来一直致力于幕墙设计及结构研究。工作单位：弗恩特工程咨询南京有限公司；联系电话：13915954253；QQ：53266762；E-mail：cheng@fftc.com.cn。

二、设计与施工篇

超大尺寸结构玻璃加工技术要点

高　琦　李春超

天津北玻玻璃工业技术有限公司　天津　301823

刘忠伟

北京中新方建筑科技研究中心　北京　100024

摘　要　本文阐述了建筑玻璃的结构特性，提出了超大尺寸结构玻璃加工的技术要求，可在实际工程中应用。

关键词　建筑玻璃；结构特性；超大尺寸结构玻璃；加工技术要求

1　前言

　　建筑玻璃通常只有三种破坏形式：即弯曲破坏、冲击破坏和热炸裂，此外没有其他破坏形式。由于玻璃是完全的弹性体，至今没有玻璃抗压强度、拉伸强度和剪切强度的测量方法，因此玻璃没有抗压强度、拉伸强度和剪切强度的数值。通常采用的玻璃强度实际上是玻璃的弯曲强度。且不说玻璃是典型的脆性材料，不应作为工程结构材料使用，就是单从玻璃没有抗压强度、拉伸强度和剪切强度就无法实现玻璃构件的设计，如玻璃作为立柱使用至少应进行玻璃柱的压应力条件下的承载力计算，作为横梁使用至少应进行拉应力和剪应力条件下的承载力计算。由于玻璃没有抗压强度、拉伸强度和剪切强度，即使计算出玻璃构件中的压应力、剪应力和拉应力，也无法判断玻璃构件是否满足承载力要求。在传统概念下，建筑玻璃通常是不能作为工程结构材料使用的。

　　由于建筑玻璃表面存在大量的微裂纹，玻璃在破碎时表现为典型的脆性，即玻璃在破碎之前没有任何的屈服表现，而表现为突然的断裂，从这个意义上考虑建筑玻璃也不应作为工程结构材料使用。此外建筑玻璃在制作、运输、贮存和安装过程中难免在玻璃边部和表面产生大尺寸的撞伤或划伤，这些撞伤和划伤将极大地降低玻璃的强度，因此建筑玻璃作为典型的脆性材料，一般作为装饰材料使用。当被用于建筑外围护材料使用时，主要作为面板材料使用。随着建筑玻璃生产技术的不断提高，超白玻璃、钢化玻璃、复合夹层玻璃，特别是离子型中间膜（又被称为 SGP）胶片材料出现后，夹层玻璃作为结构材料有了可能，并且已在一些工程实践中获得应用，即在一定条件下，玻璃也可作为结构材料使用，如全玻幕墙的玻璃肋，玻璃肋支承的点式玻璃幕墙的玻璃肋等。这些玻璃肋都是作为结构材料在使用，他们在设计使用时需要承担风荷载，有些还要承担玻璃幕墙面板的自重荷载。但这些玻璃构件的使用也只有在一定条件下才成立，特别是近年来超大尺寸结构玻璃在许多工程上得到应用，有成功的应用案例，也有失败的教训。本文结合工程案例介绍超大尺寸结构玻璃的加工技术要点，有关设计计算技术要点、构造技术要点、安装技术要点等将在后续文章中阐述。

2 玻璃加工要求

首先应选用超白浮法玻璃中的优等品，即市场上能够买到的最好的玻璃原片，因为玻璃原片品质的优劣是玻璃钢化后是否自爆的决定性因素。超大尺寸结构玻璃对玻璃表面的缺陷要求较高，通常不允许 1.0mm 以上的点状缺陷存在，对小于 1.0mm 的点状缺陷允许 1 处/10 平方米，小于 0.5mm 的点状缺陷相邻两个缺陷的间距必须大于 300mm。玻璃表面的外观线状缺陷及影响玻璃性能的缺陷不允许存在。因为超大钢化玻璃必须进行均质处理，为了降低钢化玻璃均质的自爆率，所以在切割前必须对原片进行清洗检查，避免使用不合格的原片。严禁使用带有硬伤、厚度方向结石、密集微气泡的不合格原片。

然后对玻璃板应进行精准裁切和边部加工。一般玻璃的边长允许偏差通常为 ±2～±3mm，对于大尺寸的玻璃，边长允许偏差通常为 ±5mm，甚至更大。对于结构玻璃而言，这样的边长允许偏差太大了，因为结构玻璃要求精准对位，边长允许偏差通常为 ±1.0mm，边长偏差太大无法满足工程要求。结构玻璃边部要求倒角，且应进行三边精磨和三边抛光，因为玻璃板在裁切过程中在边部产生大量裂纹，这些裂纹会极大地降低玻璃板的端面强度，通过三边精磨、抛光，可将玻璃板边部的裂纹清除，达到提高玻璃强度的目的。结构玻璃通常需要在玻璃板上钻孔。一般玻璃的圆孔直径允许偏差通常为 ±2mm，对于大孔径的玻璃，直径允许偏差更大。对于结构玻璃而言，这样的边长允许偏差太大了，结构玻璃要求的直径允许偏差通常为 ±0.2mm。结构玻璃的孔径偏差要求不但高，而且孔边应进行精磨、抛光处理，因为玻璃板孔边应力集中，孔径尺寸偏差过大和孔边加工低，极易造成玻璃板在使用中由于孔边受力不均而自孔边开裂。

结构玻璃应进行钢化处理。如果认为钢化玻璃有自爆问题而采用半钢化处理是不合适的，因为结构玻璃通常需要在玻璃板上打孔，半钢化玻璃是无法满足开孔要求的。即便不开孔，结构玻璃也应采用钢化处理，因为玻璃是典型的脆性材料，钢化处理后，玻璃的脆性得到极大的改善，即玻璃的断裂韧度提高了。尽管目前还没有测量玻璃断裂韧度的方法，也没有规范采用断裂韧度来表征玻璃的力学性能，但玻璃的断裂韧度是客观存在的，作为结构玻璃，其断裂韧度的提高无疑是极为有利的。半钢化处理的玻璃，其断裂韧度比钢化处理玻璃断裂韧度低得多，因此结构玻璃应进行钢化处理。至于钢化玻璃的自爆问题可通过以下途径解决：其一是结构玻璃原片必须采用超白浮法玻璃中的优等品。其二是适度钢化，即钢化玻璃允许碎片数应在 30～90 粒之间。其三是钢化玻璃表面压应力应均匀，即表面压应力最大值和最小值之差不应超过 15MPa。其四是结构玻璃钢化后必须进行均质处理。其五是玻璃板边部精磨、抛光。采用这些措施，结构玻璃的自爆率应当极低。

结构玻璃应采用夹层玻璃。一般夹层玻璃可采用 PVB 胶片，但是结构玻璃必须采用 SGP 胶片，因为 SGP 的粘接性更强，且均有一定的残余强度，由 SGP 胶片构成的夹层玻璃的刚度更大。夹层玻璃都有叠差，一般夹层玻璃的叠差较大，对于大板面夹层玻璃，最大叠差可达 6mm。作为结构玻璃，夹层玻璃的叠差非常小，不得超过 1.0mm，特别是孔边的叠差更是严格限制，因为要保证组成夹层玻璃的多片玻璃共同工作，同时受力，玻璃板孔边必须保证叠差极小。结构玻璃的孔必须进行严格的质量控制，保证孔周受力均匀。

3 加工设备要求

（1）裁切、磨边抛光设备

目前没有标准规定多大的玻璃板为超大尺寸，一般认为玻璃板一边边长超过8m即为超大尺寸玻璃。如此大的板面，边长偏差要求小于1.0mm，采用一般裁切设备根本做不到，必须采用加工中心进行加工，因为加工中心的设备精度达到小数点后第八位，如图1所示。

超大尺寸玻璃板的精磨边和抛光对磨边机的要求也比通常的磨边机要求。超大尺寸结构玻璃磨边时不但要控制好尺寸公差，还要严格控制磨边质量。宽度边尺寸控制在±1.0mm，高度边的尺寸公差控制

图1　玻璃加工中心

在±2.0mm，对角线控制在对角线长度的0.05%，倒棱宽度控制在2.0mm±0.5mm。超大尺寸结构玻璃必须进行精磨边处理，端面须精磨光亮，多片玻璃的叠差控制在1.0mm以内。

（2）钢化设备

目前钢化设备最大的加工能力为3660mm×18000mm，超大尺寸钢化玻璃不但要控制好钢化玻璃的表面应力，还要控制好钢化玻璃的平整度和外观视觉效果。

超大尺寸钢化设备要求钢化玻璃的外观质量和视觉效果，即必须保证钢化玻璃的碎片数为30～90之间，钢化玻璃的表面应力必须大于90MPa，且钢化玻璃表面应力的最大值和最小值之差小于15MPa。对钢化炉内各点的温度差不得超过5度，并且要求快速均匀加热，迅速冷却，风压偏差不得超过2MPa，需要快速出炉从而形成钢化玻璃的表面应力。超大尺寸钢化玻璃的平整度控制在0.005%以内，同时要求超大尺寸玻璃的外观视觉效果，不得存在明显的变形和风斑不均现象。滚波纹的变形边部控制在0.08mm/300mm，中部波形控制在0.04mm/300mm，并要求辊波纹平行于底边。外观质量：距1m处目视观察不得出现明显的麻点和局部片状或团装的应力斑，钢化后的玻璃不得出现白雾缺陷。图2钢化玻璃表面压应力的实际测量结果，15m钢化玻璃应力值最大99MPa、最小90MPa，应力差9MPa。图3为钢化玻璃的碎片。

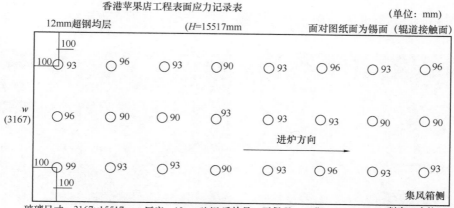

图2　钢化玻璃表面压应力数值

超大尺寸结构玻璃必须采用均质钢化玻璃，均质过程中的温度必须达到 290℃±10℃，在此条件下保温至少 2h（建议保温150min，因为超大尺寸玻璃面积大，受热不均匀，超大版玻璃自身重，为了保证恒温均匀），在保温过程中时刻监控记录保温时的温度变化情况，降温时达到 70℃ 以下，均质采用的热电偶必须经过专业校准，并要求每年校准一次，超大尺寸结构玻璃均质时必须在玻璃表面贴热电偶，并按照均质要求的位置和数量进行张贴。均质完成后要对均质的玻璃提供完整的均质报告，否则判定均

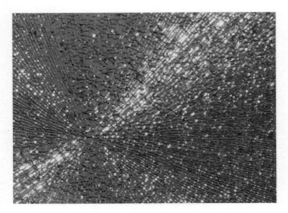

图 3　钢化玻璃碎片

质处理不合格。

（3）高压釜

超大尺寸结构玻璃必须采用离子型中间层作为夹层玻璃的中间层，在加工中必须采用高温高压并进行封边处理，具有高强度的抗弯性能和超强的撞击性能，同时具有破碎后不倒塌的优点。

超大尺寸结构玻璃必须有一层离子型中间层或多次离子型中间层构成，需具备结构玻璃的设计要求。夹层必须在十万级以上的净化室内进行合片，合片室须有温湿度控制装置，并保持正压，光线充足良好。结构玻璃表面必须进行清洗，并且不残留其他异物，合片前对玻璃表面进行目视检查，对离子型中间层进行目视检查，对异物及时清除。

合片时保证结构玻璃的底边和可见边的叠差，对多层玻璃合片时需保证夹层玻璃的厚度方向与玻璃表面垂直，合片后预留 1～2mm 的中间层，由于玻璃板面较大，合片后需对玻璃边缘进行简单的固定。超大尺寸结构玻璃必须在真空状态下进行加工，保证夹层玻璃的中间层充分融化并粘接。对夹层结构玻璃进行涂刷封边剂处理，减少夹层玻璃因中夹层吸收空气中的水分而影响玻璃的使用寿命。

超大尺寸高压釜在提升气压和稳压方面都有更高的要求，要在恒温、恒湿、正压、10万级洁净合片室进行合片，对于厚度 100mm 的玻璃，在 SGP 夹层拼接技术上，视觉无缺陷，拼接缝肉眼达到不可视 。图 4 为合片室，图 5 为夹层玻璃孔边质量，图 6 为夹层玻璃边部质量。

图 4　超洁净合片室

图 5　夹层玻璃孔边质量

图6　夹层玻璃边部质量

4　失败案例原因

　　超大尺寸结构玻璃板应用的主要构件之一为点支式玻璃幕墙的玻璃肋。玻璃肋支承的点式玻璃幕墙往往被误认为全玻幕墙。玻璃肋支承的点式玻璃幕墙与全玻幕墙有较大的差异。图7为玻璃肋支承的点式玻璃幕墙，图8为全玻幕墙。全玻幕墙的面板玻璃和玻璃肋各自独立安装，两者虽然相互支承，但各自的垂直荷载由自身承担，玻璃肋只承担面板玻璃承受的水平荷载。如果玻璃肋发生破裂，表面玻璃不会坠落，因为表面玻璃独自安装在结构上，因此全玻幕墙一般不会发生整体坍塌、坠落的事故。但玻璃肋支承的点式玻璃幕墙则不同，面板玻璃安装在玻璃肋上，玻璃肋不但要承担自身的重力荷载，还要承担面板玻璃的重力荷载及面板玻璃所承受的水平荷载。如果玻璃肋发生破裂，面部玻璃就失去支撑，面部玻璃就会坠落，甚至发生幕墙整体坍塌坠落。因此玻璃肋支承的点式玻璃幕墙其安全性要求是极高的，也正因为如此，玻璃肋破裂的事故也是最多的。玻璃肋破裂的原因很多，如玻璃加工质量不满足要求、玻璃肋构造不合理、设计计算错误、装配应力过大等。本文主要讨论玻璃加工质量不满足要求导致的玻璃肋破裂，其他原因造成的玻璃肋破裂留待后续文章阐述。

图7　玻璃肋支承的点式玻璃幕墙　　　　　图8　全玻幕墙

　　玻璃肋破裂一部分表现为钢化玻璃的自爆，其原因有：选择普通平板玻璃，没有选择超白浮法玻璃中的优等品；钢化度过高，最大碎片颗粒数远远超过90粒；玻璃板边部没有精磨、抛光。其他原因还有玻璃板边部碰伤严重；玻璃板裁切尺寸偏差大。玻璃肋破裂另外一部分原因：①安装方式不当，使用金属件直接接触玻璃。②结构玻璃局部受力或受力不均，造成局部应力过大。

（1）原片玻璃质量

近年来，建筑钢化玻璃自爆现象比较普遍，为降低钢化玻璃自爆率，国家发布了《建筑门窗幕墙用钢化玻璃》（JG/T 455）产品标准。在该标准中规定，应用幕墙钢化玻璃的原片玻璃应采用超白浮法玻璃中的一等品或优等品，平板玻璃应采用优等品。对于超大尺寸结构钢化玻璃应采用超白浮法玻璃中的优等品。但实际工程中，采用平板玻璃的工程很多，造成钢化玻璃自爆现象严重，有些玻璃还没有安装就发生自爆。钢化玻璃原片品质的优劣是钢化玻璃是否自爆的决定性因素，要保证超大尺寸结构玻璃应用的安全性，保证玻璃正常条件下使用无自爆，钢化玻璃原片必须采用超白浮法玻璃中的优等品。

（2）均质处理

经均质处理的钢化玻璃，其自爆率是极低的。由于钢化玻璃是否经过均质处理无法检测，造成在实际工程中，尽管对钢化玻璃有均质要求，但实际上并未对钢化玻璃进行均质处理，造成钢化玻璃自爆率居高不下。对于超大尺寸结构玻璃，必须进行均质处理。

（3）适度钢化

钢化度高，钢化玻璃自爆率就高，这是无可争论的客观事实。《建筑门窗幕墙用钢化玻璃》（JG/T 455）产品标准规定，钢化玻璃允许碎片数应在 30～90 粒之间。对于超大尺寸结构玻璃，要保证钢化玻璃允许碎片数位于在 30～90 粒之间，对钢化炉和钢化工艺都有严格的要求。在实际工程中，许多自爆率高的工程，钢化玻璃的碎片数都远超 90 粒上限。

（4）边部加工质量

《建筑门窗幕墙用钢化玻璃》（JG/T 455）产品标准规定，钢化玻璃应进行三边精磨。对于超大尺寸结构玻璃应进行三边抛光处理。但在实际工程中，边部加工质量远远没有达到这一要求，造成玻璃破裂现象严重。

（5）玻璃边部碰伤严重

钢化玻璃边部不但要精加工，还要在运输、储存、安装等一切环节中妥善保护。玻璃边部碰伤严重，玻璃的破裂就难以避免了。

（6）尺寸偏差大

玻璃板尺寸偏差大，特别是孔边的叠差大是造成实际工程中玻璃肋破裂的主要原因。图 9 和图 10 是实际工程中玻璃肋出现自爆案例的图片。

图 9　工程 1

由图 9 和图 10 可见，玻璃肋的原片玻璃为平板玻璃，边部加工粗糙，边部碰伤严重，孔边叠差较大，这样的玻璃是无法满足工程要求的，出现破裂是很正常的。

图 10　工程 2

5　结语

超大尺寸结构玻璃不仅用于玻璃肋支承的点支式玻璃幕墙，也用于全玻幕墙的玻璃肋和无肋全玻幕墙，各自的设计计算要点、构造要点和安装要点等将在后续文章中详述。

地板玻璃应用技术要点

刘忠伟

北京中新方建筑科技研究中心　北京　100024

摘　要　近年来，地板玻璃在室内外和旅游景点得到大量应用。本文根据《建筑玻璃应用技术规程》（JGJ 113—2015）的有关规定，给出了地板玻璃的材料选择、构造要求和计算方法，可在工程实际中应用。

关键词　地板玻璃；材料选择；构造要求；计算方法

1　前言

地板玻璃在室内外都有应用，特别是大型公共建筑，地板玻璃是很常见的。近几年在一些旅游景点也设置有玻璃栈道，让人们享受走在上面心理发抖、两腿哆嗦、两眼眩晕、大脑空白的感觉。走在玻璃栈道上之所以感到如此恐怖是因为其一地板玻璃是透明的，走在上面人会有凌空感；其二走在上面的人时刻担心地板玻璃会破碎，因为日常生活给人的经验是玻璃板非常脆，很容易破碎。尽管玻璃是脆性材料，不宜作为结构材料使用，但是只要严格按照《建筑玻璃应用技术规程》（JGJ 113）选择玻璃和设计，是可以制作出安全可靠的地板玻璃的。本文依据《建筑玻璃应用技术规程》（JGJ 113）详述地板玻璃的应用技术要点。

2　玻璃选择

玻璃为脆性材料，易破裂，钢化玻璃有自爆现象，而且有局部破坏时整体立即爆裂的破坏特点，因此，应当考虑当有一层玻璃破坏时，地板玻璃仍然有足够的承载力，所以地板玻璃必须采用夹层玻璃。点支承地板玻璃在支撑点会产生应力集中，钢化玻璃强度较高，可减少玻璃破坏，所以点支撑地板玻璃必须采用钢化夹层玻璃。地板玻璃必须采用夹层玻璃是强制性条文，必须执行。地板夹层玻璃的单片厚度相差不宜大于 3mm，且夹层胶片厚度不应小于 0.76mm。框支承地板玻璃单片厚度不宜小于 8mm，点支承地板玻璃单片厚度不宜小于 10mm，由于对地板玻璃变形要求极严格，因此应尽量采用厚玻璃。楼梯踏板玻璃表面应做防滑处理，避免行人滑倒发生意外。除非作观光玻璃栈道，地板玻璃宜作非透明处理，表面行走在地板玻璃上的人恐慌和不雅透视。地板玻璃的孔、板边缘均应进行机械磨边和倒棱，磨边宜细磨，倒棱宽度不宜小于 1mm，细磨边可消除玻璃加工过程中产生的玻璃边缘微裂缝，提高玻璃强度。

3　构造要求

地板玻璃宜采用隐框支承或点支承。点支承地板玻璃连接件宜采用沉头式或背栓式连接件。地板玻璃为供人行走及放置家具等的地面，故不适合有凸出地面的连接件等妨碍人行的物体，如图1和图2所示。

图1　隐框地板玻璃

图2　点式地板玻璃

地板玻璃之间的接缝不应小于6mm，采用的密封胶的位移能力应大于玻璃板缝位移量计算值。硅酮建筑密封胶填塞的缝隙可以释放温度应力和消除装配误差。胶缝小于6mm时很难保证施工质量。胶条在人行或外力作用下有脱落的可能，因此不提倡使用普通的胶条密封。地板玻璃及其连接应能够适应主体结构的变形。

4　结构设计

地板玻璃承受的风荷载和活荷载应符合现行国家标准《建筑结构荷载规范》（GB 50009）的规定。地板玻璃不应承受冲击荷载。玻璃属于脆性材料，而且还存在整体破坏的危险。因此不应承受动荷载。动荷载是指动态作用使地板玻璃产生的加速度不可忽略不计的作用。例如较大的设备震动等。人行及人的冲击荷载对地板玻璃产生的加速度一般均可忽略不计，属于静荷载。地板玻璃板面挠度不应大于其跨度的1/200。对框支承地板玻璃，跨度是指短边边长；对点支承地板玻璃，跨度是指支承点间长边边长。玻璃地板也是地板的一种，走在上面应给人以安全感，特别是玻璃地板更是如此，所以对地板玻璃挠度变形应严格限制，本条参考《混凝土结构设计规范》（GB 50010）中对屋盖、楼板及楼梯的挠度限值。地板玻璃由于承受永久荷载，因此其设计许用强度采用长期荷载作用下玻璃强度设计值。地板玻璃最大应力不得超过长期荷载作用下的强度设计值，玻璃在长期荷载作用下的强度设计值可按《建筑玻璃应用技术规程》（JGJ 113）采用。

4.1　框支承地板玻璃设计计算

框支承地板玻璃强度计算时，应取夹层玻璃的单片玻璃计算。夹层玻璃是由两层以上单片玻璃组合而成，因此夹层玻璃的强度取单片玻璃核算。夹层玻璃每片玻璃的变形是完全相同的，因此荷载分配系数服从玻璃厚度三次方关系。夹层玻璃可等效成一片单片玻璃，其厚度称为等效厚度。由于地板玻璃变形限制很严，一般允许变形不超过玻璃板厚。此时其几何非线性效应不明显，可以按照线性方法计算，计算精度满足工程需要。具体计算如下：

作用在夹层玻璃单片上的荷载可按下式计算：

$$q_i = \frac{t_i^3}{t_e^3} q$$

式中：q_i——分配到第 i 片玻璃上的荷载基本组合设计值；

t_i——第 i 片玻璃的厚度；

t_e——夹层玻璃的等效厚度；

q——作用在地板玻璃上荷载基本组合设计值。

夹层玻璃的等效厚度 t_e 可按下式计算：

$$t_e = \sqrt[3]{t_1^3 + t_2^3 + \cdots + t_n^3}$$

式中：　t_e——夹层玻璃的等效厚度；

t_1, t_2, t_i, t_n——分别为各单片玻璃的厚度；

n——夹层玻璃的层数。

夹层玻璃中的单片玻璃的最大应力可用有限元方法计算，也可按下式计算：

$$\sigma_i = \frac{6mq_i a^2}{t_i^2}$$

式中：σ_i——第 i 片玻璃的最大应力，N/mm^2；

q_i——作用于第 i 片地板玻璃的荷载基本组合设计值，N/mm^2；

a——矩形玻璃板短边边长，mm；

t_i——玻璃的厚度，mm；

m——弯矩系数，可根据玻璃板短边与长边的长度之比按表1取值。

表1　四边支承玻璃板的弯矩系数 m

a/b	0.00	0.25	0.33	0.40	0.50	0.55	0.60	0.65
m	0.1250	0.1230	0.1180	0.1115	0.1000	0.0934	0.0868	0.0804
a/b	0.70	0.75	0.80	0.85	0.90	0.95	1.00	—
m	0.0742	0.0683	0.0628	0.0576	0.0528	0.0483	0.0442	—

注：a/b 是玻璃板短边与长边的长度之比。

计算框支承地板夹层玻璃的最大挠度可按等效单片玻璃计算。计算框支承地板夹层玻璃的刚度时，应采用夹层玻璃的等效厚度。在垂直于玻璃平面的荷载作用下，框支承地板玻璃的单片玻璃的最大挠度，可用有限元方法计算，也可按下列公式计算：

$$d_f = \frac{\mu q a^4}{D}$$

$$D = \frac{E t_e^3}{12(1-\upsilon^2)}$$

式中：d_f——在垂直于地板玻璃的荷载标准组合值作用下最大挠度，mm；

q——垂直于该片地板玻璃的荷载标准组合值，N/mm^2；

μ——挠度系数，可根据玻璃短边与长边的长度之比按表2选用；

D——玻璃的刚度，Nmm；

E——玻璃的弹性模量，可按 $0.72 \times 10^5 N/mm^2$ 取值；

ν——泊松比，可按0.2取值。

表 2　四边支承板的挠度系数 μ

a/b	0.00	0.20	0.25	0.33	0.50	0.55	0.60	0.65
μ	0.01302	0.01297	0.01282	0.01223	0.01013	0.00940	0.00867	0.00796
a/b	0.70	0.75	0.80	0.85	0.90	0.95	1.00	—
μ	0.00727	0.00663	0.00603	0.00547	0.00496	0.00449	0.00406	—

注：a/b 是玻璃板短边与长边的长度之比。

4.2　四点支承地板玻璃设计计算

四点支承地板玻璃的单片玻璃最大应力可用有限元方法计算，也可按下式计算：

$$\sigma_i = \frac{6mq_i b^2}{t_i^2}$$

式中：σ_i——第 i 片玻璃的最大应力，N/mm^2；

　　　q_i——作用于第 i 片地板玻璃的荷载基本组合设计值，N/mm^2；

　　　b——支承点间玻璃面板长边边长，mm；

　　　t_i——玻璃的厚度，mm；

　　　m——弯矩系数，可根据支承点间玻璃板短边与长边的长度之比按表 3 取值。

表 3　四点支承玻璃板的弯矩系数 m

a/b	0.00	0.20	0.30	0.40	0.50	0.55	0.60	0.65
m	0.125	0.126	0.127	0.129	0.130	0.132	0.134	0.136
a/b	0.70	0.75	0.80	0.85	0.90	0.95	1.0	—
m	0.138	0.140	0.142	0.145	0.148	0.151	0.154	—

注：a/b 是玻璃板短边与长边的长度之比。

夹层玻璃的挠度可按单片玻璃计算，但在计算玻璃刚度 D 时，应采用等效厚度 t_e。在垂直于玻璃平面的荷载作用下，单片玻璃跨中挠度可用有限元方法计算，也可按下列公式计算：

$$d_f = \frac{\mu q b^4}{D}$$

$$D = \frac{E t_e^3}{12(1-\upsilon^2)}$$

式中：d_f——在垂直于该片地板玻璃的荷载标准值作用下的挠度最大值，mm；

　　　q——垂直于该片地板玻璃的荷载标准组合值，N/mm^2；

　　　μ——挠度系数，可根据玻璃支承点间短边与长边的长度之比按表 4 选用；

　　　D——玻璃的刚度，Nmm；

　　　E——玻璃的弹性模量，可按 $0.72\times10^5 N/mm^2$ 取值；

　　　υ——泊松比。

表 4　四点支承板的挠度系数 μ

a/b	0.00	0.20	0.30	0.40	0.50	0.55	0.60	0.65
μ	0.01302	0.01317	0.01335	0.01367	0.01417	0.01451	0.01496	0.01555
a/b	0.70	0.75	0.80	0.85	0.90	0.95	1.0	—
μ	0.01630	0.01725	0.01842	0.01984	0.02157	0.02363	0.02603	—

注：a/b 是玻璃板短边与长边的长度之比。

5　结语

　　门窗和玻璃幕墙是建筑玻璃应用于建筑的四个立面，采光顶是建筑玻璃应用于建筑的第五面，地板玻璃可称为建筑玻璃应用于建筑的第六面，地板玻璃的采用标志着建筑玻璃在建筑物上的全面应用。

玻 璃 结 构

赵西安

中国建筑科学研究院　北京　100013

提　要　本文介绍了玻璃作为结构材料在建筑工程中的应用。玻璃同时具备透光、高强、轻质、耐久等四项性能，有别于其他结构材料，受到建筑师的青睐。全玻璃结构和玻璃-钢材混合结构，已经得到较多的采用。

关键词　玻璃材料；玻璃结构；夹胶玻璃；钢化玻璃

1　玻璃的结构性能

1.1　玻璃是独特的结构材料

不同于钢材、混凝土等传统建筑材料，玻璃本身是透明的；玻璃具有很高的强度，尤其是很高的抗拉强度，钢化玻璃的抗拉强度标准值可达到 $150N/mm^2$ 至 $200N/mm^2$，仅低于钢材；由于强度高，玻璃构件厚度很小，因而玻璃结构的自重很小，全玻璃墙的自重（包括玻璃面板和玻璃柱）在 $80kg/m^2$ 至 $120kg/m^2$ 范围内，只为混凝土墙和砌体墙的 1/4 至 1/8；玻璃是化学稳定的物质，几乎没有能腐蚀玻璃的天然介质。

由于玻璃同时具备透明、高强、轻质、耐久四大特点，它成为独特的结构材料（表1）。

表1　结构材料的性能

材料	透明	高强	轻质	耐久
玻璃	O	O	O	O
钢材和不锈钢材	X	O	O	O**
铝材	X	X	O	O
混凝土	X	X	X	O*
砖、砌块、石材	X	X	X	O
聚碳酸酯材料	O	X	O	X

*　铝材的耐久性取决于镀膜或涂装的质量；**　不锈钢耐腐蚀，钢材的耐久性取决于防锈措施。

1.2　用于建筑结构的玻璃

（1）钢化玻璃：将平板玻璃加热到玻璃软化点温度，用冷风迅速降温，对玻璃施加预应力，就成为钢化玻璃。

钢化玻璃的强度可以达到平板玻璃强度的 3 倍到 4 倍，可以更好地满足结构受力的要求。此外，如遇意外，钢化玻璃破损时，碎裂为颗粒状钝角小块，避免对人体产生严重伤害（图1）。

（2）夹胶玻璃：夹胶玻璃又称夹层玻璃。用于玻璃结构的玻璃，其厚度为 6mm 至 22mm。为满足结构截面的受力厚度，或者为了提高玻璃破碎后的安全性，常常将几片玻璃用胶片粘结为一个整体。当采用 PVB 胶片时，夹胶玻璃的承载力和刚度等于各片玻璃的承载力或刚度之和；采用 SGP 胶片时，夹胶玻璃的等效厚度可采用各片玻璃的厚度之和，因而其承载力和刚度极大地提高（图 2）。

平板玻璃破裂为大块　　　　　钢化玻璃破裂为颗粒

图 1　玻璃破裂图形

图 2　6 层 15mm 玻璃夹胶的玻璃柱

1.3　超大尺寸玻璃

目前常用玻璃的长度在 8m 以内，各国热弯夹胶钢化玻璃的长度一般不超过 6m。超过长度的结构构件，用不锈钢板和不锈钢螺栓连接而成（图 3）。

乌鲁木齐新疆石油大厦　　　　　成都西南国际会议中心

图 3　用不锈钢夹板连接的玻璃柱

2012 年，中国已经生产世界最大尺寸的玻璃。目前生产最大的玻璃为 18m×4m，厚度最大为 25mm（图 4）。并且具备了相应的钢化、热弯、夹胶的能力。中国的超大玻璃已经为国内外的玻璃结构提供了强大的技术支持（图 5、图 6）。

图 4　超大玻璃 18m×4m，厚度 25mm　　　图 5　为纽约苹果店生产的 15m 高、5 夹胶玻璃柱

图 6　为香港苹果店生产的 18m 高、6 夹胶玻璃柱

2　玻璃结构

玻璃结构常用于板，包括墙板和承重楼板。此外，用于主要承重结构时，有梁、柱和框架。

2.1　梁式结构

玻璃梁通常作为玻璃采光顶的支承结构，用于高层建筑的顶部、裙房以及大型公共建筑。为了安全，采光顶的面板和承重梁都必须采用夹胶玻璃。（图7～图13）

玻璃梁通常采用铰支座，按简支梁计算。

图 7　变截面梁（左）和等截面梁（右）

图 8　北京海军总医院　　　　　　　　图 9　北京天文馆

图 10　纽约第五大街苹果店交叉玻璃梁系　　图 11　交错布置的变截面玻璃梁系

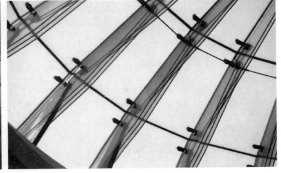

图 12　玻璃穹顶的支承梁系统

图 13　英国维多利亚博物馆采光顶的梁支承结构体系

　　玻璃采光顶的夹层玻璃面板可以周边支承，也可以采用点支承（图 14）。按照其支承条件分别进行计算，通常多采用板的有限元分析软件。

2.2　玻璃柱

　　玻璃柱在受弯平面内截面尺寸很大，可以到 800mm 或更多；而在受弯平面外，受玻璃厚度所限，通常很小。为提高平面外的稳定性，除高度较小（通常高度 6m 以下）时可以采

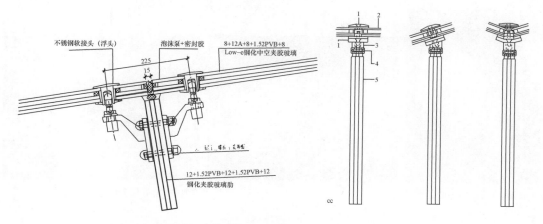

图 14　点支承的玻璃面板，钢爪支承（左）和夹板支承（右）

用底部支承外，多数情况下采用顶部悬挂的支承方式，使玻璃柱处于拉弯的受力状态。当玻璃柱的高度很大时，常采用多片玻璃夹胶以增大玻璃的厚度，从而加大玻璃柱截面的宽度（图 15）。

　　玻璃柱上下端均采用铰支承，承受玻璃面板传来的自重、风荷载和地震力。玻璃面板可以采用边缘支承方式或点支承方式与玻璃柱连接（图 16）。

图 15　采用夹胶玻璃的玻璃柱

图 16　北京地铁新国展站玻璃墙上的玻璃柱

　　玻璃柱较高时，可以采用不锈钢板将几段玻璃柱连接为长柱（图 17）。

　　图 18 为北京芳草地中心高层办公综合建筑，大面积玻璃墙面用玻璃柱支承，形成通透的室内空间。

　　玻璃柱平面外刚度很小，其平面外稳定性问题要有足够的注意。虽然玻璃柱的一侧有玻璃面板作为平面外的支撑，但是另一侧玻璃柱是无约束的，当承受风吸力时，自由边受压，存在失稳的危险。因此，当玻璃柱的高度大于 8m 时，应考虑玻璃柱的稳定问题；大于 12m 时，必须进行平面外稳定性计算。必要时增加平面外的支撑（图 19）。

　　平面外支撑可以采用水平玻璃梁、水平不锈钢撑杆、水平不锈钢板等。图 20 为厦门国际会议中心玻璃柱的不锈钢板水平梁式支承，不锈钢梁自重由竖向不锈钢吊杆支承。

87

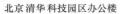

北京清华科技园区办公楼　　　　　　　　　　成都西南国际会议中心

图 17　用不锈钢板连接玻璃柱

图 18　北京芳草地中心高层办公楼玻璃墙面

图 19　深圳观澜球会 12m 玻璃柱　　　　图 20　厦门国际会展中心不锈钢梁支撑（左）
　　　　　　　　　　　　　　　　　　　　　　　　和钢梁的吊杆（右）

　　图 21 是厦门马可波罗酒店，玻璃梁作为平面外支撑，图 22 是昆明西山万达，不锈钢管平面外支撑。

　　苏州科技园区设计院高层办公楼，整座建筑的各层玻璃外墙均采用玻璃柱支承，大大扩展了玻璃结构的应用领域（图 23）。

图 21　厦门马可波罗酒店，玻璃梁作为平面外支撑

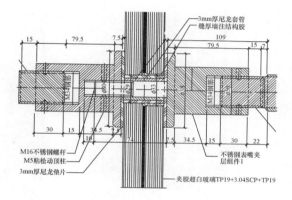

图 22　昆明西山万达，不锈钢管平面外支撑

图 23　苏州科技园区设计院办公楼全高各层布置的玻璃柱

　　2015 年，杭州浙商财富中心的全玻璃大堂创造了全世界最高玻璃柱的记录，玻璃柱高度达到 28m。玻璃柱分为 3 段，在现场安装、就位、连接。玻璃柱截面高度 850mm，截面厚度 104.1mm，采用 5 片 19mm 超白钢化玻璃用 2.25mm 厚的 SGP 高强胶片夹胶。三段玻璃柱构件用不锈钢板和不锈钢螺栓现场连接。

　　柱的上下端均采用不锈钢夹板形成铰支座（图 24）。

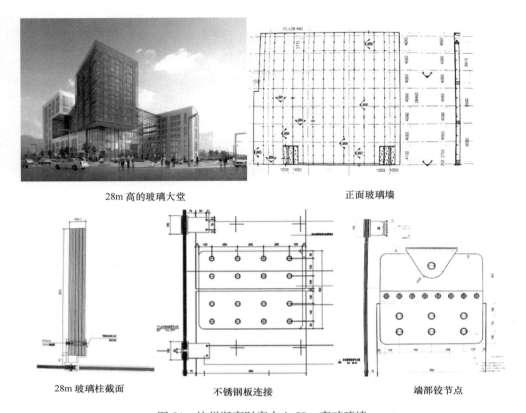

28m 高的玻璃大堂　　　　　　　　　　正面玻璃墙

28m 玻璃柱截面　　　　　不锈钢板连接　　　　　端部铰节点

图 24　杭州浙商财富中心 28m 高玻璃墙

2.3　超大尺寸玻璃面板

我国已有多家玻璃公司可以生产世界最大规格的玻璃平板（18m×4m×25mm），并且北京玻璃公司已具有相应的钢化、热弯、夹胶等深加工能力。所以目前世界各地的超大玻璃面板均由中国供应。

2012 年，我国首先生产了 12m×2.6m 热弯、钢化、夹胶玻璃，供应上海苹果店，打破了国外长度不大于 6m 的局限。12 块弯曲玻璃，每块玻璃价格达到 RMB 120 万元。从此，更大规格的面板玻璃不断供应客户要求（图 25）。

2.4　无立柱玻璃板外墙

2015 年，形状如同巨型飞碟的苹果公司总部在美国加州兴建，玻璃外墙采用 14m×3.3m 的超大热弯、钢化、中空玻璃（图 26），玻璃加工设备由中国供应。玻璃外墙不设玻璃柱，全部荷载由玻璃板单独承担。

图 27 为美国华盛顿总部办公楼，外墙全部为一层楼高的热弯玻璃，由上下层楼面结构简支，玻璃尺寸为 3.2m×1.5m。室内向外望非常通透。

同样的设计也在巴黎的 UNIC 项目 13 层住宅中采用，全部外墙为无玻璃柱支承大尺寸玻璃板，连外挑阳台的栏板也全部采用透明玻璃（图 28）。

2.5　玻璃框架

全玻璃建筑要求采用透明的玻璃框架。玻璃框架的梁柱构件受力很大，要采用夹胶钢化玻璃。框架梁柱节点为刚性连接时，可以采用不锈钢板和不锈钢螺栓连接，也有工程采用胶

18m×3.3m 热弯、钢化、中空大玻璃　　上海浦东苹果店，12m×2.6m　　　上海南京路苹果店，13m×2.5m

纽约苹果店，玻璃墙板高度13.5m　　　　　　杭州西湖苹果店，14.5m×3.0m

香港铜锣湾苹果店，18m×3m，目前最大的玻璃面板之一

图 25　超大尺寸玻璃面板

图 26　美国加州苹果公司总部（左）和采用的 14m 超大弯玻璃（右）

接（图 29，图 30）。

图 31 为 2000 年建成的第一个苹果店，位于纽约曼哈顿第五大街，由于当时没有超大玻璃，玻璃面板沿高度分为 3 块，玻璃柱整根，高度 9m，5 片 15mm 玻璃夹胶。玻璃框架梁柱用不锈钢螺栓连接，双向布置，顶部成为交叉梁系。

图 27　华盛顿 TBS 总部办公楼采用大尺寸弯弧玻璃（左），室内非常通透（右）

图 28　巴黎 UNIC 项目住宅楼独立玻璃板外墙

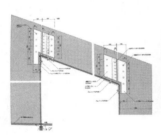

图 29　框架梁柱采用不锈钢板连接

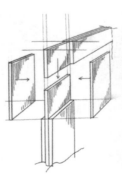

图 30　框架梁柱采用胶结

纽约苹果店，9m×9m×9m　　　框架梁柱不锈钢螺栓连接　　梁柱均为5片15mm玻璃夹胶

双向布置框架，底部顶部形成交叉梁系

图31　纽约曼哈顿苹果店的玻璃框架结构

　　此后，苹果店大量采用玻璃框架结构。上海浦东苹果店 2012 年首次采用了 12 块高度达 12.6m 的整片超大玻璃，相应布置了 12 榀 12.6m 高的玻璃框架，汇交于顶部的玻璃环梁上。其中 4 榀组成正交的门式框架。（图32）

　　2014 年建成的北京三里屯苹果店采用 L 形玻璃框架，梁柱一体，由整块玻璃切割而成（图33）。

图32　上海浦东苹果店，空间玻璃框架系统

93

北京三里屯苹果店　　　　　　　　　　　　　　美国波士顿苹果店

图33　由大尺寸玻璃切割出来，再进行夹胶的 L 形梁柱整体框架

2.6　玻璃楼梯

在玻璃建筑中，楼梯自然也采用玻璃结构。玻璃楼梯，无论直楼梯还是螺旋楼梯，都以扶手栏板为承重主梁，楼梯踏板安装在栏板上。栏板和踏板都采用夹胶玻璃以保证安全。踏板通常 3 片玻璃夹胶，面层玻璃常用刻花玻璃防滑（图34、图35）。

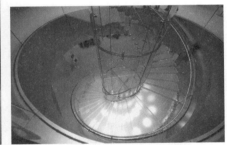

图34　玻璃楼梯

类似于玻璃楼梯，美国洛杉矶国民银行大楼300m 高空设置了玻璃滑梯，也是以玻璃栏板作为主梁，32mm 厚的夹胶玻璃底板承重（图36）。

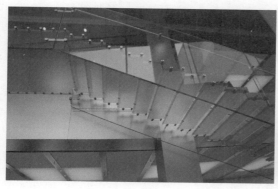

图35　踏板固定在玻璃栏板（主梁）上

图36　洛杉矶国民银行大楼300m高空的玻璃滑梯

3　玻璃结构设计的一些问题

　　玻璃虽然强度高，但毕竟是脆性材料，而且玻璃构件很薄，所以设计时必须进行认真的强度和刚度计算，玻璃柱还应考虑侧向稳定的问题。曾经发生过玻璃结构在强风作用下破坏的事例。如世界上建筑面积最大的单体工程—成都环球中心的玻璃墙，2016年8月7日，12m高的玻璃柱在强风作用下破坏，导致玻璃墙大面积塌落（图37）。

图37　成都环球中心玻璃墙在强风作用下塌落

3.1 玻璃的材料力学性能

（1）强度设计值

玻璃是脆性材料，一直到临近破坏，应力与应变几乎是直线关系。玻璃的总设计安全系数 K 一般取为 2.5。考虑到主要荷载风力分项系数 K_1 为 1.4，所以材料分项系数 K_2 取为 1.8。按照《玻璃幕墙工程技术规范》（JGJ 102）的规定，玻璃的强度设计值可按表 2 的规定采用。表 2 中端面指玻璃切割后所形成的表面，其宽度等于玻璃的厚度。边缘指临近端面的玻璃表面，因切割产生微裂缝，强度有所降低。

玻璃存在许多微观裂缝，在持续应力作用下，其后期强度会降低。因此，采光顶的玻璃面板、玻璃梁、长期水压作用下的水族箱板、水池底板等永久性受力的玻璃构件，其强度设计值应按表 2 数值的 50% 采用。

（2）其他力学性能

玻璃的弹性模量 E 为 0.72×10^5 N/mm^2，玻璃的线膨胀系数为 1.0×10^{-5}。

表 2　玻璃的强度设计值 f_g（N/mm^2）

种类	厚度（mm）	大面	端面	边缘强度
平板玻璃	5～12	28.0	20.0	22.0
	15～19	24.0	17.0	19.0
	≥20	20.0	14.0	16.0
钢化玻璃	5～12	84.0	59.0	67.0
	15～19	72.0	51.0	58.0
	≥20	59.0	42.0	47.0

注：1　夹层玻璃和中空玻璃的强度设计值可按所采用的玻璃类型确定；

　　2　当钢化玻璃的强度标准值达不到平板玻璃强度标准值的 3 倍时，表中数值应根据实测结果予以调整。

3.2 内力分析和截面计算

玻璃可以认为是弹性均质材料，按弹性构件进行内力分析，并采用通行的弹性内力分析软件。截面计算可按材料力学方法进行。

3.3 相关钢结构设计

与玻璃结构相关的钢结构，包括钢—玻璃混合结构的钢结构部分，按《钢结构设计规范》（GB 50017）进行。采用不锈钢板连接玻璃构件，连接计算也按钢结构的方法进行。

4　结语

对于大多数结构设计人员来说，玻璃是一种尚待熟悉的结构材料，玻璃结构设计经验还较少。近年来建筑师采用玻璃结构逐渐增多，结构设计也开始接触这一领域。新材料、新结构，对于我们将是新的机遇。

关于异型外围护结构的特点分析

王德勤　王琦

北京德宏幕墙工程技术有限公司　北京　100062

提　要　为了便于对异形外围护结构的研究，在设计过程中能更好得有针对性的保证对每一项异形建筑的物理性能和建筑基本功能的实现。本文从异形建筑外围护结构的基本概念入手，从广义和狭义两个方面对异形幕墙进行了解释，并根据异形外围护结构的概念和组合形式对其进行了分类和特点分析，结合实际工程案例作了一些相应的探讨和解析。

关键词　异形外围护结构；异形三维曲面板；双曲面组合板块；单曲板拼装

1　前言

作为建筑外围护的表现形式，主要就是建筑幕墙和异型屋面了。在外观装饰效果中，是面板通过其丰富的色彩和多变的造型来实现建筑师们对其建筑表观艺术的完美追求。通常幕墙和屋面所用的面板包括玻璃、金属板、石材人造板等材料，它们各自根据其自身材质的性能特点来实现其对建筑表观功能要求。

建筑艺术在通过建筑外围护结构这种形式表现个性的同时也给了人们精神上的享受。现在的建筑外围护已不再是单一呆板的世界，而是由多种材料搭配，有凹有凸，有曲有折各种外形的组合幕墙、屋面。由它构成的建筑造型新颖多变、标新立异，构图虚实对比强烈，环境色彩鲜艳明快，人们喜闻乐见的建筑艺术效果，给现代化城市面貌增加了魅力。

在建筑师追求建筑外观新、奇、特等充斥着后现代唯美主义的建筑设计中，会出现不少另类、多变的三维自由面造型，这给幕墙公司的技术改进和研发提出不小的挑战和巨大的契机。

可以说，异形幕墙的出现和发展给了幕墙设计师们发挥其聪明才智的机会和空间，促使建筑幕墙的深化设计与施工技术向着一个更高的层面发展。

为了我们在工作中便于对异形外围护结构的研究，在设计过程中更好得对每一个异形幕墙与金属屋面的物理性能和基本功能的实现，本文根据异形外围护结构的概念和组合形式对其进行了分类和特点分析，并结合实际工程案例作一些粗浅的解析。

2　异形外围护结构的概念和组合形式

2.1　外围护结构的概念

异形建筑幕墙的概念是相对于普通的平面建筑幕墙而言的。建筑幕墙是"由面板与支承结构体系组成，具有规定的承载能力、变形能力和适应主体结构位移能力，不分担主体结构所受作用的建筑外围护结构或装饰性结构。"

所以异形建筑幕墙首先应该是建筑幕墙，有着幕墙的全部功能；其次是面板与结构根据

建筑造型的要求产生了各种异形的变化，达到某种建筑艺术效果的幕墙。（异形建筑幕墙并不是一种单独的幕墙系统）

在广义上讲，异形幕墙不但包括各种形式和各类面板材料的异形建筑幕墙，同时还包括了一部分异形采光顶和异形屋面。因为幕墙和屋面在定义上的区分主要是以垂直地面的75°为界的。大于75°为幕墙，小于75°为屋面。金属屋面："由金属面板与支承体系（支承装置与支承结构）组成的，不分担主体结构所受作用且与水平方向夹角小于75°的建筑围护结构。"幕墙和屋面两者之间在构造和性能上有很大区别的。但在异形建筑中往往用连续的曲面使之连为一个整体，没有明确的分界线。（图1）

图1（a）　鄂尔多斯博物馆异型金属屋面照片　　　　图1（b）　深圳保利剧院异型金属屋面照片

2.2　异形幕墙的组合形式及特点

2.2.1　单块平板为面板的异形幕墙

平面板面板，可以通过不同角度和不同方式的组合而形成大的曲面或双曲面来实现异形建筑幕墙的效果。

平面板面板其特点是：适用于各种形式的幕墙支承结构和各类面材。适用范围广，面板反光效果好，适用于强调有钻石帆面光斑效果的异形建筑；适用于大半径和曲面度变化不大的曲面异形幕墙；工程造价相对较低，性价比较高。

2.2.2　单块面板为单曲面弧形面板的异形幕墙

单曲面弧形面板，可以通过各种组合方式而形成曲面异形建筑幕墙。

单曲面弧形面板的特点：适用范围广，面板曲面弧形成型较容易；对幕墙的支承结构体系一般没有特殊的要求。常用的面板材料有玻璃、金属板、GRC板、石材和各种人造板材。适用于各种弧形幕墙及单曲面的艺术造型；同时也适用于曲面度变化不大的双曲面异形幕墙；对于选用玻璃材料的单曲弧形面板可以实现钢化加工来提高面板的强度提高安全性。

在单曲弧形面板的形状设计上，可根据建筑的要求设计成等半径的弧形板和不等半径的扇形板，以及多边形、圆弧边形的板块，进行整体组合。

在常见的单曲面板的幕墙的面板组合方式是：曲面对接的方法，也就是将相邻的两块弧形板块按走向对接成一个整体的弧形曲面幕墙。

在异形幕墙的设计中由于单曲面弧形面板的适用范围广，面板曲面成型较容易；对幕墙的支承结构体系没有特殊的要求，特别是在异形玻璃幕墙的应用中，由于单曲面玻璃可以进行钢化处理，大大提高了玻璃幕墙的安全度，所以单曲面弧形玻璃面板常常使用在两个平面幕墙的转角过度造型、实现褶皱的造型效果、拼接成充满韵律的异形墙面。在实际应用中除玻璃材料外，各种金属板材、GRC 板、PC 板、石材和各种人造板材也都大量采用单曲面弧形面板的形式作异形幕墙的面板材料。

2.2.3 单块面板为双曲面板和自由曲面板的异形幕墙

双曲面板和自由曲面面板通过拼接、组合成的双曲面异形建筑幕墙。

双曲面异形幕墙特点：在异形幕墙中，双曲面板的成型及加工难度较大，工艺要求较高。板块的精度要求也高。对幕墙的支承结构和节点设计上也有一定的特殊要求；适用于双曲面及自由曲面的曲率变化大，曲面半径小、形状复杂，极具视觉冲击力的异形幕墙建筑；对幕墙的设计与施工技术要求较高。常见使用的面板材料有玻璃、金属板、GRC 板等。（图 2）

图 2(a) 湖南长沙国际文化与艺术中心效果图　　图 2(b) 深圳华侨城创新展示中心照片

双曲面板的组合方式与单曲面板的拼接方法基本相同，但由于双曲面板的大部分成型是由模具制造成型的，往往在板块的边部有着尺寸和形位的误差，双曲板块大部分都是采用了对接拼装的方式。并在板块之间设置了连接定位装置，使板块之间顺滑过度。双曲面板包括等半径的球冠型板、不等半径的椭球扣板，以及大量的自由曲面空间造型板。

2.2.4 单块面板为平板或单曲面板经现场冷弯成形的异形幕墙

在对各类幕墙面板材料进行曲面成型加工技术上，主要采用的方法有：热弯加工、冷弯加工、铸造成形、模具成形、爆炸成形等。

现场冷弯成形曲面板主要是指在曲面幕墙的制作安装过程中用平板或单曲面板通过施加一定的外力使面板产生弹性变形，并永久固定在支承系统上，使之达到双曲面的效果。这样成型方法往往是用在板块曲面变化小，回弹力不大的情况下使用。但即使这样，在使用前也要对其作由于冷弯变形所引起的负面影响进行全面可行性分析后才能使用。

各种不同的建筑外形对面板的设计要求也不同，由于各种异形幕墙建筑的艺术造型是用面板的自身形状和组合方式的变化来实现的。所以我们在分类上利用面板的形状作为分类的依据方法。

3 异形外围护结构的工程案例

异形建筑的发展使得城市景观充满生机，由于现代异形建筑的鼻祖——埃菲尔铁塔的成功，越来越多的异形建筑和与之匹配的异形幕墙、异形屋面等异形外围护结构工程项目在近些年来像雨后春笋般地出现。艺术家和设计者倾尽全力去打造"全新""从未有过的""特征显著的"建筑，给异形外围护结构的建筑幕墙和金属屋面从材料到工艺以及加工技术提出了一个又一个全新的课题，让幕墙设计师们迎接了一个又一个全新的建筑幕墙技术的考验。

3.1 在2011年巴黎机场工程公司与扎哈·哈迪德建筑事务所联合推出的新方案，击败了诸多的设计机构提供的方案，获得了这个70万平方米的机场项目，并声称"这将是全球最大的机场航站楼"。2015年3月，扎哈·哈迪德宣布了北京的大兴机场的设计方案［图3（a）、（b）］。这个机场位于北京南面的大兴区，将用3年的时间建成。新机场建成后预计每年将接待4500万名乘客。扎哈·哈迪德，这个首位获得普立兹克建筑奖的女建筑师，北京新机场的设计项目将是她首次挑战机场设计方案，填补了她建筑设计生涯的一项空白。

图3（a）　北京新机场的造型像"凤凰展翅"效果图　　　　图3（b）　北京新机场的正立面效果图

　　新机场造型上像"凤凰展翅"，建筑立面主要为玻璃幕墙，以通透的墙面来表现内外大空间交流，大型的屋面一定会采用异形金属屋面这种最有表现力的外围护结构形式来实现建筑效果。

　　北京复兴路乙59号幕墙工程项目是一项旧楼改造项目，建筑师利用了玻璃的彩釉印刷技术使多种不等边的菱形玻璃的透光率产生变化，又利用玻璃在平面上的凹凸变化实现其建筑语言，使得整个建筑充满灵动感；广州大剧院宛如两块被珠江水冲刷过的灵石，外形奇特，复杂多变，充满奇思妙想。（图4）

 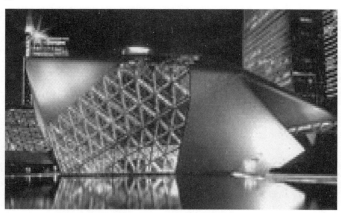

图4（a）　北京复兴路乙59号幕墙工程照片　　　　图4（b）　广州歌剧院的灯光效果照片

3.2 在各种异形曲面的外围护结构的表面利用玻璃、铝板或其他材料构成各种新、奇、特的异形建筑幕墙。

寿光文化中心玻璃椭球形剧场的长轴是 60m，短轴为 40m，由多根相互平行的立柱支撑在 8m 高的空中。球形剧场的一端是通过通道与大堂连接，球形剧场的结构是由钢管通过经纬线的布置形成的球壳。外层的玻璃是中空彩釉夹胶热弯玻璃。通过彩釉点密度的变化实现透光率的变化。玻璃与钢结构的连接节点是通过玻璃之间的空隙将内片玻璃固定在结构上，实现了机械连接的隐框效果。[图 5（a）]

大阪海洋博物馆的外维护结构是由钢管和连接构件镶拼成的球壳，表面采用了透明夹胶玻璃。和特种夹胶玻璃，这种玻璃是用 SGP 胶片将不锈钢穿孔板夹在两片玻璃之间，通过不锈钢穿孔板的孔洞目数变化实现透光率的变化。建筑师把九种不同透光率的玻璃按设计排布在球体表面上，在天空光线产生变化时不锈钢夹层玻璃的反光也随着变化。这层玻璃在达到了建筑效果的同时也起到了遮阳和节能的作用。[图 5（b）]

图 5(a)　寿光文化中心玻璃球形剧场照片　　　　图 5(b)　日本大阪海洋博物馆照

巴黎"融化式建筑"的出现，打破了我们对建筑的一般理解。是异形建筑的一个大胆的探索，它使用了视错觉技术造成的效果，给了异形建筑和异形门窗幕墙以全新的认识，这类建筑的"特征显著"个性极强。

美国拉斯维加斯的可乐总部大楼是利用点支式玻璃幕墙的可塑强、表现性强的特点，在墙面上制作了一个巨大的仿真可乐瓶。这是在异形建筑中的仿真建筑，近期在国内出现的如：河北的"福禄寿三星酒店"（天子大酒店），外观完全就是福、禄、寿三位神仙的雕塑，色彩浓烈鲜艳；安徽合肥滨湖新区的直径为 61m，高 18m，以凤阳花鼓为造型的鼓形建筑等。形象真实具体是类似于雕塑的一种异形幕墙形式。

白家庄酒店项目在建筑设计时，建筑师利用金属板的可塑性性能，在外幕墙的层间上制造了一个奇特的有着梦幻效果的金属板与玻璃的复合幕墙。让有着奇异三维造型的金属板与通透的大透明玻璃有机的形成了一个整体 [图 5（a）、（d）]

当选为"2016 年全球十佳公共建筑"的中国唯一入选作品，是位于湖北省十堰市郧阳区汉江南岸的柳陂镇青龙山村，青龙山恐龙蛋遗址博物馆。

该建筑的异型金属屋面、幕墙的外装饰采用了 3mm 厚铝合金板块板，仿制成恐龙模型鳞片状，覆盖整个建筑面积 5000 平方米的恐龙蛋遗址，保护着距今约 6500～13500 万年保存完好的恐龙蛋 [图 5（e）]。

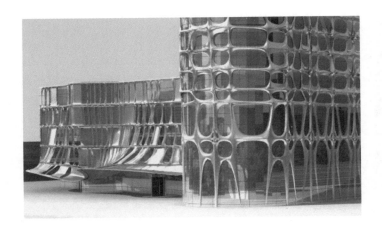

图 4（c）　白家庄酒店的立面照片图　　　　　图 4（d）　白家庄酒店的原始设计立面效果图

图 5（e）　湖北十堰青龙山恐龙蛋遗址博物馆恐龙鳞片状金属屋面照片

"山水城市"是 MAD 建筑事务所一个最新的项目，位于贵阳［图 5（f）］。设计概念来源于中国传统的山水理论。古代定都时，人们会观察土地和水源，选择险要的自然地形作为城市的天然防卫。自 20 世纪 80 年代改革开放以来，中国在城市建设上取得了巨大成就，然而伴随着城市数量和面积的急速扩大，这种发展也带来了一系列问题，例如古迹和自然环境的破坏。由吴良镛在 1987 年发起的当代中国城市规划研究重新引入了"人居科学"的理

图 5（f）　位于贵阳市由 MAD 建筑事务所设计的"山水城市"效果图

论——中国航天之父，著名科学家钱学森就提出了"山水城市"的概念并给吴良镛写了一封信，提议构建山水城市的概念并将它与山水诗歌、中国传统园林和山水画相融合。

山水城市是中国历史上独特的空间规划概念之一，在城市可持续发展方面有重大意义。它将城市建设与自然环境相结合，而所谓的自然环境就包括"山"和"水"。建筑－景观－城市的紧密结合是中国传统城市设计理论的核心和主要方法论。

4 结语

近年来，由于社会经济有了进一步的提高，建筑业快速蓬勃发展。建筑外围护结构形式在不断地改进，也使得异形建筑外围护结构的样式和数量有了很大的增加，促进了幕墙行业设计和施工水平的普遍提高，促使墙面材料的多样化和加工技术的提升。由于幕墙工程师们在提升建筑幕墙设计、加工、施工技术的同时，合理的利用和引进了汽车制造业、航空制造业，以及军工制造等高科技技术，特别是 BIM 技术大规模的在幕墙设计和施工中的运用。一次又一次完成了高难度异形外围护结构项目的挑战。我们在总结多个异形幕墙项目的基础上，对外围护结构的特点进行分析，提供给同行们共同探讨以促使幕墙设计和施工技术进一步的提高。

参考文献

[1] 中华人民共和行业规范.《玻璃幕墙工程技术规范》(JGJ 102—2003).
[2] 王德勤，异型金属板幕墙和屋面在设计中的难点解析[J]. 中国建筑防水-屋面工程，2013，(23).
[3] 王德勤，双曲面玻璃幕墙节点设计方案解析[J]. 幕墙设计，2014，(2).
[4] 王德勤，异形金属屋面在设计中应该考虑到的问题[J]. 幕墙设计，2016，(1).

作者简介

王德勤（Wang Deqin），男，1958 年生，教授级高级工程师，北京德宏幕墙技术科研中心主任；清华大学建筑玻璃与金属结构研究所，中国建筑装饰协会专家；中国建筑金属结构协会专家组成员；中国钢协空间结构分会索结构专业委员会委员；北京市评标专家。

不锈钢排水天沟的设计
——金属屋面排水天沟设计的问题解析

王德勤

北京德宏幕墙工程技术科研中心　北京　100062

摘　要　本文对金属屋面上的排水系统、排水天沟的定义、不锈钢排水天沟的功能设计及虹吸排水的使用作了介绍；特别对不锈钢排水天沟的结构与构造设计原理、节点的设计思路和相关的技术进行了详细的分析；并将天沟溢流口的设计、阻水挡板与水平落水斗的设计、防治积尘积沙的方法作了介绍。同时将金属屋面汇水区域的划分及汇水量的分析、计算，除雪融冰系统的设计用实例进行了解析。

关键词　不锈钢排水天沟；金属屋面；溢流口；汇水量；融冰系统

1　引言

当今的建筑造型已经呈现多元化的发展方向，一些新派建筑师不满足于设计中规中矩的建筑形式，许多大型和超大型的极富视觉冲击力的建筑越来越多得呈现在我们面前。建筑的屋顶、屋面部分也都利用外饰层作为建筑设计思想的载体，展示着建筑艺术的魅力。异形金属屋面系统以往也只是作为建筑造型中的个别单体，现在已经大范围的得到应用。超大型的曲面建筑金属屋面，特别是双曲面造型的建筑金属屋面系统，越来越多地应用在国内外大型建筑中（图1～图4）。

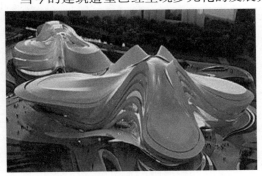

图1　长沙梅溪湖文化中心效果图

近年来，由于建筑幕墙和金属屋面的设计方法和技术手段有了不断提高，BIM和计算机三维设计软件的应用，已经完全可以满足异形金属屋面的造型设计需要。那么，如何更好地实现建筑创意，如何在将建筑的语言表达地更加透彻的同时，还能保证屋面的各项物理指标和使用性能，这已经是许多幕墙公司和幕墙设计师们必须面临的问题。

本文所提及的金属屋面是指由铝镁锰薄板或铝板、钢板等金属板材压制成型的金属屋面系统。屋面系统中主要包括：主体支撑钢结构、连接机构、檩条、底层硬防水镀锌钢板、防潮隔气层、隔声层、保温层、金属屋面板、外装饰板。

这里的金属屋面系统，主要是指建筑物金属屋面的整体系统。其中包括：屋面系统、排水系统、屋脊、山墙、檐口、屋面板接口、封头、防雷接闪器、清洗水接头、不锈钢连接

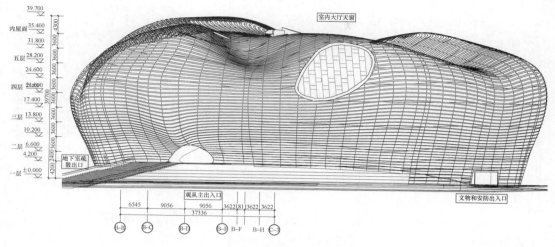

图2 鄂尔多斯博物馆东立面图

环、融雪融冰装置、落水及虹吸装置,还包括屋面面层的装饰板、附着物等。

在这里重点要介绍的是,排水系统中的排水天沟的设计和虹吸排水的使用。

图3 贵州铜仁凤凰机场航站楼效果图

图4 重庆江北机场T3A航站楼效果图

2　金属屋面排水天沟

2.1　排水天沟的定义、作用及功能

天沟指建筑物屋面两胯间的下凹部分,在建筑屋面汇集屋面雨水的沟槽。天沟排水是指利用天沟将雨水排至屋面以外。屋面排水分有组织排水和无组织排水(自由排水),有组织排水一般是把雨水集到天沟内再由雨水管排下,集聚雨水的沟就被称为天沟,天沟分内天沟和外天沟,内天沟是指在外墙以内的天沟,一般有女儿墙;外天沟是挑出外墙的天沟,一般没女儿墙。

金属屋面不锈钢天沟是指在建筑物顶部采用金属板作为防水屋面时,在金属屋面的下凹部位,起到收集雨水作用并能通过排水管系统有组织地将雨水排出的凹型沟槽,一般采用不锈钢板制作成"U"形或矩形的排水系统,叫不锈钢排水天沟。不锈钢天沟槽安装现场、金属屋面檐口天沟和山墙处天沟见图5(a)(b)(c)。

图 5 （a）不锈钢天沟槽安装现场　　图 5 （b）金属屋面檐口天沟　　图 5 （c）金属屋面山墙处天沟

2.2　天沟的构造形式与设计方案

不锈钢天沟的作用是收集雨水，并能通过排水管系统有组织地迅速将雨水排出。

天沟槽的设计时，应在充分考虑到其自身的排水、引水的功能外，还要考虑到排水天沟是整个屋面系统的一个组成部分。其功能要完整，特别是在保温、隔热、隔声及装饰性能上要根据不同的项目进行专门的设计。一般要求在天沟金属槽的室内则设置填充保温棉，在可视部分包饰装饰面层。在天沟金属槽的室外则涂防水油膏加防水卷材，这样有利于减少噪声，提高沟槽的防腐能力，提高使用寿命。

在相关的国家标准和规范中对金属屋面排水天沟的设计已明确规定，排水天沟槽的设计应该考虑以下注意事项：

1）排水天沟应采用防腐性能好的金属材料，不锈钢板的厚度不应小于 2～5mm。

2）防水系统应采用两道以上防水构造。防水系统应具备吸收温度变化等所产生的位移能力 [图 6 （a）（b）]

3）排水天沟的截面尺寸应根据排水计算确定，并在长度方向上应考虑设置伸缩缝，天

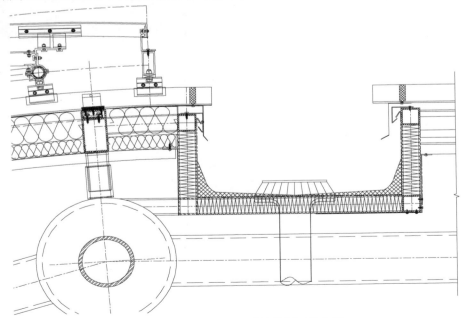

图 6 （a）不锈钢天沟槽的横剖面节点图

沟连续长度不宜大于30m。

4）在对于汇水面积大于 5000m² 屋面，应设置不少于2组独立的屋面排水系统，并应采用虹吸式屋面雨水排水系统。

5）天沟底板的排水坡度应大于 1％。在天沟内侧设置柔性防水层，最好不低于在两侧立板的一半位置（1/2）处和底板的全部加一道柔性防水层［图 6 （a）（b）］。

图 6 （b）加工成型的不锈钢天沟

2.2.1 排水天沟溢流口的设计

在 CECS183：2005《虹吸式屋面雨水排水系统技术规程》中是这样定义的：

溢流口（overflow）当降雨量超过系统设计排水能力时，用来溢水的孔口或装置。

溢流系统（overflow system）排除超过设计重现期雨量的雨水系统。溢流系统可以是重力系统或虹吸系统，溢流系统不得与其他系统合用。

在排水天沟内，如果出现非常情况，如排水口不畅，水量过大等特殊情况，为保证天沟能够将水排出，比较好的办法是在天沟内设置溢流口。当天沟的水位到达一定的高度时，水在过溢流口溢出，并能将水有组织地排入落水管内，或直接将水排到屋外。

我们在生活中最常见的溢流口就是家庭中使用的洗手水池。基本上在每个水池上沿边部都留有一个小口，这就是水池的溢流口。当水在水池内高度到达口边缘时，水将通过此溢流口流入下水管道，不使过多的水发生外溢的现象，提高了用水的安全性。

屋面排水天沟在工作状态时其环境更为复杂，很有可能由于异物将落水口的排水量减少或失去排水的功能。或由于非常情况，出现水量过大无法及时排出而造成水从天沟的边缘溢出，进入屋面的保温层而出现屋面漏水现象，更严重的时候可能由于水的重量引起屋顶支撑结构的安全问题。

溢流口的形式可以根据工程项目的特点而定，可采用在天沟侧面立板或端部立板面上开口的作法，也可以采用台式溢流口的设计［图 7（a）（b）］。

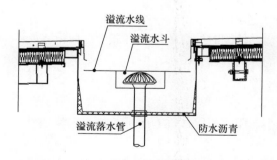

图 7 （a）不锈钢天沟台式溢流口节点图

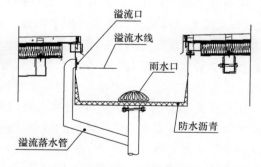

图 7 （b）在天沟侧面立板设置的溢流口节点图

在设计溢流口时也应进行溢流口的布置分析，用计算和分析方法确定溢流口的尺寸大小和位置，数量是否满足在极限状态下的需要。溢流口的尺寸计算在《虹吸式屋面雨水排水系统技术规程》中已给出了计算公式和计算方法。

由于项目的不同特别是异形曲项目，每一段天沟的设置都会有所不同，所以应在深化设计时对每一段天沟的布置、每一个落水口和溢流口的设置都应有分析计算来确定。

2.2.2 不锈钢天沟槽应与其支撑结构之间能够相对位移

在不锈钢天沟施工时，不得将不锈钢天沟的板边缘直接锚固（焊）在天沟的支撑结构上（图8）。因为天沟与天沟的支撑结构一般在工作状态时不是在一个温度场内，在温度变化时会出现较大的温度差。会在天沟槽的纵向方向天沟与支撑结构之间出现较大的相对变形。如使其固定限制其变形将在此部位出现很大的温度应力，使之出现破坏。

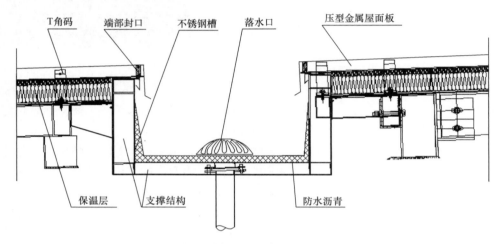

图 8　不锈钢天沟断面节点图

同时，由于不锈钢天沟的材质为不锈钢板，奥氏体型不锈钢在 20～300℃时线膨胀系数为 17.5；而支撑结构为碳钢材料，其在 20～300℃时线涨系数约为 11.3～13。奥氏体型不锈钢与碳钢相比，最大的线膨胀系数，比碳钢大 40%，并随着温度的升高，线膨胀系数的数值也相应地提高。所以出现温度变化时即使天沟与其支撑结构的温度一至，也会由于材质的不同出现很大的应力而产生温度变形，因此在天沟和支撑结构设计时应充分考虑到其有相对位移的特点，使其在工作时能保持良好的工作状态。

2.2.3 大坡度的排水天沟应设置阻水挡板、水平落水斗

屋面布置大坡度天沟时，应考虑到排水天沟在使用时的有效性和可靠性。应设置好不锈钢天沟的支承系统，使其安全稳固。在大坡度的天沟内设置雨水斗时，应充分考虑到雨水的流速。应根据其斜度来确定是否要增设阻水板 [图 9 （a）]。

在斜度大于 15% 时，在不锈钢排水天沟内宜考虑设置阻水板装置，来降低雨水在斜形天沟内的水流速，斜度越大阻水板的数量应越多。阻水板除了能有效地控制水的流速外，还能有效地阻止异物进入排水口。

阻水板的形式可以为筛孔式、桥式、板式等。阻水板的高度一般可在天沟侧立板高度的 1/2～1/3 [图 10 （b）]。

斜型天沟内的雨水斗应设置集水槽，将雨水集中在集水槽中排出。集水槽的底部应水平设置，不得将雨水斗倾斜安装在斜型天沟的底部。纵向倾斜的天沟集水槽应设置在斜型天沟

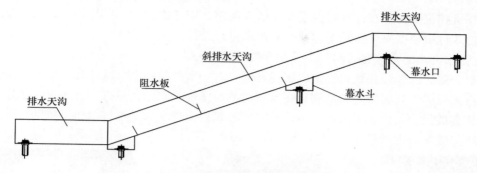

图 9（a） 大坡度天沟阻水挡板布置简图

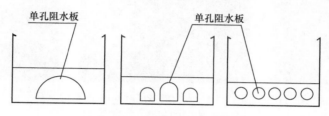

图 9（b） 天沟阻水挡板形状简图

的下半部位，并在集水槽的下短边边缘设置阻水板［图 9（a）］。

2.2.4 斜屋面的横向天沟底板应水平设置

在曲面建筑屋面设置天沟时，应充分考虑到排水天沟在使用时的有效性，不得使不锈钢天沟断面的下底板倾斜设置［图 10（a）］，这会严重影响天沟设计容量的有效性，使天沟的排水性能大打折扣，同时还能由于积水造成天沟内污浊。

在实际工程中，天沟断面底板倾斜设置大部分是出现在结构面与屋面的距离太小，没有考虑到设置天沟的位置。在设计时应重新确定结构与屋面板的关系确定不锈钢天沟断面的下底板水平设置，这样才能使天沟起到有效的排水作用［图 10（b）］。

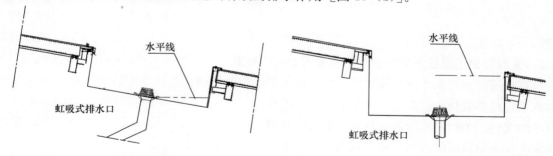

图 10（a） 天沟阻水挡板形状简图　　　　图 10（b） 天沟阻水挡板形状简图

2.2.5 排水天沟端头和长度方向接头的设计

排水天沟的截面尺寸应根据排水计算确定，并在长度方向上应考虑设置伸缩缝。由于天沟纵向长度方向有着温度变形的影响，所以长度不宜过长。按照国家标准的规定，天沟连续长度不宜大于 30m。这是一个参考尺寸，可根据实际情况对特定的项目提出要求。连续长度尺寸的确定主要是考虑天沟在工作状态时，由于环境温度的变化引起的天沟纵向长度尺寸变形是否在可控范围内。在计算时温度变化值（温差）应考虑在 100℃ 以上的变化。天沟端头和接头形式也应根据每个实际工程情况和要求进行设计。

2.2.6　排水天沟的清理和防治积尘、积沙的设计

　　大部分屋面的天沟和檐沟都是裸露在外的，对于室外的粉尘、风沙和风中的夹杂物随着雨水或自重会进入到天沟内。特别是在风沙大的地区这个问题就显得十分严重，就连有盖板的天沟都会被积沙、积尘侵入，如不能及时清理积沙会将全部排水口封住，特别是对虹式排水口的功能破坏非常严重［图 11（a）、（b）、（c）］。

图 11(a)　天沟内已积沙照片　　图 11(b)　天沟内伴热线和落水口　　图 11(c)　天沟虹吸落水口处
　　　　　　　　　　　　　　　　　　　　的积沙　　　　　　　　　　　　　积沙照片

　　解决这个问题的最好办法就是要对积沙、积尘及时清理。在实践中，清理积沙的方法很多，除了常规的人工打扫清理外，还可以用设置高压水枪冲洗清除积沙的办法等。

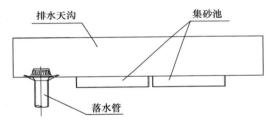

图 11(d)　天沟内设置集沙池的构造简图

　　在这里所要重点介绍的是一种非常实用的清理积沙的办法：在天沟底部，落水口的边部设置集沙池［图 11（d）］。

　　集沙池的作用是能够将积在天沟内的沙子和异物通过雨水流带入到集沙池内，在便于清理天沟内积沙的同时可以阻止积沙快速侵入落水系统，给清理挣得时间。在积沙池内可设置一个活动槽，在清理积沙时将活动槽移出就可将积沙清除。

2.3　金属屋面汇水区域的划分及汇水量的分析、计算

　　在金属屋面排水天沟的设计中，汇水区域和汇水量的确定直接影响到不锈钢天沟系统和落水系统的布置与构造设计，是保证屋面功能设计中的关键参数。汇水量的分析，主要内容是将指定天沟在单位时间内所能收集到的最大雨水总量的分析（图 12）。这就需要对这段天沟所对应的，能接受雨水的全部金属屋面面积进行分析计算。一般的平面和斜面屋面的计算分析比较简单，按以下方法就可以得出结果。但对应复杂的异型金属屋面要根据其屋面板排版图对所对应的区域进行汇水量分析。下面是落水口分担雨水量的计算、排水量的计算及落水管管径的计算，这

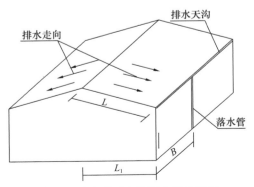

图 12　天沟所对应的汇水量分析图

是在天沟设计中最重要的分析计算。

（1）每一个落水口所分担之雨水量计算：

屋面长度：L（m）；屋面宽度：B（m）；

集水面积：$A_r = B \cdot L$（m²）

雨水量：$Q_r = A_r \cdot I \times 10-3/3600$（m³/sec）；

降雨强度：I（mm/hr）

考虑屋面蓄积能力的系数 1.0～2.0 之间。平屋面（坡度<2.5%）1.0，斜屋面（坡度>2.5%）1.5～2.0。

（2）天沟排水量的计算（天沟断面核算）：

天沟排水断面简图见图 13。

天沟排水量计算采用曼宁公式计算：

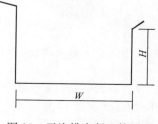

$$Q_g = A_g \cdot V_g = A_g \cdot R2/3 \cdot S1/2/n$$
$$A_g = W \cdot H_W$$
$$R = A_g/(W + 2H_W)$$

图 13　天沟排水断面简图

式中：V_g——天沟排水速度（m/sec）；

　　　N——sus 或彩色板摩擦系数=0.0125；

　　　S——天沟泄水坡度=1/100；

　　　W——天沟宽度（m）；

　　　H——天沟深度（m）；

　　　H_w——设计最大水深（m）（通常取 0.8H）。

　　FOR　　$Q_g > Q_r$　　　　　　排水槽的截面满足要求。

（3）落水管管径计算：$Q_d = m \cdot A_d \cdot (2gH_W)1/2$（m/sec）

式中：M——落水管支数=1 支；

　　　d——落水管外径（m）；

　　　A_d——落水口面积（m²）；

　　　g——重力加速度=9.8m/sec；

　　　H_w——天沟最大水深（m）。

　　FOR　　$Q_d > Q_r$　　　使用落水管的管径大小满足要求。

2.4　虹吸式屋面雨水排水系统的设计

在《虹吸式屋面雨水排水系统技术规程》（CECS 183：2005）术语中规定，虹吸式屋面雨水排水系统：按虹吸满管压力流原理设计、管道内雨水的流速压力等可有效控制和平衡的屋面雨水排水系统，一般由虹吸式雨水斗（图 13～图 14）、管材（连接管、悬吊管、立管、排出管）、管件、固定件组成。

当雨水、雪水按照我们的要求汇入天沟内就进入了有组织地排水过程，一般情况下从天沟内向外排水的方案有两种：一是通过水的重力和天沟的排水坡度使雨水汇聚到落水斗处，通过排水管道有组织地排出；这种方法简单易维护，大量使用在建筑上。二是虹吸排水系统技术。

虹吸（syphonage）是利用液面高度差的作用力现象，将液体充满一根倒 U 形的管状结构内后，将开口高的一端置于装满液体的容器中，容器内的液体会持续通过虹吸管从开口于更低的位置流出（图15）。

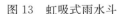

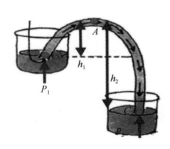

图13　虹吸式雨水斗　　　　图14　虹吸式雨水斗分解图　　　　图15　虹吸原理图

虹吸的实质是因为重力和分子间黏聚力而产生。装置中管内最高点液体在重力作用下往低位管口处移动，在U型管内部产生负压，导致高位管口的液体被吸进最高点，从而使液体源源不断地流入低位置容器。

虹吸式排水系统的基本原理是，当天沟积水深度达到设计深度时，掺气比值迅速下降为零，雨斗内水流形成负压或压力流（满管压力流），泻流量迅速增大，从而形成饱和排水状态。其技术特点在于虹吸式雨水斗设计，水进入立管的流态被雨水斗调整，消除了由于过水断面缩小而形成的旋涡，从而避免了空气进入排水系统，使系统内管道呈满流状态。

利用了建筑物高度赋予的势能，在雨水的连续流转过程中形成虹吸作用（图16～图17），导致水流速度迅速增大，实现大流量排水过程。

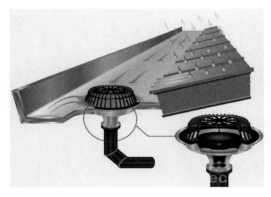
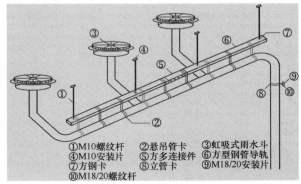

①M10螺纹杆　②悬吊管卡　③虹吸式雨水斗
④M10安装片　⑤方多连接件　⑥方型钢管导轨
⑦方钢卡　⑧立管卡　⑨M18/20安装片
⑩M18/20螺纹杆

图16　天沟排水效果图　　　　图17　天沟虹吸式排水系统改造图

在这里想特别强调，在天沟虹吸式排水系统设计时一定要考虑到固定在天沟上的虹吸式雨水斗会在不锈钢天沟有温差变形时随着天沟槽移动，如连接在吸式雨水斗上的落水管不能适应其位移，将会出现断裂的现象，造成排水功能失效。

2.5　在寒冷地区屋面除雪融冰系统的设计及排水应该考虑的问题

金属屋面在寒冷地区的冬季常会出现积雪的现象，严重地影响了金属屋面的使用安全。为解决这个问题可在不锈钢排水天沟内布设天沟融雪系统。

在天沟内的融雪系统一般采用恒定功率电伴热带作为融雪的手段，基本方法是将设计计算后选定的伴热带铺设在不锈钢天沟内。

　　天沟融雪方案在确定时，应根据工程所在地的冬季气候条件和环境通过计算选用伴热带，确定伴热带在天沟内的铺设方案。以某个实际工程为例，为保证除冰和融雪的速度和效果，选用了伴热带标称功率为35W/m，天沟内铺设方式采用1∶6呈"S"型铺设（图18），天沟槽除冰融雪功率为210W/m，落水斗附近加密铺设。"S"型电伴热带的融雪效果见图19。

　　该项目的融雪散热量计算如下：融雪系统设计依据为《地面辐射供暖技术规程》JGJ 142—2004。散热量计算如下：

　　单位地面面积所需散热量（Q_x）按以下公式计算：

$$T_{pj} = T_n + 9.82 \times (Q_x/100)0.969$$

式中　T_{pj}——地表面温度（℃），地表面温度按照融雪要求在1℃左右，即$T_{pj}=1℃$；

　　　　T_n——环境计算温度，在融冰项目中为最低室外环境温度，即$T_n=-31℃$（鄂尔多斯室外最低气温−31℃）；

　　　　Q_x——单位地面面积所需散热量 W/m² 即

$$1 = -31℃ + 9.82 \times (Q_x/100)0.969$$

$$(Q_x/100)0.969 = 32 \div 9.82 = 3.26$$

　　通过以上公式得知：$Q_x \approx 348W/m^2$

　　根据计算结果，每延米平均功率348×0.6=209W，使用35W/m发热电缆，实际按每延米6.5m发热电缆（含折弯曲线）铺设。考虑实际使用和控制系统操作方便以及现场电源等情况，该建筑屋面天沟设多个控制点，每个控制点设1个控制箱进行分区控制。

　　天沟内伴热带的铺设方式根据实际工程的要求，可采用呈"S"型的铺设方案，也可以采用平行铺设的方法（图20）。要加大融雪速度也可选用大功率伴热带或在天沟的立板及屋面板檐口增设融雪装置。

图18　呈"S"型铺设的电伴热带　图19　"S"型电伴热带的融雪效果　图20　平行铺设的电伴热带

2.6　屋面与不锈钢天沟的隔声设计

　　雨滴撞击屋面和天沟的不锈钢板引起振动，将有两种声音传向室内，一是振动辐射出的空气声，一是通过结构传递的固体声。如果屋面的构造具有良好的空气声隔绝能力及良好的撞击声隔绝能力，可降低雨噪声。

　　增加屋面质量是解决雨噪声最为有效的途径，但是对于金属屋面等轻质屋面的可行性不大，因此只能通过改变屋面的结构做法来降低雨噪声对室内的影响。一般来说分层越多，层与层之间的界面越多效果越好。雨噪声属于在结构中传递的弹性波，声波通过界面时会因反射而降低继续行进的声能，因此界面有利于降低声能。

采用岩棉、离心玻璃棉等吸声材料作层间填充，可提高隔声层的空气声隔声性能。同时，这些吸声材料还具有提高保温性能的效果。有些材料，如聚苯、聚氨酯等，虽具有保温特性，但不具有不吸声性能，对于雨噪声的隔绝效果甚微。

根据以往实验室测试数据及工程经验，在某项目中所采用的金属幕墙综合隔声量约为30dB 左右。为了增加屋面隔声量，在轻质屋面板内，采用纸面石膏板、GRC 板做隔声层，可起到较好的隔声效果。隔声层一方面起到分层的作用，一方面也增加了部分重量，从两方面提高了隔声量。通过增加 GRC 板材后维护幕墙综合隔声量能够增加 10dB 左右，达到 40dB。

屋盖上下层板材由龙骨（或其他刚性支撑件）固定时，受声一侧板的振动会通过龙骨传到另一侧板，这种像桥一样传递声能的现象被称为声桥。声桥越多、接触面积越大、刚性连接越强；声桥现象越严重，隔声效果越差。在板材和龙骨之间加弹性垫，如弹性金属条或弹性材料垫对轻质屋盖隔声有一定的改善量，最多可以提高 5dB 以上。上述这些办法都能够有效地解决屋面和不锈钢天沟的雨噪声隔声问题。

3　结语

近年来，超大型的曲面建筑金属屋面，特别是双曲面造型的金属屋面系统，越来越多地应用在国内外大型建筑中。我们应该看到，这些异型屋面在给建筑增彩的同时也给我们带来诸多的烦恼。其中反映最强烈、出现问题最多的是渗水、漏水现象。这可以说是大型金属屋面质量上的顽症，究其原因应该是多方面的。但排水系统设计不到位，特别是对排水天沟的设计没有充分分析在工作状态时的适应、协调情况，造成不锈钢排水天沟的使用功能失效，而造成屋面漏水的严重后果。

本文中有些内容和介绍的设计方案，如：溢流口的形式、阻水挡板和落水斗的设置、集沙池的构造等，是我在多年参与屋面、天沟设计和实践中的一点经验总结，如果能给金属屋面系统设计师们提供一些有益的启发就深感欣慰了。

参考文献

[1]　王德勤. 鄂尔多斯博物馆的双曲面金属屋面设计[J]. 幕墙设计，2010(3).

[2]　中华人民共和国行业标准. 采光顶与金属屋面技术规程，JGJ 255—2012.

[3]　王德勤，王琦. 临沂大剧院螺旋状异形金属屋面设计体会[J]. 中国建筑金属结构，2015(2).

[4]　王德勤. 鲁台经贸中心异型屋面设计[J]. 中国建筑防水，2012(7).

[5]　朱相栋. 金属屋面雨噪声隔声技术指标[J]. 清华大学，建筑环境检测中心，2010.05.

作者简介

王德勤（Wang Deqin），男，1958.4 出生，教授级高级工程师，北京德宏幕墙技术科研中心主任；清华大学建筑玻璃与金属结构研究所；清华大学研究生导师；中国建筑装饰协会专家；中国建筑金属结构协会专家组成员；中国钢协空间结构分会索结构专业委员会委员；北京市评标专家。

关于驳接玻璃肋支承点支式玻璃幕墙的思考

王德勤

北京德宏幕墙工程技术科研中心　　北京　　100062

摘　要　驳接玻璃肋支承点支式玻璃幕墙在近年来应用广泛。在有成功案例的同时，也出现了不少让我们无法回避的问题和缺憾。在本文的内容中，通过对具体案例的分析，对玻璃肋在连接节点设计和构造设计时需要考虑的问题作了深入地解析。特别强调了玻璃肋支承的点支承玻璃幕墙是一种对玻璃加工和安装精度要求极高的玻璃幕墙。在幕墙的类型中是很高档次的幕墙产品。

关键词　驳接玻璃肋支承点支式玻璃幕墙；驳接玻璃肋；连接节点；点支式玻璃幕墙

1　前言

　　驳接玻璃肋点支承玻璃幕墙是点支承玻璃幕墙类型中的一种形式，在建筑设计中是外围护结构的一种重要的表现手法。建筑师们常用这种幕墙形式的无框、简洁而通透、跨度大，视野开阔的特性展示建筑作品的魅力。以晶莹剔透的墙面使室内外相互呼应，空间融会贯通，让室内的静物和室外的大自然融为一体。由于驳接玻璃肋点支承玻璃幕墙具有的这些突出优点，在建筑中得到了广泛的应用，备受建筑师的青睐。

　　这类幕墙在建筑设计中经常出现在酒店、写字楼、大型场馆和高层建筑的大堂、共享空间及裙楼等位置，大多是整栋建筑的脸面。其结构形式从单肋、双肋驳接，发展到多片玻璃肋驳接，从单一的竖向垂直玻璃肋发展到斜向肋、水平肋和异形驳接玻璃肋。驳接玻璃肋的使用受力跨度，从最初的几米发展到二十多米，甚至接近三十米。驳接玻璃肋点支承玻璃幕墙确实为现代建筑的外立面添了彩，丰富了建筑外立面的表现手法（图1～图4）

图1　双片驳接玻璃肋　　　　　　　图2　采用条形连接板的驳接玻璃肋

　　在玻璃幕墙的分类中，玻璃肋支承点支式玻璃幕墙是点支式玻璃幕墙中的一大类。有整体玻璃肋支承的支承点支式玻璃幕墙；有由多片玻璃通过连接板将其驳接成整体肋板支承的

图3　单片整体玻璃肋点支承玻璃幕墙　　图4　玻璃铰接连接玻璃肋幕墙

支承点支式玻璃幕墙；有垂直地面安装的也有与地面成一定夹角安装的斜面玻璃幕墙；还有将玻璃肋水平安装的水平肋驳接点支式玻璃幕墙。连接件和驳接系统也根据不同的工程各有不同。

2　驳接玻璃肋支承的点支式玻幕墙在实际项目中出现的问题

在玻璃肋支承点支式玻璃幕墙的实际应用中也出现了不少让我们无法回避的问题和缺憾，由于这些已经显露的此类幕墙弱点的存在，实事提醒着我们在玻璃肋支承点支式玻璃幕墙的设计和施工过程中应严谨认真地对待每一个节点的设计和施工安装，真正做到玻璃肋的受力清晰、胸中有数、确保安全。

图5、图6中所示的是某些驳接玻璃肋支承点支式玻璃幕墙在安装或使用中的肋玻璃大面积破损照片；图7是无框玻璃门上的水平玻璃肋与竖向玻璃肋连接不当引起的玻璃肋爆裂；图8～图10中所示的是驳接玻璃肋支承点支式玻璃幕墙在玻璃肋连接节点和肋与面板连接节点设计不当而引起的玻璃爆裂情况。

图5　条形连接板玻璃肋破损　　图6　点状连接板玻璃肋破损　　图7　与水平玻璃肋接口处破损

图8　在驳接件处破损　　　图9　玻璃肋连接处破损　　图10　设计不当而引起的爆裂

从图 5～图 10 中可以看出，玻璃肋支承点支式玻璃幕墙的实际应用中由于设计或施工安装不当，使得肋玻璃出现严重的破损现象，给工程留下严重的安全隐患。这样的玻璃爆裂情况不但出现在玻璃幕墙的安装过程中，在加工和使用过程中也都会出现玻璃肋板和面板玻璃自爆的现象。更严重的是有个别项目在恶劣天气来袭时其无法抵抗外力的冲击，出现整体坍塌事件。

在海南海口市的某商场，大堂的全玻璃幕墙是采用了拼接玻璃肋支撑的点支式玻璃幕墙（图 11），在超强台风下整体塌落，只在边部还有一片面玻璃和半截肋，门玻璃也有损毁（图 12）。该幕墙的面板玻璃和肋板玻璃都整体损毁，影响较大。

图 11　海口某商场全玻幕墙未塌落前全景　　　　图 12　海口某商场全玻幕墙整体塌落

在超强台风"威马逊"的袭击下，菲律宾马尼拉的某大厦全玻璃幕墙也出现了整体坍塌。其幕墙形式也是采用了拼接玻璃肋点支式玻璃幕墙，在此次超强台风下整体塌落，无框玻璃门也完全损毁（图 13）。

这些出问题的项目告诉我们，在幕墙设计时一定要充分分析自然环境和在极限状态时对幕墙的影响，确保幕墙在使用过程中的安全性。在《玻璃幕墙工程技术规范》（JGJ 102）中的 4.4.3 条文说明条中就提到"采用玻璃肋支承的点支承玻璃幕墙，其肋玻璃属支承结构，打孔处应力集中明显，强度要求较高；另一方面，如果玻璃肋破碎，则整片幕墙会塌落。所以，应采用钢化夹层玻璃"。在正文的 4.4.3 条规定了"采用玻璃肋支承的点支承玻璃幕墙，其玻璃肋应采用钢化夹层玻璃"。

图 13　菲律宾马尼拉某大厦全玻幕墙整体塌落

在《玻璃幕墙工程技术规范》（JGJ 102）中对全玻璃幕墙的玻璃肋截面高度 h_r 和在风荷载标准值下挠度 d_f 都有严格的计算公式，并规定了"风荷载标准值下，玻璃肋的挠度 d_f 宜取其计算跨度的 1/200"。同时还强调"高度大于 8m 的玻璃肋宜考虑平面外的稳定验算；高度大于 12m 的玻璃肋，应进行平面外稳定验算，必要时应采取防止侧向失稳的构造措施。"在条文说明中作了充分的说明。

3 在构造设计和节点设计时应该注意的问题

根据实际工程的情况看，采用拼接的玻璃肋支承点支式玻璃幕墙只考虑了采用钢化夹胶玻璃还不够，还应该考虑到在夹胶玻璃同时破损的情况下玻璃肋的整体性，还应该保持一定的体型和稳定性。这是在台风多发地区和易出现极限荷载状态的地区需要关注的安全性问题。同时，在节点设计上要特别关注整体玻璃幕墙在工作状态时变位能力和在极限状态时的适应能力。

3.1 在节点设计时需要考虑的问题

为适应大跨度建筑造型，玻璃肋需要通过拼接才能成为整体，其所受的弯矩与肋的跨度平方成正比。跨度越大，拼接处的弯矩及剪力也越大。在玻璃肋的拼接节点设计时应注意，由于玻璃的特性，不宜采用连接螺栓与玻璃孔壁之间的作用（包括在玻璃孔内加套垫或注胶）来提高连接板与玻璃立面的连接强度［图14(a)、(b)］。

(a)   (b)

图 14

（a）加工后的肋玻璃孔和边精度都不够；（b）肋玻璃孔边已经出现开胶现象

拼接玻璃肋板可通过螺栓将钢板与玻璃之间的界面材料压紧提高其摩擦力，以此来有效地将连接节点固定。所以，最好采用胶粘接的方法，即通过在玻璃与钢板间用粘接剂来传递弯矩及剪力，形成等强连接（可采用树脂类的粘接剂）。这种方法有效避免了栓接方式孔边应力集中所带来的连接节点承载力低下问题。还有一种有效的方法就是，采用在钢板与玻璃之间的位置用硅胶板或橡胶板为界面材料，通过螺栓将钢板、硅胶板或橡胶板与玻璃压紧来提高其摩擦力，以此来有效地将连接节点采用摩擦力的作用将钢板与玻璃固定。

在设计中应该注意的是，如采用粘接的方案要考虑到，不锈钢与玻璃的线胀系数不同，除考虑传递内力外，粘接面还应考虑两种材质之间的相对温度位移。有计算证明，不锈钢与玻璃在40℃温差作用下，粘接边缘的应力已达到80.8861MPa，大于钢化玻璃边缘强度限值，在此部位极易出现由于温差的变化引起的玻璃爆裂现象。不同材料在组合时要考虑温差应力，此应力与材料的线膨胀系数差值及温变幅度有关。玻璃的线膨胀系数为 $1.0 \times 10^{-5}/℃$，不锈钢板的线膨胀系数为 $1.8 \times 10^{-5}/℃$，钢板的线膨胀系数为 $1.2 \times 10^{-5}/℃$。因此，采用钢板与玻璃肋粘接可有效降低减小由温差应力带来不利的影响。

在粘结剂的选择方面，除了要满足抗剪强度外，还必须具有一定的变位能力，以化解或降低玻璃表面温度应力的影响。要注意，粘接强度越高，变位能力越弱，两者需综合考虑。

要提醒注意的是在玻璃肋与面板玻璃连接节点设计时，在充分分析其受力状态、节点适应变形的能力的基础上，还要对爪件与玻璃肋的连接形式进行分析，要在有效连接的前提下考虑爪件对肋板玻璃的影响（图15、图16）。不得采用将爪件未经螺栓压合，而直接粘节在玻璃肋板上。已有项目证明，这种连接方式很容易出现在面玻璃受到风荷载作用时，在粘接点的边缘，由于应力过于集中而将钢化玻璃压应力层玻璃撕裂的现象（图17）。

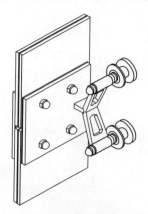
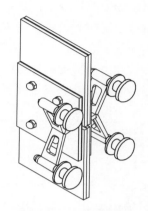

图15　拼接玻璃肋中部连接节点三维图　　图16　拼接玻璃肋中部连接节点三维图

在玻璃肋顶部节点设计时最好采用不打孔的连接方式，减少由于孔边应力引起的玻璃破损现象。应该尽可能地采用玻璃吊夹吊挂玻璃的连接方式（图18），这种连接方式能在有效地传递玻璃自重力的同时，充分适应由于外界影响引起的变形位移能力，是一种较为成熟的吊挂玻璃连接方式。

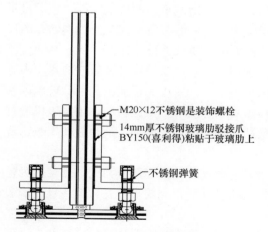
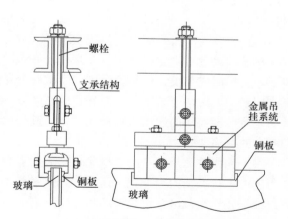

图17　玻璃肋与面板玻璃连接节点　　　　图18　玻璃吊夹吊挂玻璃的连接方

在整体设计时，要考虑到主体结构或结构构件应有足够的刚度，采用钢桁架或钢梁作为受力构件时，按照规范的规定取其跨度的 1/250 以下。因为顶部支承结构的刚度直接影响着底部节点的变形量。

在玻璃肋的下部节点设计时最好采用入 U 型槽的连接方式（图19），这也是能够很好地适应玻璃肋板在长度方向变形能力的成熟节点。在玻璃入 U 型槽的深度和在槽内预留变形量的设计时，应该考虑到玻璃在温度变化影响下会热胀冷缩，玻璃的线胀系数为 $10^{-5}/℃$，一块边长 1500mm 的玻璃，当温度升高 80℃ 时会伸长 1.2mm。如果在安装玻璃时，玻璃与镶嵌槽底紧密接触，一旦伸长就会产生挤压应力，这种应力很大，$\sigma_t = \alpha_E \Delta T$。当 $\Delta T = 80$℃ 时，$\sigma_t = 1 \times 10^{-5} \times 0.72 \times 105 \times 80 = 57.6 \text{N/mm}^2$，大于浮法玻璃强度标准值，因此在设计玻璃幕墙节点时，应使玻璃边缘与镶嵌槽底板间留有配合间隙，防止玻璃产生挤压应力。

拼接玻璃肋支承的点支承玻璃幕墙虽然在项目上使用已经很广，但由其特点和材料所致其安全度还有待深入研究。所以建议，在台风多发地区应谨慎选用拼接玻璃肋支承的点支承玻璃幕墙（图20）。如一定要采用玻璃肋支承的点式玻璃幕墙，就应严格按照规范中要求方法进行计算；在夹胶玻璃的选型时，应考虑使用 SGP 胶片或三层玻璃夹胶。经破坏性实验证明其破损后的稳定性和安全性后方可使用。

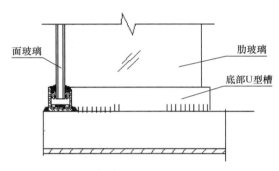

图19　玻璃吊夹吊挂玻璃的连接方式

图20　玻璃肋端部连接方式

3.2　在构造设计时应考虑的问题

由于玻璃材料的特性要求，在玻璃肋的设计时，尽可能地减少在肋板上钻孔，也尽量不要在玻璃肋上设计凹缺口。尽可能地减少由于孔边应力引起的肋板爆裂现象。玻璃钻孔的尺寸和位置应按《门窗幕墙用钢化玻璃》（JGJ 455）标准中的要求进行设计。

在玻璃经过切割后，其周边会隐藏着许多微小的裂口。这些裂口在各种效应与热应力影响下，会扩展成裂纹，如果裂纹进一步发展会导致玻璃破裂。所以为了减少和消除玻璃因钻孔或切割加工后留下的小裂纹而导致玻璃破裂。应该要求在玻璃加工成型后，用磨边机进行处理，对玻璃板块的四周边和钻孔的孔边进行精磨边和抛光的加工处理，消除玻璃周边隐藏的微小的裂痕。

对于钢化玻璃来说，由于钢化玻璃表面有约占其总厚度 1/6 的受压应力区，其余的为拉应力区，钢化玻璃的内外拉、压应力总体平衡，使其机械性能得到明显提升，但一旦玻璃表面裂纹扩展到受拉区，钢化玻璃将立即破裂。

另一方面，应该考虑到玻璃破碎后玻璃肋的稳定性和安全性。在对较高的玻璃肋板设计时，除了要认真设计每一个连接节点，还要充分考虑到玻璃肋板的整体稳定性。当玻璃肋达到一定的高度时，就需要考虑其侧向稳定性。按照《玻璃幕墙工程技术规范》对大玻璃肋的规定："高度大于 8m 的玻璃肋宜考虑平面外的稳定验算；高度大于 12m 的玻璃肋，应进行平面外稳定验算，必要时应采取防止侧向失稳的构造措施。"在条文说明充分作了说明，由于把玻璃肋在平面外的刚度较小有发生屈曲的可能。当正风压作用使玻璃肋产生弯曲时，玻璃肋的受压部位有面板作为平面外的支撑；当反向风压作用时，受压部位在玻璃肋的自由边，就可能产生平面外屈曲。所以，跨度大的玻璃肋在设计时应考虑其侧向稳定性要求，必要时要进行稳定性验算，并采取有效的横向支撑等措施。

4 结语

近来超高的驳接玻璃肋支承的点支承玻璃幕墙出的问题比较多，问题主要集中在玻璃肋连接节点上，因为在这一部位的受力较为复杂，再加上玻璃材料自身的特性，所以容易出现问题。在实际工程中也出现了不少由于节点处理不当，加工精度不够、安装精度不高而造成肋板玻璃和面板玻璃破损的情况。

对于跨度大的玻璃肋在设计时应考虑其侧向稳定性要求，必要时要进行稳定性验算，并采取横向支撑或拉结等措施。目前国内对于玻璃肋的稳定性的设计及计算的理论较少，在设计计算时可以参考经典板壳理论和国外的相关规范。对于玻璃肋结构分析，即使玻璃肋正截面承载力不是由临界屈曲荷载控制，但是分析玻璃肋临界荷载仍然有一定的意义。对于采用玻璃孔边受力的节点设计时一定要进行受力分析、模拟计算和实体实验后才能确定方案。在玻璃肋板的孔位设计时，应该充分考虑到玻璃钻孔的加工精度对玻璃肋支承的点支承玻璃幕墙整体性能的影响。

在这里还想郑重强调，玻璃肋支承的点支承玻璃幕是一种对玻璃加工和安装精度要求极高的玻璃幕墙产品。玻璃上的钻孔磨边等深加工技术是要由高精的设备来保证的。这种幕墙的单位平方米造价很高，是一种高档次的幕墙产品。要有充分的心理准备才能制造出好的产品。

参考文献

[1] 中华人民共和国行业标准.《玻璃幕墙工程技术规范》，JGJ 102—2003.
[2] 蒋金博，郭迪，张冠琦. 强台风影响下幕墙安全分析[J]. 幕墙设计，2014(5).
[3] 王德勤. 玻璃肋支承点支式玻璃幕墙在设计中应该考虑的问题[J]. 幕墙设计，2016.01.
[4] 王德勤. 点支式玻璃幕墙的设计与施工问题解答[J]. 建筑幕墙设计与施工，2006.09.

作者简介

王德勤（Wang Deqin），男，1958年生，教授级高级工程师，北京德宏幕墙技术科研中心主任；清华大学建筑玻璃与金属结构研究所，中国建筑装饰协会专家；中国建筑金属结构协会专家组成员；中国钢协空间结构分会索结构专业委员会委员；北京市评标专家。

我国既有幕墙安全现状和应对措施

杜继予　窦铁波　包　毅

深圳市新山幕墙技术咨询有限公司　深圳　518057

摘　要　从 20 世纪八十年代初开始，既有幕墙随着我国经济的发展，呈现了高速发展的势头。其目前基本现状和特点可用存量大、日趋老化和安全问题备受关注。本文针对我国既有幕墙的现状、存在的主要安全问题、表现形式和产生问题的主要原因进行了分析。同时从既有幕墙管理、检测技术、标准体系和新建建筑幕墙设计方案评审等方面，提出了如何应对既有幕墙存在问题所应采取的措施和建议。

关键词以　既有幕墙；安全；措施和建议

1　既有幕墙及其形成

　　既有幕墙通常是指已经竣工并交付使用的建筑幕墙，因而既有幕墙的出现是随着建筑幕墙的产生和使用而形成的。从类似建筑幕墙的结构和表现形式，既有幕墙的存在可以追溯到十九世纪以前西方采用艺术玻璃建造的教堂采光窗和各类玻璃穹顶（图 1）。而初步具有建筑幕墙结构形式的建筑幕墙应是 1851 年英国伦敦工业博览会建造的"水晶宫"，以及随后在 1917 年美国旧金山建造的哈里德大厦玻璃幕墙（图 2）、1831 年 381m 高的纽约帝国大厦石材幕墙、上世纪五十年代初建成的纽约利华大厦和联合国大厦等。所以既有幕墙在世界上的存在多则有上百年的历史，而以纽约利华大厦和联合国大厦作为真正意义上的建筑幕墙而论，既有幕墙在世界上的存在也已经远超过半个世纪。

图 1　　　　　　　　　　　图 2

　　随着我国改革开放的发展，上世纪八十年代初我国也开始建造玻璃幕墙。1981 年广州交易会完成的第一个玻璃幕墙，1984 年建造的北京长城饭店玻璃幕墙，1986 年建造的我国第一个全隐框玻璃幕墙深圳发展中心大厦，都已经有三十年以上的历史。所以在我国，既有幕墙也形成并存在了相当长的时间。

2 我国既有幕墙的现状

我国既有幕墙的发展和现状，与我国的经济发展速度和状况基本呈现了一致的态势。从上世纪八十年代初开始就展现了高速发展的势头，其目前基本现状和特点可用存量大、日趋老化和安全问题备受关注。

2.1 存量巨大的既有幕墙

我国幕墙行业从 1983 年开始起步，20 世纪 90 年代进入高速发展期，历经近 30 多年的发展，现已成为世界第一幕墙生产大国和使用大国，并正在逐步迈向世界一流的幕墙强国。根据中国建筑金属结构协会铝门窗幕墙委员会开展的行业数据统计表明，我国建筑幕墙年产量从"六五"末期（1985 年）只有 15 万 m²，到 1990 年达到 105 万 m²，"九五"末期（2000 年）年建造量达到 1000 万 m²，十五年增长 70 倍，年平均增长 5 倍，期间竣工使用的建筑幕墙面积应在 7890 万 m² 左右。从 2003 年至 2013 年，建筑幕墙总产值为 10288.7 亿元，如以均价每 m² 为 1100 元计，此期间竣工的幕墙面积应在 9.45 亿 m² 左右。自 2014 年以来，随着我国经济转型的深化，GDP 增速的降低，建筑幕墙的年竣工面积和产量虽有下降，但基本都维持在约 1 亿 m² 左右，产值约 1500 亿元人民币。如从 1983 年计起，我国三十多年来已建成的建筑幕墙，即既有幕墙应超过 12 亿 m²，其存量巨大。

2.2 日趋老化的既有幕墙

建筑幕墙属于建筑外维护结构，依据我国《建筑结构设计可靠性统一标准》（GB 50068—2001）的规定，其设计使用年限为 25 年（表 1）。按照此标准，我国 1990 年以前建造的建筑幕墙已超过建筑设计使用年限的范围，按照上述既有幕墙存量的统计结果，其面积应在千万平方米以上。如从某些材料老化和机械性能退化的角度考虑，2000 年以前的绝大部分幕墙均已出现了老化的现象，其面积更加庞大。可见，随着时间的推移，我国建筑幕墙达到设计使用年限和出现老化现象的既有幕墙将会越来越多，这是一个不可逆转的趋势。

表 1 设计使用年限分类

类　　别	设计使用年限（年）	示　　例
1	5	临时性结构
2	25	易于替换的结构构件
3	50	普通房屋和构筑物
4	100	纪念性建筑和特别重要的建筑结构

2.3 安全备受关注的既有幕墙

由于巨大的既有幕墙存量以及日趋老化的趋势，加上近年来不时发生的钢化玻璃自爆并坠落伤人的事件时有发生，既有幕墙的安全备受全社会包括国家高层领导和部门的高度重视。通过对近十多年来我国新闻报道的不完全统计，我国既有幕墙出现较严重事故的主要是玻璃幕墙开启扇整体脱落下坠，而最多的安全事故则是钢化玻璃自爆造成玻璃碎粒散落所造成的伤害和破坏。表 2 是根据不完全相关的新闻报道统计出来的近十年来发生在我国的玻璃幕墙事故统计资料。

表 2　近十年来我国的玻璃幕墙事故统计资料

序号	时间	地点	事故描述	原因	伤亡情况
1	2004 年 6 月	北京	海淀剧院，大厅玻璃幕墙一块 2m² 大的玻璃从 10m 高处摔落，所幸没有人员受伤	—	0 人受伤
2	2005 年	南宁	南宁国际会展中心，竣工后的几个月内，先后有 50 多块玻璃破碎，其中导致一位女工被砸伤	玻璃碎裂	1 人受伤
3	2006 年	北京	首都博物馆新馆，开馆运营一天闭馆之后，一块玻璃毫无预警地发生了爆炸，碎片从 30m 高空坠落	爆裂	0 人受伤
4	2006 年 7 月	上海	中信泰富大楼，一处幕墙玻璃突然自爆，砸坏了一辆行驶中的车辆，造成两人受伤	自爆	2 人受伤，1 车受损
5	2009 年 4 月	广州	中山大道某大楼，一块玻璃幕墙从 18 楼坠落，砸中一名仅 7 个月大的男婴	—	1 人受伤
6	2009 年 8 月	福州	五四路某大厦，25 层楼玻璃幕墙从天而降，砸中大厦门口轿车	—	1 辆车砸伤
7	2009 年 8 月	深圳	龙岗区某大楼，一对父子被脱落玻璃幕墙砸中	—	2 人受伤
8	2009 年 8 月	武汉	民生银行大厦，41 楼一块钢化玻璃自爆后被大风吹落，两名路人受伤，一辆轿车天窗被砸碎	玻璃自爆，大风吹落	2 人受伤，1 辆车砸损
9	2010 年 3 月	广州	中山五路五月花商业广场，二楼一块长 4m、宽 1.5m 的橱窗玻璃突然爆裂，碎片凌空飞落，楼下一路过的阿婆被碎片划伤	突然爆裂	1 人受伤
10	2010 年 7 月	广州	天河科技园一写字楼，五楼掉下一块近 4m² 的玻璃，砸中一位 23 岁的姑娘，在其脑袋和身体上共留下 15 处伤口	—	1 人受伤
11	2011 年 4 月	上海	国定路四平路口富庆国定大厦，一面幕墙玻璃突然整块下坠，砸中两辆车	—	两车砸中
12	2011 年 4 月	深圳	南山区南海大道与登良路交界处百富大厦，玻璃频繁爆裂	玻璃自爆	砸中楼下 3 辆小车
13	2011 年 5 月	上海	时代金融中心，46 楼一块面积约 4m² 的玻璃幕墙突然爆裂	玻璃自爆	50 辆车砸伤
14	2011 年 7 月	杭州	庆春发展大厦，一块幕墙玻璃突然掉下	—	1 人受伤，截肢
15	2011 年 8 月	上海	南京西路静安协和城的 2 号楼，落下 30 余块玻璃，致使一名路过的骑车人受伤	—	1 人受伤
16	2011 年 8 月	宁波	海曙区东渡路华联写字楼，23 楼外墙玻璃突然掉落	玻璃自爆	2 人受伤
17	2013 年 4 月	上海	上海金融时代金融中心，48 楼一块双层钢化玻璃掉落	玻璃自爆	40 多辆车砸伤

续表

序号	时间	地点	事故描述	原因	伤亡情况
18	2013 年 6 月	武汉	光谷珞喻路华乐商务中心大楼，25 层的一块玻璃幕墙脱落，砸中 4 辆轿车，没有造成人员伤亡	—	0 人受伤
19	2013 年 6 月	武汉	汉口中山大道一家服装店，二楼玻璃幕墙整体脱落，砸中 62 岁的王先生		1 人受伤
20	2013 年 6 月	武汉	江汉路步行街天桥旁班尼路专卖店，6 楼一块钢化玻璃爆裂坠落		0 人受伤
21	2013 年 12 月	广州	燕塘新燕大厦，3 楼某餐厅的玻璃幕墙突然爆裂，在窗口玩耍的 5 岁小男孩因失去支撑，掉下 1 楼	突然爆裂	1 人坠落受伤
22	2014 年 8 月	佛山	禅城多个地方办公楼和住宅，玻璃墙均无故碎裂，疑因天气过热、玻璃膨胀导致玻璃碎裂	玻璃碎裂（疑因天气过热）	1 人受伤、4 辆小车砸损
23	2014 年 11 月	广州	天河区太古汇商场，幕墙玻璃碎裂，十多辆汽车被坠落的玻璃砸中。这已是太古汇自建成后发生的第 3 次玻璃幕墙爆裂掉落事件	玻璃爆裂	10 多辆车砸损
24	2015 年 6 月	宝鸡	市区胜利桥南时代大厦，27 层一块玻璃幕墙自爆坠落，楼下几辆车被砸伤	自爆	几 辆 车砸伤
25	2016 年 5 月	上海	上海中心大厦，一块玻璃从 76 层坠落	施工更换，工人操作不当	1 人受伤

　　然而玻璃幕墙出现的问题，并不能代表既有幕墙存在的所有问题，特别是钢化玻璃自爆的问题，它更多的是反映了钢化玻璃自身存在的缺陷，并不能完全代表既有幕墙的安全问题。随着时间的推移，对既有幕墙管理不当、材料老化、机械磨损、金属锈蚀和长期荷载的反复作用，使得既有幕墙的安全存在许多不确定的潜在因素，值得我们去认真关注。

3　既有幕墙安全状态

　　我国既有幕墙的安全状态，通过三十年时间在自然环境条件下的使用和考验，以及在不同地区开展的安全调查显示，至今尚未有既有幕墙结构垮塌的现象，在我国近年历经的几次大地震中，既有幕墙的抗震性能和安全性也能都有不俗的表现。由此可见，至今我国的既有幕墙在安全性能方面基本是可靠的。同时我们也应该清醒地看到，我国建筑幕墙从无到有、从不规范到规范，经历过不同阶段的发展，部分既有幕墙现在已超过建筑设计使用年限，幕墙的不同部件和材料存在不同程度的老化、疲劳、磨损及锈蚀等，这些均对既有幕墙的安全及可靠性产生影响。

3.1　开启扇脱落

　　幕墙采光和通风的开启部分，是幕墙必不可少的构件。从 2003 年由 SARS 病毒感染引起的非典型肺炎传染病，以及绿色建筑设计的需要，人们对提高建筑幕墙通风能力的呼声越来越高，对幕墙开启部分所占幕墙面积的比例要求越来越大，有些地方标准甚至将之列为强制性的规定。然而，从安全的角度出发，幕墙的可开启部分，特别是可外开的开启扇却是幕墙安全的最薄弱环节。从深圳市近期对二十五年以上既有幕墙安全状况的调查中发现，有近

30％的幕墙发生开启扇整体脱落的现象，特别是在台风季节，出现的现象更为严重，有的幕墙几乎每年都有开启扇脱落的现象。究其原因，除了不合理的构造设计、窗扇尺寸过大、五金配件不匹配或劣质、不当的操作和使用外，尤以开启扇得不到正常的维护维修所导致的安全事故最为突出。这种现象在住宅建筑中更为多见，甚为危险。图 3 为已损害的玻璃幕墙开启扇且未能得到及时的维护维修。

图 3　为已损害的玻璃幕墙开启扇未能得到及时的维护维修

3.2　结构密封胶老化

隐框玻璃幕墙是采用硅酮结构密封胶将玻璃粘接在幕墙的支承构件上，并通过连接件将玻璃面板的荷载传递到建筑主体结构上。由于具有特殊的装配构造，隐框玻璃幕墙在降低玻璃镶嵌构造所造成的应力破坏和抗震方面的能力要高于其他种类的玻璃幕墙。严格按照规范要求制作和安装的隐框玻璃幕墙具有良好的安全性能和使用记录。由于隐框玻璃幕墙采用硅酮结构密封胶进行结构性装配并由结构密封胶承担荷载的传递，因此硅酮结构密封胶的力学性能和耐老化性能对隐框玻璃幕墙的安全性能有重要影响，所以硅酮结构密封胶的力学性能和耐老化性能备受各界的关注，特别是超过十年以上的硅酮结构密封胶性能及其对玻璃幕墙的安全性能的影响更加受到关注。

硅酮结构密封胶是一种耐老化性能很好的高分子材料，国外最早于上世纪七十年代初开始采用硅酮结构密封胶制作安装隐框玻璃幕墙，至今已近半个世纪。在国内，从上世纪 80 年代中开始至今也已达到了 30 年。从国内某硅酮密封胶生产企业对其生产的硅酮结构密封胶从生产日期（1997 年）到使用了 10 年（2007 年）和 15 年（2012 年）之后的耐老化试验中的检测数据可以得到相应的验证，见表 3。

表 3　耐老化试验检测数据

年份	项目	
	拉伸强度（MPa）	最大强度伸展率（％）
1997	1.20	200
2007	1.35	150
2012	1.47	130

由表 3 可见，10 年后硅酮结构密封胶弹性下降了 25％，15 年后下降了 35％，但拉伸强度却不降反升。

最近深圳市一个停建项目因工程改建的需要，对使用已有 20 年时间的硅酮结构密封胶（国外产品）进行现场取样检测，发现其弹性虽然下降较多，已有可能影响胶的正常使用，但其粘结力却没有明显的下降，也未见有显著影响结构密封胶承载能力的缺陷存在，见表4。

表 4

检测依据	《建筑幕墙可靠性鉴定技术规程》（DBJ/T 15-88—2011）				
样品描述	按照 DBJ/T 15-88—2011《建筑幕墙可靠性鉴定技术规程》附录 A 的规定将硅酮结构胶从隐框玻璃幕墙组件上切割下来进行制样、养护和检测				
检查结果	试件	粘接剥离性能	最大拉伸强度（MPa）	最大强度伸展率（%）	评级
	1	粘结良好，剥离粘接面积破坏为0	1.00	86.3	b_u
	2	粘结良好，剥离粘接面积破坏为0	1.14	41.0	d_u
	3	粘结良好，剥离粘接面积破坏为0	1.13	70.0	c_u
	4	粘结良好，剥离粘接面积破坏为0	1.28	48.9	d_u

　　硅酮结构密封胶作为一种高分子材料，从以上的检测结果可以看到其具有非常好的耐老化性能。但对其真正的使用寿命极限，到目前为止，世界范围内尚未有准确的答案。在工程使用中，目前材料供应商一般只按常规提供 10 年的商业质量保证期，但这并不意味着硅酮结构密封胶只有 10 年的正常使用性能，10 年后的硅酮结构密封胶就会有危险和没有安全保证通常是一种误解。我国最近完成了建工行业产品标准《建筑幕墙用硅酮结构密封胶》（JGT 475—2015）的编制，提出了用于建筑幕墙工程的硅酮结构密封胶其设计使用年限不少于 25 年，也就是要求硅酮结构密封胶的使用寿命应在 25 年以上。从中也可证明通过严格生产工艺控制和检测的硅酮结构密封胶的使用寿命应在 25 年以上，并不是现在的 10 年保质期。现在现存的具有 30 年以上的仍然在使用的大量既有隐框玻璃幕墙，就是经过长时间的自然耐老化的结果，可反映出硅酮结构密封胶的真实耐老化性能可以达到 25 年或以上。

　　2016 年深圳市住建局组织幕墙专家对深圳市已建成 20 年以上（2000 年以前）的 16 项建筑幕墙工程进行了安全性调查。其中 10 个项目为隐框、半隐框玻璃幕墙，均采用了硅酮结构密封胶，到目前为止，未发生因结构密封胶老化问题而发生安全事故。通过现场重点观察和手动检查，可发现大部分既有隐框玻璃幕墙的结构密封胶均存在胶体硬化、表面粉化的老化迹象，特别是超过二十五年以上的结构密封胶老化现象更为明显，但对幕墙安全构成危害的胶体自身开裂，或与粘接面存在脱胶开裂的现象尚未观察到。对于这些项目的结构密封胶还能正常使用多长时间、潜在的安全问题有多大，则需要不断的加强关注和安全检查，通过采用多种检测方法进行试验验证才能作出科学的判断。

3.3　金属构件锈蚀

　　密封胶和密封胶条等密封材料的老化，以及结构位移造成既有幕墙雨水渗漏，从而对既有幕墙金属支承构件产生严重的锈蚀，是构成既有幕墙潜在安全问题的另一个问题。由于既有幕墙的绝大部分支承构件和连接件基本都处于隐蔽状态，一般情况下较难发现因雨水渗漏产生的锈蚀问题，但有雨水渗漏的部位发生金属材料锈蚀是肯定存在的，且在我国的既有幕墙中应该是普遍存在的（图4）。除了雨水渗漏产生的金属构件锈蚀外，不同金属接触界面产生的腐蚀也相当严重，这主要发生在连接件的连接部位。

3.4 玻璃面板破损

　　玻璃幕墙面板破损，特别是钢化玻璃自爆后产生的危害一直是困扰我国既有幕墙安全的一个主要原因，有的玻璃幕墙经过二十年的使用，到现在还不断有玻璃自爆的问题；也有的玻璃幕墙刚建造完毕，却因为有大量的玻璃自爆而无法竣工交付使用。通过现场安全检查表明，在正确的设计条件下，玻璃破损的主要原因在于玻璃的品种和玻璃自身的质量问题。在深圳市开展的既有幕墙安全调研检查中，凡采用钢化玻璃的项目均有自爆的问题，有的自爆率远远超过正常自爆率的范围。但也有的钢化玻璃几乎没有发生过自爆，产品质量非常好。在采用半钢化玻璃的所有项目中，包括已经使用达到设计使用年限的玻璃幕墙，均未有自爆的现象，即使有其他的因素造成玻璃破损，也未造成坠落的问题。图 5 为半钢化玻璃破损后依然没有剥落。

图 4　金属构件锈蚀　　　　　　　　　　　　图 5

3.5 面板及面板连接件老化

　　除了玻璃幕墙的玻璃面板外，既有幕墙的金属板幕墙和石材幕墙的面板及其连接件在性能老化方面都存在问题。铝板幕墙表面的涂层产生起泡和剥落（图 6）、复合板材折边开裂、板材背面加强筋脱离、面板与支承构件的连接松动等都影响到铝板幕墙的外观和安全性能。

图 6

近年在海南、福建、广东均有铝板幕墙因连接不可靠而产生铝板幕墙面板被风掀开的安全问题。石材幕墙板块脱落的现象也是较为常有的现象，其原因为板块长期裸露在自然环境下，受到风吹、雨淋、日晒和高低温的作用，面板风化、开裂、连接件松动等，对于一些较为疏松的石材，如大理石、砂岩、石灰石等尤为严重（图7）。

图7

3.6 既有幕墙的防火

我国既有幕墙的防火问题，由于外墙外保温系统的介入，其防火安全问题极为严峻，即使新实施的《建筑设计防火规范》（GB 50016—2014）对其作了专门的规定，但也并没能也很难完全避免因内侧外墙保温系统起火之后累及外侧的幕墙系统。因为在幕墙与外墙保温系统间的通道，其燃烧温度可达千度，足以摧毁幕墙的一切构件，特别是非透明幕墙，如金属板幕墙、石材幕墙、人造板幕墙等。图8为基层墙体具有保温材料，外层为铝塑板幕墙在做防火试验时所录得的通道间的温度曲线。

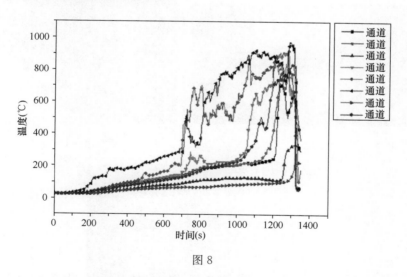

图8

同时，幕墙的层间防火封堵施工质量存在较多的问题，防火材料达不到设计要求，封堵不密实，封堵位置不正确。有些项目对幕墙层间封堵的处理仅作为一个摆饰的构件，封堵层可从建筑的顶层一直透视到底层（图9）。如此封堵效果，在建筑失火时将对人员生命构成严重威胁。

图 9

3.7 不规范设计和施工造成潜在的危害

20 世纪 90 年代末开始，随着幕墙建造量大幅提升，参与幕墙工程施工的企业大量增多，良莠不齐。设计不符合规范要求、材料假冒低劣、施工质量监管不严和不规范的情况时有发生，造成了一些不符合设计和施工规范要求，存在质量缺陷或安全问题的既有幕墙工程客观存在。以下所列的现象仅为许多潜在危害的表现。

1）隐框玻璃开启扇设计不当

既有隐框玻璃开启扇，包括隐框玻璃幕墙和常规门窗用隐框开启扇，相当大的一部分存在玻璃下端无托快的设计（图 10）；采用中空玻璃的开启扇，则存在中空玻璃用结构密封胶与中空玻璃与窗扇框粘接的结构密封胶相互位置不重叠的问题（图 11）；开启扇开口过大也是常有的违规设计（图 12），这些都给开启扇的正常使用带来潜在的危险。

图 10　　　　　　　　　　　　　　　图 11

图 12

2）用其他种类的胶粘剂代替结构密封胶

隐框玻璃幕墙是采用建筑结构密封胶进行结构装配的一种玻璃幕墙，合格的隐框玻璃幕墙通常不可能有玻璃坠落的安全问题。由于受人工操作和环境因素，或经过火灾等高温下使用的影响，隐框玻璃幕墙的玻璃粘接性能往往达不到设计的最好性能，但通常不会影响玻璃幕墙的正常使用。造成隐框幕墙玻璃有可能脱落的最主要原因之一在于施工单位和中空玻璃生产厂家在制作隐框玻璃幕墙时，采用不合格的硅酮结构密封胶或非结构密封胶（一般的密封胶或聚硫胶）进行玻璃的结构性粘接，从而导致隐框玻璃幕墙玻璃整片的脱落和下坠（图13）；其次就是施工单位没有严格按照《玻璃幕墙工程技术规范》（JGJ 102）的要求制作和安装隐框玻璃幕墙，辅材与硅酮结构密封胶不相容、基材表面处理不正确等。

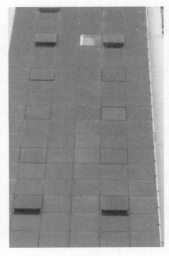

图13

3）外倾玻璃或倒挂石材无防坠措施

外倾玻璃幕墙玻璃设计没有采用夹胶玻璃，在早期的建筑幕墙中为数不少，目前有些仍然在使用中（图14）。倒挂石材设计时没有采取防坠落措施，有的甚至存在严重的雨水渗漏现象，安全隐患极为严重（图15）

图14

图15

3.8 幕墙维护维修缺失

在我国大量的既有幕墙项目中，绝大部分的项目没有明确的幕墙安全管理责任人，普遍存在工程技术资料保存不完整、《幕墙使用维护说明书》和幕墙维护维修管理制度缺失、正常安全检查和定期安全性鉴定没有开展、幕墙专项维护维修资金不到位等问题，这对既有幕墙的安全正常运行产生很大的危害。

4 应对措施

4.1 严格执行并持续开展既有幕墙的安全检查

建筑部关于既有建筑幕墙安全管理的第一个规章是2006年9月1日由建设部工程质量安全监督与行业发展司发布的《关于转发上海市〈关于开展本市既有玻璃幕墙建筑专项整治工作的通知〉的通知》（建质质函〔2006〕109号）。《通知》要求各地切实加强对既有建筑幕墙的使用安全管理，积极组织开展本地区既有建筑幕墙专项整治工作，及时排查质量安全隐患，强化对既有建筑幕墙安全维护的监督管理。2006 年 12 月 5 日建设部发布了《关于印发〈既有建筑幕墙安全维护管理办法〉的通知》（建质［2006］291 号）。2012 年 3 月 1 日，住建部发布了《关于组织开展全国既有玻璃幕墙安全排查工作的通知》（建质［2012］29 号），这是第一次由部委组织的全国既有玻璃幕墙安全排查工作。2015 年 3 月 4 日，住建部、国家安全监管总局发布了《关于进一步加强玻璃幕墙安全防护工作的通知》（建标［2015］38 号），文件要求各级住房城乡建设主管部门对于使用中的既有玻璃幕墙要进行全面的安全性普查，建立既有幕墙信息库，建立健全安全监管机制，进一步加大巡查力度，依法查处违法违规行为。

对于既有幕墙的安全检查和管理工作，全国各省市政府主管部门均发布了相应的管理法规和实施细则，其中尤以上海市在既有幕墙的安全管理方面走在全国的全面，而其他地区仍有相当的差距，既有幕墙的安全管理和检查并没有完全开展或流于形式，没有落到实处。为确保既有幕墙的安全，我们必须高度认识开展对既有幕墙进行安全检查和维护维修的重要性，要严格落实既有幕墙安全管理的责任人，健全既有幕墙安全管理机构和运作机制，探索和落实既有幕墙安全维护维修资金的来源，培养和提高既有幕墙检查人员的技术水平，将既有幕墙安全和维护维修工作作为一项日常的规范性工作长期持续开展下去。

4.2　建立既有幕墙检查机构和研发现场检测新技术

既有幕墙的安全检查和鉴定工作，不同于一般的幕墙性能检测，不能简单地将现有的幕墙检测机构作为既有幕墙安全检查和鉴定机构使用。既有幕墙的安全检查、鉴定和处理，有如病人患病到医院就诊，患子首先需要由医生进行检查，如有必要再由医生安排进行身体各种器官的检查，如验血、B 超、CT 等，待检查结果出来再由医生根据仪器检查的结果进行综合的判断并提出治疗的方案，对症下药进行治疗。由此可见既有幕墙的检查需要有专业且具有较高水平和经验的建筑幕墙从业人员，包括既有长期从事幕墙设计、施工、管理，且能全面掌握和熟悉幕墙规范和检测方法的高级专业人员来担当。并由他们按照检查程序和检查内容对既有幕墙存在的问题进行现场的检查和工程档案的核对，根据不同的检查结果提出进一步的幕墙性能检测要求，包括检测项目、检测方案和检测方法等。通过专项的检测，再依据检测出来的结果判定既有幕墙存在的问题并作出可靠性鉴定报告和受检既有幕墙的维护维修或改造方案。目前既有如此能力的幕墙检测机构不多，我们应该及时的建立既有幕墙的专业检查机构以应付日益增多的既有幕墙检测的需要。

由于既有幕墙的安全检查基本都为现场，特别是对于隐蔽工程和结构密封胶的现场检查，目前尚未有较好的检测方法。为适应既有幕墙检测的特点，我们必须进一步研究和开发出一些新的检测技术，如现场无损检测技术，既能发现既有幕墙存在的问题，又能保持既有幕墙的完整性。

4.3　制定和完善既有幕墙标准体系

我国目前尚未完成针对既有幕墙可靠性鉴定和既有幕墙维护维修工程技术的相关标准的制定，国家行业标准《既有建筑幕墙可靠性鉴定及加固规程》正在报批中，还没有真正实施。各省市也有一些地方标准已完成制定并在实施中，如上海、广东和深圳。但作为标准体系来衡量还不够完善，特别是对于既有幕墙存在的一些安全缺陷的评判标准指标值和检测方法，目前还不够系统、准确和统一。如对隐框玻璃幕墙安全有重大影响的结构密封胶老化程度以及使用期限，就很难有有效的可量化的指标值和检测方法来准确的评定。如此问题，我们应该加强技术攻关，联合相关企业对检测方法、判定指标和依据进入深入的研究，寻求一种切实可行的检测和判定方法，以便能及早的发现和处理因结构密封胶老化产生的安全隐患。

既有幕墙工程的维护维修以及改造技术，不完全等同于新建幕墙的工程技术，其设计和施工的难度有的远超过新建幕墙的设计和施工。特别是针对原有建筑结构、原有建筑幕墙构件的可靠性和承载力的计算和判定，施工技术和安全管理需要有专门的工程设计标准加以规范和实施。

4.4 实行新建幕墙设计方案审查制度

目前，我国每年仍有大量的新建建筑幕墙投入使用，为确保既有幕墙的安全可靠，防止新建幕墙带着潜在危险进入到既有幕墙的行列，我们应加强对幕墙设计的管理，建立对新建建筑幕墙实行设计方案审查制度，将建筑幕墙可能存在的安全问题控制在方案阶段并加以制止，以提升既有幕墙的安全性和可靠性。我国现行的《玻璃幕墙工程技术规范》（JGJ 102—2003）和《金属与石材幕墙工程技术规范》（JGJ 133—2001）实施至今已有十几年，作为国家行业标准所提出的一些规定和基本要求，在日益增加的安全要求方面，有些已不再适应了。加之现在的建筑设计在建筑外观的设计上，新颖复杂的立面造型、超大面板板块的设计、新型建筑材料的出现给建筑幕墙在设计上提出了很多新的挑战，超过和突破现行设计规范的规定的设计很多，潜藏着较多的危险因素。依据现行设计规范，按照不同区域的条件制定和实施更严格的地方性标准规范，并以此对建筑幕墙的设计方案进行审查，将大大降低新建建筑幕墙的安全风险。上海、浙江和深圳等地已开始执行此项制度，值得探讨和推广。图 16、图 17 为我国某处新建大面玻璃幕墙尚未使用就因玻璃大面积自爆而需重新改造。

图 16

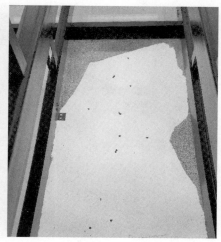

图 17

5 结语

为改善我国既有幕墙的现状，提高我国既有幕墙的安全程度，应从强化安全监管入手，建立规范化和法制化的建筑幕墙市场秩序和观念，严格落实既有幕墙安全管理责任人制度和安全检查制度，探索和确保既有幕墙安全维护维修资金的来源，加强建筑幕墙设计、生产、施工和使用全过程的安全管理和各方监管，尽快地完成既有幕墙相关标准规范的制定和实施。在对既有幕墙的安全改造过程中，我们尚需结合我国绿色建筑发展的需要，大力研发既有幕墙的建筑节能和室内环境改造技术，全面提升我国既有幕墙的各项性能。

参考文献

［1］ 黄圻. 铝合金门窗幕墙行业发展 30 年. 北京：中国建筑金属结构协会铝门窗幕墙委员会，2011.

［2］ 黄圻. 2014-2015 门窗幕墙行业年度报告. 广州：中国建筑金属结构协会铝门窗幕墙委员会，2015.

促进建筑门窗发展的思考

杜继予　包　毅　窦铁波　陈国卡

深圳市新山幕墙技术咨询有限公司　深圳　518057

摘　要　自20世纪70年代末我国开始引进各类新型建筑门窗产品以来，我国建筑门窗产品的品种、产能、性能和质量都得到了极大的发展和提高。现正我国经济进入转型时期，建筑产业化从起步阶段进入到的发展和推广应用时期。经济转型需要更多的创新，建筑产业化需要建筑工业化的支持，作为建筑门窗行业在这两方面如何加大力度发展，需要我们根据我国建筑门窗的现有水平去作更多的思考。本文从推动建筑门窗新技术和新产品的发展，推动建筑门窗产品认证和评价体系的形成以及实现建筑门窗行业工业化等方面，探讨了我国建筑门窗未来发展的方向所在。

关键词　建筑门窗；质量；认证；工业化

1　发展具有自主知识产权的高端建筑门窗产品

自改革开放以来，我国新型建筑门窗系统技术包括铝合金门窗、塑钢门窗、复合材料门窗、多功能一体化门窗等产品都是通过引进、模仿、制造的方式在逐步发展。尽管产品种类和产能的增量每年都在发生巨大的变化，但却很少有通过自主研发的、具有自主知识产权、具有高附加值和经济效益的高端门窗产品出现。这与我国建筑门窗大国的地位不符，同时也将严重影响我国建筑门窗行业在未来的发展。要在建筑门窗系统技术通过自主研发出新的系统技术和产品，必须大力开发对建筑门窗标准、基础理论、原理、构造、材料、加工设备、制造工艺、安装技术、检测方法、配套技术服务等方面的研究和开发，理清并科学的制定我国建筑门窗系统技术和产品自主研发、创新发展的方向和实施的路线，方能摆脱我国建筑门窗系统技术和产品长期引进、模仿、制造的单一模式。在我国经济转型发展时期，我们应通过提升自主研发的能力，形成真正的中国制造的高端建筑门窗产品来改变现有的格局，并向世界输出中国的门窗技术和产品，开拓业界的新领地。

1.1　高科技含量的建筑门窗

1）适用于被动式建筑的超低能耗高效节能门窗

被动式超低能耗建筑门窗是指适用于被动式超低能耗建筑的外门窗，其发展和应用在我国刚刚开始。根据我国住建部建筑节能标识申报和认证结果所提供的资料显示，我国节能门窗的传热系数已接近 $1.3W/m^2K$，有个别产品甚至低于此值，可达 $0.8W/m^2K$ 左右，但大部分节能门窗的传热系数均在 $1.8\sim2.2\ W/m^2K$ 之间。比较起国外的同类产品，被动式超低能耗建筑外窗的传热系数低于 $0.8W/m^2K$ 的要求，我们仍有较大的差距。目前，我国住建部颁布被动式超低能耗绿色建筑（居住建筑）外窗传热系数的要求，根据我国气候分区不同在 $0.7\sim2.0\ W/m^2K$ 之间。为达此目的，我国超低能耗高效节能门窗在降低传热系数、提高节能效果和改善室内使用环境性能方面，除了在玻璃选用上采取措施外，尚需在框架材料及其构造、保温隔热材料及其构造、密封材料及其密闭构造和通风换气方式等进行全面的探讨和深化设计。图 1 为实测传热系数为 $1.3W/m^2K$ 的生态木塑铝复合窗节点及等温线图。

2）适应于各种极端气候下的高性能门窗

我国东西南北跨越了许多不同的气候带以及各种类型的使用环境，北到黑龙江的漠河，极端寒冷的气温在冬季可达到零下 43C° 以下；南到南沙岛礁，高温湿热以及严酷的腐蚀环境；东到沿海地区，特别是偏北的沿海地区，即要防风防雨，尚要节能保温；西到大西北及新疆地区，强烈的沙尘暴和寒冷的状况等，这些都需要开发出具有独特适应性能的门窗来给予应用。以往模仿某一地区的某种窗型，采用单一门窗类型、单一构造形式、单一框架材料、单一安装方式设计的门窗企图在我国不同的气候带打天下的做法已不能满足我国建筑门窗的需要。在严寒地区，我们应注重门窗的节能保温性能，结合严寒地区多处于严重雾霾和沙尘地带，尚需要考虑门窗的通风换气和空气过滤功能；对于南方高温地区，需通过降低门窗太阳能得热系数，提高门窗隔热性能来保证门窗在夏季具有良好的节能性能；由于我国沿海地区跨越的气候带较多，门窗的性能和构造设计比较复杂，难度较大，通常应以抗风、防水为主，通过选用不同的窗型和开启形式来兼顾和解决门窗的节能保温和通风等问题，同时还要考虑沿海地区高腐蚀环境对门窗使用寿命的影响。图 2 为具有高抗风、高水密性能和遮阳装置（内置中空玻璃百叶），适用于我国南方沿海地区用铝合金门窗节点图。

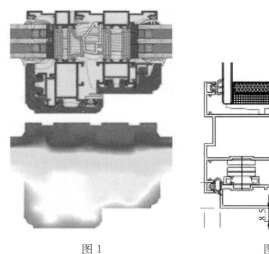
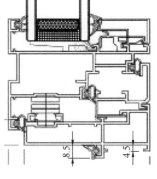

图 1　　　　　　　　　　　　图 2

3）适用于互联网的智能门窗

智能控制和互联网技术的迅猛发展有力的催生和推动智能门窗的发展，未来的智能门窗将在家居安全、舒适性和节能等方面有较大的发展。智能门窗可通过与气象信息的连接和自然的感应，预测天气的变化，自动调节和启闭门窗的开启状态，防止门窗或室内家居在突变的天气状况下遭受到不必要的意外损坏和安全事故；与烟感燃气检控装置联动，当检测到烟感、煤气、有害气体等信号时，智能控制器内微电脑自动发出相应的控制指令，将窗户自动开启、发出警声并自动将警情发送到指定的电话或手机和联控保安中心；当盗贼接近窗户时，门窗智能控制器内微电脑发出防盗控制指令，自动将窗户关闭并发出报警声音和信号；

采用智能手机可人为的预先远程调控窗户以及遮阳装置的启闭，达到调控室内温度和空气新鲜度的目的，同时也可达到节能的效果。智能门窗未来的发展有赖于智能产品和控制技术在门窗上的深度融合和应用，通过利用互联网的通信技术，将为智能门窗的应用提供更为便捷和广阔的市场潜力。图 3 为智能门窗的控制终端和效果图。

4）多功能集成门窗

多功能门窗在欧洲以及世界其他地区都有很好的应用，在我国的应用也不是新的产品，但由于造价偏高而一直没有得到较好的发展。多功能门窗一般是指将具有不同功能的产品组合到同一个门窗框架之内或同一个门窗洞口之内具有多种功能的门窗产品，如将遮阳百叶与门窗组合、通风器与门窗组合、保温卷帘与门窗组合、防尘纱窗与门窗组合、通过调节不同使用状态来改变门窗使用能的门窗等。随着居住建筑对舒适性和节能要求的提高，更多关注产品性能和质量的用户将是这一产品的需求和拥有者。图 4 为带有高性能除尘功能通风器的门窗。

图 3　　　　　　　　　　　　　　　　　　图 4

5）装配式门窗（单元门窗）

随着居住建筑产业化的发展，装配式门窗的产生和应用是必然的结果，也是未来门窗发展的主要方向之一。装配式门窗也可称之为单元式门窗，其主要特点是在门窗的装配和安装上与现有门窗有较大的区别。它将利用采用精准的施工方法所预留出来的门窗洞口，如采用铝合金模板等进行混凝土施工，或 PC 板块预留出来的门窗洞口，采用机械设备在施工现场将已预制完成的整体门窗在预留洞口上进行装配式安装，以达到提高工程质量、施工效率和门窗产品工业化的水平。

6）耐火门窗

我国《建筑设计防火规范》（GB 50016—2014）的实施，对建筑门窗的耐火性能提出了新的挑战。在我国现有建筑门窗中，除了钢质门窗的框架材料能满足耐火完整性不宜低于1.00h 的要求外，其他种类的门窗却难以达到此要求。目前，各种新型防火材料发展迅速，如防火膨胀密封条、膨胀型防火板材、防火棉条、B1 级防火硅酮胶、吸热型防火灌注料、防火玻璃垫片、阻燃性聚氨酯（PU）泡沫胶等，为提高门窗的整体耐火性能提供了良好的条件。我们可通过采用不同的新型防火材料和复合技术，在保留原有门窗外观特性和性能的条件下，使铝合金门窗、塑钢门窗和铝木复合窗的框架材料在耐火性能有一个大的提高，结合采用新型防火玻璃，在保持传统门窗的外观效果、抗风压、气密、水密、节能基础上，使门窗的整体耐火性能达到一个新的水平，以满足建筑设计防火的要求。

7）新型五金配套件

我国高性能门窗的开启形式经过多年的使用总结，目前集中在外平开窗、内开内倒窗、平开门、提升推拉门、平移门窗（滑拉）。其他开启形式的门窗，或由于传统系统的构造或性能缺陷（如：气密水密性不足的推拉窗、折叠门）；或由于难以满足绿建要求通风（如：外平推窗）；或由于国内没有五金配套件而在国内建筑设计采用较少（如：提升窗、中悬窗），固采用较少。但是随着建筑功能及人性化的需求，许多新的门窗系统必将进行全面的研发，而所有的研发很大程度需要新型五金配套件的支持和配合。例如排烟窗，以往通常采用上悬窗来代替，但按照最新绿建和消防排烟的相关要求，上悬窗的通风量和排烟方式已不可能适应使用要求，日后使用必将受到限制；而中悬窗、高性能推拉窗、配合消防电控系统的下旋窗则有可能需求增长，但相应的五金配套件去十分稀缺，急需要对相关的五金配套件进行研发和生产。同时，五金配套件的质量也是影响建筑门窗安全、质量和性能的关键部件，必须给予极大的重视。

8）门窗标准及设计基础研究

要推动各项高科技含量门窗的发展，必须不断地提升门窗产品的标准水平，开展门窗设计基础理论的研究，特别是影响门窗各项性能的原理和构造的研究。我国目前在在高尖端门窗产品落后于世界发达国家，其主要差距也就在于我们的门窗产品标准与国外尚有一定的差距，在基础理论、原理和构造研究等方面未能有进行资金和人员的大力投入，门窗系统的开发大部分处在跟随模仿的阶段，其结果就是技术和产品水平的落后。为此，在门窗未来发展中，谁在门窗性能上优先采用高标准，谁在门窗设计基础的研究上有更多的投入，谁能真正掌握和开发出先进的具有自主知识产权的门窗产品，谁将能更好地主导和引领门窗产品的市场。

1.2 提升建筑门窗的产品质量

高质量门窗产品需要完善的产品设计作为保障。除了门窗系统的性能和构造设计外，高质量门窗设计主要还包括了门窗配套件、工装工艺和安装工法的设计及其实施。促进门窗质量的提升必须在这几方面下工夫。

1）配套完整和精细化的配套件设计

高质量的门窗离不开完整、精细和高质量门窗配套件的设计和应用。影响门窗质量的配套件不仅只有启闭执手、锁闭器、滑撑（合页、滑轮）和胶条，其中许多对门窗整体质量具有同等意义而又容易被忽视的配件，如门窗用连接件（角码、插接件、固定件）、密封件（复合型胶条、整体教条）、附件（垫块、堵头）、标准件（螺钉、自攻钉）等，都需要在每一个配件的力学、寿命、尺寸、外观、材料上进行准确精密的设计，使每一个配件都能在门窗的相应位置发挥最佳的作用，门窗质量才能做到配套完整和尽善尽美。

2）完善稳定的门窗工装工艺设计

完善稳定的门窗工装工艺对门窗性能和外观效果有重大的影响。现有的门窗加工，由于门窗产品缺乏标准化，品种变化多，因而难于形成相对完善，特别是稳定的门窗加工、装配工艺程序，给门窗加工质量和装配精度带来较大的负面影响。建立完善稳定的门窗加工、装配工艺，应包括系统化和标准化的门窗产品设计、齐全的材料明细、固定的工装工艺流程和岗位设置、准确的零件加工和整窗工装设计图、配套的加工设备和工装工具等，对于同一系统同一系列的门窗，不管其规格有何变动，其对应的工装工艺是不可随意变动的，这将能有效地提高门窗质量及其稳定性，确保门窗产品的高质量水平。

3）装配式的门窗安装工法设计

门窗安装一直是影响我国门窗质量的难题，目前普遍存在的门窗雨水渗漏、产品表面防护不好、安装效率低下等都与门窗的安装方法有不可分割的关系。随着门窗产业工业化发展的需要，同时也为了解决安装质量对门窗性能带来的不良影响，设计新型的装配式门窗安装构造和安装工法是确保提升门窗整体质量的关键一环。将门窗设计成为在工厂内整体加工和装配完成，并在窗框预留可供装配式安装的搭接槽口的单元式门窗，同时设计出可供不同气候环境和不同墙体的洞口构造（包括既有门窗的改造）使用的门窗附框，在建筑室内外完成表面施工后，依照规定的安装工法将门窗在现场进行整体安装，将能非常有效地避免现有施工方法给门窗质量所带来的不良影响。

2 建立完善的建筑门窗产品认证和评价体系

产品认证是国际通行的产品质量保证模式，是构成国家质量技术基础的支柱。产品认证在国外已有上百年的发展历史，20 世纪 50 年代已普及到所有工业化国家。随着贸易国际化，市场全球化的进程，从 20 世纪 70 年代起，产品认证已从发达国家的内部实施变成了跨国贸易互相认可的方式，成为国际贸易中消除非关税壁垒的一种手段，促进了国际贸易的发展。为此，国际标准化组织专门成立了合格评定委员会指导产品认证。因此产品认证也是中国与国际接轨的必然选择。随着我国改革开放的不断深入和社会主义市场经济的不断发展，加快发展第三方检验检测认证服务，不断增强检验检测认证机构的权威性和公信力，为提高产品质量提供有力的支持保障服务具有十分重要的意义。

门窗质量认证在欧洲发达国家已有近半个世纪的历史，但在中国却是开创性的事业。为了满足建筑门窗行业发展的需要，顺应当前行业提升产品功能、性能和质量的迫切要求，从供给侧发力促进行业产业结构调整和转型升级，必须加快我国建筑门窗质量认证的进程。门窗认证体系结构主要包括三方面：

（1）门窗用主要材料的认证。制造门窗所用的主要材料有主型材、五金件、密封材料和玻璃等，其质量的优劣和稳定性，对最终的门窗产品质量有重要影响。

（2）门窗系统技术评价。门窗系统技术评价旨在对某一门窗系统的研发设计成果（而不是门窗产品的制造质量）进行预见性的技术评价。即，基于定量（检测和计算数据）和定性分析，对门窗产品的适用范围、使用性能及其持久性，对组成门窗的材料质量和对门窗产品的制造与安装等进行预见性的综合评价。

（3）门窗产品认证。实际是根据门窗系统技术评定的要求，对门窗产品实施质量进行认证。主要包括：型式试验，制造现场抽取样品检测或检查，市场抽样检测或检查，企业质量保证体系审核，获得认证后的后续跟踪检查等内容。

门窗系统技术评价是门窗认证体系的重要一环，为确保建筑门窗认证的开展，建立完善的建筑门窗系统技术的评价体系，是促进和确保我国建筑门窗健康发展的首要关键环节，它将在提高我国建筑门窗系统设计能力、产品质量水平以及推动高端建筑门窗产品的应用起到重要的作用。建筑门窗系统技术评价体系的形成，首先应是评价标准体系的形成。我国目前在建筑门窗产品方面已有一系列较为完善的产品标准体系，包括《铝合金门窗》（GB/T 8478)、《建筑用塑料窗》(GB/T 28887)、《建筑用塑料门》(GB/T 28886)、《钢门窗》(GB/T 20909)、《建筑用节能门窗第 1 部分：铝木复合门窗》(GB/T 29734.1)、《建筑用节能门窗第 2 部分：铝塑复合门窗》（GB/T 29734.2）、《木门窗》（GB/T 29498）、《集成材木门窗》（JG/T 464）等，与之配套使用的建筑门窗产品性能检测方法和工程技术标准，包括《铝合金门窗工程技术规范》（JGJ 214）、《塑料门窗工程技术规程》（JGJ 103）、《塑料门窗设计及组装技术规程》（JGJ 362）等。在这一系列标准中，主要包含了对建筑门窗产品设计性能、加工和安装质量的要求及产品性能和质量检验检测方法，其对我国现有的建筑门窗产品质量和工程安全使用的管控起到了重要的保证作用。这一系列标准可对建筑门窗的产品性能、加工和工程安装质量在技术层面上进行较全面的评价，但尚未能完全包含其他方面的综合评价，如产品经济性和适用性等。作为建筑门窗产品的全面、综合的评价标准体系，将包括对产品性能适用性、可靠性、耐久性、装配性、实用性、可维修性、性价比、外观效果等方面的评价，以真实的界定不同建筑门窗产品的实际水平和使用价值，同时客观指导建筑门窗的建筑设计单位和使用单位能正确的选用和使用不同的建筑门窗产品。

目前在我国尚未有完善的建筑门窗产品认证机构从事建筑门窗产品的评价和认证工作。现在仍在开展和进行的是住建部建筑节能性能标识的建筑门窗节能标识认证，全国各主要省份和大城市的建筑门窗幕墙检测机构基本为检测和认证单位，各单位的检测和检查验证结果经住建部建筑节能性能标识专家委员会专家审查通过后给以予可并发出专项的节能标识。除此之外，其他符合我国国情的建筑门窗认证活动还没有真正开展起来。随着建筑产业化的发展，建筑门窗的生产方式将会发生极大的变化。门窗将由原来依工地现场订制，加工制作施工一体的工程，转变为依设计需要，选型、批量采购的工业产品，产品的制作加工与安装完全分离成不同的单位负责。从而使产品认证及相关的出厂质检变得尤为重要。门窗产品认证正是配合建筑产业化的一个必要的工作。因此，通过学习引进国外认证机构开展门窗认证的经验，结合我国建筑门窗行业发展的实际需要，按照国务院有关完善认可认证管理模式的要求，加快建筑门窗产品认证和评价体系的建立和实施，以达到夯实建筑门窗质量技术基础和提升门窗行业产品供给能力和水平，促进门窗行业技术进步的目标。

3　推动建筑门窗产业的工业化

建筑门窗工业化是我国建筑门窗未来发展的方向，它将有力地促进现有门窗产业从传统工业模式向技术密集的高新技术型产业发展，增强产业可持续发展的能力；加快产品更新换代，提高产品和工程质量；充分发挥技术和人力资源优势，提高工作效率和经济效益；降低资源消耗，减少环境污染，达到绿色环保的发展目的。

3.1　构建完善的建筑门窗标准化体系

建筑门窗标准化体系是建筑门窗工业化的基础，它涵盖了建筑门窗洞口尺寸的模数化、建筑门窗产品的系统化和建筑门窗产品规范化应用等一系列与标准化相关的基础工作，构建完善的建筑门窗标准化体系应从这主要的三个方面展开。

1）大力宣传和推广建筑门窗洞口尺寸设计模数化

自 20 世纪我国进行改革开放以来，在大规模的经济建设中，建筑模数标准化和建筑门窗洞口模数化的概念和应用在建筑设计中已经非常淡薄，执行力度极低。在建筑设计中，不规范的、任意的建筑门窗尺寸设计和要求，给标准化和系统化的建筑门窗产品设计带来了严重的影响，对建筑门窗的工业化产品生产和安装带来极大的阻力，使建筑门窗工业化失去了发展的基础。因而宣传和执行建筑模数标准化标准，强化建筑门窗洞口尺寸设计模数化在建筑设计中的应用，是构件完善的建筑门窗标准化体系的首要工作，是实现门窗工业化的基础和保证。目前，我国涉及建筑模数标准化和建筑门窗洞口模数的标准还不完善，现行标准仅有《建筑模数协调统一标准》（GB/T 50002—2013）；《建筑门窗洞口尺寸系列》（GB/T 5824—2008）以及《建筑门窗洞口尺寸协调要求》（GB/T 30591—2014），且均为推荐性标准，实行力度有限。因而应在建筑设计中对严格实行建筑模数标准化设计和建筑门窗洞口尺寸设计模数化进行广泛的标准宣贯，强化标准的执行力度。同时也应采取一些必要的强化措施，如编制相关的强制标准来确保建筑模数标准化设计和建筑门窗洞口尺寸设计模数化的实施，以达到加速推动建筑门窗工业化的发展。

2）设计和生产完善配套的建筑门窗产品

完善配套的建筑门窗系统化、系列化产品，是实现建筑模数标准化设计和建筑门窗洞口尺寸设计模数化的保障，它为建筑设计在进行建筑门窗设计的选型提供了适合规范要求的系列产品。近年来，随着建筑门窗系统设计概念的不断提升，我国建筑门窗产品系统设计和配套的产品系列化越来越多，产品性能和质量正在不断地提高，但整体的技术水平还有待提高，真正完善和配套的门窗系统不多，门窗系统的开发仍处于模仿的发展阶段。为满足构建完善的建筑门窗标准化体系的需要，我们应着力通过对建筑门窗基础理论、原理、构造、材料、加工设备、制造工艺、安装技术、检测方法、配套技术服务等方面的研究，开发具有自主知识产权、具有高附加值和经济效益的完善配套的建筑门窗产品，这样才能满足构建完善的建筑门窗标准化体系的需要。

3）搭建并形成系统化的门窗产品技术服务信息平台

搭建并形成系统化的门窗产品技术服务信息平台，目的是通过倚重大数据时代和 BIM 技术的发展，将国内外先进的门窗系统产品向整个建筑业进行推广应用，确立完善配套的建筑门窗产品在我国建筑领域里的地位，逐步淘汰落后的门窗产品，并通过平台来指导和规范建筑门窗产品全生命过程中各个环节的标准程序，包括产品的开发、工程应用中的门窗系统选型和设计、门窗产品加工和安装、产品质量控制和监管、原材料的供应、产品使用过程的维修维护技术等，使建筑门窗产品从开发、生产建造到应用的全过程真正形成一个完善、标准的运作系统。在这一技术服务信息平台下，通过大量数据所形成的各种数据库，包括各种门窗系统的系列产品、适用于不同产品和工程的精准设计软件、产品原材料采购指引、加工工装和安装工法指南、产品质量控制和检验检测方法和产品使用维护维修技术手册等，使得门窗产品的加工、建造和应用更加简易、可靠和标准，为进一步提高建筑门窗工业化水平创造新的基础。

3.2 实施工业产品化的门窗生产方式

门窗产品生产工业化是指用工业产品的生产方式，采用现代化的机械加工设备，标准的稳定的生产工艺和工装方法，高水准的质量标准和严格的质量检验保证体系在工厂全过程的控制和生产门窗产品。

1）采用现代化的机械化加工

手工作业或部分采用机械加工的门窗生产方式在以往的门窗生产过程中是一种常规的传统方式，许多的门窗产品甚至到了施工现场才最后拼装出来的情况也不为少见。这种传统建筑产品生产方式所生产的门窗产品往往精度低质量差，给门窗的使用带来了许多不良的后果。采用现代化的精密的机械化加工和装配，产品从门窗原材料进厂到成品完整包装出厂的工业产品化门窗生产方式已在门窗行业中逐步实施，这将大大的提升产品的质量和工作效率，并向门窗工业化迈出坚实的一步。

2）设计编制标准稳定的门窗生产工艺和工装方法

传统的门窗生产方式，由于在门窗系统设计的过程中，基本没有进行门窗产品的配套加工设计，造成了门窗生产加工工艺和工装方法的缺失，给门窗产品的加工和装配带来了很大的影响，再加上门窗产品形式不稳定，变化多，人员换岗频繁，门窗产品的质量得不到有效的保障。因而在未来的门窗产品设计时，我们应强化门窗产品加工工艺和工装方法的研究和设计，并开发出各种有效的工艺和工装机具来确保门窗产品的加工质量。

3）实行高标准的严格质量检验体系

门窗质量检验标准是控制门窗质量体系的技术保证之一，在我国现行的门窗产品标准和工程技术规范中已有门窗产品的质量检验方法和要求。作为面向未来的门窗产品，将会有更高的技术要求，特别是在门窗整体加工和装配精度、门窗配套件的采用和质量、门窗的安装质量等方面都应在现有水平上有所突破，这都将依赖高标准门窗产品质量检验体系的建立和严格实施。

3.3 推进门窗产品机械化施工及工法制定

要实现建筑门窗工业化，推进门窗产品安装施工机械化是不可缺少的环节。通过设计新型可装配门窗系统和配套的门窗安装施工工法，是改变门窗产品在现场进行构件装配并安装的传统建筑门窗安装方法，实现门窗产品安装施工机械化的必要途径。

1）研发机械化施工的门窗系统

预制装配式建筑构件是我国建筑产业化的鼓励发展方向，也是建筑门窗产业工业化的发展方向，它是满足建筑施工机械化的必要条件。门窗产品实施施工机械化同样需要研发具有可在施工现场进行整体门窗装配式安装的门窗产品系统，它首先应是自成一体的单元式门窗，且在门窗框架预留有与建筑结构预留安装构件相互连接的装配槽口。门窗可采用机械设备进行整体吊装并按照设定的工法直接与建筑结构预留构件简洁、方便和可靠的连接固定来完成门窗的安装。

2）设计标准的安装施工工法

目前我国尚未有完善成熟的门窗安装施工工法，门窗洞口与预埋窗框的连接、预埋窗框与门窗框架的连接和密封方法在设计和施工中都存在较多的问题，其中洞口与门窗框架周边雨水渗漏就是突出的现象。为此，我们应针对不同的地域和气候环境，不同构造的外墙立面（如具有外墙外保温的外墙立面）设计出不同的门窗框架与建筑结构预留连接构件间的装配技术和配套的施工工法，确保门窗产品安装质量并满足门窗产品机械化施工的需要。

3.4 建设全面的门窗信息化管理系统

产品信息化是工业化的标志之一，我们通过 BIM 技术的推广和应用，规范性的逐步搭建并形成系统化的门窗产品技术服务信息平台。利用互联网渠道，大力推广经过认证和评价系统鉴定的配套完善的建筑门窗产品信息，介绍产品的品牌、性能、材料、生产制造工艺、安装工法、质量要求、选用指南等，使得标准化程度高、应用多、国内公认的优质门窗产品能更容易为用户所认识和接受，确保生产企业更容易掌握高质量门窗的生产制造技术和施工管理，以达到淘汰低劣产品，减少非标产品，降低生产和建造成本，促进建筑门窗的整体发展。同时应根据建筑门窗在工程设计、加工、施工、运营维护全生命期内的特点，制定出基于 BIM 技术之上的建筑门窗 BIM 工程管理应用技术和标准体系，包括基础设计和施工模型、细化设计和加工及施工模拟、施工进度管控和专业协调、材料及成本的管理与控制、运营过程的维护和维修等信息模型，使信息化的管理系统更好的助推建筑门窗产业在工业化的道路上得以更快地发展。

4 结语

随着我国经济建设的现代化，国家综合实力的增强，人民生活水平的提高，现有的建筑门窗产品已不能满足建筑节能环保和生活居住环境的需要。推动具有我国自主知识产权的高性能、高质量新一代建筑门窗产品是必然的趋势和发展的方向，我们应在现有的基础上，不断总结经验并依照我国的国情，设定发展的目标，在建筑门窗技术和系统研发不断创新发展，沿着建筑门窗工业化的道路阔步前进。

参考文献

[1] 万成龙，王洪涛，单波，阎强．我国被动式超低能耗建筑用外窗热工性能指标研究及实测分析[C]．中国金属结构协会铝门窗幕墙委员会 2016 年年会论文集．北京：中国建筑金属结构协会铝门窗幕墙委员会，2016.

[2] 刘万奇．中国门窗认证的现状和发展．北京：中国建筑金属结构协会，2016.

[3] 杜继予．我国建筑门窗发展方向的探讨．深圳：中国建筑金属结构协会构配件委员会，2014.

[4] 杜继予．建筑幕墙门窗产业工业化探讨．上海：中国建筑金属结构协会，2013.

建筑幕墙的单元化

曾晓武

深圳市方大建科集团有限公司　深圳　518057

摘　要　建筑幕墙工业化是建筑幕墙发展的大趋势，能有效提高建筑幕墙的整体质量和安装效率，而建筑幕墙的单元化是实现建筑幕墙工业化最重要的基础之一。如何实现建筑幕墙工程单元化，本文希望通过对框架式幕墙和异形幕墙的单元化来分别进行详细阐述。

关键词　框架式幕墙；异形幕墙；单元化

Unitization of Building Curtain Wall

Zeng Xiaowu

(Shenzhen Fangda Building Technology Group Co., Ltd. Shenzhen　518057)

Abstract　Industrialization of curtain wall is a general trend in the evolution of building curtain wall industry, which can enhance on the quality and installation efficiency. Unitization of curtain wall is one of the most important essential elements to make industrialization of curtain wall come true. How to implement unitization of curtain wall system into the construction project, I will specifically discuss in details on the different components between the unitization of stick curtain wall and irregular curtain wall separately in this article.

Keywords　stick curtain wall; irregular curtain wall; unitization

1　前言

建筑幕墙单元化的核心思想是尽可能地把所有的幕墙产品放在工厂进行生产，工地只是简单地安装，同时尽可能地使用建筑机械进行施工，从而有效地提高幕墙产品的整体质量和安装效率，尽可能地降低人员伤害事故。所以，概括成三句话，就是"能工厂做的不工地做、能地面做的不高空做、能机械化的不用人工"。

建筑幕墙单元化贯穿了建筑幕墙设计、生产、施工等整个环节，本文建筑幕墙单元化主要包括两个方面的内容，一是框架式幕墙单元化；二是异形幕墙单元化。

2　框架式幕墙单元化

传统的框架式幕墙一般都是在工厂加工好材料后，运到工地进行骨架、面板等材料的安装，大量的工作集中在工地完成，对幕墙的整体质量控制要求较高，安装质量完全依赖安装工人的综合素质，安装质量较难有效地监督和控制，且现场安装工期较长，进度完全依赖安装工人的人数，也容易产生安全事故。如何才能解决框架式幕墙的这些弊端呢？对框架式幕墙进行单元化可能是一种非常有效的技术思路。

2.1 设计思路

传统的幕墙系统主要是框架式幕墙和单元式幕墙，两者各有优缺点，而框架式幕墙单元化系统则很好地整合并吸取了两种传统幕墙系统的优点：如幕墙板块在工厂进行工业化生产，标准化程度高，与工地组装相比，幕墙组装质量更加容易控制和保障，施工效率也显著提高。同时，框架式幕墙单元化系统的所有防水采用成熟可靠的硅酮密封胶进行密封，维护更加简单、便捷，形成了一种新型的打胶单元式幕墙系统，避免了传统幕墙系统的缺点，如单元式幕墙系统设计较复杂，多层空腔和多道胶条的防水设计如果不合理，容易造成系统设计失误。

2.2 框架式幕墙单元化

框架式幕墙单元化就是尽可能地将框架式幕墙进行单元化设计，使其满足工厂的单元化生产和工地的单元化安装。框架式幕墙中常见的几种幕墙形式如玻璃幕墙、铝板幕墙、石材幕墙等都可以按照这个设计思路进行单元化的设计，下面以标准的框架式玻璃幕墙为例进行分析、比较。

2.2.1 标准框架式幕墙与框架式幕墙单元化比较

与标准框架式幕墙相比，框架式幕墙单元化系统吸取了单元式幕墙的优点，将每个分格做成单元板块，以实现在工厂的工业化生产，工地的机械化施工，极大地提高了幕墙加工质量、安装质量和安装效率，具体如图1和图2所示。具体改进方案如下：

（1）将立柱和横梁都拆分设计为对插型材，以实现板块单元化。

（2）型材加工同样只需简单切割，无需费时费工开槽铣槽。

（3）材料成本有所增加，但综合成本如安装成本等显著降低。

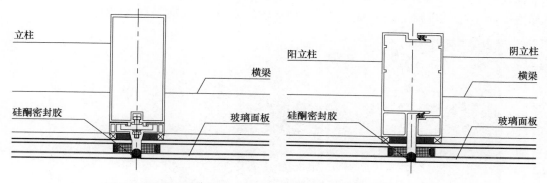

图1 标准框架式幕墙（左）和框架式幕墙单元化水平节点（右）

2.2.2 标准单元式幕墙与框架式幕墙单元化比较

与标准单元式幕墙相比，框架式幕墙单元化系统更加简单，型材之间的插接仅是用于保证玻璃面板表面的平整度，没有水密、气密的要求，但安装方案、措施基本相同，具体改进方案如下：

（1）取消多道水密、气密腔，将胶条防水、防气改为成熟的耐候胶防水、防气。

（2）对插横梁截面高度可大大减小，材料成本明显降低。

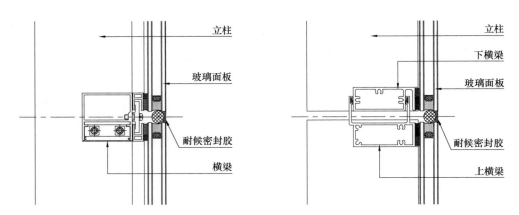

图2 标准框架式玻璃幕墙（左）和框架式玻璃幕墙单元化竖向节点（右）

（3）圆弧半径较小的单元板块完全适用。

（4）型材加工只需简单切割，无需费时费工开槽铣槽，极大地提高了加工效率。

（5）单元板块在工地无需逐层安装等。

同样，框架式铝板幕墙和石材幕墙单元化只需将面板材料由玻璃改为铝板或石材，固定面板的方式也进行相应调整即可。

2.3 框架式幕墙单元化工程实例

下面以深圳宝安国际机场T3航站楼登机廊桥幕墙工程实例来进一步阐述框架式幕墙如何单元化。

深圳宝安国际机场T3航站楼共有58个登机廊桥，总幕墙面积约8.7万 m^2，其中玻璃幕墙约1.8万 m^2，铝板幕墙约6.9万 m^2，具体如图3所示。每个登机廊桥只有1500多 m^2，顶部标高约8m，底部标高约4m，且位置非常分散，如果采用传统的框架式幕墙进行大面积现场施工，58个登机廊桥每个都要搭满堂脚手架，施工效率不高，工期难以保证。

图3 深圳机场T3航站楼登机廊桥实景

对此，在本幕墙工程中，对登机廊桥部分的原框架式幕墙进行了单元化设计、施工，将原招标图纸中的框架式幕墙系统改进为单元化的幕墙系统，将立柱一分为二，形成单元板块，两个幕墙系统的节点比较如图4和图5所示，通过框架式幕墙单元化改进，将玻璃或者铝板面板与骨架组装成单元板块，使所有板块尽可能地在工厂进行大批量生产，整体运往工地后，用单元式幕墙板块安装方式在工地进行机械化吊装，板块间不插接，依靠外侧打胶进行密封。

通过最终测算，综合成本明显降低，施工效率大幅提升，采用汽车吊进行吊装施工，一个登机廊桥一周时间即可大面积完工，为保证深圳机场总体施工工期奠定了坚实的基础。

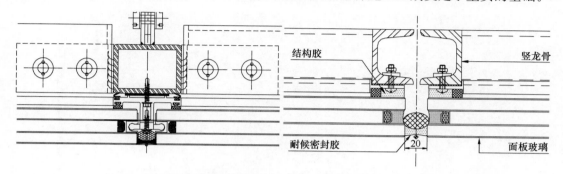

图4 原玻璃幕墙招标节点（左）和单元化后的幕墙节点（右）

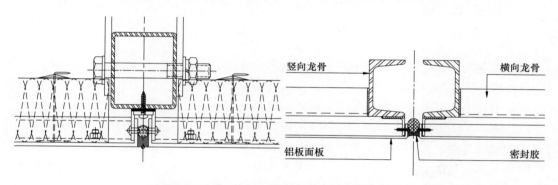

图5 原铝板幕墙招标节点（左）和单元化后的幕墙节点（右）

3 异形幕墙单元化

近十年，国内出现了很多外观设计新颖且造型奇异的建筑，尽管建筑高度不高，但由于其造型特殊，通常无法界定哪些属于幕墙，哪些属于屋面，这里统称为异形幕墙工程。异形幕墙一般都是三维空间造型，外形复杂，所有骨架和面板需要三维定位和三维安装，如果还是按传统框架式幕墙在工地现场进行三维定位和安装，将会给设计、加工、安装等环节带来极大的困难，同时加大了对技术、质量和工期的要求，有没有办法可以解决呢？通过近年来对具体的异形幕墙工程的研究和探讨，笔者认为异形幕墙单元化可能是最好的解决办法。

3.1 设计思路

一般来说，异形幕墙虽然造型奇异，但通常还是有规律可循。首先将异形幕墙外立面进行单元板块划分，划分单元板块大小的原则是应满足可单元化生产和可单元化吊装两个条件，然后将划分出来的单元板块进行整体设计，整体组装和整体吊装，既可保证工程质量，又可极大的提高施工效率。

由于异形幕墙工程差异较大，只能具体工程具体分析，下面分别列出几个具体的异形幕墙工程实例来进行探讨。

3.2 南昌万达茂幕墙工程

南昌万达茂幕墙工程采用了江西特色的青花瓷图案，幕墙最大标高25.9m，建筑立面由29个双曲面青花瓷造型组成，是目前世界上最大的青花瓷建筑。主要幕墙类型为13mm厚瓷板幕墙和3mm厚铝板幕墙，幕墙面积约7.9万 m²，实景照片如图6所示。

图6　南昌万达茂青花瓷幕墙工程实景

南昌万达茂青花瓷幕墙工程是一个典型的异形幕墙工程，主要存在以下的重难点：

（1）外立面造型奇异，多为双曲面，各面板尺寸大小不一，差异变化较大。

（2）面板上有青花瓷图案，各面板编号不同，种类较多，在工地查找材料非常困难。

（3）原招标图为框架式幕墙，大部分幕墙骨架和面板都是空间三维造型，需在工地现场进行三维空间定位，放线困难。

（4）大部分是高空斜曲面施工作业，绝大部分无法搭设脚手架进行施工，危险性较大。

（5）青花瓷罐体间相贯线收口位置工艺复杂，安装质量要求高。

（6）项目施工工期紧等。

如何解决以上存在的问题呢？采用异形幕墙单元化可以很好地解决这些难题。首先将所有立面中的 800mm×600mm 分格的单块瓷板合并成为 3×3 分格的小单元，形成一个 2400mm×1800mm 的单元板块，共6142个单元，每个单元由9块瓷板与支承钢架组成，在工厂根据三维设计放线进行大批量工业化生产，单元板块运到工地后采用汽车吊进行吊装。

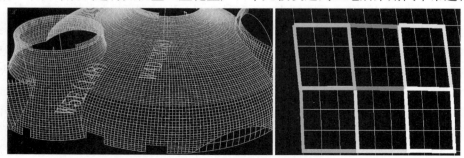

图7　青花瓷异形幕墙单元划分

通过异形幕墙的单元化，大幅减少了单位面板的数量，减少工地异形材料组织、堆放等难度，所有单元板块只需按设计提供的三维坐标控制两个固定点坐标，极大地减少了满堂脚手架的使用量，青花瓷罐体间相贯线收口仍采用框架式安装方式，进行现场拼装，避免工厂加工板块误差造成的影响，更有利于控制相贯线间的板块安装质量。虽然材料成本有所增加，但综合成本显著下降，施工效率显著提高。单元板块间固定节点如图 8 所示。

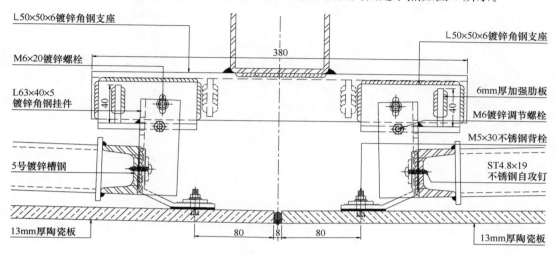

图 8　青花瓷异形幕墙单元化水平节点

3.3　武汉万达 K5 不锈钢球幕墙工程

武汉万达 K5 幕墙工程最大标高 40.6m，主要幕墙类型为铝板幕墙和直径为 600mm 的带 LED 的不锈钢金属球，幕墙面积约 3.5 万 m²，实景照片如图 9 所示。

图 9　武汉万达 K5 不锈钢球幕墙工程实景

武汉万达 K5 不锈钢球幕墙工程最大的特点是在铝板幕墙上打孔，外侧安装直径为 $\phi600mm$ 不锈钢球，不锈钢球总数为 4.3 万多个，而每个不锈钢球正立面又安装了大小不一的 LED 照明。由于原招标图设计为框架式幕墙，所有铝板和不锈钢球需在现场安装，容易造成在铝板幕墙上打孔后再安装不锈钢球时的防水问题以及 4.3 万多个不锈钢球如何保质保量地安装。

本工程铝板幕墙中铝板分格均为 45 度斜线放置的菱形，菱形对角线长度为 900mm，每个菱形铝板中间位置打孔后安装不锈钢球，具体节点如图 10 所示。如何进行异形幕墙单元化呢？首先将9块菱形铝板合并成一个大的菱形单元板块，整个菱形单元板块包括钢骨架、9块菱形铝板和9个不锈钢球均在地面组装成一个单元体，再用汽车吊进行整体吊装。由于单元板块在地面组装，从而解决了铝板与不锈钢连接处的防水和单独安装不锈钢球比较困难的问题，安装质量和安装效率大大提高，吊装措施如图11所示。

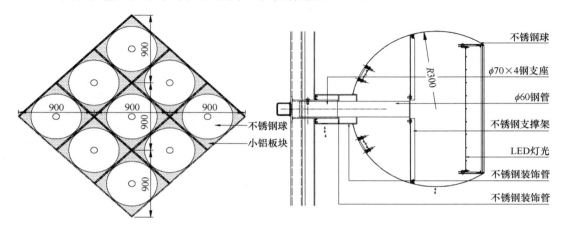

图10　不锈钢球幕墙单元划分（左）及不锈钢球连接铝板剖面节点（右）

图11　铝板与不锈钢球幕墙单元板块吊装

3.4　深圳世界大学生运动会体育馆外围护工程

深圳世界大学生运动会体育馆外围护工程为多折面的水晶体造型，包括幕墙和屋面两大部分，是比较典型的异形幕墙工程，整个建筑由16等分的相同折面造型结构构成，每个等分体内又包括15个大三角面，共计240个晶体造型的大三角多面体。屋面采用单层折面空间网格结构，跨度约150m，最大建筑标高约36m，幕墙面积约4.6万 m^2，屋面面板主要采用聚碳酸酯板材料，立面主要是 XIR 膜玻璃幕墙，整体建筑效果如图12所示。

如此复杂的外立面造型，如果采用结构材料、幕墙材料和屋面材料均在工地进行现场拼装，施工安装难度可想而知。在总共240个多晶体造型的多面体中，最大三角面的尺寸为32m×31m×18m，面积约226 m^2，仅钢结构骨架重约7吨，加上幕墙次龙骨，完全可以整

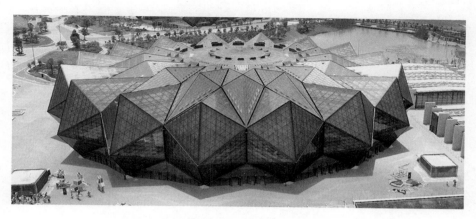

图 12　深圳世界大学生运动会体育馆实景

体吊装。所以，在进行本工程异形幕墙单元化时，总体单元化思路如下：

（1）选取所有的 240 个多面体作为整体吊装的大单元板块。

（2）为方便公路运输，每个大单元板块又划分为 9 个小檩单元构成，具体如图 13 所示。

（3）9 个小檩单元在工厂进行批量加工后运到工地，在地面进行整体焊接、组装后，形成一个大单元板块。

（4）在大单元板块上安装幕墙骨架，但整体吊装前不安装面板材料，以避破损。

（5）采用重型汽车吊整体吊装大单元板块，固定后再安装面板材料。

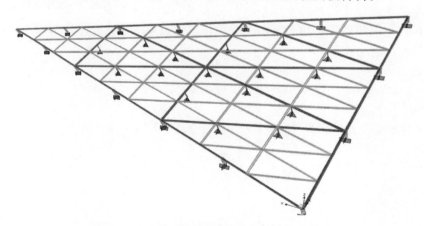

图 13　大单元板块划分成 9 个小檩单元示意图

　　深圳世界大学生运动会体育馆外围护工程通过异形幕墙的单元化，将大量的钢檩条的加工和组装工作放在加工厂进行，大大减少钢檩条现场的加工和安装量，且提高了钢檩条加工制作的效率和精度；工地施工时直接将大单元板块进行吊装安装，即保证了质量，又大大缩短了工期，极大地简化了原本需要在高空作业的施工措施，同时，提高了施工过程的安全性，吊装如图 14 所示。

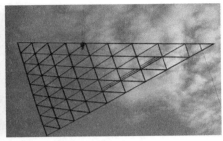

图 14　大单元板块整体吊装图

4　结语

　　通过工程实践可以看到，与传统幕墙工艺相比较，幕墙单元化工艺十分有效地降低了加工成本和安装成本，极大限度地减少了施工现场存在的人工安装安全隐患，提高了施工效率，同时改进并提高了幕墙工程的整体生产、安装质量，解决了异形建筑幕墙的施工难点。

　　框架式幕墙单元化和异形幕墙单元化从表面上看材料成本和运输成本增加了 5%～6%，但随着人工成本和安全成本的不断提高，材料成本所占工程总价的比重逐渐降低，综合成本显著降低，特别是单元化后可采用了机械化生产和安装，有效地降低了加工成本和安装成本，有效地降低了可能存在的人工安装安全隐患，但却有效地提高了施工效率和施工安全，同时也有效地提高了幕墙工程的整体生产、安装质量。

　　综上所述，从幕墙设计、加工、组装到工地安装等整个流程如果能够尽可能地以建筑幕墙单元化为主体思路，探讨各种不同幕墙类型实现单元化的可能性（如传统石材幕墙的单元化等）并加以广泛应用，那么建筑幕墙的单元化或将是幕墙行业未来发展的方向。

参考文献

［1］　中华人民共和国建设部.《金属与石材幕墙工程技术规范》(JGJ 133—2001). 北京：中国建筑工业出版社，2001.
［2］　中华人民共和国建设部.《玻璃幕墙工程技术规范》(JGJ 102—2003). 北京：中国建筑工业出版社，2003.

幕墙玻璃安装破损原因分析

牛 晓

上海　200240

摘　要　本文对幕墙用玻璃因安装的原因而产生的玻璃破损进行了分析。

关键词　幕墙玻璃；安装；破损分析

随着我国建筑幕墙每年的新建量的增加，近年每年都会大量发生玻璃破损事件，造成人员伤害和财产损失。为此，通过现场查看和了解，发现设计和安装致使玻璃破损的比例占到50％以上。先将因为安装致使玻璃破损的现象总结如下：

（1）明框或半隐框幕墙垫块数量及长度没有符合《建筑玻璃应用技术规程》（JGJ 113）的要求。JGJ 113 要求：每块玻璃下应设置数量不应少于两个、长度不小于 50mm 的硬质橡胶垫块，致使玻璃受力不好，出现玻璃破碎。主要原因：设计与施工技术交底不到位，施工人员偷工减料。

（2）明框或半隐框幕墙垫块的硬度没有符合《建筑玻璃应用技术规程》（JGJ 113）的要求。JGJ 113 要求：支承块宜采用挤压成形的未增塑 PVC、增塑 PVC 或邵氏 A 硬度为 80～90 的氯丁橡胶等材料制成。垫块的硬度不合适或没有选用符合要求的材料，致使玻璃破损。主要原因：设计与施工技术交底不到位，施工人员为了省钱而偷工减料。

（3）压块数量或压板固定点数量不足。未按图施工，且固定点间距不小于 300mm，距边部不小于 180mm。致使玻璃产生变形并破损。主要原因：设计与施工的交底不到位，施工人员偷工减料。

（4）垫块的位置不合理，致使玻璃破损。主要原因：只在玻璃左下方和右侧上方各垫一块，结果因倾斜力矩导致玻璃与型材直接接触或垫块位置产生位移。

（5）扣盖接口处错位，面板平整度、垂直度不符合要求。致使玻璃产生变形、受力不均匀而破损。主要原因：施工前应做好完善的技术交底，要求按图施工，严格控制质量要求。

（6）副框组角块挤压不牢或者型材下料不规则。致使玻璃与框架之间的间隙，余隙不符合 JGJ 113 的要求，造成玻璃的受力不均匀而破碎。主要原因：施工未按设计的要求加工和施工。

（7）玻璃框架几何尺寸不符合要求，立柱与横梁不在同一个平面上，致使玻璃附框产生安装变形而使玻璃破碎。主要原因：施工管理不到位，定位不准确。

（8）幕墙玻璃开启扇的开启角度过大或风撑或铰链位置不当，致使玻璃受力不均而破碎。主要原因：应对开启扇做有限元受力分析，确定风撑（铰链）的位置；施工要求安装设计尺寸安装。

（9）幕墙玻璃开启扇开启不灵活。致使玻璃在开启时受力不均而破碎。主要原因：设计的开启扇过大重量过重，五金件无法满足受力要求或没有挑选合理配套的五金件；风撑（铰链）不配套，扇框加工尺寸偏差大。

（10）幕墙玻璃开启扇锁点位置不当。致使玻璃受力不均而破碎。主要原因：未按设计要求的位置安装锁点。

（11）大板面玻璃的钢槽几何尺寸不符合设计要求。致使玻璃的边部受力不均匀而破损。主要原因：施工未按设计图纸要求的加工精度不合理或施工管理不到位。

（12）全玻幕墙所谓玻璃肋钢槽位置出现偏差，致使上下不在同一垂直面。而使玻璃受力不均匀产生破损。主要原因：未使用使用仪器定位或使用仪器定位后，在安装过程中未挂线安装，工人质量意识差。施工管理不到位。

（13）大板面玻璃的安装槽有弯曲或钢支座位置不正确。致使玻璃受力不均而破损。只要原因：安装槽使用前应进行调直处理；严格按照仪器定位安装钢支座位置。技术交底不到位，工人质量意识差，图省事。

（14）大板面玻璃垫块位置出现偏差，玻璃两边间隙及余隙不符合 JGJ 113 规范及设计要求。致使玻璃受力不均而破碎。主要原因：设计与施工技术交底未落实，垫块数量及其位置未按照图纸要求进行布设；安装玻璃精度不符合设计要求。

（15）大板面玻璃不在同一平面内。而是直接将玻璃肋紧靠在面板玻璃上，致使玻璃受力不均匀而破损。主要原因：设计与施工技术交底未落实；玻璃肋安装时应保持证玻璃肋与玻璃面板之间保留 6～8mm 的缝隙，或按图施工。

（16）大板面玻璃垫块安置不平整，致使玻璃间的缝隙不均匀。引起玻璃玻璃受力不均匀而产生破损。主要原因：安装过程中，未随时对垫块位置进行清理或对板缝间隙进行检查。

（17）玻璃肋的底座不加垫块。致使玻璃受力不好而破损。主要原因：操作工人偷工减料未按规定安装垫块；质检监理人员走过场。

（18）各紧固件的拧紧程度不统一。致使玻璃受力不均匀而破损。主要原因：设计与施工技术交底不到位；夹具紧固时未用扭矩扳手进行检测或未达到设计值；工人质量意识差，图省事。

（19）拉索幕墙的锁具预应力张紧不均匀，致使玻璃受力不均匀而破损。主要原因：锁具未按规定顺序或数值范围进行预应力张紧。设计与施工交底未落实到位，或工人意识差，图省事。

（20）点支撑的爪件角度偏差大。致使玻璃受力不均匀而破损。主要原因：未按规范要求对爪件五金件进行验收；材料不合格或基座安装、定位、焊接质量差，定点不准确，施工技术水平低。

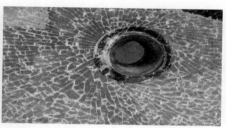

（21）玻璃板块上（下）口不平齐，致使玻璃受力不均而破碎。主要原因：安装时未采用水平仪器定位，鱼丝线塌腰或水平仪跟踪．未拉横向鱼丝线。

作者简介

牛晓（Niu Xiao），男，从事玻璃和玻璃深加工工艺以及玻璃质量检验 30 多年，具有丰富的分析和解决玻璃、玻璃深加工质量问题的能力和方法；擅长新产品的市场推广和宣传工作，多年与设计院和门窗、幕墙企业打交道；发明了超级中空玻璃产品；具有丰富的市场工作经验和运作方法；通过与团队的合作使在线低辐射玻璃获得市场和政府的认可；将所有的知识内容都对团队进行培训；通过参与企业生产、经营，丰富了企业的管理经验；参与幕墙、门窗、玻璃行业的标准、规范、指南制修订和审核工作。联系电话：13917385551；E-mail：1391738551@163.com。

石材新工艺在文化建筑外立面上的应用

陈　峻

华建集团华东建筑设计研究总院　上海　200002

提　要　本文通过对目前石材干法施工系统和传统石材砌筑施工系统的优缺点对比，说明现有系统还不能满足新时代文化建筑立面的高标准高要求，文中通过对国外的砌筑石材系统介绍，同时进行剖析和研究、改良，形成针对文化建筑立面实用耐久的新工艺，对今后石材新工艺应用在文化建筑立面、有特殊要求公建项目上的石材立面，提供有益的探索。

关键词　干挂；砌筑；泛碱；耐久性

1　前言

　　近年来，国内兴起了一股文化建筑建设的高潮，特别是对于宗教建筑外立面来讲，石材立面的运用最外广泛，在无锡灵山大佛三期工程、南京牛首山文化旅游项目、普陀山观音圣坛等项目中，石材是最大量使用的外墙装饰材料。随着社会物质文化的繁荣昌盛，人民精神层面的需求会越来越大，文化建筑也会在建筑市场上扮演相当重要的角色，另一方面，近代随着新材料新工艺的大力发展，以及佛教在新历史时期对宗教建筑耐久性的新要求，石材在工艺系统上的革新和进步势在必行。

图1　无锡灵山世界佛教会议中心

而这类建筑往往坐落在山区或海岛，海岛上面的如普陀山观音法界项目，在酸性海洋性气候下，要达到宗教文化建筑立面历久弥新的耐久性设计要求，给石材的选材和设计带来了挑战。

建筑立面的耐久性设计，所涉及的方面较多，其中包括面板，无论是玻璃、金属、石材、混凝土或GRFC；骨架，以及将墙板固定于结构并传递水平荷载的埋件；板或单元体之间的接缝。另外墙体与基础，与屋面，与其他相邻部位的连接部分，连同洞口都很重要。不同的系统会带来不同的问题，每个相关设计人员设计职责也不相同。建筑物越高，使用越脆以及越重，所存在的安全隐患就越严重。其中渗漏水问题应该是影响耐久性的关键性因素[1]。

常见的渗漏水原因主要由下面几个方面引起：
（1）建筑师、承包商、分包商、技术顾问没有充分理解防水处理的设计原理。
（2）防水设计没有被施工人员或承包商充分理解，彼此缺乏交流、沟通。
（3）没有通过加工图纸和组装图，检测和施工监督对设计进行核查。
（4）各参与方缺乏协调合作。

正确的系统防水设计概念除了将水隔离在墙体以外的同时，需要考虑漏气、保温、防止结露、适应结构相对位移等方面影响。所以系统耐久性的提高有赖于高品质的设计、构件、装配、安装以及各部分的通力合作。要达到百年的设计寿命，除了石材自身的耐久性、科学合理的设计系统，最为关键的因素是完善的检测体系，包括立面幕墙制作、施工过程中以及幕墙系统服役阶段持续检测，同时要有可维护设计的概念。

2 现行的石材工艺

2.1 干法施工工艺

目前常见的干法施工工艺是短槽和背栓形式。

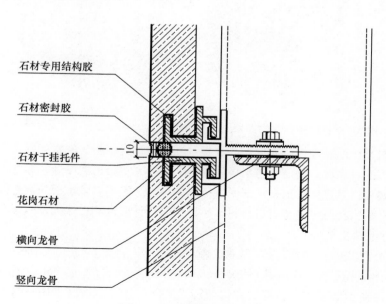

石材专用结构胶
石材密封胶
石材干挂托件
花岗石材
横向龙骨
竖向龙骨

图2 石材短槽形式剖面图

图3　石材短槽形式现场照片

图4　石材背栓形式剖面图

从图5可以看到，这类系统采用的是碳钢横竖龙骨，通过石材转接挂件（挂钩或背栓）将石材与龙骨连接成一体，密闭式的干挂石材系统都是在石材板块拼缝的地方采用石材专用密封胶密封。而密封胶为有机高分子材料，能否满足一百年甚至几百年的寿命，无法考证。

另外由国外引进的开敞式石材系统如图6所示。

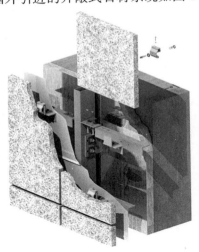
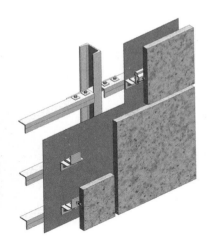

图5　石材背栓形式三维效果图　　图6　开放式干挂石材形式三维效果图

此时，石材系统的耐久性依靠内部防水板（通常是镀锌钢板）的密闭性、石材板块支座材料及其连接部位的可靠性。而前者防水板需要一个连续完整防水面设计，通常没有像建筑立面那样大面的金属板材直接生产出来，即便生产出来也无法施工。防水板与板之间的密封也是靠胶密封处理。硅酮密封胶也属于有机材料，一百年的设计要求能否保障，同样是个问题。

2.2　传统石材湿贴工艺

从砖的湿贴工艺出发，考虑到石材较重，跨度增加后，石材的自重荷载和水平荷载都会引起安全隐患，所以石材的湿贴作法往往用于踢脚线、护边等高度较低的部位。图集中相关表单如下：

可以看到，在类似于垂直错缝的古代城墙式立面设计非常适合采用石材湿贴系统，图集中只给了跨度六米的做法（图7），这主要是因为湿贴体系的水平荷载传递主要先传到石材

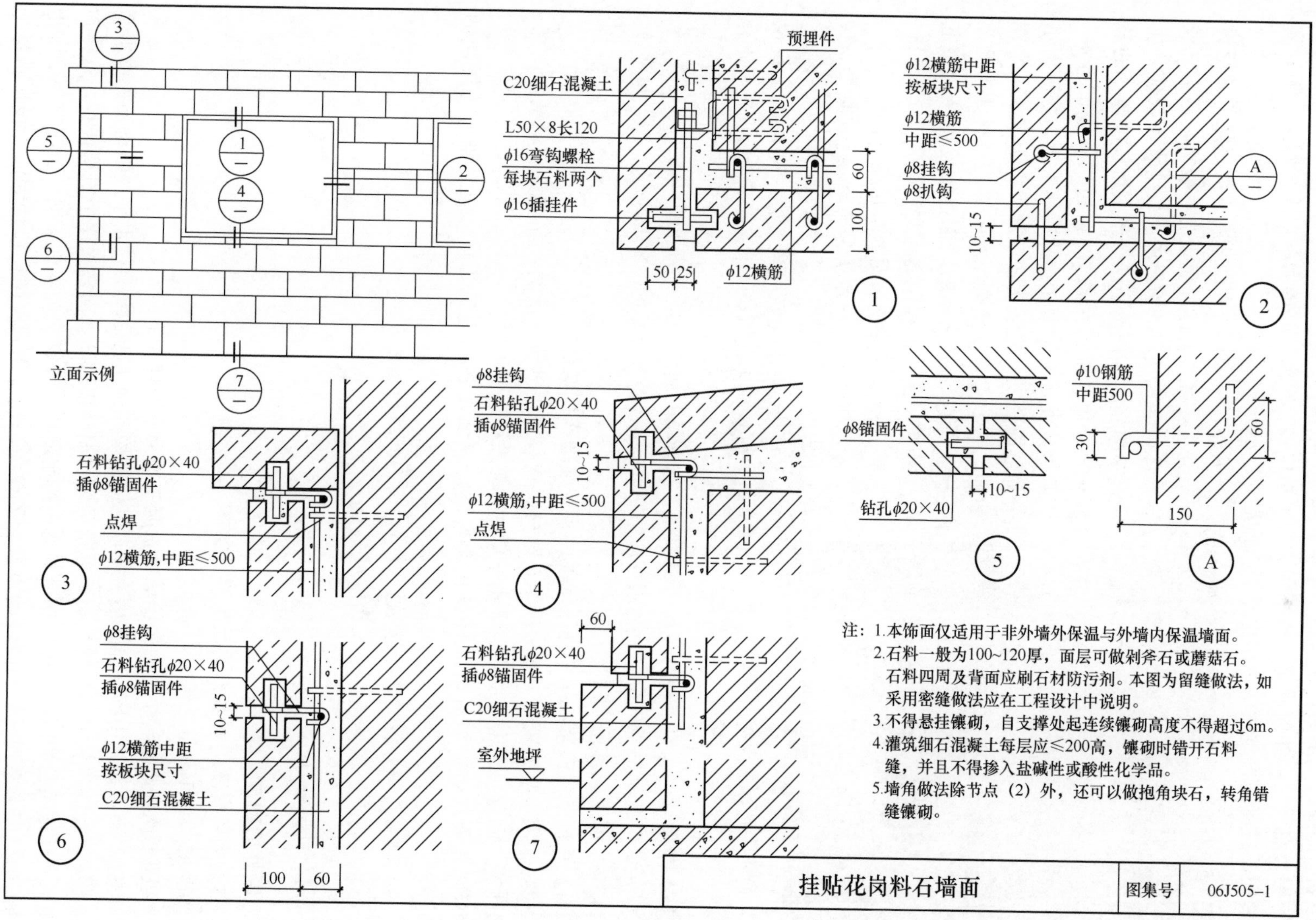
立面示例
预埋件
C20细石混凝土
L50×8长120
ϕ16弯钩螺栓
每块石料两个
ϕ16插挂件
ϕ12横筋
60
100
50
25
ϕ12横筋中距
按板块尺寸
ϕ12横筋
中距≤500
ϕ8挂钩
ϕ8扒钩
10~15
ϕ8挂钩
石料钻孔ϕ20×40
插ϕ8锚固件
ϕ12横筋,中距≤500
点焊
ϕ8锚固件
钻孔ϕ20×40
10~15
ϕ10钢筋
中距500
30
60
150
石料钻孔ϕ20×40
插ϕ8锚固件
点焊
ϕ12横筋,中距≤500
ϕ8挂钩
石料钻孔ϕ20×40
插ϕ8锚固件
ϕ12横筋中距
按板块尺寸
C20细石混凝土
100
60
石料钻孔ϕ20×40
插ϕ8锚固件
C20细石混凝土
室外地坪
注：1.本饰面仅适用于非外墙外保温与外墙内保温墙面。
2.石料一般为100~120厚，面层可做剁斧石或蘑菇石。石料四周及背面应刷石材防污剂。本图为留缝做法，如采用密缝做法应在工程设计中说明。
3.不得悬挂镶砌，自支撑处起连续镶砌高度不得超过6m。
4.灌筑细石混凝土每层应≤200高，镶砌时错开石料缝，并且不得掺入盐碱性或酸性化学品。
5.墙角做法除节点（2）外，还可以做抱角块石，转角错缝镶砌。
挂贴花岗料石墙面
图集号
06J505-1

图 7　湿贴石材图集

背部植筋，然后再从钢筋再连接到主体结构上，同时灌注水泥砂浆也起到一定的结构作用。如果跨层大面采用，如何适应主体结构层间水平位移、竖向位移的问题，无法解决。随着高度的增加，石材的自重如何承担也是一个问题。

图 8　普通水泥砂浆填缝的泛碱

另外，由于石材大面积与水泥接触，其泛碱现象无法忽视。普通混凝土为硅酸盐，遇空气或者墙体内的水气，硅酸根离子发生水解反应，生成的氢氧根与金属离子结合形成溶解度较小的氢氧化物（化学性质为碱性），遇到气温的升高，水蒸气蒸发，将氢氧化物从墙体中析出，随着水分的逐渐蒸发，氢氧化物就被析出于混凝土水泥表面，日积月累，使得原本装饰的涂料或者油漆等物被顶起，不再黏附墙面，就发生泛白、起皮、脱落，这一过程称之为"泛碱"。

原因就是硅酸盐水泥的水化反应：

干水泥＋水 $\longrightarrow$ 水泥浆 $\longrightarrow$（经过凝结、硬化）水泥石

（1）水泥水化反应生成 C-S-H（水化硅酸钙）；氢氧化钙{Ca(OH)$_2$}；AFT 钙矾石等水化产物。

（2）氢氧化钙：是一种白色粉末状固体，据有碱的通性，是一种强碱。

（3）氢氧化钙与空气中二氧化碳反应 $Ca(OH)_2+CO_2 \rule[0.5ex]{2em}{0.4pt} CaCO_3+H_2O$

解决水泥泛碱常用方法

（1）采用水泥砂浆应用前加入水泥砂浆增强剂或抗碱材料。

（2）采用快凝型胶粘剂作为砌筑粘结材料代替水泥砂浆，此类产品应具有粘结强度高、柔韧性好、固化快、密实度高、吸水率低（杜绝泛碱）。

（3）用石材防护剂对饰面材料花岗岩进行表面防护，达到防水、防污染、防侵蚀的目的。

（4）砌筑石材外露砂浆接缝尽量做小，按 4mm 设计。

（5）保证空心砌体墙的通风和排水

3　石材砌筑系统

3.1　国外的砌筑系统

目前主要有欧美两套相关系统可供参考。

（1）Cavity Bearing Walls[2] 系统

美国砌体行业指导手册中砌体墙的系统主要构造原理如下：

可以看到，如同中国标准图集一样，主体结构和砌块砖之间通过水平加强钢筋提供水平力的支撑，砌块砖和主体结构之间不再是采用水泥砂浆填充，而是采用中空层代替，这样在解决水泥泛碱问题的同时，提供相应的通过排水通道，保证空腔空气流通，解决钢件潮湿生锈的问题。但考虑到石材和砖块的重量相差较大，在应用到跨越楼层的立面大板块石材上

时，特便是文化建筑立面中，有一些文案部分的石材雕刻，需要厚重的石材基础，显然还存在一定的问题。

（2）ANCON 系统[3]

可以看到，ANCON 系统在砌块中间加入承托砖块重量的角钢，有效地解决了重力问题。

3.2 创新的砌筑系统

通过研究，结合国外 ANCON 公司系统、美国砌筑系统的优点，革新一套较为新颖的石材砌筑体系，能较好地解决防水、耐久、安全性问题[4]。

石材的砌体夹层墙系统包括内外两层墙体，这两层砌体墙被空气层隔开并用不锈钢水平连接件、不锈钢槽及必要的支撑钢构架将其连接（如图 14）。外层砌体墙用石材砌筑，内层砌体墙根据工程的位置不同采用混凝土实体墙或混凝土砌块等建造。两层砌体墙中间的空气夹层起到保温隔热和通风的功能。在内层墙体的外侧有连续的防水层，外层石材砌体墙可作为装饰和防雨墙（如图15）。

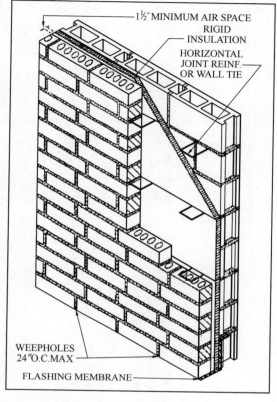

图 9　砌体墙砌筑三维示意图

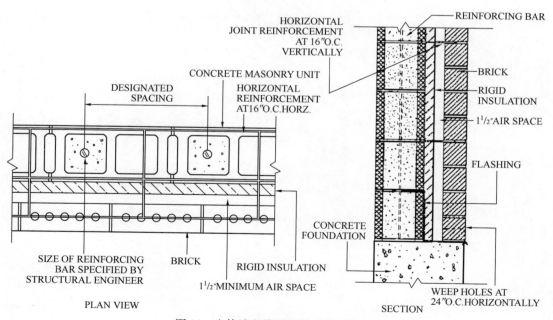

图 10　砌体墙砌筑平面剖面节点详图

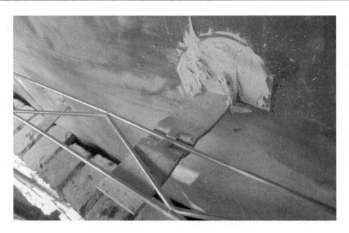

图 11　砌体墙砌筑水平拉结筋

图 12　砌体墙砌筑三维效果示意图

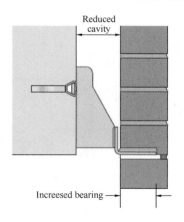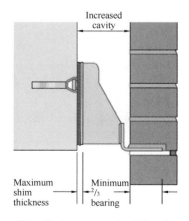

图 13　砌体墙砌筑剖面节点详图

图 14　砌筑石材项目照片

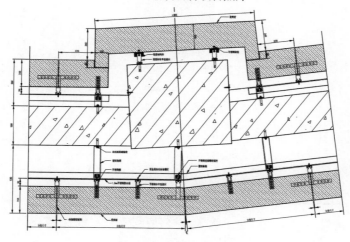

图 15　砌筑石材水平节点详图

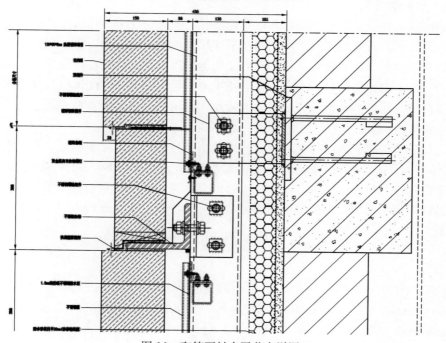

图 16　砌筑石材水平节点详图

结构上不锈钢水平连接件承担水平荷载，在每层层间设置承重钢结构（角钢），承担每层楼石材的重量，这样可以连续砌筑到较高的楼层。

4 结语

4.1 几种石材方案的对比

表1 几种石材系统对比表

系统	成本	防水原理	耐久性	维护
封闭式干挂	一般	依靠石材单元分缝处的密封胶密封	依靠密封胶的质量	密封胶和面材涂层老化后需要维护
开敞式干挂	较高	依靠防水背板，以及背板结合处和挂件穿透处的密封胶密封	依靠密封胶和背板的耐候性	密封胶和面材涂层老化后需要维护，背板锈蚀后的维护困难
传统砌筑和湿贴石材系统	低	无胶缝，依靠石材面材防水涂料的密闭性	依靠面材防护涂料的耐候性	使用前期石材泛碱现象使得维护平凡
砌筑新工艺	较低	无胶缝，设置缓冲空气层，杜绝密封胶胶缝，实现防水排水相结合	系统合理，效果最佳	基本上立面无需维护

由上表可见，砌筑石材系统改进会大大提高使用寿命，同时降低成本，相信有广阔的应用前景。

4.2 可深入研究的方向

新型的砌筑石材系统结构上讲，自重荷载通过层间的钢托板传递给主体结构，在水平方向上，荷载通过插入石材缝隙中的不锈钢水平连接件传给主体结构，实际上，水平荷载的抵抗是石材这身重量与接缝处快干胶接触面产生的静摩擦力和不锈钢水平连接件的轴向力共同作用完成的，由于摩擦力的分析复杂，目前技术路线是通过抗风性能试验和参考国外的设计手册进行不锈钢连接件的设计。这部分的设计原理定量分析是砌筑石材系统进一步推广的需要攻克的关键技术问题。

随着文化建筑的兴起，石材作为一个重要历史和自然元素在建筑的历史舞台上注定要继续延续辉煌，而新型砌筑石材系统的日益完善和成熟，防水和材料表面处理的技术也在不断创新，是解决建筑石材立面耐久和防腐蚀设计的新思路。同样，我们也可以考虑针对传统砌砖系统的设计来突破常规，期待本文能抛砖引玉，带动整个文化建筑表皮的创新，为行业发展做出贡献。

参考文献

[1] 《外墙设计》，（美）达林．布劳克，2007

[2] 《Design Guide for Taller Cavity Walls》，MASONRY ADVISORY COUNCIL，2002

[3] 《Masonry Support Systems & Lintels》Ancon Building Products，2011

[4] Inhabit Group 提供相关资料，2015

作者简介

陈峻(Chen Jun),男,1972年生,高级工程师,研究方向:幕墙抗爆炸冲击波、异形空间玻璃体、文化建筑表皮;工作单位:华建集团华东建筑设计研究总院;地址:上海市汉口路 151 号;联系电话:021-63217420;E-mail:jun_chen@ecadi.com。

苏州中心大鸟型采光顶幕墙设计概述

牟永来[1]　潘元元[2]

1　苏州金螳螂幕墙有限公司　苏州　215016
2　苏州建筑金属结构协会　苏州　215007

摘　要　针对世界上最大的薄壳整体式自由曲面幕墙支撑结构体系和世界上最大的无缝连接多栋建筑采光顶。屋面玻璃采用平板冷弯技术实现建筑曲面造型。这不仅需要综合考虑台风、地震、高低温等各种环境因素对幕墙变形及结构安全带来的影响，更需要面临薄壳整体式钢结构变形和玻璃冷弯技术对屋面体系安全影响和超大面积采光顶有组织排水等难题。本文重点论述苏州中心大鸟屋面曲面幕墙技术实现措施和屋面排水体系设计两个技术难点。

关键词　大鸟屋面；薄壳整体建筑；无缝连接采光顶技术；玻璃冷弯技术；屋面防水

Abstract　In view of the world's largest shell integral free-form surface curtain wall supporting structure system and the world's largest building daylighting top seamless connection. Roof glass plate cold bending technology was adopted to realize building surface modeling. This not only need comprehensive consideration of various environmental factors such as typhoon, earthquake, high and low temperature of curtain wall deformation and the effects of structural safety, more need to face cold bending deformation of thin shell integral steel structure and glass technology impact on roofing system security and large area of daylighting top organized drainage problems. This paper mainly discusses suzhou center big bird roof surface of curtain wall technology implementation measures and roof drainage system design two technical difficulties.

Keywords　big bird roofing；thin shell building overall seamless connection；daylighting top technology；cold bending glass technology；roofing waterproof

1　工程概况

苏州中心广场项目（内圈）购物中心及大鸟形屋面幕墙工程位于江苏省苏州市苏州工业园区，项目北临苏秀路、南到苏惠路、西起星阳街、东至星港街。苏州中心广场居苏州市域CBD核心位置，轨交1号线、6号线贯穿整个项目区域，项目整体占地21.1公顷，净地面积13.9公顷，总建筑面积约182万 m²，其中地上建筑面积130万 m²、地下建筑面积52万m²。大鸟屋面工程幕墙最高点高度均为55.760m。

整个建筑物为由 A、B、C 和 J 地块及大鸟形屋面幕墙工程组成，外立面效果简洁、特点突出、时代感强烈，形象独特又与相邻建筑物相协调呼应，鲜明的对比。建筑色彩采用清晰的色调，运用玻璃、铝板及石材等各种不同材质的对比，构筑清新的建筑形象。

建筑表面通过体形 变化、穿插、材料搭配、材质与立面肌体对比等手法反映建筑的特征，采用了多种形式的幕墙组合；在设计过程中充分考虑了与周围环境相协调，着重体现出"建筑的凝重感"、"风格的现代感"以及该建筑所具有的科技含量及文化沉淀。整体建筑采用玻璃的通透及铝材及铝板的质感相结合，有虚有实，形成虚实结合的丰富建筑表皮。用一种新颖的带有动感的手法，展示了建筑物外形的韵律和节奏美，给人一种舒适而清新的视觉享受，典型立面效果如（图1）。

图1　典型立面效果

苏州中心大鸟屋面部分将成为苏州城市的"未来之翼"，它覆盖在整个内圈商业裙楼的上面，像一只展翅的凤凰鸟覆照在整个内圈商业裙楼是的上端，该屋面结构是世界上最大的整体式自由曲面，屋顶薄壳结构跨度达 36000m²，也是世界上最大的无缝连接多栋建筑采光顶，有彩色玻璃和铝合金格栅组成的屋面，犹如凤凰的羽翼，展翅腾飞，彰显苏州迎向未来、集聚无线繁华的愿景。项目按南北分布，南面与B、C区连接，北面与A区连接，位于整个建筑群的中轴线位置，J区分布于西端（图2和图3）。

图2　典型立面效果

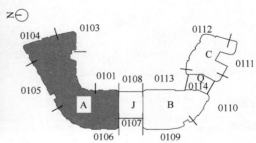

图3　平面布置图

2　大鸟形屋面系统主要结构体系分析

（1）大鸟形屋面系统构成

由玻璃和格栅构成，玻璃与格栅采用不锈钢球铰夹具固定（图4、图5），由于屋面体型复杂，屋面中央位置利用建筑玻璃屋面的高程优势采用有组织排水形式，在屋面上设置不锈钢挡堰。屋面玻璃采用多种彩釉处理，部分采用彩色胶片，玻璃基本配置为 10mm 半钢化玻璃＋2.28PVB＋10mm 半钢化玻璃。格栅和铝板表面氟碳喷涂处理，多种颜色。收边铝单板采用 3mm，表面氟碳喷涂处理；铝型材及铝板表面处理（室外）：最少厚度不小于 40 微米的最少三涂两烤的氟碳喷涂，氟含量大于 70%，钢结构表面氟碳喷涂处理。满足屋面系统的防水及防腐等耐久性要求。

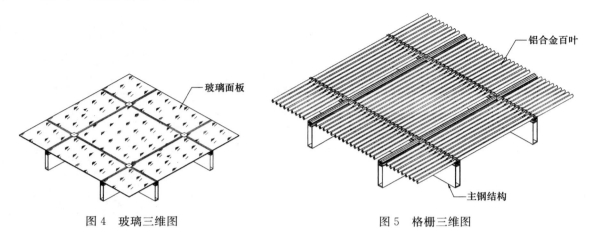

图4　玻璃三维图　　　　　　　　　图5　格栅三维图

（2）大鸟形屋面幕墙面材体系分布图（图6和图7）

不同的颜色代表不同幕墙材料分布大鸟形屋面幕墙面材分布图。

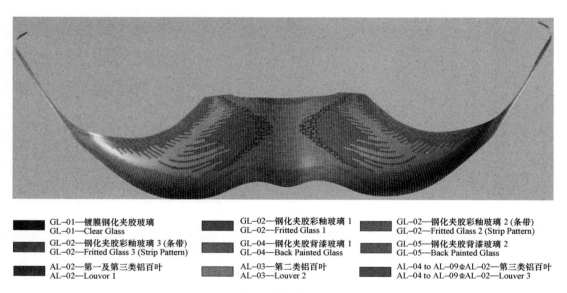

GL-01—镀膜钢化夹胶玻璃
GL-01—Clear Glass

GL-02—钢化夹胶彩釉玻璃1
GL-02—Fritted Glass 1

GL-02—钢化夹胶彩釉玻璃2（条带）
GL-02—Fritted Glass 2 (Strip Pattern)

GL-02—钢化夹胶彩釉玻璃3（条带）
GL-02—Fritted Glass 3 (Strip Pattern)

GL-04—钢化夹胶背漆玻璃1
GL-04—Back Painted Glass

GL-05—钢化夹胶背漆玻璃2
GL-05—Back Painted Glass

AL-02—第一及第三类铝百叶
AL-02—Louvor 1

AL-03—第二类铝百叶
AL-03—Louver 2

AL-04 to AL-09及AL-02—第三类铝百叶
AL-04 to AL-09及AL-02—Louver 3

图6　系统分布图

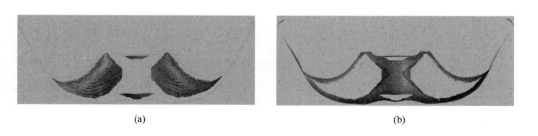

(a)　　　　　　　　　　　　　　　(b)

图7

（a）百叶种类分布图；（b）玻璃种类分布图

3 大鸟形屋面系统重点难点

（1）BIM 系统在本工程中的应用

整个大鸟屋面面积共 35710m²，由 10190 块不同规格的板块构成。其中玻璃屋面面积 22561m²、板块 6554 块，铝百叶 13149m²、板块 3636 块。由于大鸟屋面是异型屋面体系，每个板块所处标高位置均不相同，造成每个板块四点均不在同一平面体系内，且每个板块尺寸均不相同。为确保项目独特的建筑造型和建筑设计理念的完美实现，针对大鸟形屋面幕墙结构体系运用 BIM 技术进行建模成型分析。

建筑信息模型化（building information modeling，BIM），是以三维数字技术为基础，集成了建筑工程项目中设计、建造、管理、运营等各种相关信息的工程数据模型，是对该工程项目相关信息的详尽表达。利用 BIM 技术对大鸟屋面三维模型进行玻璃板块数据链分析；并进行数据统计，结合钢结构受力变形计算分析结果；为实体模型修正提供理论依据。

由于屋面是双曲面，板块四个角点不共面，若以三点确定平面的方法对屋面板块进行拟合，可以分析出每个板块角点偏离原理论位置的尺寸，即阶差。该阶差的极值及分布比例对屋面系统节点方案的选择具有重要指导意义。

根据统计数据结合钢结构受力变形计算分析结果；在保证建筑外形的基础上，使更多比例弧线玻璃板块运用玻璃冷弯技术实现平板化圆滑过渡（图 8）。

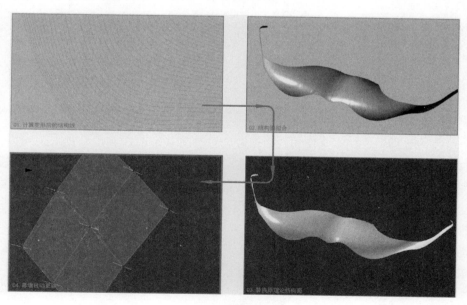

图 8　模型成型过程

应用 BIM 技术建模，可以对玻璃板块特性分析，按相邻板块阶差分为 0～10，10～20，20～40，40～60，60 以上五个等级进行板块统计。

由于板块材质的不同，其节点构造及对阶差的吸收能力也不同，因此分别对玻璃及百叶进行阶差分析，可以很清晰直观地看出不同区域的阶差分布，并研究节点在不同区域的构造形式。根据现场对施工完成并已处于静态稳定状态的大鸟钢结构进行测量放线所得关键控制点数据链，对大鸟屋面模型进行最终 BIM 建筑模型修正。并运用 BIM 技术对幕墙板块进行深化设计下料和全部加工图设计（图9）。

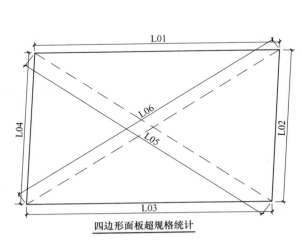

四边形面板超规格统计

对于复杂形体建筑，同一系统板块数量较大且各不相同时，利用常规CAD放样的方式非常慢且容易出错，效率非常低，而利用BIM建模的方式，对于相似的同一系统板块，基于BIM的自动生成，可以大大减少设计师的重复劳动，又可以将不同的数据利用参数标注并从模型导出，玻璃面板及型材框都可以，不仅仅大大提高工作效率，双避免重复操作中的失误导致的损失。

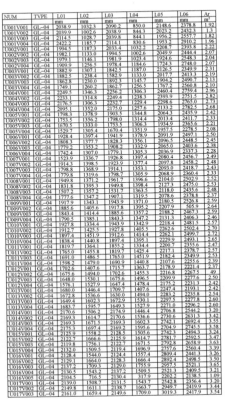

图 9　BIM 数据表

对于复杂形体建筑，同一系统板块数量较大且各不相同时，利用常规 CAD 放样的方式非常慢且容易出错，效率非常低；而利用 BIM 建模的方式，对于相似的同一系统板块，基于 BIM 的自动生成，可以大大减少设计师的重复劳动，又可以将不同的数据利用参数并从模型导出，玻璃面板及型材框都可以，不仅仅大大提高工作效率，又避免重复操作中的失误导致的损失。

(2) 大鸟形屋面系统结构体系的选择

通过运用 BIM 技术对建筑模型的系统分析和对大鸟屋面的 BIM 建筑模型进行修模设计，对于大鸟形屋面幕墙构造系统有三种形式可选择，热弯单曲弧线玻璃体系、平面玻璃构造体系、冷弯单曲弧线玻璃体系。

第一种：热弯单曲弧线玻璃体系。

该种玻璃幕墙结构体系需要玻璃热弯，玻璃附框和铝合金型材也需要弯弧处理（图10）。热弯单曲弧线玻璃体系，其中热弯玻璃加工简图（图11）。大鸟形屋面玻璃板块总共为6554块，而每一块玻璃的半径都有所差异，经过 BIM 模型导出的数据表（图12）示意。

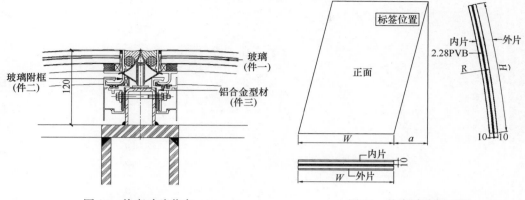

图 10　热弯玻璃节点　　　　　　　　图 11　热弯玻璃加工图

GT_MetaData	FeatureName	Feature NHA PARM.HA mm	R1 PARM.R1 mm	R2 PARM.R2 mm
1	P01	17.3	24683.7	24460.5
2	P02	20.1	21516.6	21319.6
3	P03	19.6	21554.7	21323.8
4	P04	18.4	22405.5	22131.6
5	P05	16.7	23986.3	23690.3
6	P06	15	26270.2	25939.2
7	P07	13.1	29504.4	29174.6
8	P09	9.7	39328	39040.5
9	P08	11.2	34054.7	33697.3
10	P10	8.7	44704.9	44500.7
11	P11	7.9	50293.1	50178.3
12	P12	7.3	55560.7	55476.4
13	P13	6.9	59442.9	59382.8
14	P14	6.6	62357.5	62263.6
15	P15	6.2	66315.7	66177.7
16	P16	5.6	74676.1	74324.3
17	P17	4.9	88941.1	88641.5
18	P18	4.4	104482.4	104080.5
19	P19	4.2	115296.3	115000.8
20	P20	4	125842.5	125739.3
21	P21	3.9	143193.2	143398.5
22	P22	3.7	175213	176108.5
23	P23	3.6	225627.8	227604.6
24	P24	3.6	271429.8	275330.5
25	P25	3.6	285076.9	287730.5
26	P26	3.7	284031.3	286576.4
27	P27	3.7	271162.4	273248.7
28	P28	3.8	242244.3	242518
29	P29	3.8	217310.7	217188.5
30	P30	3.9	200209.5	199619.4

图 12　数据表

第二种：平面玻璃构造体系

平面玻璃构造体系就是用平板玻璃来实现，拟合建筑的外立面轮廓，我司采用三点定位法来拟合建筑的体型，拟合后的建筑体型有阶差效果，（图 13）。阶差分析（图 14）示，分别标定板块 1、板块 2 的角点 A、B、C、D、E、F 为研究点，以一个板块三个点为基准点确定该拟合平面与实际曲面的位置关系，其中该平面第四点 C′（F′）与实际平面该角点 C（F）之间的距离即为阶差值；通过大鸟屋面幕墙的 BIM 模型分析。

通过 BIM 分析及修模，得出最大阶差为 140mm，不同颜色的区域表示不同阶差值，不同阶差值对应的幕墙系统也有所差异。

通过 BIM 导出阶差数据如下表：BIM 模型阶差数据表（图 15），经过对数据表的分类整理归类，将模型利用 BIM 进行网格划分排板，对不同阶差值的板块数量进行数据统计。得出以下汇总表（图 16）。

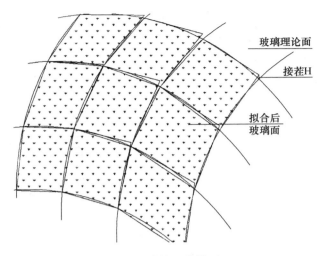

图 13　建筑三维模型

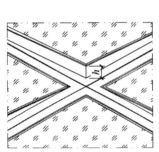
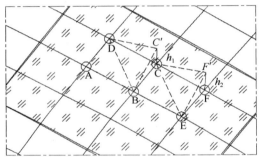

图 14　建筑三维阶差图

	B	C	D	E	F
1	Feature N	NUM	TYPE	Area(m2)	DL01(mm)
2	FeatureName	PARM. NUM	PARM.PANEL_TYPE	PARM.Area	PARM.DL01
3	V001	U001V001	GL-04	1.90	2.60
4	V002	U001V002	GL-04	1.80	8.90
5	V003	U001V003	GL-04	1.80	17.40
6	V004	U001V004	GL-04	2.00	37.10
7	V001	U002V001	GL-04	2.20	-15.00
8	V002	U002V002	GL-04	2.10	6.30
9	V003	U002V003	GL-04	2.00	25.70
10	V004	U002V004	GL-04	2.10	53.00
11	V001	U003V001	GL-04	2.30	26.00
12	V002	U003V002	GL-04	2.20	9.10
13	V003	U003V003	GL-04	2.10	27.30
14	V004	U003V004	GL-04	2.10	13.10
15	V001	U004V001	GL-04	3.00	-47.50
16	V002	U004V002	GL-04	2.80	18.60
17	V003	U004V003	GL-04	2.70	39.70
18	V004	U004V004	GL-04	2.70	70.10
19	V001	U005V001	GL-04	2.40	63.20
20	V002	U005V002	GL-04	2.30	32.70
21	V003	U005V003	GL-04	2.20	4.60
22	V004	U005V004	GL-04	2.10	-19.20
23	V001	U006V001	GL-04	2.50	9.80
24	V002	U006V002	GL-04	2.50	14.50
25	V003	U006V003	GL-04	2.40	20.20
26	V004	U006V004	GL-04	2.80	17.00

图 15　数据表

基于以上分析，平板玻璃构造体系通过 BIM 模型分析，相邻玻璃面板角度大约在 174°～182°之间变化，节点图（图 17）。

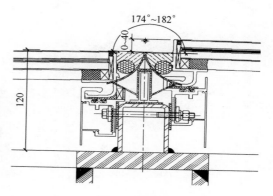

阶差汇总表			
序号	接荏范围(mm)	比例(%)	数量(块)
1	0~20	64.2	6498
2	20~40	15.9	1609
3	40~50	5.8	587
4	50~60	4.1	415
5	>60	10	1012

图 16　汇总表

图 17　节点图

第三种：冷弯单曲弧线玻璃体系

对于该种幕墙体系，该种玻璃幕墙结构体系玻璃采用平板玻璃，玻璃不需要热弯，玻璃附框不需要弯弧处理。

采用冷弯单曲弧线玻璃体系最终形成的大鸟建筑外皮没有阶差产生，能很好地达到建筑的外立面效果。

冷弯式玻璃幕墙系统是用于实现玻璃幕墙的曲面效果的一种措施，它是由横向龙骨和竖向龙骨组装成的龙骨骨架单元，在本工程上都是菱形板块。龙骨单元板块的横向龙骨或竖向龙骨为弧形使得所述龙骨单元板块组成近似的空间四边形，安装于龙骨单元板块内的平板半钢化玻璃与龙骨单元板块曲面拟合，然后用玻璃附框压住玻璃，为了防止半钢化玻璃反弹，构造设置了不锈钢安全扣板。冷弯工艺玻璃幕墙系统实现了曲面玻璃幕墙墙面平整美观的要求。

玻璃冷弯原理就是利用平板玻璃本身具备一定弹性可弯曲的特点，让工厂加工好的平玻璃板块在工地现场安装时人工合理压弯安装就位，通过多块平板玻璃的压弯扭曲变形而达到拟合幕墙 曲面的效果。安装完成的板块内部，包括玻璃和型材都存在容许的内应力。在设计过程中，要利用 BIM 系统精确模拟所有板块和连接点并数据系统化，在施工时准确定位所有连接点，使得玻璃板块可以互相冷弯压接。

（3）结构变位幕墙适应性钢结构变形分析选用

Ansys 计算软件对主体钢结构的变形量进行极限校核。根据计算，钢结构的最大变形位于整个模型的中轴线位置，最大变形量为 336.249mm（图 18）。钢结构变位对结构胶拉伸的影响将直接影响屋面系统的使用安全和防水安全。

钢结构变位对结构胶压缩的影响，经过分析，受主体钢结构角度位移、弧度位移以及受温度等因素的共同影响，幕墙系统的密封胶胶缝宽度需要承受最大的拉伸量为 13.21mm，最大的压缩量为 10.61mm，密封胶的变位极限为−50%～100%。原胶缝宽度为 50mm，满足结构胶变位要求（图 19）。

经过三种结构体系分析比对，分别对三种结构体系进行有限元分析，通过玻璃板块极限实验和区域视觉样板测试，并结合国内外类似案例经验。确定屋面玻璃阶差 60 毫米以下的

图18　结构变位图一

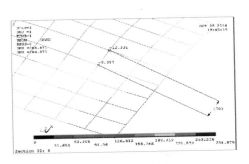

图19　结构变位图二

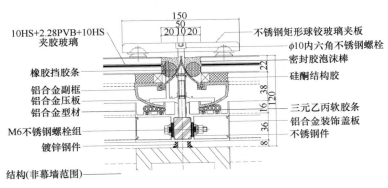

图20　节点变位图

玻璃板块采用冷弯技术，玻璃占比88％。玻璃阶差60毫米以上的玻璃板块采用热弯技术，玻璃占比12％。

图21

（4）屋面玻璃幕墙标准结构体系

大鸟屋面结构体系玻璃幕结构采用全隐框结构体系，玻璃面板采用10HS＋2.28PVB＋10HS夹胶半钢化玻璃。在相邻四块玻璃板块交接点处安装不锈钢球铰压板，通过不锈钢螺栓连接在幕墙支撑钢龙骨上，避免隐框玻璃结构胶长期受拉，确保结构体系安全。玻璃胶缝宽50毫米，采用硅酮密封胶密封，保证屋面结构变位条件下的受力安全和防水的可靠性。

（5）屋面曲面玻璃冷弯理论基础和技术措施

对于薄板脆性玻璃材料采用冷弯技术不仅需要从结构整体受力分析、玻璃边缘强度、应力等进行全面详细的分析，也要对玻璃材料、加工工艺、材料检测、安装工艺等方面进行详细的研究论证，通过理论计算、实验验证、实施标准等多方面进行全方位安全把控，确保满足该技术实施并在运行过程中安全可靠。

第一部分、冷弯玻璃冷弯理论研究

通过运用BIM模型分析，大鸟屋面玻璃表皮是双曲面造型，每块玻璃呈现不同程度翘曲，整个大鸟屋面共 6815 块（21912m²），玻璃翘曲范围在 0～141mm 之间。根据设计，面材采用 10mm＋2.28PVB＋10mm 夹胶半钢化玻璃，尺寸分格约 Ba×Bb＝2400×1750，尺寸各有差异。

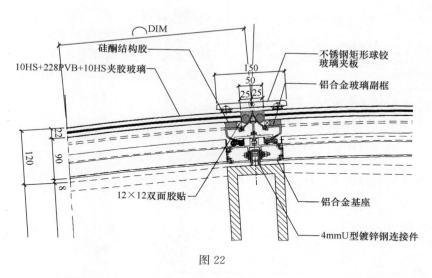

图 22

冷弯玻璃理论计算原则，按照玻璃体系结构设计要求，在玻璃的四周边缘上，每边布置两个夹具，夹具在玻璃边线上的位置按照设计间距布置。

选用 Ansys 计算软件对玻璃翘曲承载力进行极限校核（图 23）。半钢化玻璃强度取值根据规范《玻璃幕墙工程技术规范》（JGJ 102—2003）要求（图 24），半钢化玻璃冷弯边缘强度按 22MP 控制，整体建模后对每片玻璃进行荷载组合计算（图 25）。通过对大鸟屋面全部 6815 块（面积 21912m²）玻璃的冷弯计算，计算结果满足要求的玻璃板块数量为6037 块（面积 19046m² 占比 89％），计算不满足要求的玻璃数量为 778 块（面积 2866m²占比 11％）。其中计算满足要求的 6037 块玻璃板块中平面翘曲阶差范围涵盖 0～140mm 之间（图 26）。

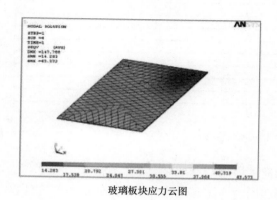

玻璃板块应力云图

图 23　玻璃应力云图

4.1.9 在长期荷载作用下，平板玻璃、半钢化玻璃和钢化玻璃强度设计值可按表 4.1.9 取值。

表 4.1.9　长期荷载作用下玻璃强度设计值 f_g（N/mm²）

种　类	厚度（mm）	中部强度	边缘强度	端面强度
平板玻璃	5～12	9	7	6
	15～19	7	6	5
	≥20	6	5	4
半钢化玻璃	5～12	28	22	20
	15～19	24	19	17
	≥20	20	16	14
钢化玻璃	5～12	42	34	30
	15～19	36	29	26
	≥20	30	24	21

注：1　钢化玻璃强度设计值可达平板玻璃设计值的 2.5～3.0 倍，表中数值是按 3 倍取值的；如达不到 3 倍，可按 2.5 倍取值，也可根据实测结果予以调整。
2　半钢化玻璃强度设计值可达平板玻璃设计值的 1.6～2.0 倍，表中数值是按 2 倍取的；如达不到 2 倍，可按 1.6 倍取值，也可根据实测结果予以调整。

图 24　玻璃强度设计值表

为保证项目使用安全可靠，所有计算不能通过的 778 块玻璃全部采用热弯技术实现玻璃曲面效果。

对于满足计算要求的玻璃由于玻璃板块平面翘曲阶差范围涵盖 0～140mm 之间，考虑到目前国内外冷弯技术实施案例、使用安全要求及效益最大化原则，经过安全与经济性价比综合分析（图 26）。确定大鸟屋面冷弯玻璃，在计算满足要求但平面翘曲值大于 60mm 的玻璃板块采用热弯技术实现曲面造型。

最终应用于工程的玻璃冷弯原则为平面翘曲值大于 60mm 的全玻璃和翘曲值小于 60mm 但计算无法满足要求的玻璃板块采用热弯成型技术，其余玻璃全部采用冷弯技术（占比 80％）。

图 25 的内容：

> 4. 荷载组合：
>
> a. 承载能力极限状态：
>
> Comb 1：冷弯状态＋1.0×Gk（自重）
>
> Comb 2：冷弯状态＋1.2×Gk（自重）＋1.4×Wkp（正风）＋1.4×0.7×Sk（雪）＋1.3×0.5×Ek（地震）
>
> Comb 3：冷弯状态＋1.2×Gk（自重）＋1.4×Wkn（负风）＋1.3×0.5×Ek（地震）
>
> Comb 4：冷弯状态＋1.2×Gk（自重）＋Hk（不上人屋面活载）
>
> b. 正常使用极限状态：
>
> Comb 5：冷弯状态＋1.0×Gk（自重）＋1.0×Wkp（正风）＋1.0×0.7×Sk（雪）
>
> Comb 6：冷弯状态＋1.0×Gk（自重）＋1.0×Wkn（负风）

图 25 荷载组合表

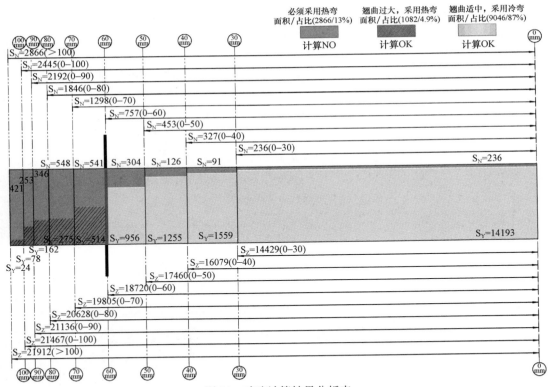

图 26 玻璃计算结果分析表

第二部分、冷弯玻璃边缘加工要求与玻璃应力检测

所有玻璃采用优质原片进行加工，并玻璃四周边均需要进行机械磨边处理，磨轮目数应不低于 200 目以上。

安装过程中对实施冷弯技术的玻璃实行过程中应力检测，确保安装工艺满足玻璃安全要求。安装完毕的玻璃应进行抽样应力检测（图 27），确保玻璃应力在安全使用范围内。

第三部分、实验样板验证

为了更好的验证冷弯技术理论，针对本项目分别进行了多项实验论证。在工厂实验室分别进行多组，多种规格玻璃进行冷弯模拟实验，实验结果证明样品实验满足理论结果要求（图28）。

玻璃应力分析

表面应力、外观质量进行检测，检测结果满足要求

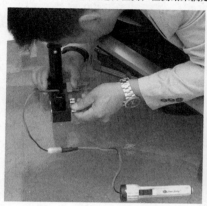
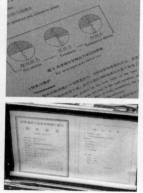

图27　玻璃应力检测　　　　　　　　图28　玻璃工厂冷弯实验

根据大鸟屋面建筑 BIM 模型分析数据，样板选择在 30～120mm 翘曲值范围，严格按照冷弯工艺和安装要求制作实体样本（图29）。样板制作完成后经过一年的全天候测试，玻璃样板未发生破裂和自爆的情况。

(a)　　　　　　　　　　　　　(b)

图 29

（a）玻璃冷弯现场安装过程；（b）现场试验样板

4　大鸟型屋面的排水设计要点

大鸟屋面面积总面积共 35710m²，其中玻璃屋面面积 22561m²，铝百叶 13149m²。由于大鸟屋面是异型屋面体系，屋面标高呈山丘状布置，标高从56m到46m形成不规律性变化。在屋面防水设计过程中依据《建筑给排水设计规范》和《室外排水设计规范》进行设计，屋

面排水采用有组织内排水系统，屋面最大排水坡度为 24％，最小排水坡度为 3％。雨水经过在屋面按排水路径设置的 300 毫米不锈钢高挡水堰实现有组织排水，雨水经挡水堰（图 32、图 33）挡水后排入深 500 毫米，宽 1000 毫米的截水沟（如图 34），并汇集至 2000×1500×1000（H）毫米的集水坑。最后通过虹吸雨水系统排出，接自集水坑的雨水管沿钢结构 V 型撑设置。大鸟屋面采用虹吸排水系统，设计重现期为 50 年。

大鸟屋面整体排水路线布置（图 30、图 31），红色箭头代表屋面排水路线，红色锯齿状线为屋面 300mm 高挡水板（如图 32、图 33），蓝色线条为屋面集水沟与集水井。300 毫米高挡水堰板沿标高 45.8m 到标高 45.2m 位置斜向布置，形成有组织挡水围堰。

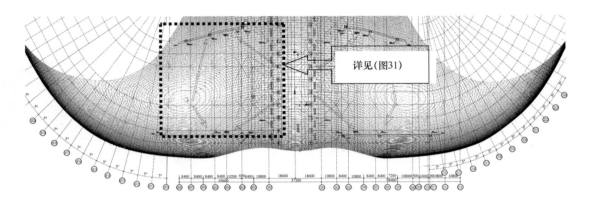

图 30　屋面整体排水布置图

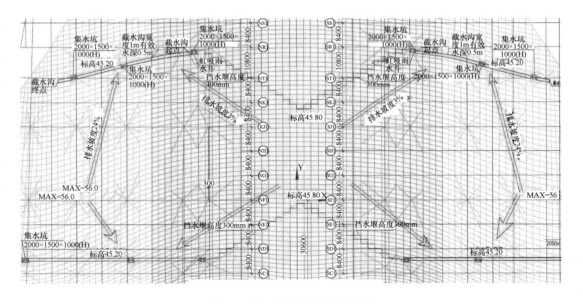

图 31　屋面整体排水路径详图

大鸟屋面檐口收边设计采用圆弧铝合金单板组成（图 34），曲面铝板沿建筑边缘线呈流线状布置，形成完美的建筑曲线。

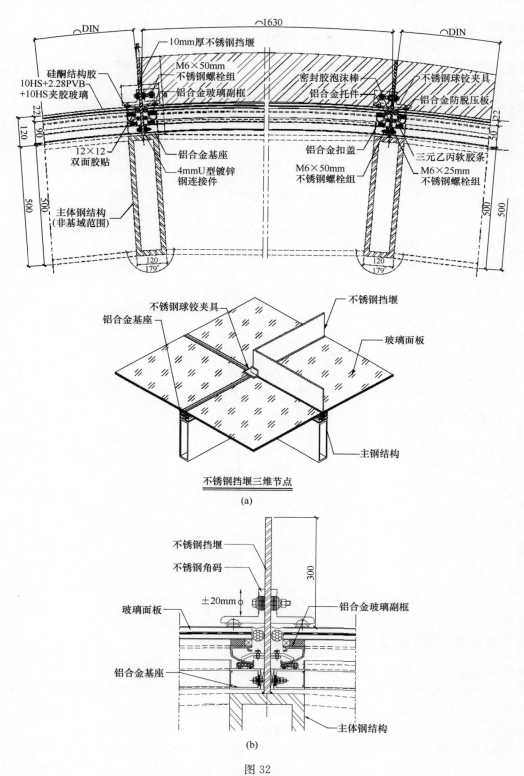

图 32

（a）挡水堰节点；（b）挡水堰板（H300）节点

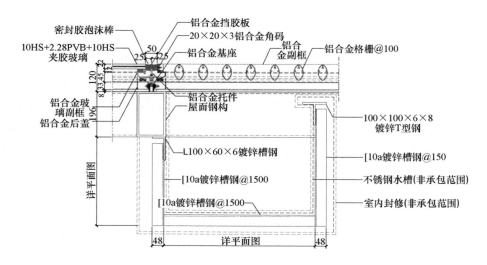

图 33　截水沟节点

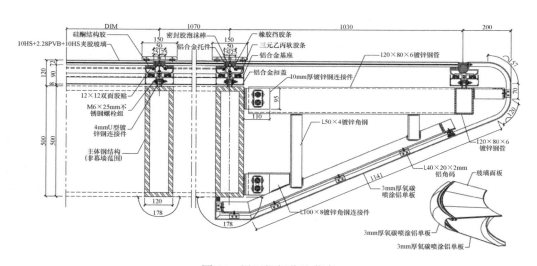

图 34　屋面铝板收边节点

5　大鸟屋面玻璃幕墙施工设计要点

（1）大鸟形屋面测量放线

由于大鸟形屋面是半层薄壳钢结构体系（图 35），是整体连贯的流线型双曲面，施工现场工况复杂。整个屋面共 144000 个测量数据、10000 多个异形网格、6947 块尺寸不一的玻璃板块钢结构施工偏差和自身柔性变形对幕墙的使用安全产生较大影响。

如何保证钢结构的定位准确至关重要。本工程运用全 BIM 技术对屋面体系进行建模，测量放线利用 BIM 模型来复核大鸟形屋面钢结构，并反馈测量数据至 BIM 模型并实时修正，依据最终 BIM 模型进行现场大鸟形屋面测量放线工作，测量时，所有控制点均由 BIM

模型取出。同时测量数据直接输入 BIM 模型进行核对及分析。整个过程通过 BIM 模型实现数据化控制及管理，以保证本工程的测量定位质量。

(2) 大鸟形屋面分区对称施工设计要求

由于大鸟形屋面造型新颖，其幕墙面积达 35800 余 m²，施工面大，在实际施工过程中不可能一次性展开施工，施工过程中依据大鸟形屋面造型及其钢结构分区将本项目划分为两个大施工区域，同时细化为十个小施工区域，十个分区分别为 1 区、2 区、3A 区、3B 区、4A 区、4B 区、

5A 区、5B 区、6 区、7 区（图 36）；在施工过程中进行对称分区施工，以确保屋面钢结构受力均衡。

图 35 屋面钢结构测量放线

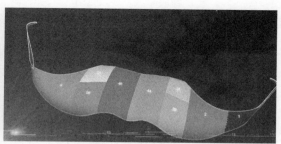

图 36 屋面施工区域分布图

(3) 大鸟形屋面幕墙安装设计要点

大鸟形屋面安装时，分为两个主要阶段：第一阶段是 T 形件及龙骨等支撑结构阶段（图 37）；第二阶段是玻璃面板、铝合金格珊安装及注胶阶段（图 38、图 39）。

图 37 屋面钢龙骨示意图

图 38 屋面铝龙骨示意图

转接件安装在整体分格定线后，根据施工图纸以及测量的支撑定位点将已经加工完成的钢制转接件焊接在网架上，并依照水平分格线进行调整，待调整完毕后就可满焊固定。

龙骨体系施工安装时根据钢梁上的中心线确定龙骨的中心位置，根据相邻 2 个交叉点的标高数据确定龙骨的高度，施工时通过水准仪进行检测和施工，确保龙骨施工的精度，调整好龙骨位置后进行龙骨固定。

因为本项目大鸟形屋面造型为曲面操行，在玻璃板块的实际安装过程中不会呈水平状

图 39　屋面玻璃安装节点

态，玻璃分格之间存在高差，需现场通过冷弯技术进行安装调整。现场利用不锈钢矩形球铰玻璃夹板通过加长螺栓对玻璃板块进行加压，将玻璃板块压至安装位置，利用安装玻璃压块固定玻璃面板，玻璃面板固定后卸下不锈钢矩形球铰玻璃夹板安装。

在安装过程中同一平面的玻璃平整度要控制在 3mm 以内，嵌缝的宽度误差也控制在 2mm 以内。玻璃板块安装调整完成后，玻璃幕墙四周之间的缝隙，内外表面用密封胶连接密封，保证接缝严密不漏水，该工序是防雨水渗漏和空气渗透的关键工序。

图 40　大鸟型屋面施工过程照片

6　结语

由于本工程是世界上最大面积的单层薄壳结构采光顶，也是苏州市的地标性建筑，无论从建筑形体还是建筑结构形式和大面积冷弯玻璃的应用都是史无前例的。该项目无论在设计、加工、现场施工上都遇到前所未有的技术难题。

创新幕墙技术为实现现代地标建筑的设计理想奠定了技术基础，不断探索和实践的工匠精神为建筑艺术之美和建筑空间效果的完美呈现提供了无限可能，随着苏州中心广场项目"未来之翼"幕墙工程的逐步推进，异形玻璃幕墙、曲面幕墙、双曲面幕墙等高难度幕墙种类以及复杂幕墙系统施工在内的众多技术难题正在被一一颠覆和破解，当难题不再，建筑才能真正展现其自由之美，"未来之翼"也将惊艳展翅亮相苏州金鸡湖畔。

随着这座世界独一无二采光顶建筑的顺利落成，这座举世闻名的建筑也将开创世界幕墙史上一个新的奇迹。

参考文献

［1］ 崔旭峰、杜复亮. 浅谈曲面玻璃幕墙实现新方法——冷弯玻璃成型方法［J］. 才智，2012，（7）：52-52.
［2］ 尹时平. 新型冷弯成弧玻璃幕墙工艺在工程中的应用［J］. 黑龙江科技信息，2014，（33）：242-242.
［3］ 黄拥军. 曲面建筑幕墙弹性成型法研究［J］. 上海建材，2009，（3）：11-12.

作者简介

潘元元(Pan Yuanyuan)，男，单位：苏州市建筑金属结构协会。中国建筑金属结构协会幕墙专家；苏州市建筑金属结构协会总工程师；苏州市土木建筑学会建筑金属结构委员会主任；

牟永来(Mou Yonglai)，男，单位：苏州金螳螂幕墙有限公司。幕墙设计总院院长；苏州中心屋面幕墙项目技术负责人；苏州市土木建筑学会建筑金属结构委员会副主任；上海市建筑科技委员会幕墙结构评审组专家。

建筑室外玻璃护栏设计研究

黄庆文　梁少宁　国忠昊

金刚幕墙集团有限公司　广州　510650

提　要　目前常用的建筑室外玻璃护栏根据其结构形式，可大致分为三种常见类型：框支承玻璃护栏、点支承玻璃护栏以及玻璃结构护栏，本文将对其所依据的国内外标准规范，以及这些标准规范中对功能用途、结构形式、所选用的荷载等方面的设计要素进行梳理和分析，以期找到建筑玻璃护栏标准化设计方法的途径。

关键词　建筑玻璃护栏；框支承玻璃护栏；点支承玻璃护栏；玻璃结构护栏；标准化设计

随着人们对建筑装饰美观要求的不断提高，越来越多的现代建筑开始使用玻璃护栏。在对建筑室外玻璃护栏（以下简称玻璃护栏）的工程设计中，设计师通常会直接采用现行的荷载规范、工程设计规范以及部分产品标准对其构配件的采用、结构分析以及功能设计等方面进行综合考虑。虽然国内现行规范对室外建筑护栏的建筑设计要求及安全规定已具备，但可全国通用并且覆盖各常见结构形式的玻璃护栏工程技术规范目前仍处于缺失状态。因此，从事玻璃护栏工程设计的从业人员应当掌握相关专业知识及经验，而理清该领域的关键设计技术要点，是保证玻璃护栏的结构安全，以及能否满足正常使用功能的前提。以下就建筑室外玻璃护栏设计中的技术重点进行分析和案例说明。

1　建筑室外玻璃护栏的结构形式

为对其结构性能进行进一步的研究，本文对现行的国内外规范标准（国外主要为英、美标准）进行分析，再结合国内的实际使用情况，以玻璃栏板的固定方式分类，常见的玻璃护栏大致可分为以下三大类。

1.1　框支承玻璃护栏

玻璃栏板镶嵌固定于护栏系统内所形成框体之中，形成框支承面板结构，玻璃栏板所受的荷载可完全传递到其相邻的扶手、立柱、边框等受力构件，再由这些构件传递给建筑物主体结构。玻璃面板主要用于实现安全防护功能，不作为支承结构。如图1～图4所示。

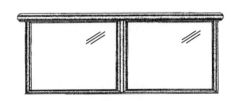

图1　四边支承玻璃护栏

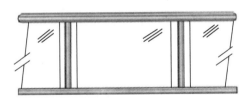

图2　两边支承玻璃护栏——单片玻璃镶嵌

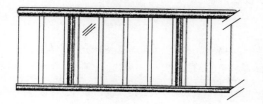

图3 两边支承玻璃护栏——多片玻璃镶嵌

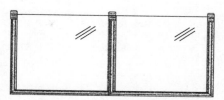

图4 三边支承玻璃护栏

1.2 点支承玻璃护栏

玻璃栏板通过点支承的方式固定于护栏系统，玻璃栏板所受的荷载由点支承装置和支承结构承受并传递至建筑主体结构，如图5和图6所示。和框支承玻璃护栏相似，点支承玻璃栏板也主要起到安全防护作用，并非系统的支承结构。

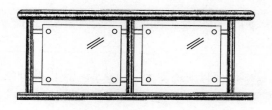

图5 四点支承玻璃护栏

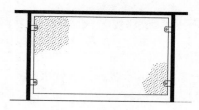

图6 四点夹持支承玻璃护栏

1.3 玻璃结构护栏

玻璃结构护栏（又称全玻璃护栏，freestanding glass balustrade 或 structural glass balustrade），是一种采用玻璃作为主要受力构件，玻璃栏板既直接承受外部荷载又将荷载传递至主体结构的护栏形式。因此，玻璃面板集围护功能与支承作用为一体，如图7和图8所示。

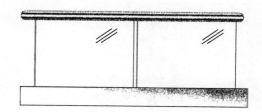

图7 玻璃结构护栏1

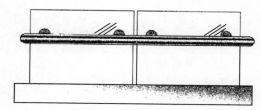

图8 玻璃结构护栏2

2 结构设计所依据的标准和规范

目前，国内的玻璃护栏一般按建筑物外围护结构进行结构设计。在实际工程中，国内玻璃护栏的结构设计通常会按照《建筑结构荷载规范》（GB 50009）的规定执行，同时还应遵从《建筑玻璃应用技术规程》（JGJ 113）、《玻璃幕墙工程技术规范》（JGJ 102）等相关行业规范以及地方标准等的要求。本文将涉及玻璃护栏结构安全的主要现行标准及规范整理见表1。

表1 国内玻璃护栏结构设计的主要适用标准及规范依据

序号	标准名称及编号	相关规定概要
1	建筑结构荷载规范 （GB 50009—2012）	1）规定了楼梯、看台、阳台何上人屋面等栏杆的活荷载标准取值；2）规定了施工荷载、检修和在其栏杆荷载组合系数、频遇系数、准永久值系数
2	建筑玻璃应用技术规程 （JGJ 113—2015）	1）规定了建筑玻璃的荷载取值及其效应、设计准则、材料选择及强度设计等；2）规定了室外栏板玻璃的抗风压设计、抗震设计方法；3）规定了建筑玻璃的防热炸裂设计方法、防人体冲击选材
3	玻璃幕墙工程技术规范 （JGJ 102—2003）	与玻璃目前相邻的楼面外缘无实体墙时，应设置防撞设施（注：此处防撞设施包括护栏形式，并应符合建筑护栏相关的建筑和结构设计要求）
4	建筑用玻璃与金属护栏 （JG/T 342—2012）	规定了金属栏杆和金属或玻璃材料栏板所组成建筑护栏的各项力学性能要求及试验方法：包括抗水平荷载性能、抗垂直荷载性能、抗软重物体撞击性能、抗硬物撞击性能以及抗风压性能
5	建筑玻璃点支承装置 （JG/T 138—2010）	规定了包括护栏在内的建筑用玻璃店支承装置的各项承载能力要求、力学性能以及试验方法

鉴于专门的国家级或行业性玻璃护栏技术标准目前还处于空白状态，国内部分地区为了更细化这一领域的技术要求，也出台了相关的地方标准，进行玻璃护栏设计也可以参照执行，如《重庆市建筑护栏技术规程》（DBJ 50-123—2010）。综上所述，现阶段玻璃护栏的结构设计主要以《建筑结构荷载规范》（GB 50009）和《建筑玻璃应用技术规程》（JGJ 113）为标准依据，即可覆盖到大部分民用建筑工程的需求。

国内部分涉外的玻璃护栏结构设计，还有可能参照英、美、澳标准执行，本文也将其归结如表2。

表2 英国、美国、澳大利亚玻璃护栏结构设计的主要适用标准及规范依据

序号	标准名称及编号
1	英标：建筑荷载第1部分固定和活荷载实施规范 Loading for buildings-Part2：Code of Practice for dead Load and imposed loads（BS6399-1—1996）
2	英标：建筑荷载第2部分风荷载实施规范 Loading for buildings-Part2：Code of Practice for wind Load（BS 6399-2—1997）
3	英标：建筑用玻璃第1部分玻璃的一般选择方法 Glazing for buildings-Part1：Generalmethodologyfortheselectionof glazing（BS 6262-1—2005）
4	英标：建筑物护栏实施规范 Code of Practice for Barriers in and about Buildings（BS 6180—2011）
5	澳标：建筑玻璃——选择与安装 Glass in Building—Selection and installation（AS 1288—2006）
6	美标：永久性玻璃栏杆、护栏、栏板性能标准 StandardSpecification for the Performance of Glass in Permanent Glass Railing Systems, Guards, and Balustrades ［ASTM E2358—2004（2010）］

3 两类常见玻璃护栏的结构分析

某项目位于广州市海珠区，由裙楼及 A、B 两栋塔楼组成，总建筑面积 19.2 万 m^2，总建筑高度 A 栋 159.4m，B 栋 133.5m，塔楼结构形式为框架核心筒结构。幕墙工程包括：A 栋塔楼由隐框单元式幕墙及竖明横隐单元式幕墙，B 栋竖明横隐单元式幕墙及东西面凹槽部位竖明横隐框架式玻璃幕墙；裙楼由框架式幕墙、全玻幕墙、铝板幕墙、玻璃雨棚及其他幕墙系统组成。其中建筑室外玻璃护栏均位于塔楼楼顶及裙楼女儿墙位置，塔楼部位的室外玻璃护栏用途均作为其外侧玻璃幕墙的防护结构，裙楼则有部分直接承担女儿墙功能，以满足裙楼楼顶人员活动的需要。

本工程基本风压 $W_0 = 0.55kN/m^2$，地面粗糙度取 B 类，地震设防烈度：7 度，设计基本地震加速度值：0.1g。

3.1 点支承玻璃护栏受力分析

裙楼玻璃护栏采用点支承玻璃护栏的结构形式，玻璃栏板为四点支撑，栏杆有独立扶手抵抗冲击荷载；计算标高按裙楼最大标高 17.3m，玻璃配置为 $10+1.52PVB+10mm$ 夹胶玻璃。玻璃栏板宽度 1195mm，栏板高度 1150mm。施工图大样及节点图如图 9 和 10 所示。

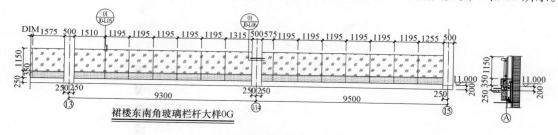

图 9　裙楼室外玻璃护栏大样图

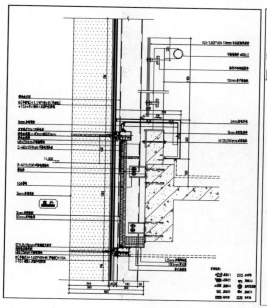
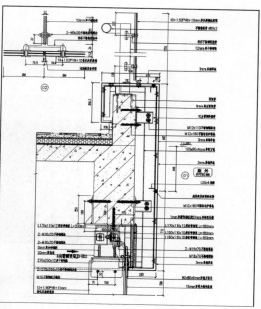

图 10　裙楼室外玻璃护栏节点图

玻璃护栏结构的受力分析，其重点在于玻璃栏板能否满足工程的结构安全需要，而常规玻璃护栏的立柱、扶手等部件的结构计算均可采用普通悬挑或简支梁模型，按现行规范要求进行结构设计及力学验算即可，本文不再赘述。本项目采用有限元软件 ANSYS 对裙楼室外玻璃护栏进行受力分析，采用 shell63 单元，按照国际单位制尺寸建模。计算模型取单片 10mm 玻璃加载，面荷载为 $1600N/m^2$；约束为四点约束。模型竖直方向为 Y 方向，垂直玻璃面为 Z 方向，平行玻璃面为 X 方向。按照点式支撑结构特点：约束点分布为左上点约束 X，Y，Z 三个方向平动，右上点约束 Y，Z 两个方向平动，左下点约束 X，Z 两个方向平动，右下点约束 Z 方向平动。模型如图 11 所示。

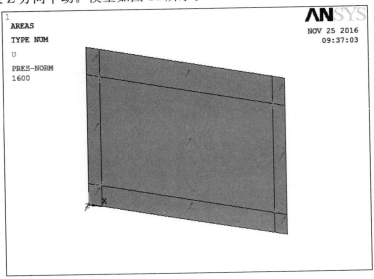

图 11　裙楼室外玻璃护栏面板结构分析模型

分析计算结果如图 12、13、14 所示。

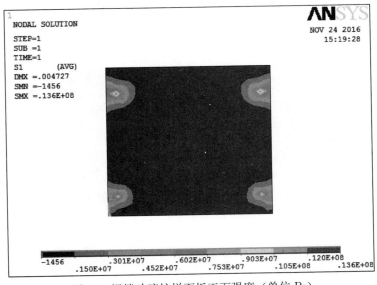

图 12　裙楼玻璃护栏面板正面强度（单位 Pa）

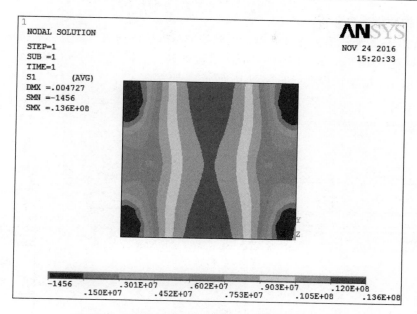

图 13　裙楼玻璃护栏面板背面强度（单位 Pa）

　　根据玻璃材料特点取第一主应力结果，强度值为 13.6MPa，10mm 钢化玻璃边缘强度为 59MPa，强度满足要求。从计算结果可以得出点式玻璃栏板的强度最大值通常发生在四个支撑点和玻璃边缘区。由模型还可算得风荷载作用变形为 3.718mm。按照国内幕墙规范 JGJ 102 要求点式玻璃的变形限值取支撑点间距较长边的 1/60，所以变形限值为 1035mm/60＝17.25mm。3.718mm＜17.25mm，如图 14 所示，变形满足要求。

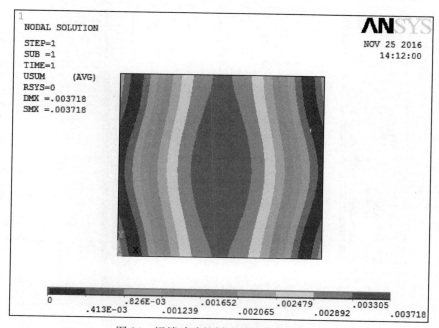

图 14　裙楼玻璃护栏面板风载变形分析

3.2 玻璃结构护栏受力分析

塔楼玻璃护栏玻璃栏板为底部支撑，玻璃顶部抵抗冲击荷载；计算标高按塔楼最大标高 159.4m，玻璃配置为 10＋1.52PVB＋10mm 夹胶玻璃。栏板宽度 1200mm，总高度 800mm，入槽深度 240mm。塔楼护栏大样图如图 15 所示。

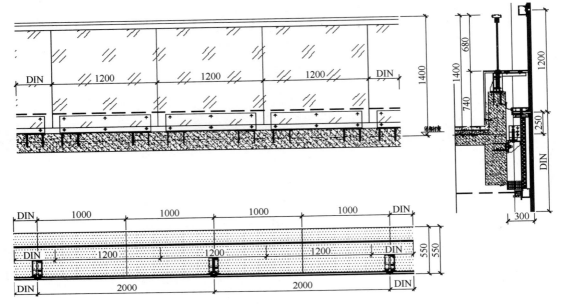

图 15　塔楼室外玻璃护栏大样图

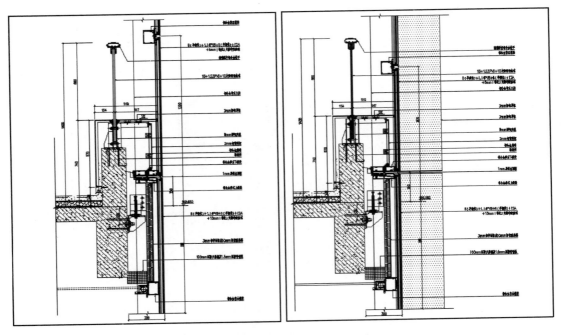

图 16　塔楼室外玻璃护栏节点图

护栏玻璃面板同样采用有限元软件 ANSYS 进行受力分析，采用 shell63 单元，按照国际单位制尺寸建模，模型如图 17 所示。

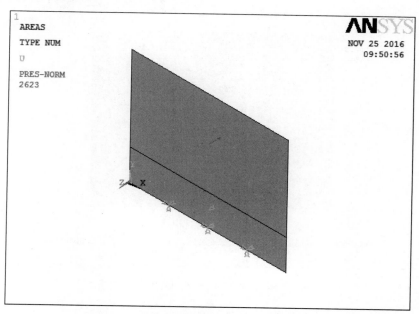

图 17　塔楼室外玻璃护栏面板结构分析模型

模型取单片 10mm 玻璃加载，面荷载为 2623N/m²；约束特征为入槽玻璃面积。模型竖直方向为 Y 方向，垂直玻璃面为 Z 方向，平行玻璃面为 X 方向。按照支撑结构特点：对底边施加 X，Y，Z 三个方向平动，对入槽的玻璃面施加垂直玻璃面的平动约束。分析计算结果如图 18、19、20 所示。

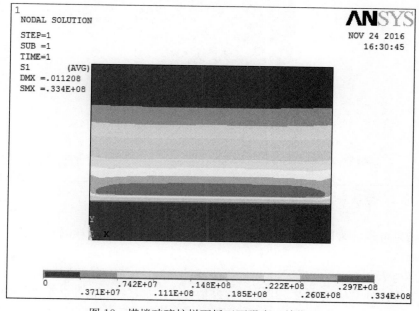

图 18　塔楼玻璃护栏面板正面强度（单位 Pa）

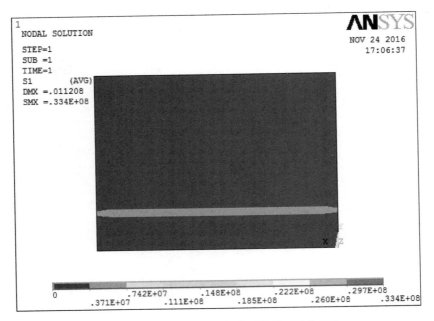

图 19　塔楼玻璃护栏面板背面强度（单位 Pa）

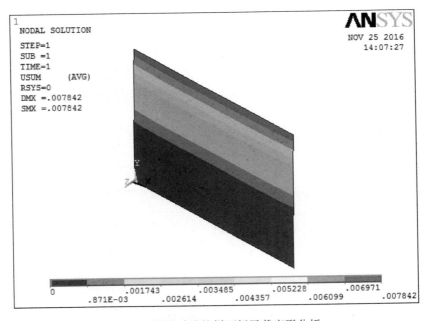

图 20　塔楼玻璃护栏面板风载变形分析

由分析结果可得，玻璃栏版强度值为 13.6MPa，10mm 钢化玻璃边缘强度为 59MPa，强度满足要求。

变形结果为 7.84mm。变形限值为 660mm/60＝11mm，变形满足要求。

为满足工程设计及使用要求，塔楼的玻璃护栏还增加了使用活荷载校核，如图 21 所示，在面板上方玻璃边缘（安装扶手处）增加线性荷载，此处根据《建筑结构荷载规范》（GB

50009—2012)，对模型施加了 1.0kN/m 的线性荷载，模型约束条件与上文相同。分析结果如图 22，23 所示。

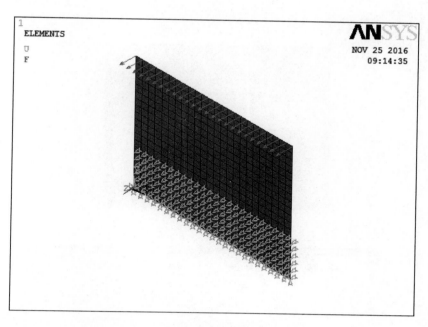

图 21　塔楼玻璃护栏活荷载加载

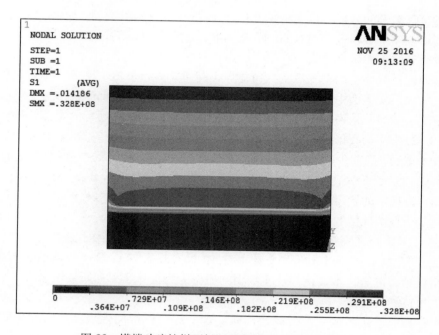

图 22　塔楼玻璃护栏面板正面活核载强度（单位 Pa）

活荷载作用强度为 32.8MPa，小于 10mm 钢化玻璃边缘强度限值 59.0MPa，满足要求。从强度计算结果可以得出应力最大值发生在支撑区上缘区域。

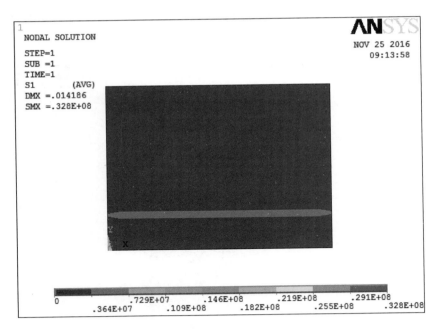

图 23　塔楼玻璃护栏面板背面活载强度（单位 Pa）

4　结构安全设计要点

由上述工程案例的分析过程和结果可知，要确保项目玻璃护栏的结构安全，在护栏系统的结构设计上，除了必须遵守现有的规范和标准，还应注意以下几点：

(1) 玻璃栏板支撑条件确定

包括玻璃四边支撑，四点支撑，三边支撑，两边支撑，单边支撑等，并确认支承条件成立的前提。如在上文案例中的塔楼玻璃护栏，要达到完全依靠玻璃面板作为支承结构对系统的进行固定，必须对其入槽深度、支座长度有严格要求。但国内现行的规范，对此大多没有严格规定，经过本文调查得知，国内目前仅有少数地方性标准对此做出了要求。如《重庆市建筑护栏技术规程》（DBJ 50-123—2010）的 5.4.3，要求全玻璃护栏（即本文的玻璃结构护栏）栏版嵌入深度不小于 200mm，但槽式支座的长度却无明确规范要求。而经过本文调查，在我国香港地区的屋宇署一份关于防护性建筑护栏的推荐性技术文件中查到相关技术要求，该文件基于香港地区的设计风压规范及英标 BS 6180 做出如下规定：推荐单边支撑结构的玻璃护栏采用通长夹持底部固定支座设计（即通长入槽设计），玻璃夹持深度不小于100mm，夹具壁厚不小于 12mm，槽体与主体结构连接的锚栓（或埋件）间距最大为500mm。借鉴他乡之石，本文认为这些细则均值得为为进一步深入研究做参考。

(2) 玻璃栏板抗冲击性能

玻璃护栏还应关注其抗冲击荷载的性能，这一点在现行国内规范也有相应的要求。如《建筑玻璃应用技术规程》（JGJ 113）中规定了玻璃结构护栏的最小 16.76mm 的栏板钢化夹层玻璃厚度，以及适用范围：距离楼地面高度不大于 5m。同时规程还参考了澳大利亚标准《建筑玻璃的选择》（AS 1288）中建筑平板玻璃（包括栏板）的最大许用面积。GB 50009 则区分了加载到玻璃上和独立扶手的两种冲击荷载，一些特殊居住及公共建筑如住宅、宿舍、学校、医院等，除了需考虑栏杆顶部的 1.0kN/m 的水平荷载，还应考虑其 1.2kN/m 的竖向荷载，且水平荷载与竖向荷载应分别考虑。

（3）玻璃护栏的玻璃配置选择

玻璃护栏栏板建议优先选用半钢化夹层玻璃或者钢化夹层玻璃。不管是国内规范还是国外标准，一般均对玻璃护栏的玻璃配置做出相应性的指导意见，虽然不排除在局部位置（如用作室内人行疏导设施的护栏）可采用单片玻璃，大部分国家均将钢化夹层玻璃作为首选。

（4）玻璃护栏系统构配件的材料和截面

玻璃护栏系统的支撑及连接件的材料和截面选择，同样也是其系统结构安全的关键技术要点之一。一般而言，除了玻璃结构护栏之外，其他结构形式的玻璃护栏通常都采用钢材、不锈钢或铝型材龙骨作为其系统的主受力构件，但设计过程中，其材质及截面不但应能通过最不利荷载情况的计算校核，还应符合现有规范及标准的要求。一旦出现诸如外观或构造方面的特殊要求与结构安全性能发生冲突，应保障系统安全性。

5 结语

综上所述，建筑室外玻璃护栏的结构安全性能研究在目前而言还是一个较新的技术课题，目前国内还没有较为完备的专业性规范及标准作为设计及施工的指导依据。与此同时，新建玻璃护栏工程的技术安全问题日益突显，如何解决这一矛盾，成为目前玻璃护栏产业亟须解决的焦点问题。本文通过对相关现行技术标准及工程案例的研究及分析，以及对常见玻璃护栏结构安全设计要点的总结，希望能对促进今后建筑室外玻璃护栏技术的标准化设计工作贡献绵薄之力。

参考文献

[1] 中华人民共和国住房和城乡建设部.《建筑结构荷载规范》(GB 50009—2012)[S]. 北京：中国建筑工业出版社，2012.

[2] 中华人民共和国住房和城乡建设部.《建筑玻璃应用技术规程》(JGJ 113—2015)[S]. 北京：中国建筑工业出版社，2015.

[3] 中华人民共和国住房和城乡建设部.《玻璃幕墙工程技术规范》(JGJ 102—2003)[S]. 北京：中国建筑工业出版社，2003.

[4] 中华人民共和国住房和城乡建设部.《玻璃幕墙工程技术规范》(JGJ 102—2003)[S]. 北京：中国建筑工业出版社，2003.

[5] 中华人民共和国住房和城乡建设部.《建筑用玻璃与金属护栏》(JG/T 342—2012)[S]. 北京：中国建筑工业出版社，2012.

[6] 中华人民共和国住房和城乡建设部.《建筑玻璃点支承装置》(JG/T 138—2010)[S]. 北京：中国建筑工业出版社，2010.

[7] 中华人民共和国住房和城乡建设部.《建筑玻璃点支承装置》(JG/T 138—2010)[S]. 北京：中国建筑工业出版社，2010.

[8] 重庆市城乡建设委员会.《重庆市建筑护栏技术规程》(DBJ 50-123—2010)[S]. 重庆：重庆市城乡建设委员会，2010.

[9] American Society for Testing and Materials. ASTM E2358-04：2010，StandardSpecification for the Performance of Glass in Permanent Glass Railing Systems，Guards，and Balustrades [S]. 2010.

[10] BSI Standard Publication. BS 6399—2：1997，Loading for buildings-Part2：Code of Practice for wind

Load[S]. 1997.

[11] Australian Standard. AS 1288—2006，Glass in Building—Selection and installation[S]. 2006.

[12] BSI Standard Publication. BS 6180—2011，Barriers in and about buildings-Code of practice [S]. 2011.

作者简介

黄庆文（Huang qingwen），男，1968 年生，职称：教授级高工；研究方向：幕墙技术标准化，幕墙结构技术，建筑幕墙设计与施工，建筑结构设计；工作单位：金刚幕墙集团有限公司；地址：广州市天河区元岗路慧通产业广场 A7 栋；邮编：510650；Email：sthqw@vip. 163. com。

梁少宁（Liang Shaoning），男，1979 年生，职称：工程师；研究方向：幕墙技术标准化，幕墙设计；工作单位：金刚幕墙集团有限公司；地址：广州市天河区元岗路慧通产业广场 A7 栋；邮编：510650；Email：jgmqrd@163. com。

国忠昊（Guo Zhonghao），男，1981 年生，职称：高级工程师；研究方向：幕墙结构技术；工作单位：金刚幕墙集团有限公司；地址：广州市天河区元岗路慧通产业广场 A8 栋；邮编：510650；Email：gzh-hao0001@163. com。

三维测量技术在深圳机场 T3 航站楼幕墙工程中的应用

花定兴　罗杰良　贺　磊

深圳市三鑫幕墙工程有限公司　深圳　518057

摘　要　本文介绍深圳机场 T3 航站楼幕墙安装过程中三维测量技术应用实例，详细阐述控制网布设、结构偏差检测、支座定位、龙骨安装测量、面板安装测量过程中施工放样理论与方法，对类似工程的施工和测量工作具有一定借鉴意义。

关键词　机场；幕墙；施工放样；隐藏点测量

1　工程概况

　　深圳机场位于珠江口东岸，宝安区福永镇，广深高速公路西侧，航站口东临宝安大道，西临海边，距离深圳市区直线距离约为 32km，建成后的深圳国际机场是地位重要的国内干线机场及区域货运枢纽机场。深圳机场 T3 航站楼占地面积约 19.5 万 m²，总建筑面积 45.1 万 m²，南北长约 1128m，东西宽约 640m，为一飞鱼外形。航站楼主楼地下二层地上四层（局部五层），为钢筋混凝土框架＋钢结构，由主楼和呈十字交叉的指廊组成。

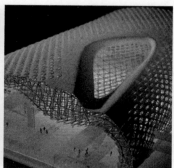

图 1　深圳机场 T3 航站楼模型图

　　T3 航站楼大厅屋顶为自由曲面，指廊屋顶大部分为规则筒壳，在筒壳的局部区域存在凹陷区，形成具有自由曲面的筒壳外形。屋顶展开面积约 23 万 m²，其中大厅部分东西长约 640m，南北宽约 324m，主指廊部分长 747m，宽 36m，次指廊部分长 342m，宽 36m。最大跨度为主楼与指廊交接处，为 108m。

2　测量工作总体思路

　　根据甲方提供的起始点，建立首级平面控制网，在首级控制网上进行控制点的二、三级加密。高程采用四等水准布控。

测量的目的：实测钢结构与幕墙结点的三维坐标，提供给设计。提取结构特征点的三维坐标，利用各级测量控制点用全站仪将三维坐标放到设计位置，以供施工使用，保证测量和施工的精度符合规范要求。

为了确保测量精度和工程质量，本工程作业过程中严格遵守各项规范要求，包括《工程测量规范》（GB 50026—2007）、《精密工程测量规范》（GB/T 15314—94）、《国家三、四等水准测量规范》（GB/T 17942—2000）、《钢结构工程施工质量验收规范》（GB 50205—2001）等。

在施工过程中主要的坐标系统包括机场坐标系统（HP）、网架定位坐标系统（XY），其相互转换关系为坐标 $H=912m+$ 坐标 Y、坐标 $P=3719.758m+$ 坐标 X。需要特别注意的是坐标系统 XY 为设计坐标系，属于右手坐标系，而坐标系统 HP 为测量坐标系，属于左手坐标系。高程系统采用建筑标高系统（Z），与1985国家高程基准 H 关系为坐标 $H=$ 坐标 $Z+4.900m$。

3 建筑施工控制网

施工过程中依据甲方提供的控制点坐标（表1），采用一级 GPS 进行平面控制网布设（表2），四等水准测量进行高程测量（表3），全站仪导线测量进行控制网加密（表4）。

表1 甲方提供的控制点坐标

点名	H 坐标（m）	P 坐标（m）	绝对高程	备 注
T2	877.856	4410.941	4.904	±0 为 4.9
T3	875.980	4716.421		
D1	1262.420	4186.287		
D2	1280.518	4437.874		

表2 GPS 测量控制网的主要技术要求

测量等级	固定误差 a（mm）	比例误差系数 b（mm/km）	约束点间的边长相对中误差	约束平差最弱边相对中误差
一级	≤10	≤3	≤1/40000	≤1/20000

GPS 作业技术指标：观测采用三角网方式的静态定位技术施测，同步作业图形之间采用点、边连接的方式，外业测量满足以下技术要求：卫星高度角≥15°；观测时间长度≥45min；平均重复设站数≥1.6；点位几何图形精度因子（GDOP）≤6；有效观测卫星总数≥4；

加密控制点高程采用四等水准进行高程测量，利用已知水准点 T2、T3 四等水准测量的起算点，在主指廊和东西指廊处联测了4个水准点。水准点编号采用与平面控制点同号，分别为 I-01、I-02、I-03、I-04。水准测量采用经过鉴定的 DSZ2 型自动安平水准仪，并按规范要求进行仪器 i 角检查；3米木质区格式标尺，并对水准标尺名义米长进行了测定；符合规范要求。

（1）四等水准观测采用中丝读数法，直读视距，观测顺序为"后-后-前-前"。

（2）测站设置及观测限差满足"规范"要求，均由水准测量外业记录程序控制。

（3）主要技术要求详见表"水准测站设置及观测限差"。

（4）水准路线采用单次测量。

表3　水准测站设置及观测限差

视线长	前后视距差（m）	前后视距累积差	视线高	黑、红面读数之差	黑、红面两次高差之差	间歇点高差之差
≤100	≤5.0	≤10.0	三丝能读数	3.0mm	5.0mm	5.0mm

进场迅速开展各种测量任务，一级 GPS 点及四等水准点的布设及点位选择合理、标石的质量情况、标石的埋设及外部整饰情况优良；各项专业测量的作业方法、提供的图件及资料齐全；仪器检查的项目、方法正确、精度达到规范要求、计量鉴定手续完备、电子手簿的记录程序正确和输出格式全部标准化；观测和计算结果符合限差要求；起算数据正确、各项精度指标均达到要求，成果可以作为施工测量控制点，如图 2 所示。

图 2　建筑施工控制网测量

4　钢结构球心检测方案

现场测量时，首先利用控制点对全站仪进行定向，完成定向后将仪器测距模式调整为 RL 模式，将仪器瞄准球面上任意一点，按下 ALL 键测得一个表面坐标，依次在球面上测量 5～8 个点坐标。

依据最小二乘法则

$$\Omega = V^{\mathrm{T}} P_\Delta V = \min$$

组成法方程，其中

$$v_\mathrm{i} = \frac{X_0^0 - X_\mathrm{i}}{R_\mathrm{i}^0} \mathrm{d}X_0 + \frac{Y_0^0 - Y_\mathrm{i}}{R_\mathrm{i}^0} \mathrm{d}Y_0 + \frac{Z_0^0 - Z_\mathrm{i}}{R_\mathrm{i}^0} \mathrm{d}Z_0 - \mathrm{d}R - R^0 + R_\mathrm{i}^0$$

拟合求出球节点实际参数（X，Y，Z，R），如图 3 所示。

对所有球节点球心坐标进行检测，每个球节点数据包括点号、设计坐标 X、设计坐标 Y、设计坐标 Z、测量坐标 X、测量坐标 Y、测量坐标 Z、设计与测量 X 坐标之差 dX，设计

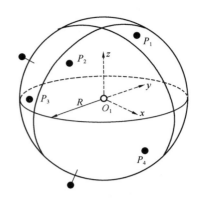

图 3　钢结构球心测量计算模型

与测量 Y 坐标之差 dY，设计与测量 Z 坐标之差 dZ。坐标差值为测量值减设计值，以 Z 坐标为例，如果 dZ 为正，表示球的实际位置高于设计位置。球节点偏差按 X、Y、Z 三轴分别统计，三轴最大正偏差点和最大负偏差点见表 4。

表 4　最大最小偏差（mm）

坐标轴	最大正偏差	点号	最大负偏差	点号
X	54	EGH-SQ-36	−54	EMN-SQ-28
Y	57	EQR-SQ-10	−45	EMN-SQ-28
Z	66	EHJ-SQ-41	−70	ERS-SQ-53

编号沿用《网架加工图加构件清单及定位坐标》编号规则，以球所在轴线和序号表示，设计坐标由 CAD 模型中自动读取。

依据《钢结构工程施工质量验收规范》（GB 50205—2001）第 12.3.6 条对钢网架结构安装的允许偏差规定，以及附录 E.0.6 的允许偏差，本机场钢结构允许最大偏差不得超过 30mm。以 30mm 为依据对偏差点进行统计，统计结果见表 5。

表 5　偏差大于 30mm 的点数统计

坐标轴	点个数	比率
X	2618	18.7%
Y	1134	8.1%
Z	3388	24.2%

5　全站仪施工放样

在幕墙施工过程中，全站仪施工放样工作贯穿始终，涉及的工序包括支座定位、钢架安装、铝框定位、钢板安装、内外铝板安装等。施工放样采用三维空间放样方法，如图 4 所示。

按照三维坐标法的原理，通常是在一个控制点上架设全站仪，设置好各项仪器参数，以固定点为后视方向进行定向，完成测站设置后，依次在待测结构轮廓点处

图 4　全站仪三维空间放样

立镜，全站仪照准相应轮廓点处的反射棱镜或反射贴片（采用免棱镜仪器可不必立镜），仪器立即显示出各点的三维坐标。

在结构节点放样前，先在钢性骨架上焊接固定轮廓点、线的专用角钢或铁板，通过测设该点设计三维坐标，再调整立镜点位置，即可定出待测点线的准确位置并做好施工标志。个别情况下因钢结构网架、脚手架等杆件影响通视时，可通过棱镜杆的长度调

图 5　棱镜辅助施工放样

整，或在局部范围内进行偏心测量等方法解决各点的通视问题。

6　结语

深圳机场 T3 航站楼是全国首次将高精度三维测量技术应用于幕墙安装施工全过程，首先进行工作面钢结构检核，确保深化设计全部理论下单，在施工过程中严格控制安装点位，设计采用了三维可调结点构造，确保了安装一次完成，无返工并减少了损耗，极大地提高了深化设计和施工效率，有效地缩短了施工工期。建成后照片如图 6 所示。

图 6　建成后照片

青岛新机场航站楼建筑幕墙技术介绍

杨　俊　花定兴

深圳市三鑫幕墙工程有限公司　深圳　518057

摘　要　本文对青岛新机场 T1 航站楼大板块幕墙设计进行了详细介绍，对重难点技术进行了分析，并提出了切合实际的施工工艺和解决办法。

关键词　铝合金 T 型件；向心关节轴承电动开启

1　工程概况

　　青岛新机场建设项目 T1 航站楼位于青岛市胶州市中心东北 11km，大沽河西岸地区，北侧紧邻胶济客运专线，南侧紧邻胶济铁路，为新机场提供了良好的交通条件，新机场建成后将成为区域性枢纽机场，可满足年旅客吞吐量 3500 万人次，货邮吞吐量 50 万吨，飞机起降 30 万架次。

　　机场方案设计构型以"海星"为造型基础，关联青岛地域文化。既兼具集中式与单元式航站楼优点的构型，又充分体现青岛作为海港城市的独特海洋文化特征。主航站楼建筑外部造型以流畅的曲线为基调，从来自两侧指廊的曲面向中央汇聚，若五洋汇流，气势非凡。五指状的对称布局设计不片面追求外形的视觉效果，内在联系也极其讲究，采用连续曲面指廊与大厅融为整体。五个指廊夹角较小，符合机场运作要求，旅客登机和转机便捷，机场运作集约高效（图 1）。航站楼分区以指廊和大厅的结构缝为边界划分，分为指廊 A、B、C、D、E，大厅 F。T1 航站楼楼层分为 6 层，地上 4 层，分别为 L4，L3，L2，L1，地下 1 层。总建筑面积 47.7 万 m²，幕墙总面积 25.3 万 m²，建筑高度 42.150m，幕墙顶标高 25.000m，幕墙结构使用年限为 25 年。

　　本工程由玻璃幕墙、石材幕墙和铝板幕墙等几种类型幕墙所组成，本文则主要介绍体量大、难度高的大板块幕墙系统。

图 1　青岛新机场平面图

2 大板块幕墙设计介绍

2.1 大板块幕墙—铝合金系统

大板块玻璃幕墙是本工程的设计重点，系统设计的是否合理，对现场的安装，后期的使用及维护都有很大的影响。设计的原则是保证建筑效果的前提下，玻璃幕墙系统在室外完成玻璃的安装及后期的破损更换，施工机械的使用和对玻璃幕墙的维护尽量不对室内产生影响。（图2）机场作为大型交通设施，为实现人视线的流畅通透、简洁，上部旅客到达的公共区域采用大分格的玻璃幕墙，分格尺寸：宽3000mm×高2250mm，幕墙总高度8m～14m变化。

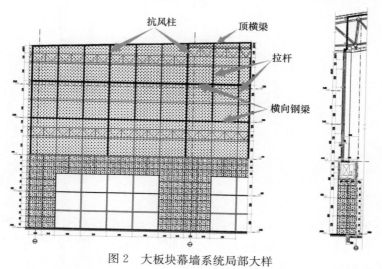

图2 大板块幕墙系统局部大样

为达到效果且受力体系明确，分为两部分来实现：第一部分是负责与主体结构连接的钢结构，位于最内侧；第二部分是铝合金框架系统，正风压由竖向立柱和横梁承受，负压由横向压板承受，压板外侧安装装饰条满足建筑效果（图3、图4）。

幕墙水平荷载传递路线：

玻璃面板→铝合金横梁→铝合金立柱→钢结构系统→主体结构

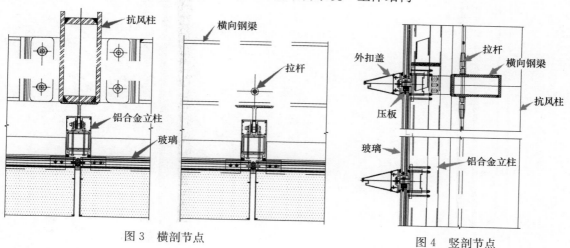

图3 横剖节点　　　　　　　　　　图4 竖剖节点

幕墙自重荷载传递路线：

玻璃面板→铝合金 T 型件→铝合金立柱→钢结构系统→主体结构

玻璃幕墙标准板块基本构造体系，立面以 9m 左右为一个基本单元，每个基准单元再均分为三等分。（图 5）

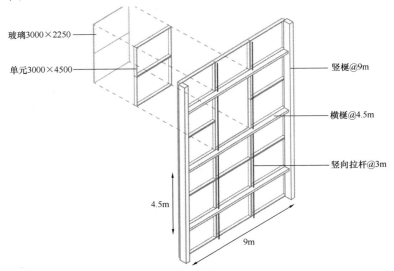

图 5 幕墙基本板块构造体系

本工程大板块幕墙采用玻璃为 12（超白）Low-E（双银）＋12Ar＋10＋2.28PVB＋8mm 钢化夹胶中空玻璃，单块标准玻璃重量达到 500 多 kg。如果采用常规受力体系，仅支撑玻璃重量就需要较大截面的铝合金横梁，这与原建筑设计的要求相差较大。为解决这一问题，引入了点式玻璃幕墙夹板承受玻璃自重的思路，幕墙设计采用了 6061-T6 铝合金 T 型件，直接承受玻璃传来的重力荷载，同时，铝合金 T 型件用来固定铝合金横梁，承受铝合金横梁传来的水平荷载。（图 6～图 9）

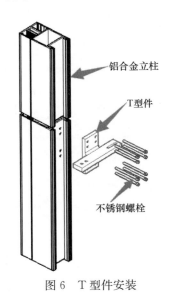

图 6 T 型件安装

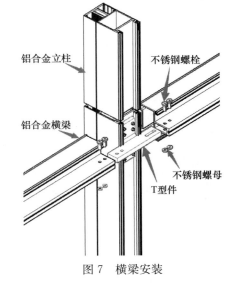

图 7 横梁安装

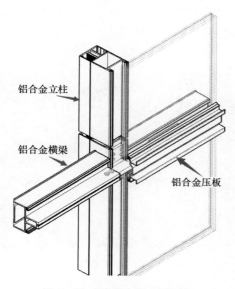

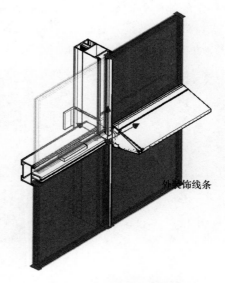

图 8　装玻璃后安装水平压板　　　　图 9　安装装饰条后效果

2.2　大板块幕墙-钢结构系统

2.2.1　本工程玻璃幕墙后侧钢构，根据不同位置的风压取值、不同的跨度，采用不同的截面。抗风柱采用 $600 \times 200 \times 25 \times 20$（Q345B）（600 的高度根据不同位置变化），标准钢横梁规格 $320 \times 150 \times 12$（Q345B），顶横梁规格 $320 \times 200 \times 16$（Q345B）（厚度根据不同位置取值变化），钢横梁之间通过直径 20mm 的 550 级钢拉杆连接（图 10），钢拉杆承受外侧玻璃幕墙及钢横梁重量，最终将自重荷载传至顶部钢梁。

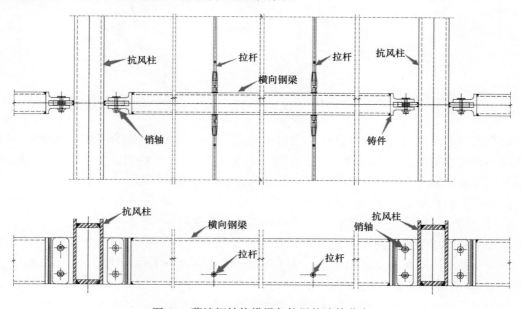

图 10　幕墙钢结构横梁与抗风柱连接节点

2.2.2　本工大厅区大板块玻璃幕墙为弧线段（图 11），在风荷载的作用下，幕墙顶部支座会承受一定的侧向力，幕墙钢结构与主体结构之间采用常规耳板＋销轴的连接节点已不太适用。节点设计必须满足具有良好的强度、刚度、较强的耐磨性和可靠性等，并有一定的水平角度的转动，这样才能保证结构的安全使用。

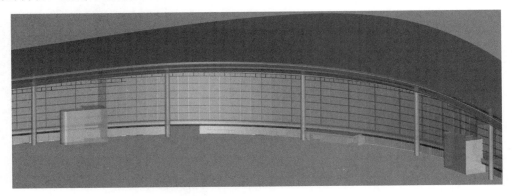

图 11　弯弧位置示意图

为解决这一问题，幕墙设计采用了能实现平面内双向受力和自由转动的向心关节轴承节点，该节点可以避免传递力矩使销轴产生永久变形，延长杆件的使用寿命（图 12、图 13）。

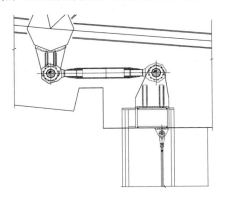

图 12　钢构与网架连接球连接图

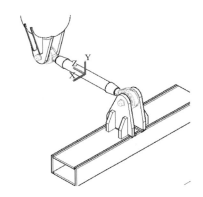

图 13　连接示意图

向心关节轴承由一组具有外球面的内圈和内球面的外圈两部分偶合而成，其外圈内球面与内圈外球面紧密贴合，可实现空间任意角度转动与摆动。其结构组成为：向心关节轴承及轴承外圈压盖、轴承内圈定位套、销轴、销轴压盖和高强螺栓等附件。

向心关节轴承节点轴向力传递路线：

连杆→轴承外圈端盖（嵌固板）→轴承外圈→轴承内圈→耳板→主体结构

向心关节轴承节点径向力传递路线：

连杆→轴承外圈端盖（嵌固板）→轴承外圈→轴承内圈→销轴→耳板→主体结构

2.3　大板块幕墙—电动开启系统

根据《青岛新机场航站楼消防安全性能评估报告》对大空间排烟的要求，在屋面大厅侧天窗，指廊顶天窗以及大板块玻璃幕墙设置消防联动的电动开启扇，总量约 2100 余扇，规格：宽 1500×高 1150，玻璃同样采用 12（超白）Low-E（双银）＋12Ar＋10＋2.28PVB＋

8mm 钢化夹胶中空玻璃，单扇重量约 150kg，最大开启角度 45°；开启扇配置多点锁驱动器，结合电动开启装置实现消防联动的要求（图 14）。

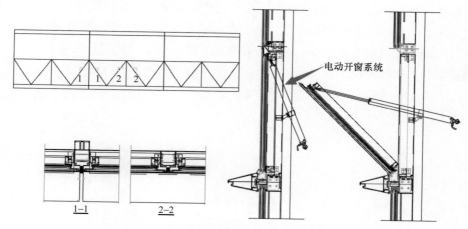

图 14 大板块幕墙电动开启示意图

2.4 大板块幕墙—顶部封修系统

大板块幕墙顶部封修，原方案为安装龙骨后，内、外两层 12mm 水泥压力板＋150mm 厚岩棉。因屋面网架为空间结构，网架连杆不规律穿过封修层，且水泥压力板板材较重，易破损，施工难度较大。后经过方案优化，选用成品岩棉复合板作封修材料（图 15），网架穿管位置采用镀锌铁皮封堵。岩棉复合板具有：模块化、质量轻、隔热效果好、运输、施工效率高、安全等特点。

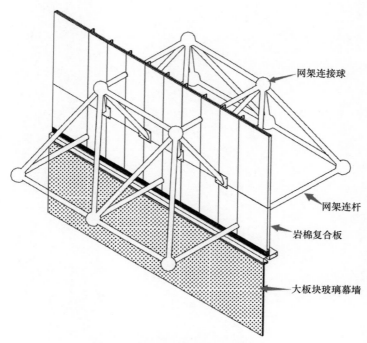

图 15 大板块幕墙顶部封修示意图

3　结语

青岛新机场 T1 航站楼幕墙的设计中，针对目前机场幕墙设计同质化的情况，采用了不同的构造方式，预期能达到较好的建筑效果。在大板块幕墙的构造设计中，明框幕墙和点式幕墙的结合考虑，脱离固有的思维，不再按原有的幕墙分类单一使用，而是采用结合的方式综合运用，取得了较好的效果。

明发新城金融大厦（S02地块）A栋三角宝石形单元幕墙的深化设计与施工

刘长龙　晁晓刚

江苏合发集团有限责任公司　江苏省南京市　210005

摘　要　本文以明发新城金融大厦（S02地块）A栋幕墙工程为例，对于三角宝石形异形单元板块这一独特造型的单元幕墙在工程中的应用从板块设计、加工、施工安装等进行了详细的介绍，并对幕墙设计中碰到的难点和关键技术进行了分析。

关键词　异形；单元幕墙；三角宝石形单元板块

明发新城金融大厦（S02地块）A栋位于南京市江北新城浦口经济开发区、纬七路长江隧道北出口处，浦口大道西侧，新浦路南侧。工程地上建筑总面积68502.3m²；地上34层，1层层高8.4m、2～34层层高4.2m，建筑高度160.15m（幕墙高度）。新城金融大厦是一座5A级的现代办公建筑，大面采用三角宝石形单元玻璃幕墙，造型独特、现代，以挺拔的姿态矗立在长江的北侧。作为南京江北国家级新区的标志性建筑，本工程的建成，将会在南京江北新区的发展和崛起中先拔头筹（图1、图2）。

图1　明发新城金融大厦效果

图2　明发新城金融大厦完工照片

1 幕墙工程概况

明发新城金融大厦（S02 地块）A 栋没有裙房，建筑平面为弧线三角形，幕墙形式主要有 3 种。

A 系统：宝石形单元玻璃幕墙，用于建筑的 2 层至顶层；（图 3、图 4）

B 系统：大跨度钢铝结合框架玻璃幕墙，外带倾斜上大下小的梯形线条，用于建筑的 1 层；（图 5、图 6）

C 系统：宝石椎体雨篷，用于建筑三个立面主入口处。（图 5、图 6）

建筑外立面幕墙总面积约为 38000m²，其中三角宝石形单元玻璃板块 3024 块，单元幕墙面积约为 36000m²。

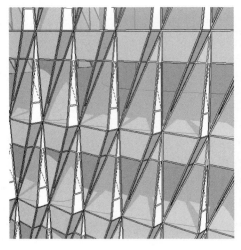
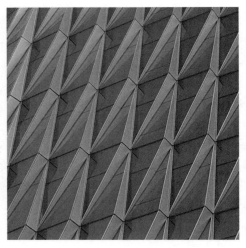

图 3　三角宝石形单元板块效果　　　　图 4　三角宝石形单元板块照片

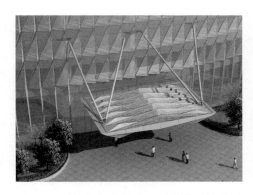

图 5　B 系统框架幕墙及宝石椎体雨篷效果　　图 6　B 系统框架幕墙及宝石椎体雨篷效果

2 三角宝石形单元幕墙设计

2.1 单元幕墙平面分格及分格优化

明发新城金融大厦主楼单元幕墙平面基本是正三角形。三角形的三个边采用大半径圆弧，圆弧半径为 79.575m；三角形的三个顶点采用小半径圆弧，圆弧半径为 10.607m；6 段圆弧连续相切组成幕墙的平面轮廓。大圆弧单元板块每层共 12 跨轴线，60 个单元板块；小圆弧单元板块每层共 3 跨轴线，24 个单元板块；每层共计 84 个单元板块。（图 7）。大圆弧和小圆弧弧线相切，切点作为大小圆弧单元板块区段的分缝点，切点接口处通过单元公立柱对插腿的角度调整进行衔接。

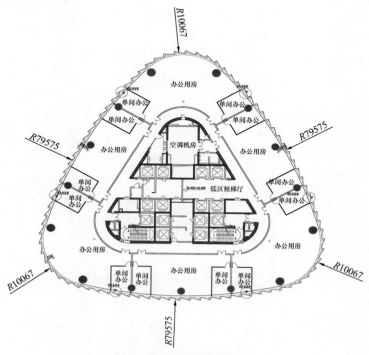

图 7　单元板块平面分布图

大圆弧单元板块标准分格宽度为 2017mm，小圆弧单元板块标准宽度分格为 1944mm，板块高度 4200mm。为保证大小圆弧单元型材的通用性及建筑效果的统一，单元板块的平面轮廓投影设计为直角三角形，三角形的锐角角度统一为 19.2°，钝角角度统一为 70.8°。（图 8）。经过大小圆弧单元板块的分格协调及优化，两种宝石形单元板块的型材模图设计，除单元立柱角

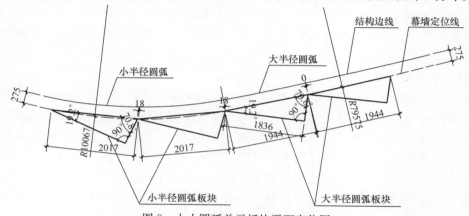

图 8　大小圆弧单元板块平面定位图

度有所区别外，其余单元横梁、玻璃横梁、铝板横梁、对角线立柱、外挑立柱等型材截面完全相同，减少型材开模量。

2.2 单元板块造型设计及型材优化

三角宝石形单元板块的造型设计，采用在平面单元的基础上，首从对角线将矩形立面分格成两个直角三角形；然后将板块的右下角向外拉伸，形成三角锥体，三角锥体的正面玻璃和水平面成倾斜角度，锥体的侧面铝板和水平面成垂直90°；最后将板块的右上角向外拉伸，形成倒三角锥体，倒三角锥体的正面玻璃和水平面成垂直90°，锥体的侧面铝板和水平面成倾斜角度。经过两次外挑，最终一个矩形的单元板块被分割成了6个三角形的面，形成三角宝石形的造型。（图9、图10）。

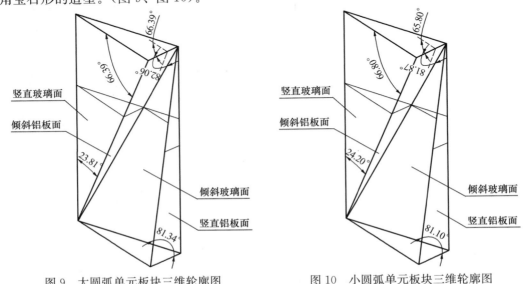

图 9　大圆弧单元板块三维轮廓图　　　　图 10　小圆弧单元板块三维轮廓图

竖直面玻璃及铝板的横梁采用矩形截面，倾斜面玻璃及铝板的横梁采用平行四边形截面。按照大小圆弧各面的定位角度，铝型材开模优化设计中，对横梁的截面及连接槽铝等，进行了诸多优化设计。如板块右侧竖直铝板面的铝板横梁连接槽铝，大圆弧板块槽铝底面角度为81.34°，小圆弧板块槽铝底面角度为81.1°，如果按两个角度开两个模具，两型材角度差只有0.24°，组装时很难区分，故开模时考虑装配间隙满足的情况下，按81.22°统一开模，减少模具数量，简化组装时的型材识别难度。同样，倾斜面的玻璃横梁等也按角度协调统一进行优化开模。

2.3 单元板块做法设计

单元板块采用防水成熟的横滑式防水设计。单元横梁排水采用错层排水，增强板块十字接缝处对插腔体的水密和气密性。建筑平面的6段圆弧相切组成，板块设计采用折线板块拼圆弧的设计思路，降低板块的加工和组装难度。板块造型外挑，防水面设计在板块的后轮廓线，采用三胶条两等压腔体的设计思路。板块正面两三角形采用玻璃，顶底两个三角形采用铝板封顶底，右侧竖向三角形面外侧采用穿孔铝板，内侧采用梯形铝板内平开窗，对角线处倾斜三角形面采用固定铝板。单元板块单元对插横剖做法见图11、单元板块对角线斜立柱横剖做法见图12、单元板块玻璃竖剖做法见图13、单元板块铝板竖剖做法见图14、单元板

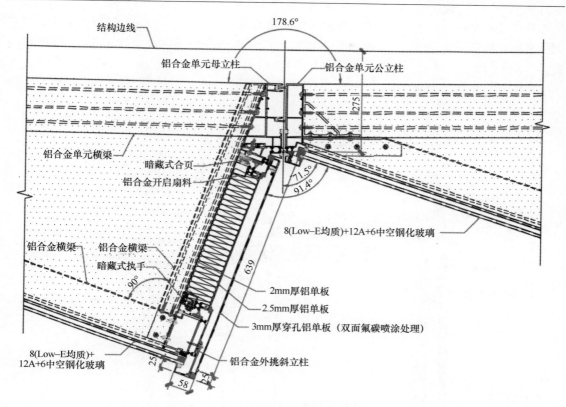

图 11　单元板块单元对插横剖做法

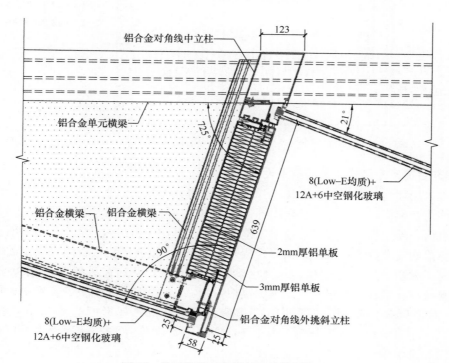

图 12　单元板块对角线斜立柱横剖做法

块组装完照片见图 15、图 16。单元板块面板玻璃采用 8（均质）＋12A＋6 双银 Low-E 中空钢化玻璃，铝板采用 3mm 厚氟碳喷涂铝单板。单元板块的层间防火采用 1.5mm 厚镀锌钢板衬 100mm 厚防火岩棉、缝口打防火密封胶的做法，本工程三角挑出，镀锌钢板及防火岩棉一直伸到三角挑出面板的横梁部位，保证防火的可靠性。

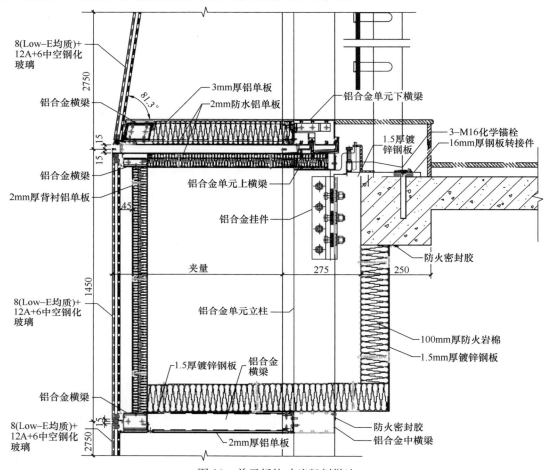

图 13　单元板块玻璃竖剖做法

2.4　内置开启窗及隐藏式合页、执手设计

本工程采用穿孔板后内置开启窗。开启窗位于单元板块右侧竖直三角形面，外侧为穿孔铝板，内侧为梯形铝板内平开窗。采用外穿孔铝板、内平开窗有几个好处，首先，外立面不会看到开启窗，外立面三角宝石形效果完整、整洁；其次，窗户内开安全、避免有些工程开启窗意外掉落的安全隐患；最后，窗户外侧采用 8mm 直径的穿孔铝板、有一定的防尘遮阳效果，同时下大雨有一定的遮挡、对开启窗的防水有利。开启窗外侧穿孔铝板采用 3mm 厚、双面氟碳喷涂铝板，铝板开启扇内侧铝板采用 2mm 粉末喷涂铝板，开启扇外侧铝板采用 2.5mm 厚氟碳喷涂铝板。梯形内平开窗高度 2076mm，梯形底边 443mm，梯形顶边 127mm，是一个直角梯形内平开窗。由于开启窗顶边宽度只有 127mm，无法采用不锈钢铰链，最终设计采用在梯形直角边安装合页，梯形斜边采用四点锁。按建筑效果要求，合页不能外露，普通内开窗合页不能满足要求，故对合页进行了单独开模。同样，按效果要求，普

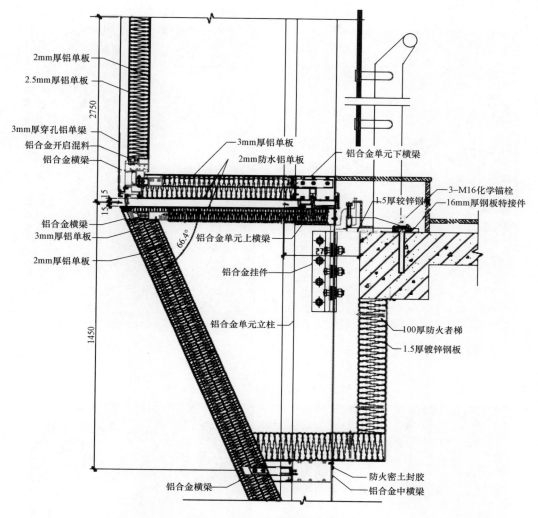

图 14   单元板块铝板竖剖做法

通的开启执手凸出开启扇面、影响效果，最终采用和和扇面相平的隐藏式执手。（图 17、图 18）。内开窗防水设计中，除正常排水口设计及中部防水胶条外，对外侧胶条采用了双腔设计，大大提高开启的防水性。

2.5 单元百叶窗设计

建筑的 11 层和 23 层是避难及设备层，该层的部分单元板块设计有通风百叶，为保证外立面效果的协调，板块外侧表面采用玻璃百叶，板块内侧采用铝合金防水百叶。按照单元板块的造型，板块内侧铝合金百叶采用倒三角形及梯形组框，型材设计中，考虑型材的通用性，对大小圆弧单元板块的角度接近的百叶框进行了优化设计和统一、减少开模量，方便百叶框组框。（图 19、图 20）。外侧玻璃百叶采用 12+1.52PVB+12 透明钢化夹胶玻璃。由于外侧采用间隔的玻璃百叶、没有防水功能，水会进入单元内部被内侧铝合金防雨百叶遮挡，故在三角宝石形百叶单元的底部三角形踏板处，设计有条形的穿孔，将进入的水从板块底部排出。百叶单元需要通风换气，故穿孔铝板后没有开启窗，采用穿孔铝板露空通风处理。

图15　单元板块成型内侧照片

图16　单元板块成型外侧照片

图17　梯形内平开窗开启照片

图18　梯形内平开窗关闭照片

图 19　百叶单元三维图　　　　　　　　　图 20　百叶单元安装照片

2.6　女儿墙处单元挂件的协调

　　工程大面主体结构为小梁外挑、混凝土柱退后，单元的埋件及挂座采用结构梁顶面面埋的形式，方便单元板块挂板、调节及收口板块的安装。但在建筑的顶部及架空层部位，原结构设计的女儿墙和结构外侧相平，这样面埋就无法实现、要用侧埋，对板块的编号归类及收口挂板造成一定难度，施工设计中，经和设计院协调，将女儿墙退后，仍然采用面埋的形式，简化了板块的编号归类，保证了板块挂装的统一性。（图 21、图 22）。

图 21　大面板块面埋挂接照片　　　　　图 22　女儿墙处板块挂接照片

3　一层框架幕墙设计

　　1 层层高 8.4m，同主楼一样，采用竖明横隐框架玻璃幕墙。一层幕墙宽度分格和主楼单元板块对应、分格尺寸一样，最大玻璃分格 2017×3950mm，玻璃配置采用 10（L 双银 OW-E 均质）＋12A＋10 中空钢化玻璃。由于层高较大，立柱采用铝包钢、钢铝结合的做法，钢立柱采用 300×100×10×10 镀锌钢立柱（图 23）。为保证和主楼效果的协调，竖向明框线条平面倾斜的角度采用和主楼单元三角挑出角度相同、上下对应，线条采用上大下小，顶部外挑 622mm、底部外挑 200mm，侧面投影为梯形。为提高线条利用率，施工时开了一个整体模具，将侧面投影为矩形的型材一切二，形成两个梯形的型材线条，减少型材浪费（图 24）。

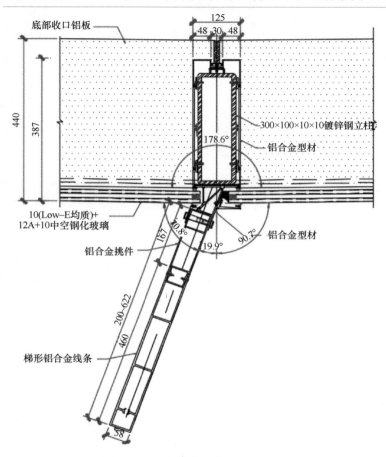

图 23　一层框架幕墙横剖节点做法

图 24　一层框架幕墙梯形线条照片

4 宝石椎体雨篷设计

雨篷位于建筑三个大圆弧面的入口部位。雨篷宽度 16.32m，从立面外挑 10.57m，雨篷支撑结构：雨篷两边部各布置有一根 200×350×16 的箱型梁，箱型梁前端采用 4 根 ϕ203×10 的拉管固定在主体混凝土柱上，箱型梁后端根部固定在立面幕墙的弧形钢梁上；在雨篷两边部的箱型梁之间，按雨篷顶部的椎体造型布置椎体圆管桁架进行支撑，圆管桁架主管采用 ϕ121×8、腹管采用 ϕ70×6。

为保证和主楼与三角宝石形单元板块的效果协调，雨篷顶部采用四角玻璃椎体及三角铝板椎体组合。雨篷的底部，和顶部四角玻璃锥对应采用穿孔不锈钢板倒四角锥，和顶部三角铝板锥对应采用不锈钢板倒三角锥。雨篷玻璃采用 10＋1.52PVB＋10 透明钢化夹胶玻璃，铝板采用 3mm 厚氟碳喷涂铝单板，不锈钢板采用 2 毫米厚拉丝不锈钢板。雨篷顶部效果图见（图 25）。雨篷顶部椎体节点做法见（图 26）。

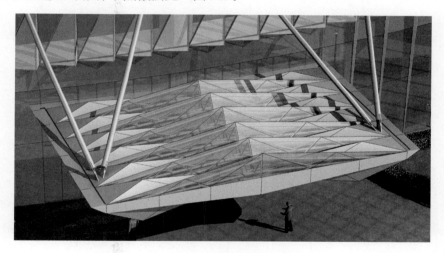

图 25　雨篷顶部效果图

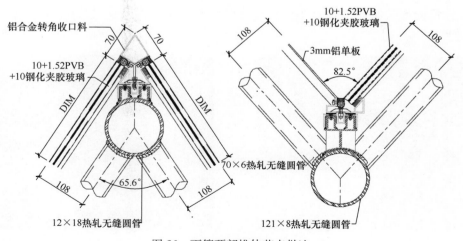

图 26　雨篷顶部椎体节点做法

5 单元板块加工

单元板块的做法定型及大小圆弧板块的型材优化协调后，板块的中心任务就到了型材及面板的加工和板块的组装。

首先，对于型材的开模，做法及型材设计完成后，由于加工及组装的复杂性，在型材最终开模前，对板块进行了一比一的三维放样，三维放样包括型材的加工放样和玻璃尺寸的加工放样，检查型材细节的干涉情况、加工可行性、密封可靠性、开模可行性等，以便对型材细节再次进行优化。（图27、图28）。

图27 板块整体三维放样　　　　　图28 板块龙骨三维放样

其次，对型材进行试加工。单元板块的型材较多，由于板块造型的特殊性，型材加工的形式比较复杂，有型材端头双向切割的角度（图29）、有小于10度长剖口的斜角端头（图30）加工等。型材开模前，通过三维的实际放样，将各种加工难度较大的型材加工图从三维模型提出来，和公司板块加工厂工艺人员进行分析，按设备性能确定能实现加工的设备，对现有设备不能满足加工的型材，会同设备厂家对设备进行改造。通过三维的实际放样，加工时将能在数控设备进行加工的杆件，将实际加工三维模型导入设备，直接生产加工程序，提高加工精度。

图29 对角线中立柱双向倾斜切割照片　　　　　图30 外挑立柱8.66度切割照片

　　然后，对板块进行试组装及挂样。组装的精度主要取决于两个方面，第一个是型材的加工精度，型材加工精度需要设备的加工调试和质检严格保证；第二个是板块的组装工艺，组装工艺的重点是型材及面板的组装顺序及精度控制，通过试组装，合理优化组装工艺，以保证板块的安全性、防水密封性及尺寸精准性。（图31、图32）。

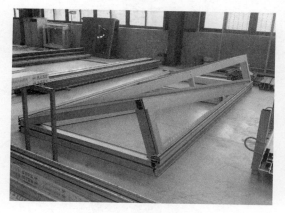

图31　单元板块龙骨组装完成照片

图32　单元板块面板组装完成照片

　　最后，通过物理性能试验进行验证。物理性能试验的检测主要包括抗风压性能、水密性能、气密性能、平面内变形性能。抗风压性能取决于型材截面的大小设计、面板厚度设计、面板及龙骨连接设计、挂件设计及埋件设计等，在型材开模前经过结构计算已能保证；平面内变形性能面板连接的构造设计、骨架连接的构造设计等，节点构造设计均已保证。所以，物理性能检测的重点是板块的水密和气密性能，比较薄弱的部位包括开启窗部位、型材拼接部位、面板拼接部位等。经过在江苏省检测中心的进行的 $4×2$、8 个单元板块的试验检测，单元板块达到了各项性能要求，一次通过。

6　单元板块吊装

　　经过型材模图的优化、型材试加工、板块试组装、物理性能的检测及加工组装工艺的优化，单元板块已可以进行大批量的加工和现场吊装了。

　　按照工程的实际情况，单元板块采用在建筑顶部架设单轨吊进行吊装（图33）。本工程高度 160m，高度不是太高，吊装时未采用进楼层转运吊装的方式，采用板块一次起吊进行安装，提高安装效率。

　　按现场塔吊和施工电梯的部位，共设计安装有三个板块起吊点，起吊点部位将起吊导向钢丝绳上下拉紧（图34），避免板块吊装中受风等因素的摆动。板块起吊采用架设在楼顶的卷扬机进行竖向起吊（图35），起吊到达安装楼层后，换勾到单轨吊上的电动葫芦，进行水平移动及安装（图36）。

　　收口单元设计在施工电梯处，采用 3 块留空，2＋1 安装的收口方式。

　　经过几个月的优化、开模、试模、试加工、试组装及物理性能试验等前期细致的准备，单元板块的现场吊装快速并顺利。从 6 月份开始吊装，到 11 月初基本完工，3024 个三角宝石形单元板块安装完成，建筑初具雏形。

图33 顶部单轨吊照片

图34 板块从起吊点准备起吊照片

图35 板块起吊照片

图36 板块安装照片

7 结语

经过近一年的艰苦努力，明发新城金融大厦（S02地块）A栋幕墙工程于2016年10月完工（图37、图38）。作为工程的参建者，对在设计和施工中给予我公司大力支持和帮助的有关单位，表示深深的感谢及真诚的敬意！

图37 建成后的明发新城金融大厦

图38 建成后的明发新城金融大厦

作为南京江北新区的大型地标性建筑，本工程的建成，必将在江北新区的崛起中上留下浓墨重彩的一笔！

作者简介

刘长龙（Liu chang long），男，1975 年生，高级工程师，研究方向：大跨度结构型幕墙设计；工作单位：江苏合发集团有限责任公司；地址：南京市洪武路 23 号隆盛大厦 26 楼；邮编：210005；联系电话：13801589616；E-mail：657141996@qq.com。

晁晓刚（Chao xiaogang），男，1981 年 10 月生，高级工程师，研究方向：建筑幕墙的设计及实现；工作单位：江苏合发集团有限责任公司；地址：南京市洪武路 23 号隆盛大厦 26 楼；邮编：210005；联系电话：15952012071；E-mail：471712850@qq.com。

邯郸文化艺术中心 GRC 镀铜板幕墙的设计与施工

刘长龙　晁晓刚

江苏合发集团有限责任公司江苏省　南京　210005

摘　要　本文以邯郸文化艺术中心实际工程为例，对于 GRC 镀铜板这一新型材料在幕墙工程中的应用从板块加工、镀铜、设计、计算、施工安装等进行了详细的介绍。同时介绍了 GRC 板的基本概念、结构与构造设计原理、节点设计和相关技术，并对幕墙设计中碰到的难点和关键技术进行了分析。

关键词　GRC 板；镀铜；镀铜 GRC 板；GRC 板幕墙

邯郸文化艺术中心位于滏东大街以东，广泰街以西，广厦路以南，人民路以北，设计用地面积 16.5 万 m²，总建筑面积近 12 万 m²，总投资 12 亿多元，其功能为集大剧院、博物馆、图书馆和城市规划展览馆于一体的"一院三馆"建筑，为邯郸有史以来政府投资规模最大的文化基础设施。建成后不仅成为河北省最大的文化艺术中心，也是邯郸继"武灵丛台"后又一具有里程碑意义的标志性建筑，被誉为"城台上的美玉"，彰显了邯郸市燕赵文化的内涵与沉淀（图 1）。

图 1　邯郸文化艺术中心整体效果

"城台上的美玉"创意于赵王城"龙台"与"和氏璧"珠联璧合，也就是采取山脉造型的方法，将大剧院、博物馆、图书馆和城市规划展览馆四个单体建筑合为一个建筑群，各功能独立又相互呼应，既实现了"动"与"静"的和谐统一，又将古赵悠久的历史文化与邯郸现代化城市风貌融为一体，立意高雅而深远。

邯郸文化艺术中心主体建筑地下一层，地上六层，建筑高度 45m。大剧院居中间位置，为白色圆形建筑物，犹如无瑕的美玉；图书馆、城市规划展览馆、博物馆蜿蜒起伏分列两侧，外墙通体呈青铜色，并且镌刻有古代文字，象征战国时期的城台（图 2）。美玉与青铜城台在建筑外观上形成了强烈的对比，玉与铜、虚与实、轻巧圆润与厚重朴实。

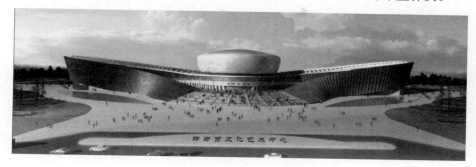

图 2　邯郸文化艺术中心正立面效果

1　工程概况

邯郸文化艺术中心建成后的总建筑面积约 12 万 m²，其中大剧院建筑面积 41597m²，高 45.15m；博物馆共四层，建筑面积 30679m²，包括陈列展厅、文物库房等；图书馆为六层，建筑面积 30643m²，藏书设计规模 150 万册，博物馆及图书馆最大高度 35.15m；城市规划展览馆建筑面积 10141m²，设有基本陈列展厅、临时展厅等，能够使参观者了解整个城市的面貌和规划前景（图 3～图 5）。

主体为框架—剪力墙结构，屋面、主体外围结构、支承外围结构的悬臂结构及剧院顶层结构为钢结构。

图 3　邯郸文化艺术中心正立面斜视效果

图 4　邯郸文化艺术中心背立面斜视及博物馆侧效果

图 5　邯郸文化艺术中心图书馆侧效果

2　幕墙工程概况

　　邯郸文化艺术中心外维护结构由多种幕墙及金属屋面形式组成，面积近 84000m²，主要类型包括 GRC（镀铜）板干挂幕墙、玻璃幕墙、铝板幕墙、起伏面 GRP 人造石幕墙、起伏石材幕墙、不锈钢穿孔板幕墙及钛锌板幕墙、直立锁边金属屋面等。

　　中间位置的大剧院壳体部分采用双层幕墙的外墙形式，内层为白色彩釉点击双层中空 Low-E 玻璃与 3mm 厚微波纹阳极氧化铝单板混合式幕墙，外层为 3mm 厚立体拉伸铝板网，表面采用阳极氧化处理，壳体顶面为直立锁边金属屋面；图书馆、城市规划展览馆、博物馆分列大剧院两侧，其外立面采用了 GRC（镀铜）板干挂幕墙，顶为铝单板屋面及玻璃采光窗。

　　邯郸文化艺术中心是一个必然带有邯郸历史文化符号的标志性建筑。这样一项对邯郸城市建设史具有里程碑意义的宏伟建筑，必然要成为一座给人以强烈的识别感、强烈的震撼力和具有一定建筑水准、让人过目不忘、庄重大气且不可复制的建筑杰作。为了实现这一建筑构思，在外立面幕墙材料的选择上，采用了镀铜 GRC 板（图 6）。由于混凝土易于塑形的特点，能够使城墙材质表面很容易具有丰富的变化，同时又不失厚重的感觉，恰能完美的体现这一特性。

图 6　邯郸文化艺术中心 GRC 板局部效果

3　GRC 挂板材料

3.1　板材 GRC 的定义

　　GRC（glass fiber reinforced concrete）也称为 GFRC，其中文名为玻璃纤维增强混凝土，是用水泥砂浆作为基材，抗碱玻璃纤维作为增强材料的复合材料，同时，还包括各种用于增强性能的助剂，以及颜料等。

GRC 幕墙板是一种以硫铝酸盐水泥为胶凝材料，以耐碱玻璃纤维丝作为增强材料，通过机械喷射或自动化流水线辊压而成的一种玻璃纤维增强水泥板。该板具有高强、轻质、环保、防火、防水、耐候性强、艺术质感好、安装简便等优点，主要应用于各类建筑的内、外墙装饰，其表面通过喷砂、酸洗、喷涂、氟碳漆、仿石漆等各种装饰工艺，可制成立体浮雕、砂岩、酸洗、仿大理石、仿花岗岩、甚至仿木纹板等各种效果，并可以直接做出平面、曲面等各种艺术立体造型的风格。

3.2 板材 GRC 的加工

GRC 的制造过程中的工艺是十分独特的，将配制好的玻璃纤维混凝土喷射在模板上，质感细腻，能够保证产品达到优良的密实性、强度和抗裂性能。这样制作出来的产品在品质上与普通的混凝土涂抹工艺有着天壤之别。近几年，单层 GRC 薄板已经得到了较为广泛的应用。

3.3 本工程 GRC 板的选用

为了实现该建筑犹如丝绸般飘动的不规则建筑立面及流动而复杂的外立面造型，采用了背附钢架的 GRC 预制大板，同时还做到板块分割设计从屋面到层间在统一竖向线上，并严格对应幕墙分缝。镀铜 GRC 挂板幕墙面积约为 25000 多 m²，镀铜 GRC 挂板总数为 3500 多块。为了解决板块加工及综合考虑经济造价等因素，除顶部及底部收口 GRC 板和正立面大剧院两侧匍匐于地面蜿蜒而下的 GRC 板为异型外，其余均为标准规格板。L 型，4m×1.5m 平行四边形板面，短边九十度弯折进 0.25m，板表面刻凸凹相间的线条，相邻的凸出线条带有互相交替且波浪起伏的条纹，表面自然凿毛，然后镀铜并且自然做旧处理。

4 镀铜 GRC 板幕墙设计

4.1 镀铜 GRC 板幕墙造型

邯郸文化艺术中心镀铜 GRC 板幕墙造型由连续曲面组成（图 7），采用开缝式鳞片叠合

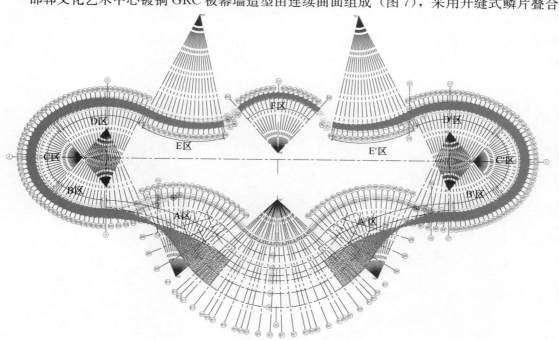

图 7 邯郸文化艺术中心 GRC 板平面分布图

造型，幕墙高度随曲面的延伸高低变化、平滑过渡。幕墙按平面半径的不同共分为 11 个区（图 8），包括 A 区、B 区、C 区、D 区、E 区、A'区、B'区、C'区、D'区、E'区、F 区。

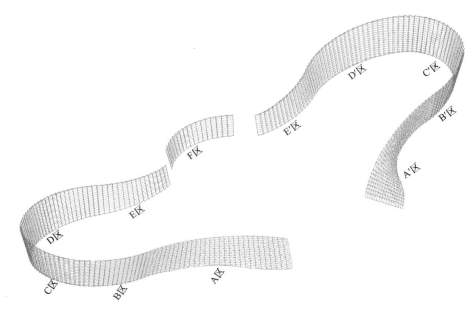

图 8　邯郸文化艺术中心 GRC 板三维立面图

　　A 区~E 区与 A'区~E'区 GRC 造型相互对称，平面半径相同，各区幕墙平面半径随标高不同进行变化。B 区~E 区、B'区~E'区、F 区 GRC 幕墙整体采用倒锥体造型，倒锥体与地面夹角为 75.96 度，幕墙为 GRC 倒锥体鳞片叠合造型（图 9）。A 区和 A'区为 GRC 幕墙由倒锥体立面转换为入口平面 GRC 幕墙的转换区，幕墙为 GRC 扭曲面鳞片叠合造型（图 10）。

图 9　GRC 板幕墙倒锥体鳞片叠合造型

图 10　GRC 板幕墙扭曲面鳞片叠合造型

4.2　镀铜 GRC 板材受力构造选型

目前，GRC 板的受力构造在国内有以下以 4 种类型：

（1）单层板（DCB）：小型板或异型板，自身形状能满足刚度和强度要求。

（2）有肋单层板（LDB）：小型板或受空间限制不允许使用框架的板如柱面板，可根据空间情况和需要加强的位置，做成各种形状的肋。

（3）框架板（KJB）：大型板，由 GRC 面板与轻钢框架或结构钢框架组成，能够适应板内部热量变化或水分变化引起的变形。

（4）夹芯板（JXB）：由两个 GRC 面板和中间填充层组成。

根据本工程 GRC 幕墙特点，幕墙为倒锥造型、板面较大，在保证 GRC 板面自身受力安全的前提下、须严格控制 GRC 板面自身的自重荷载，并且需要考虑板面加工、运输、吊装及安装的方便快捷，最终选用框架板（KJB）构造，由 GRC 板面预埋连接钢筋、背附钢框架组成 GRC 挂板。GRC 板装饰面为波浪起伏条纹造型，板面最薄处设计采用 15mm 厚，保证 GRC 板自身重量控制在 90kg/m² 以下，背附钢框架采用 50×30×4 钢方管及 40×4 等边角钢组成，GRC 挂板整体重量控制在 110kg/m² 以下，满足设计重量要求。GRC 板和背附钢框架之间的连接钢筋采用柔性锚固，包括承重筋、抗震筋及抗风筋（图 11）。

图 11　GRC 挂板正表面及背面构造

GRC 挂板正面采用电解镀铜做旧表面处理，挂板背面采用环氧树脂玻璃钢进行封闭涂装防护处理，背附钢框架采用热浸镀锌处理后，再采用环氧树脂玻璃钢进行封闭涂装防护处理。

4.3 镀铜GRC挂板幕墙造型成型

本工程B区～E区、B′区～E′区、F区GRC幕墙整体采用倒锥体造型，倒锥体与地面夹角为75.96°，幕墙为GRC倒锥体鳞片叠合造型，所有板的高度分格均按标高对缝。对于倒锥体造型，如果采用矩梯形板或异型版形状，会造成板的加工尺寸非常多，没有标准版，给板的模具加工、成型及现场安装造成很大困难，加工安装工期会很长。针对此情况，板块设计采用平行四边形形状，采用平行四边形标准版实现倒锥体鳞片叠合造型。在平面半径不同的各个区域，通过平行四边形夹角的变化实现造型，在各区形成标准板块（图12）。各区标准板块的标准宽度分别为3893mm（B区）、3936mm（C区）、3888mm（D区）、4147mm（E区）、4211mm（F区），各区标准板块的高度都是1524mm。

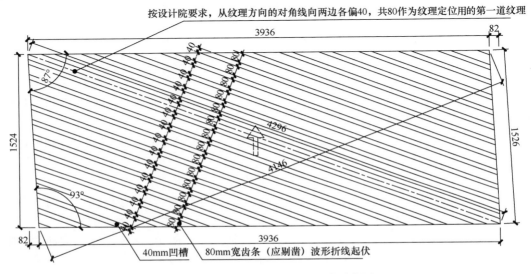

图12 平行四边形GRC标准板块示意图

A区和A′区为GRC幕墙由倒锥体立面转换为入口平面GRC幕墙的转换区，幕墙为GRC扭曲面鳞片叠合造型。对该区板块，采用三维放样确定异形板块形状。为保证扭曲的平滑度，每块GRC挂板都采用扭曲处理，通过挂板3个角点平面外的第4个角点的正负Z值进行控制（图13）。

4.4 镀铜GRC挂板幕墙设计计算的基本参数

工程所在地区：河北省邯郸市

基本风压：0.4kPa，风荷载标准值及设计值按转角体型系数，取2.0；

地面粗糙度类别：B类；

抗震设防烈度：7度（设计基本地震加速度：0.15g）；

设计地震分组：第一组；

抗震设防类别：乙类（地震作用按7度，抗震措施按8度）

设计计算按倒锥体最不利工况向外负风压和自重荷载组合，同时考虑水平地震荷载及温度荷载的不利影响。

设计计算包括GRC挂板幕墙支撑钢架的强度及刚度校核及GRC挂板的面板计算。

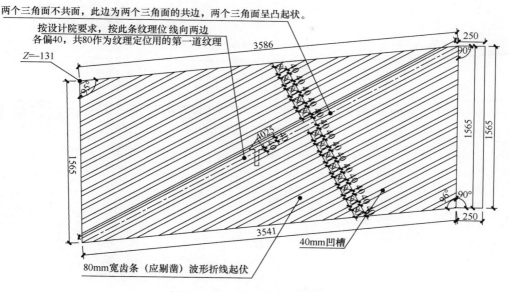

两个三角面不共面，此边为两个三角面的共边，两个三角面呈凸起状。

按设计院要求，按此条纹理位线向两边
各偏40，共80作为纹理定位用的第一道纹理

80mm宽齿条（应剔凿）波形折线起伏

40mm凹槽

图 13　扭曲 GRC 板块示意图

GRC 挂板的面板计算分别进行整体计算及局部计算，包括 GRC 挂板自身背附钢架的强度及刚度计算、GRC 板面弯曲应力计算、GRC 板面抗裂验算、GRC 板面与背附钢架连接预埋钢筋计算。

GRC 挂板加工成型后、进场前进行 $3kN/m^2$ 的荷载试验，试验支撑及连接方式按现场实际安装情况，检测合格后进场安装。

4.5　镀铜 GRC 挂板幕墙支撑结构设计

根据本工程特点及 GRC 造型，幕墙支撑钢架设计采用空间三角桁架组合体系，保证结构的受力及整体稳定（图14）。桁架主管及主横梁采用 60×5 钢方管，内部斜撑等采用 $50\times30\times4$ 钢方管。钢架采用热浸镀锌处理后，表面再做深灰色防腐漆。主体结构钢环梁标准层高为 6m，幕墙桁架采用螺栓连接铰接安装在环梁上，形成多跨连续的空间桁架受力体系（图15）。

4.6　镀铜 GRC 挂板幕墙面板安装连接设计

本工程镀铜 GRC 挂板标准尺寸为 4m×

图 14　GRC 幕墙支撑钢架

1.5m，平行四边形板面。板块较大，单块板重量将近 700kg，安装难度较大。针对此情况，镀铜 GRC 挂板安装连接设计采用干挂设计，以利于板块的吊装。板块采用坐立式安装，上下各 2 个点、共 4 个点安装固定，板块下部 2 点采用插入式螺栓连接，上部 2 点采用角码螺栓紧固，4 点均固定在竖向主桁架节点处。由于要采用平行四边形标准板实现倒锥体叠合造型，板的外端安装点位在不断变化，对此，设计中进行了充分考虑，保证安装固定节点有很大的左右调节量及较大的高低、前后调节量，达到三维调节（图16）。

231

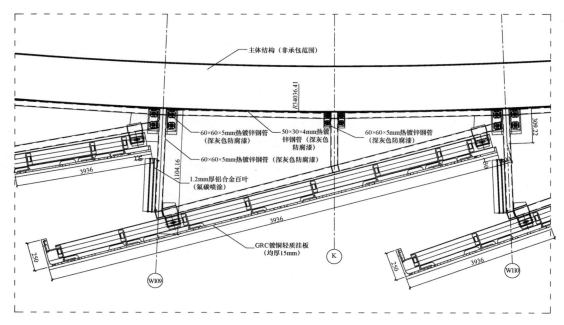

图15　GRC板幕墙横剖标准节点

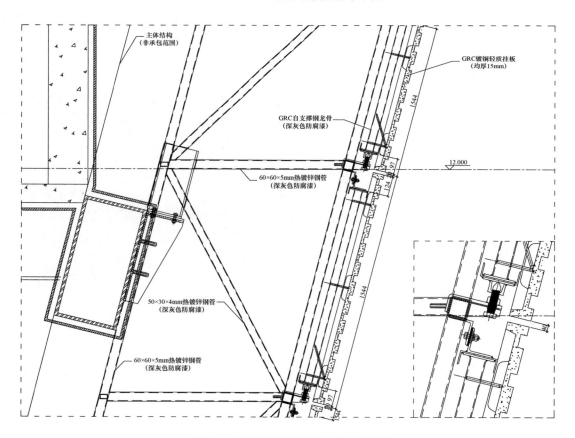

图16　GRC板幕墙挂板安装连接节点

4.7 镀铜 GRC 挂板幕墙侧边封口设计

镀铜 GRC 挂板造型为倒锥体鳞片叠合造型，在两条板面的叠合处，有一条上下宽度变化的侧边开口，宽度约为 600mm，设计采用棱型百叶进行封堵。按建筑设计要求，针对不同的平面区域，百叶采用橙色、金色、黄棕色 3 种颜色，作为幕墙装饰封堵的同时，配合夜晚灯光的照明效果。GRC 侧边封口百叶照片见（图 17）。

图 17　GRC 板侧边封口百叶

4.8 镀铜 GRC 挂板幕墙上下收口设计

镀铜 GRC 挂板标准板块为侧边翻边 250mm 的"L 型"平行四边形板块，上收口处挂板顶面增加 250mm 顶翻边收口，下收口处挂板底面增加 250mm 底翻边收口。GRC 上部和金属屋面收口，屋面不锈钢天沟封至 GRC 挂板顶部。GRC 下部在东边图书馆入口处的白色起伏面 GRP 幕墙和钛锌板幕墙、铝板吊顶收口，GRC 下部在西边博物馆入口处的黑色起伏面石材幕墙和钛锌板幕墙、铝板吊顶收口（图 18）。

图 18　GRC 板幕墙底部收口

4.9 镀铜 GRC 挂板镂空透光板设计

镀铜 GRC 挂板幕墙作为建筑外层的装饰板，其内侧建筑房间的采光问题需要解决。为达到采光的功能要求，在内侧有采光要求的房间处，设计有镂空透光 GRC 板（图 19），保证大面效果协调的同时，达到采光要求。镂空透光 GRC 板采用在板面 40mm 宽的条纹凹槽处开通槽的设计（图 20）。

图 19　GRC 镂空透光板

图 20　GRC 镂空透光板安装后效果

4.10 镀铜 GRC 刻字挂板设计

本工程大面都采用镀铜 GRC 挂板，在 A 区及 A'区的下部，人和 GRC 挂板接触、交流最近的部位，设计有镀铜 GRC 刻字挂板（图 21）。镀铜 GRC 刻字挂板上的字体采用篆体字，在 GRC 板面模具成型时完成，再经凿毛处理进行镀铜，以增加建筑的历史沧桑感、文化内涵及亲切感。设计效果见图 22。

图 21　GRC 刻字挂板

4.11 镀铜 GRC 挂板幕墙防雷、保温、防火设计

防雷设计：GRC 挂板幕墙的支撑钢框架和主体钢结构之间采用螺栓接焊接连接，形成防雷导电通路，达到防雷要求。

防火设计：GRC 挂板幕墙在楼层处，主体钢环梁及外挑楼板处已形成层间防火隔断，满足防火要求。

图 22　GRC 刻字挂板整体安装后效果

　　保温设计：镀铜 GRC 挂板幕墙为开缝式幕墙，作为建筑外层的装饰板，自身没有保温功能，该处采用固定在 GRC 幕墙内侧墙体上的 14mm 厚 STP 超薄真空保温板（外喷外墙涂料），达到保温节能要求。

4.12　镀铜 GRC 挂板幕墙伸缩缝设计

　　邯郸文化艺术中心建筑体量宏大，共有两道南北贯通的结构伸缩缝。为保证建筑的整体效果，在伸缩缝处，GRC 幕墙设计采用板面连续、支撑钢架断开的设计方案。幕墙支撑结构在主体结构伸缩缝处断开，另设一榀钢桁架，保证受力安全及伸缩。幕墙 GRC 挂板板面采用连续构造，在板的 4 点固定处，设计采用水平伸缩的构造，保证面板的安全及伸缩要求（图 23）。

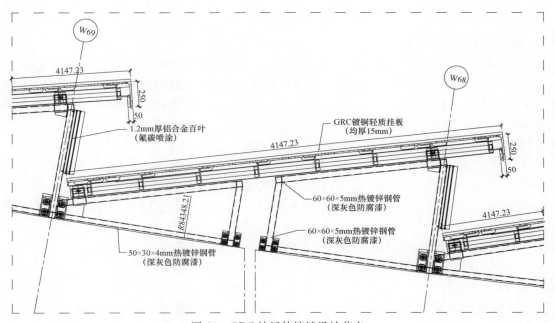

图 23　GRC 挂板伸缩缝设计节点

5 镀铜 GRC 挂板加工

5.1 镀铜 GRC 挂板加工流程

邯郸文化艺术中心镀铜 GRC 挂板板块加工流程如下：

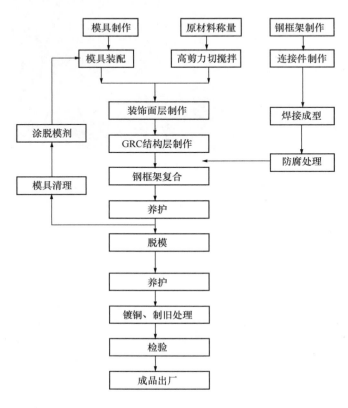

5.2 镀铜 GRC 挂板模具制作

GRC 挂板的模具制作一般采用泡沫材料模具及橡胶模具，泡沫材料模具成本低、适用于制作异形及凹凸面等复杂板块，但重复利用率低；橡胶模具虽然可重复利用，但制作异型板块时费工费时，成本较高。本工程 GRC 挂板模具加工采用泡沫材料模具，模具成型均在车间内完成（图 24）。

5.3 镀铜 GRC 挂板背附钢架制作

本工程 GRC 挂板板面较大，需背附受力钢架才能进行搬运、运输、吊装及结构受力。背附钢框架采用 50×30×4 钢方管及 40×4 等边角钢组成，满足板面结构受力要求。GRC 板和钢框架之间的连接钢筋采用柔性锚固，包括承重筋、抗震筋及抗风筋（图 25）。

5.4 镀铜 GRC 挂板成型制作

本工程 GRC 板制品采用喷射加铺网的混合成型工艺制作。

5.4.1 称量与配料

各种组成均按质量进行配料见表 1。配料时应使用经校准的称量装置，精度不低于 2%。

图 24　GRC 挂板模具成型组装图　　　　　图 25　GRC 挂板背附钢架

表 1　GRC 称料配合比

	GRC 抗弯强度设计值（MOR）	15MPa
	GRC 成型工艺	喷射＋铺网
配合比	水泥种类及强度等级	硫铝酸盐水泥，42.5MPa
	骨料/水泥	1.0～1.5
	水/灰	0.33～0.4
	玻璃纤维含量（含网格布)%	≥3.0

5.4.2　混合搅拌

将按照配合比称量的物料，在强制式搅拌机内拌制成水泥浆料。用测定坍落度的方法检测混合物的黏稠度，并调整减水剂用量，使浆料适于喷射和成型，坍落度应控制在 16～19cm 之间。

5.4.3　喷射

喷射应使用专门的装备，将一定量的水泥浆料与短切玻璃纤维同时喷射沉积于模具上。在开始生产前以及喷射装备控制参数的任何改变时均应使用"冲洗"法测试玻璃纤维含量，调校喷射装备，保证能达到预定设计的玻璃纤维含量。

模具表面应首先喷射不含玻璃纤维的水泥浆料薄层，此薄层在保证完全覆盖模具表面的前提下尽可能薄。薄层喷射完成后应立即喷射第一层 GRC 浆料。

每次喷射的 GRC 料层厚度应为 3～4mm，每喷射一层 GRC 后，应立即用手动滚轮将其压实，然后再喷下一层。喷射 4 至 5 层，用直径 2mm 的圆头不锈钢钢针垂直造型面插入 GRC 至底部，检测 GRC 板面厚度，以满足设计要求。对厚度低于设计厚度的部位应再喷射 GRC 料补足尺寸，超厚的部位应去除多余的物料。测点密度不小于 3 点/m²。

若因板面造型起伏较大而可能使制品超重时，应将造型起伏的坡面板厚适当减薄。

除板面厚度应控制外，每块板 GRC 所需水泥干料净用量也必须控制在 45kg/m² 以内，面积按投影面积计算。

5.4.4　铺埋玻纤网格布和预埋件

a. 在 GRC 厚度达到 3～5mm 时，铺设一层耐碱玻璃纤维网布，并用滚轮将网格布压入砂浆层。网格布的铺设力求与模具造型吻合，搭接宽度不少于 50mm；

b. 在 GRC 厚度达到 7～10mm 时，再铺设一层耐碱玻纤网格布，然后继续喷射 GRC 使厚度达到最终要求厚度。

c. 当 GRC 厚度达到规定的最终要求厚度后，在预埋"L"型钢筋的脚部铺设粘接盘，粘接盘尺寸不小于 160×100，厚度不小于 20mm。

d. 最后滚压、批抹边框成型。

以上成型工艺必须在 GRC 终凝前完成，完成后立即进行带模保湿养护（GRC 挂板成型见图 26，GRC 挂板成型脱模后见图 27）。

图 26　GRC 挂板成型照片

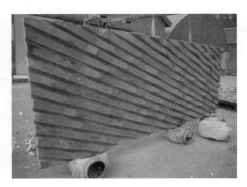

图 27　GRC 挂板成型脱模

GRC 挂板成型脱模后 28 天龄期样板材性检验结果应满足表 2 要求。

表 2　28 天龄期的 GRC 试验样板材性要求

项　目	单位	要　求
LOP 值	MPa	≥6
MOR 值	MPa	≥15
体积密度	g/cm³	>1.8

28 天龄期的样板材性检验分别 GRC 板生产制作之前、中期和结束时进行。

5.5　镀铜 GRC 挂板剔凿制作

邯郸文化艺术中心 GRC 板喷射成型、脱模后，按建筑设计效果要求，需进行波浪起伏条纹面的剔凿，剔凿采用人工剔凿的随机剔凿方式，剔凿量按条纹表面面积的百分比 5%、10%、15% 进行随机控制，以达到自然、沧桑的历史厚重感（图 28～图 29）。

图 28　GRC 挂板剔凿后局部

图 29　GRC 挂板剔凿后整体

5.6　GRC 镀铜和仿青铜处理

GRC 板镀铜采用硫酸盐镀铜工艺。对 GRC 表面进行预处理后，再采用电解方法使 GRC 表面获得铜镀层，在此基础上做旧处理，从而达到青铜面的建筑效果。

镀层应该抗拉强度高，延伸性好。在使用过程中不发生起皮、剥落等质量问题。

整块板材应该一次性作镀层处理。

镀铜层必须提供十年质量保证：在本项目使用条件下确保不掉落、起皮保证铜的自然氧化色。

5.6.1　表面处理

a. 前处理阶段

检查并清理基材板块。除尘、除油污。

喷涂基层胶：采用丁苯橡胶类做表面基层处理。

干燥处理后喷涂底铜层：厚度至少 $3\mu m$ 的铜层

干燥方式为常温下干燥处理。

活化处理：采用至少 10％的 H_2SO_4 溶液浸泡

b. 电镀面铜层

铜板：采用磷铜板，磷含量（0.030％～0.075％）；布置应该沿镀铜板块均匀放置；

镀铜工艺参数：电流密度：1～10A/dm2；阴阳极面积比：1∶1；溶液中硫酸铜含量：180～240g/L；

镀铜时间：4h；

镀铜厚度确定：在与 GRC 镀铜板同等镀铜工艺参数条件下，电镀 100×100×15mmGRC 试件，测量离试件边 10mm 区间（高电流区）的镀铜厚度，作为 GRC 镀铜板的检验厚度，该镀铜厚度应不低于 0.3mm；高电流区镀铜厚度应不低于 0.3mm，对于不合格镀铜层用化学退除法或者阳极电解退除法处理。

c. 后处理阶段

成品活化：采用不低于 5％的 H_2SO_4 溶液浸泡；水洗后做旧：可采用 K2S 处理镀层。

水洗：喷绿锈腐蚀液（碱式碳酸铜）；干燥后喷防腐胶。

打磨铜层，使其铜裸露量满足建筑效果要求。

面漆保护：防黄变聚酯透明漆，达到相关规范要求（镀铜 GRC 挂板镀铜完做旧前后对比见图 30～图 31）。

图 30　GRC 镀铜挂板做旧前　　　　　图 31　GRC 镀铜挂板做旧后

6 镀铜 GRC 挂板施工安装

6.1 镀铜 GRC 挂板幕墙支撑钢架加工

邯郸文化艺术中心镀铜 GRC 挂板幕墙支撑钢架设计采用空间三角桁架组合体系，保证结构的受力及整体稳定。桁架主管及主横梁采用 60×5 钢方管，内部斜撑等采用 50×30×4 钢方管。幕墙主受力构件为竖向平面桁架，加工时，竖向平面桁架先按设计尺寸在地面上进行加工拼装（图 32）。

6.2 镀铜 GRC 挂板幕墙支撑钢架安装

镀铜 GRC 挂板幕墙支撑钢架安装前进行测量定位，由于本工程目前造型为倒锥体及扭曲面造型，幕墙龙骨测量定位比较复杂、尤为重要。测量定位时，利用主体施工时的外围定位控制点，采用经纬仪进行打点，对幕墙竖向主受力平面桁架的上下定位坐标点进行控制。桁架吊装采用电动葫芦等吊装设备吊运。安装时，首先安装竖向主受力平面桁架，然后安装横梁及斜撑构件，形成三角桁架组合体系（图 33）。

图 32　GRC 挂板支撑钢架加工　　　图 33　GRC 挂板支撑钢架安装后效果

6.3 镀铜 GRC 挂板幕墙 GRC 面板安装

由于单块 GRC 板块重量大，且为倒锥体造型，所以镀铜 GRC 挂板安装采用汽车吊进行吊装（图 34）。

图 34　GRC 挂板施工安装

7 结语

邯郸文化艺术中心除采用镀铜 GRC 挂板幕墙外，还采用了黑色起伏面石材幕墙、白色起伏面 GRP 幕墙、钛锌板幕墙、穿孔图案镜面不锈钢板幕墙、门内穿孔图案金色不锈钢板、STP 超薄真空保温板、印花图案 GRC 幕墙、立体拉伸铝板网等一系列新材料及新型幕墙构造形式，极大地丰富了建筑立面，使建筑艺术及建筑思想得到了极大的实现。本工程新材料、新型幕墙见表 3。

表3　本工程新材料和新型幕墙表

序号	材料名称	材料分布	面积（m²）	百分比	备 注
1	镀铜 GRC 挂板幕墙	博物馆、图书馆外立面及大剧院北面	25000	29.76%	GRC 玻璃纤维增强水泥外墙板，表面镀铜处理。大面 GRC 板面采用斜向沟槽、条纹波浪起伏面形式，凹槽宽度 40mm，凹槽深度≥20mm，凸出部位宽度 80mm；部分 GRC 板在 40mm 凹槽上开槽做镂空处理；南立面距地面较近的部分 GRC 板在 80mm 凸出面上做刻字处理（图9、图10）
2	黑色起伏面石材幕墙	西立面博物馆入口部位	1100	1.31%	起伏面天然花岗岩石材。石材表面颜色采用黑色。见图35
3	白色起伏面 GRP 幕墙	东立面图书馆入口部位	1000	1.19%	起伏面 GRP（预铸式玻璃纤维加强树脂板）挂板，颜色采用纯白色（图36）
4	钛锌板幕墙	博物馆、图书馆、大剧院周边及消防通道	5500	6.55%	1mm 厚钛锌板。钛锌板采用法国 VMZINC，表面颜色为天然灰本色。（图37）
5	穿孔图案镜面不锈钢板幕墙	大剧院南面二层大平台主入口	2500	2.98%	2.5mm 厚穿孔图案镜面不锈钢板。（图38）
6	印花图案 GRC 幕墙	大剧院南面二层大平台入口对面	2800	3.33%	平板印花图案轻质挂板。（图39）
7	立体拉伸铝板网	大剧院球体外外面周边	11000	13.10%	阳极氧化立体拉伸铝板网。（图40）
8	门内穿孔图案金色不锈钢板	大剧院南面二层大平台入口门玻璃内	270	—	1mm 厚穿孔图案金色不锈钢板。（图41）
9	STP 超薄真空保温板	镀铜 GRC 挂板幕墙后部的建筑墙体上	24500	—	14mm 厚 STP 超薄真空保温板，外喷外墙涂料，颜色 RAL7026（亚光）。（图42）

图 35　黑色起伏面石材幕墙

图 36　白色起伏面 GRP 幕墙

图 37　钛锌板幕墙

图 38　穿孔图案镜面不锈钢板幕墙

图 39　印花图案 GRC 幕墙

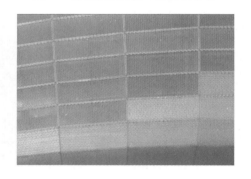

图 40　立体拉伸铝板网

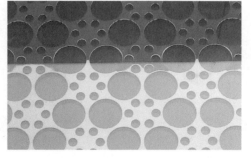

图 41　门内穿孔图案金色不锈钢板

图 42　STP 超薄真空保温板

8 结语

经过一年多的艰苦努力，邯郸文化艺术中心幕墙工程于 2012 年 8 月基本完工（图 43～图 49）。作为工程的参建者，我公司有幸参与了本项目建筑幕墙工程的设计及施工。在此，对在设计和施工中给予我公司大力支持和帮助的有关单位，表示深深的感谢及真诚的敬意！

作为邯郸市的大型地标性建筑，本工程的建成，必将在邯郸建筑史上留下浓墨重彩的一笔！

图 43　建成后的邯郸文化艺术中心

图 44　建成后的邯郸文化艺术中心

图 45　建成后的邯郸文化艺术中心

图 46　建成后的邯郸文化艺术中心

图 47　建成后的邯郸文化艺术中心

图 48　建成后的邯郸文化艺术中心

图 49　建成后的邯郸文化艺术中心鸟瞰图

作者简介

刘长龙（Liu changlong），男，1975 年生，高级工程师，研究方向：大跨度结构型幕墙设计；工作单位：江苏合发集团有限责任公司；地址：南京市洪武路 23 号隆盛大厦 26 楼；邮编：210005；联系电话：13801589616；E-mail：657141996@qq.com。

晁晓刚（Chao xiaogang），男，1981 年生，高级工程师，研究方向：建筑幕墙的设计及实现；工作单位：江苏合发集团有限责任公司；地址：南京市洪武路 23 号隆盛大厦 26 楼；邮编：210005；联系电话：15952012071；E-mail：471712850@qq.com。

苏州中信金融港项目单元体幕墙设计

李德生

苏州设计研究院股份有限公司　　苏州市　　215021

摘　要　建筑幕墙的水密性能至关重要，特别是暴风雨气候下幕墙的防水一直是技术的难点。本文通过苏州中信金融港项目的幕墙系统设计过程、动态水密试验、幕墙质量控制等方面表达幕墙工程防水的设计思路与实践方式。

关键词　幕墙系统；动态水密；幕墙防水；质量

Unit Curtain Wall Design for the Project of Suzhou CITIC Financial Harbor

Li Desheng

Suzhou Institute of Architectural Design Co. ，LTD，Suzhou，215021

Abstract　The watertightness of building curtain wall is extremely important，especially in the storm weather，whose technology is always a difficult point to control. This article is through the design process of the curtain wall system，dynamic water density test，and the curtain wall quality control，etc. of the project of Suzhou CITIC financial harbor，to show the design ideas and practice fashion of water proof in the curtain wall engineering.

Keywords　curtain wall system；dynamic water density；the water proof of curtain wall；quality

1　引言

随着国内建筑业的高速发展，为体现建筑的艺术效果与建筑功能的实现，建筑幕墙得到大量的运用。幕墙作为建筑的外围护结构，不但实现了丰富的建筑效果，并且，作为外围护结构，外墙结构的水密性、气密性、保温节能、通风开启、抗震变形等优越的性能使之在建筑上得到广泛的运用。

研究幕墙在建筑上的运用，首先需研究建筑所在地的气候特征，建筑外围护结构的各种性能特点，比如水密性、气密性、保温性都与建筑形态与建筑气候密切相关。我国幅员辽阔，不同地区气候变化很大，所以在研究幕墙性能特点时，须与建筑气候一起统筹考虑；在这样的设计思路指导下设计出来的幕墙结构将非常符合建筑特征的针对性，且各种幕墙性能均具有较好的保障。

246

常见的幕墙防水设计思路有两种，第一种是被动防水，即完全依靠外墙接缝的打胶进行密封封堵的防水；第二种是主动防水，通过优越的幕墙结构设计进行等压腔体的布置，消除风压对幕墙缝隙的影响，进行合理的导排水路的布置并进行主动导排水考虑，最终实现优越的幕墙水密性能。

通常认为，幕墙实现漏水的三个要素：有水存在，外墙表面有接缝存在，有能使水通过接缝进入室内的压力存在。分析这三个要素，幕墙水密性的设计的重点即是如何消除使水通过接缝进入室内的压力。一般情况下，对于单元体幕墙系统，幕墙技术是考虑通过设置等压腔体进行消除压力。国内幕墙行业设计人员、各种技术会议及各种招投标会议处处充满了幕墙等压腔体的讲述，但事实上，在暴风雨下漏水的幕墙比比皆是，在严格的幕墙性能试验过程中，能够一次性通过水密检测的幕墙非常的少。幕墙水密性的考虑不应当仅仅停留在口头理论阶段，而应该深入分析和理解设计原理，并通过工程经验的不断总结，理论联系实际，并通过幕墙设计生产施工的实践验证，方可真实实现可靠幕墙的水密性能。

在实际的自然环境中，风压是随时变化的，雨水在变化的风压下对幕墙的密封性能影响极大，并且，因为建筑的外表面的接缝非常繁多，要能够保证所有的接缝均完好的有效密封几乎是不可能的，上述第一种被动防水设计，即是将所有外露表面的各种接缝打胶密封，此密封胶缝隙将时刻处在风压的作用下，无数的幕墙案例表明，按照这种思路完成的幕墙项目水密性能很差。在某些情况下（比如隐框构件式幕墙），当不得不使用被动防水设计施工时，建议根据建筑的形态、变形、密封胶的性能特点，对密封缝隙进行专门的处理。本文研究的重点是第二种主动防水方式，利用幕墙结构设计与等压腔体导排水布置，消除与降低等压腔内外的气压差，最大可能地阻挡水到达腔体的接缝，并将进入幕墙腔体的雨水尽快地排出室外；实际工程经验表明，按照这种思路设计的幕墙水密性均能达到理想的指标。下面我们通过实际工程案例进行幕墙防水的分析。

2 苏州中信金融港项目的幕墙概述

苏州中信金融港商务中心项目由美国 GP 建筑设计公司与苏州设计研究院股份有限公司进行设计，现代幕墙系统技术（苏州）有限公司承担幕墙系统设计顾问工作。项目位于苏州工业园区南施街与现代大道交叉口，分为东楼与西楼（图 1）。其中西楼为苏州中信银行办公用楼，包括一栋 112m 高的 22 层塔楼和一栋 3 层裙楼建筑。东楼包括一栋 156.8m 高的 42 层服务式公寓塔楼，以及 15m 高的 3 层裙楼建筑。

苏州中信金融港商务中心项目建筑外立面的设计概念是力求增强每栋塔楼的纵向高度感并与周围较为沉稳的建筑群体形成对比，这一效果是通过 3 层楼高的带角度的玻璃的纵向交错排列来实现。这些复杂的带角度的外墙变化给幕墙的设计带来非常大的技术挑战。

首先，我们对此项目进行气候性能特征分析。

图 1 苏州中信金融港项目效果图

苏州地区位于北亚热带湿润季风气候区，年均降水量达 1100mm，温暖潮湿多雨，季风明显，四季分明，雨量充沛。苏州地区时常遭受热带风暴（台风）的暴风雨袭击，每年在暴风雨水的袭击下，许多的建筑幕墙出现漏水等破坏情况。针对此地区复杂的气候特点，及分析本项目建筑外墙的特征，本项目的幕墙有较高的水密性要求，并须保证在台风暴雨作用下的性能。

根据《建筑幕墙》（GB/T 21086—2007），幕墙的雨水渗透性能以发生严重渗漏现象的前级压力差值 P 作为分级依据，经过分析计算，固定部分值计算 $P=1370Pa$，开启部分值计算 $P=648Pa$，根据规范，本项目幕墙的水密性性能分级为 3 级，此性能等级则为幕墙系统设计的水密性能目标。

3 幕墙系统防水设计

进行幕墙设计前，我们先对项目的外墙系统进行分类，本项目因为建筑造型复杂，外墙变化形式多样，幕墙系统繁多，大致上可以分为塔楼凹凸结构单元体幕墙系统、垂直线条结构单元体幕墙系统、外挑玻璃肋结构单元体幕墙系统、裙楼采光顶幕墙结构、内平开窗结构、裙楼构件式幕墙系统等。本文通过典型的单元体幕墙系统进行防水设计的介绍。

单元体幕墙系统防水设计介绍：

首先我们在建筑外立面设计的基础上对幕墙进行单元划分，按照横向标准分割尺寸 1690mm 与 1310mm，竖向一个楼层高度作为一个单元体板块（图 2）。图 3 为本项目标准位

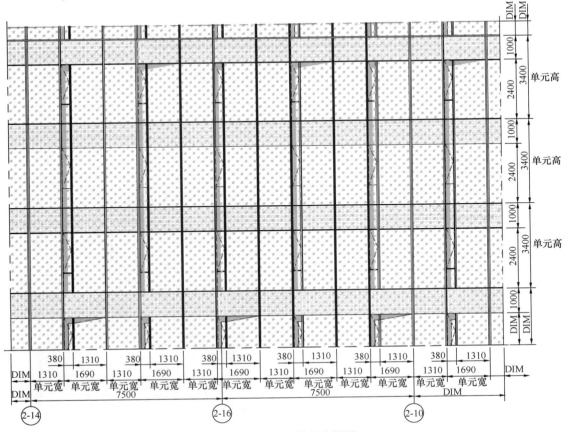

图 2　幕墙典型分割大样图

置的单元体幕墙竖向节点，反映的是标准单元体左右竖向接缝密封处理方式，通过设置多个腔体，形成铝合金公立柱与铝合金母立柱，安装时进行单元体公母立柱插接。图4为本项目标准位置的单元体幕墙横向节点，表达的是幕墙横向接缝密封处理方式，通过单元板块的安装插接，完成幕墙等压腔的实现及幕墙安装的完成。

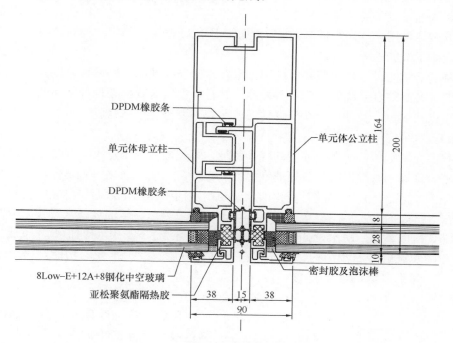

图3　标准位置单元体幕墙竖向节点

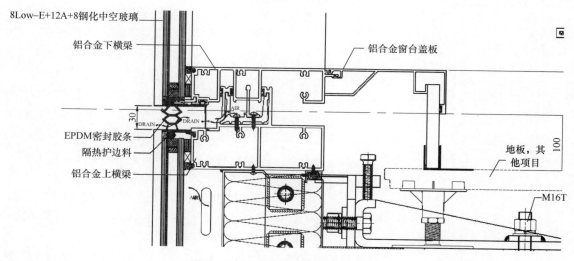

图4　标准位置单元体幕墙横向节点

因幕墙系统要实现建筑的保温节能性能，并要综合防水排水的设计，在项目的系统设计时，应综合考虑各个腔体的结构等压腔的实现、胶条的合理布置、合理的导排水路径、各类密封材料及生产装配工艺的综合运用进而实现幕墙防水及节能。

因本幕墙外观为竖向明框横向隐框，为了保证幕墙节能的完善，在幕墙节点设计中，框料采用美国亚松注胶节能进行设计，并在插接缝隙位置使用了专门设计的三元乙丙节能密封条与亚松隔热注胶节能型材及节能玻璃共同形成完善的节能体系。并为了考虑室外开敞接缝的堵水作用，通过接缝布置特殊形状的胶条进行挤压搭接，阻挡了下雨时大量雨水进入等压腔的可能，并通过胶条隔断了室外空气与等压腔空气，避免风雨时气压引起的气流流速过快对等压腔的破坏作用。并因为横竖向胶条的阻断作用，避免了热空气的对流与热量的辐射作用，大大提高了节能性能。

整个幕墙系统的设计均按照等压结构排水及密封连续性的原则设计，以确保单元式铝框架、窗间墙等各类综合系统的整体水密性能。并且，在所有铝框架构件之间的接缝、螺丝和螺栓，交接点挡水板，及其他所有配件均需按照技术要求进行密封胶密封处理，以组成一个严密连续的防水幕墙构件和要素。

前面我们介绍了项目所在地苏州的气候特征，苏州地方雨水量大，并且在台风作用下的暴风雨袭击对幕墙水密性影响与破坏非常之大。幕墙防水的理念之一就是保证等压腔体的风压与室外相等，但是，在室外随时变化的风压与雨水同时作用下，即使是完全密封的幕墙及门窗也会出现缝隙而漏水。当雨水在风压作用下，超过等压腔体的导排水设计限值时幕墙就会发生渗漏，所以幕墙的防水设计必须考虑这些动态可变的风压影响的情况。

幕墙作为建筑的外围护结构，还必须具备幕墙节能及变形承受的功能，需对于插接深度进行研究，考虑幕墙的变形位移，确保在发生幕墙变形时同样能满足幕墙的水密气密功能。

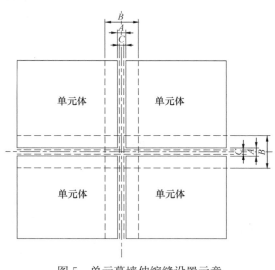

图 5　单元幕墙伸缩缝设置示意

在幕墙系统设计时，需考虑以下的位移对幕墙性能产生的影响，包括：设计荷载造成的翘曲；设计风荷载重复周期作用下造成的翘曲；建筑位移造成的尺寸和形状改变：包括沉降、收缩、弹性压缩、楼板梁挠度、裂缝、风造成的摇摆、地震活动、扭曲、倾斜、温差和潮湿引起的位移。

图 5 表达的是单元体幕墙板块之间的伸缩缝的设置与变形情况。根据伸缩缝的分析结果，确定标准位的插接伸缩缝尺寸为 A。在变形时单元体板块相对位移时，拉伸状态下最大缝隙尺寸为 B。在压缩状态下最小缝隙尺寸为 C。幕墙系统设计的要求需保证无论是在拉伸状态还是在压缩状态下，均需保证幕墙的基本性能，并依旧能够实现幕墙性能的保证。

图 6 表达的是此幕墙系统节能计算的温度图，经过节能玻璃、注胶隔热、密封胶条的合理设计，实现了较好的节能保温性能，本项目的幕墙整体 U 值经过分析计算为 2.2W/（㎡·K），满足了本项目节能的要求。

在本项目中，因为建筑特征的特殊性，外幕墙不是一个连续完整的平面，而是具有很多各种角度的幕墙体系，对此，幕墙系统设计进行专门的分析考虑，使幕墙系统的密封性能保证连续完整。图 7 为平面各种角度转折变化的单元体幕墙系统做法。无论幕墙外观如何变化，均是按照等压结构导排水及密封连续性的原则来进行复杂的系统考虑及细节设计，并在设计中同时考虑生产制造的可行性。图 8 是各种角度转折变化完成后的幕墙实际照片。图 9 是单元体幕墙在横向前后进退交换的节点，通过上横料的前后进退变化，实现建筑外立面的特殊效果，在进退变化中，依然维持防水密封的可靠连续过渡关系。

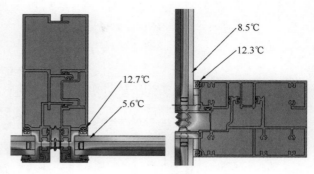

图 6　幕墙节能计算云图

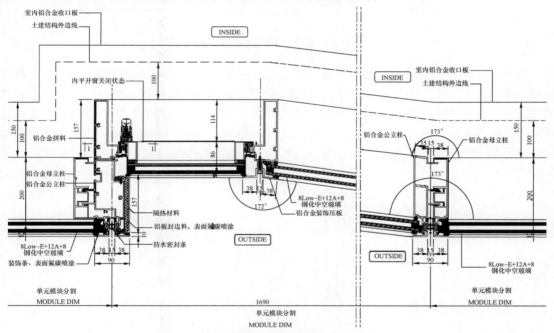

图 7　平面转折变化的幕墙系统节点

图 8　角度转折变化幕墙完成后现场照片

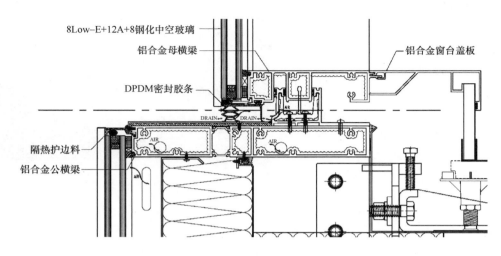

图 9　单元体幕墙横向前后进退交换节点

作为单元体幕墙系统，底部收口也是防水设计的重点，一方面需保证幕墙与建筑底部防水的有效结合，另一方面要保证由单元接缝进到等压腔体的雨水外排顺畅。将铝合金单元底横料与土建结构的接缝进行可靠密封，并在密封胶外使用防水膜将底横铝合金料及结构表面有效防水覆盖，最后在底横料外面再安装铝合金板作为排水板，确保进入等压腔的雨水及单元竖向缝隙进来的雨水可靠的外排，保证幕墙与建筑的整体水密性能。图 10 是本项目的单元体幕墙底部收口设计。

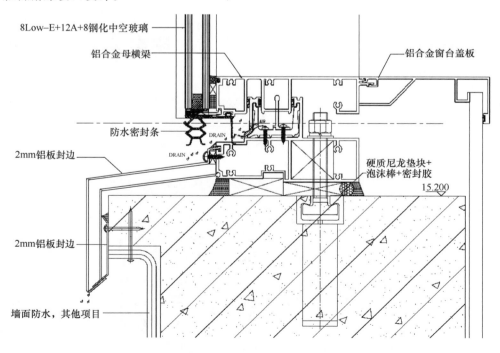

图 10　单元体幕墙底部收口节点

4 幕墙模型性能试验

在设计过程中，所有的幕墙系统设计与细节的考虑均是基于理论情况与过去的项目经验而进行，但自然界复杂的气候条件及建筑的不同特征与特点决定了每个项目的幕墙系统独特性。所以，在进行幕墙大批量生产制造前需进行幕墙模型性能试验的检验，并且根据试验情况进行可能的设计与制造工艺的调整。

为了在试验过程中准确模拟自然界的恶劣天气，本模型的试验采用了中国标准与美标动态水密性试验相结合的试验。按照美标 AAMA501.1-05，用飞机头螺旋桨产生的最大风速对幕墙形成风压，结合外雨水喷淋的做法，准确模拟狂风暴雨的状态来测试幕墙系统的水密性能。

本项目试验在江苏省建筑工程质量检测中心有限公司苏州检测基地进行，按照以下试验流程进行：

(1) 打开、关闭开启窗 50 次。

(2) 预加压测试。

(3) 国标气密性测试（GB/T 15227）。

(4) 美标气密性测试（ASTM E283）。

(5) 静态水密性测试（ASTM E331）。

(6) 动态水密性测试（AAMA 501.1）。

(7) 静态水密性测试（GB/T 15227）。

(8) 抗风压性能试验（GB/T 15227）。

(9) 抗风压性能试验（ASTM E330）。

(10) 重复水密性试验（ASTM E331）。

(11) 平面内变形性能——竖直方向（AAMA 501.4）。

(12) 重复水密性试验（ASTM E331）。

(13) 平面内变形性能——水平方向（AAMA 501.4）。

(14) 平面内变形性能——水平方向（GB/T 18250）。

(15) 重复水密性试验（ASTM E331）。

(16) 垂直于幕墙平面方向变形性能（AAMA 501.4）。

(17) 重复水密性试验（ASTM E331）。

(18) 擦窗机销座荷载试验。

(19) 重复美标气密性测试（ASTM E283）。

(20) 重复水密性试验（ASTM E331）。

(21) 1.5 倍设计风压测试（ASTM E330）。

试验将国标规范与美国规范进行了整合，对水密性试验进行了强化，进行了动态水密性试验与多次的重复水密性试验，确保在试验中能够发现幕墙系统设计与生产制造上的不足。

在动态水密性测试（AAMA 501.1）过程中，由飞机头螺旋桨产生的最大风速对幕墙形成风压，在 15s 内施加至 1000Pa 的压力，在该压力下以 3.4L/（m² · min）的淋水速度，持续淋水 15min，淋水装置为外喷淋，在此条件下检查幕墙固定部分接缝是否有渗漏（图11）。在解除压力情况下，关闭淋水装置，待模型状态稳定，检查试验过程出现的部分漏水

图11　实体幕墙模型试验过程中

（图12），根据渗漏情况，检查分析渗漏的原因，改进幕墙系统生产制造工艺。

在本项目试验过程中，有多次重复性的水密性试验。在进行抗风压试验与变形位移试验后再进行多次重复水密性试验，这样能够检测幕墙在经过狂风暴雨及位移变形后需继续保持幕墙水密性的功能。

在检测过程中，幕墙模型发生了开启窗漏水及多点固定玻璃漏水的情况（图13）。对照生产装配图纸与现场样板情况，发现漏水的部分原因如下：

（1）部分单元体板块装配工艺不合格，应密封处理的地方没有进行有效密封。

（2）部分单元体排水孔没按图生产，导致雨水导排不畅。

（3）模型单元体样板封边料没完全按图施工，导致模型封边处漏水。

（4）开启窗胶条设置有误，导致密封性差。

针对模型检测中发生的问题，查找原因，分析问题，进行改进幕墙工艺制造，并提出更高的质量标准，这些修订工艺文件同时作为批量生产幕墙的工艺依据与检查文件。

图12　模型试验中出现的部分漏水

图13　模型试验的开启窗部位漏水

5　现场质量检查

在幕墙进行生产施工过程中，作为本项目的幕墙设计方与幕墙顾问工程师，对幕墙生产制造过程中每一个工艺环节进行质量的检查工作。对照项目施工图、生产图、技术要求及规范，在幕墙承包商生产工厂进行全面的质量检查工作，影响防水方面的工艺是检查中的重点。在检查中，也发现了若干的质量问题，包括打胶不合格、铝材铣切错误、胶条密封情况、型材装配拼接等各种各样的问题。通过检查结果，要求幕墙承包商进行改进生产工艺和施工工艺，并制定有效的质量管理方式。

图 14 与图 15，是在幕墙承包商生产工厂进行质量检查时发现质量问题的典型照片。这些问题反映了工厂对技术质量要求的不足，细节装配拼缝密封不能够满足技术要求，在工艺孔加工时破坏单元体幕墙插接翅，这样的单元体幕墙将不可避免地带来漏水的出现。对于这些工艺水平不满足技术要求与规范的，立即停止生产作业，进行工艺整改，重新制定可行的工艺文件与质量检查文件，经过建筑师、顾问、监理、业主代表联合审批认为可以达到质量要求方可继续进行生产工作。

在现场安装过程中，为验证现场幕墙安装完成后的水密情况，根据 AAMA 501.2-03 及其描述的设备，进行现场的幕墙淋水试验。选取现场的已完工的幕墙单元，分别按照确定的测试阶段与板块分别进行测试。按照 AAMA 501.2-03，选择满足要求的喷嘴，确定试水水压，在距离玻璃表面 305mm 左右，对着幕墙垂直接缝与横向接缝及开启接缝进行现场喷淋，并进行缓慢地来回移动，以观察幕墙的密封情况。如果在试验中发生漏水情况的，必须及时检查分析原因，改进问题所在，降低以后产生幕墙漏水的机会。并在现场幕墙问题修改完成后再次进行现场淋水试验，确保最终幕墙的水密性能。

图 14　质量检查典型问题照片（一）

图 15　质量检查典型问题照片（二）

6　结语

建筑幕墙的防水是一个系统工程，本文也仅仅介绍了典型的设计思路与水密性试验方式。但是，针对具体某一个幕墙项目而言，防水的考虑必须针对项目的每一个外墙技术环节、每一个工艺过程，分析考虑外幕墙的各种标准系统的导排水设计、各类转角的设计及不同幕墙之间的防水考虑，女儿墙收口位置、景观地面收口位置也都是幕墙防水的重点考虑环节。

几乎所有的图纸的设计都仅仅是表达理想状态，性能试验的检测也仅仅是对来样负责，在具体幕墙项目的实施过程中，工程师必须针对每一个工艺环节进行质量的检查工作。事实上，国内的幕墙承包商技术能力参差不齐，幕墙专业的技术工人也非常的缺乏，在很多时候，能够将图纸表达的幕墙系统变成理想状态的幕墙产品，其道路非常的漫长。

只有对幕墙系统设计、幕墙制造工艺、幕墙质量品质、现场质量检查等各工作阶段的全面的有效控制，在生产施工中遇到问题能够及时落实，研究问题的原因并有效解决问题，最终才能够实现比较完美的幕墙产品与可靠的幕墙水密性保证。

参考文献

［1］ 中国建筑科学研究院等. 建筑幕墙(GB/T 21086—2007)［S］. 北京：中国标准出版社，2008.

［2］ 中国建筑科学研究院. 建筑幕墙气密、水密、抗风压性能检测方法(GB/T 15227—2007)［S］. 北京：中国标准出版社，2008.

［3］ AAMA 501. 1-05，Standard Test Method For Water Penetration of Windows，Curtain Walls And Doors Using Dynamic Pressure.

［4］ AAMA 501. 2-03，Quality Assurance and Diagnostic Water Leakage Field Check of Installed Storefronts，Curtain Walls，and Sloped Glazing Systems.

［5］ 苏州中信金融港商务中心幕墙项目施工图.

作者简介

李德生（Li Desheng），男，1977 年生，工程师，研究方向：节能门窗幕墙系统设计；工作单位：苏州设计研究院股份有限公司幕墙中心；地址：苏州市工业园区星海街 9 号；邮编：215021；联系电话：15250051538；E-mail：342861429@qq. com。

BIM 技术在阿布扎比国际机场项目中的应用

陶　伟　章绍玉

北京江河幕墙系统工程有限公司　北京　100031

摘　要　阿布扎比国际机场项目结构造型复杂、系统较多，BIM 技术的成功运用在前期协助项目深入理解幕墙系统之间的内部配合，且规避了幕墙系统与主体结构、屋顶、地面等其他分包之间的冲突，有利于项目前期的施工组织设计及和各分包之间的协调，为后期的工程施工及施工组织方案提供了强有力的帮助，能让项目人员从三维宏观上对楼体、边口等有更清晰、更透彻的理解，促进工程项目实现精细化管理，提高工程质量、降低成本和安全风险，提升工程项目的效益和效率。

关键词　BIM 深化设计；碰撞检查；建筑信息；施工配合

引言

阿布扎比国际机场项目是现有阿布扎比机场的扩建项目，新建的航站楼定位为阿布扎比的门户项目，从道路地平线上拔地而起，如同矗立于高原之上。在这种环境中，建筑物的轮廓映衬在天空之中，成为地平线上最为宏伟壮观的建筑。夜间建筑室内空间灯火通明，打造了通透的结构形象，1500m 以外清晰可见。通往航站楼的路网系统和景观工程共同打造了一系列活动空间，最终以航站楼内宏伟的市民空间结束。室内出发大厅尺度宏大，高达 50m 的空间采用大跨斜拱结构，实现了大部分区域的无立柱设计，使得建筑物如同户外开放空间般宽敞通透；拱形支撑结构视觉上与屋面分离，提升了轻盈感。X 形的平面设计最大化功能布置的利用率，使得扩建后的航站楼能够覆盖 49 个登机口，在任何时间都可容纳 59 架飞机（图 1）。

图 1　阿布扎比机场效果图

如何保证这一建筑与艺术完美结合的作品的结构安全、高效控制和施工精度等一系列的超级难题，从一开始就摆在了工程建造者们的面前。

采用传统实施手段解决这些问题是非常困难的，不仅花费高、周期长，而且风险是巨大的，所以必须在风险可控的基础上进行适度创新。

BIM技术的引入为系统性地、合理地解决这些难题提供了可行性。

1　项目简介

阿布扎比国际机场项目室内的建筑面积为32.5万 m^2，建筑高度为30m，幕墙面积为17.36万 m^2。由4个Pier、49个登机Gatehouses、Center Pier、2个Car Park Link Bridge、Main Pier和Main Processor组成。

由于项目地处中东，质量要求高、造型复杂，而且单元板块为尺寸各异的异形板块，共约22000块，因此施工图、加工图和安装难度大。

2　BIM全生命周期在幕墙实施阶段的应用

随着BIM的不断发展，全生命周期在建筑行业的应用被越来越多的人熟知。全生命周期是建筑项目从规划设计到施工设计，再到运维管理甚至到拆除的一个全过程。

BIM的信息是透明化、共享化和有根据可寻化的贯穿整个生命周期，使之成为一个智能化的管理平台。BIM的用途决定了模型的精细化程度，同时模型的精细程度也决定了BIM应用的深度。

根据阿布扎比国际机场项目的BIM实施要求，每个分包都需要成立专业的BIM团队，完成BIM模型并且有责任与其他分包沟通协调。而BIM技术在阿布扎比国际机场项目中的成功运用，是保证该项目顺利实施至今的重要原因之一。同时也让参与其中的江河创建公司在该项目中真正地体会到了BIM技术的优势，更加坚定了对BIM技术的发展趋势和必然性的信心。

在阿布扎比国际机场项目中，BIM技术成功应用于：精确定位；深化设计；碰撞检查，在设计阶段解决潜在问题；三维模型直接出图辅助加工；配合现场施工，提供定位；工程进度的管理和最终的竣工模型。

2.1　精确定位

（1）整体几何造型定位

由于阿布扎比国际机场项目的放样原理极其复杂，为了能够得到最精确的基准定位模型，我们首先根据IFC图纸所提供的放样原理和公式信息，独立创建理论模型，然后与建筑师提供的参照模型进行比对和分析，逐一确认定位细节，修改和调整有分歧的几何位置，有建筑师最终确认完整模型。经过这样"验证-分析-调整"的过程后便可以更加准确地理解和呈现设计师的设计原理和理念，如图2所示。

整个过程我们采用的是Rhino的grasshopper插件来做的，准确模拟定位几何外观之外，还解决了数据庞大和风险高的问题。

这个定位模型也就是BIM等级中LOD100模型，通过最简单的几何形体/概念体量来定义建筑物的基本形状。

（2）局部几何造型定位

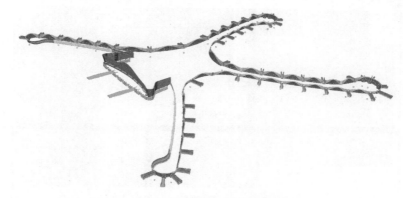

图 2　阿布扎比国际机场的理论定位模型

① 阿布扎比国际机场项目的外饰面主要部分是由 4 个 Pier 和中央区（CentralPier）的标准 PT、PC 系统组成，而单位 PT、PC 系统是在圆锥体的曲面之上，由不同的 sin 函数曲线切割而成，所得几何定位面为双曲面造型。水平和垂直划分幕墙分割得到的理论单元板块大小和形状都不相同，如图 3、图 4 所示。

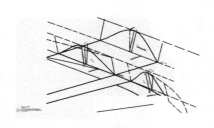

图 3　PT&PC 定位曲线

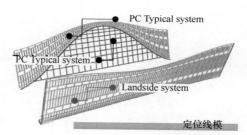

图 4　PT&PC 幕墙线模

② Car Park Link Bridge 部分的造型是由逐渐变化的椭圆截面组合而成，整个的几何形体都是曲面的造型，然后在椭圆界面线之上取等分点一一相连，形成三角形的平面幕墙板块，意味着每个三角形的单元板块大小和拼合角度都不相同，并且在每个关键控制点处同时有六个板块相交，每个板块的倾斜角度和方向也各不相同，所以无论是定位还是创建实体模型难度系数都非常高，如图 5 所示。

③ Main Processor 部分中的 PRD 系统中，转角位置的造型很特殊，也很有难度。首先它是由倾斜的 75.25°幕墙转变为 90°的垂直幕墙的过渡阶段，其次是成面方式：首先定位了顶部和底部的两条不同半径的空间圆弧线，然后由这两条曲线创建成面；分隔的划分在规范中明确说明：将两条基准曲线 9 等分，然后一一对应连接，水平方向延续大面的水平分割线。

由此便可知，转角位置的所有单元体板块的形状尺寸都不相同，不仅每层半径均不一致，每块玻璃单元体顶部与底部半径也不一致，由于角度变换，横梁也并非常规的标准状态，如图 6、图 7 所示。

在阿布扎比国际机场项目中，为了打造建筑本身整体的流线造型，设计师使用独特的设计原理，创建各种双曲面造型，所有基准控制点都来源于样条曲线组合的双曲切割曲面之

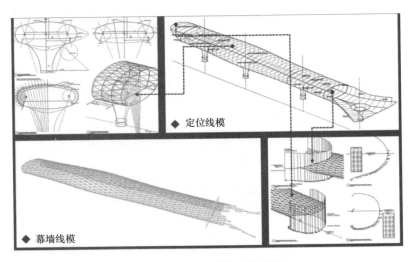

图 5　CarPark 幕墙定位原理

上，以至于外幕墙的面板的尺寸和形状渐变化、多样化，也导致用传统二维的方式无法捕捉和定义位置。

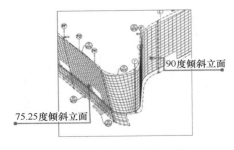

图 6　PRD 转接位置线模

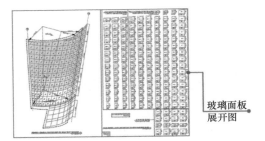

图 7　PRD 玻璃面展开图

【解决方案】

经过我司工程师的多次研究和尝试，根据项目特征和不同软件的优势特点，最终选用

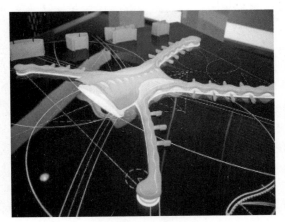

图 8　项目几何造型

Rhino 创建线模定位、Revit 创建实体模型相结合的方法，准确且高效地完成了阿布扎比国际机场项目的 BIM 建模工作。

Rhino 拥有建模速度快、精确度高的特点，所以用它来创建项目最开始的基准定位线模，如图 8 所示。

以线模为基础，按照 Revit 建模方式要求，从 Rhino 中直接导出关键控制点的族定位点模型，然后输入到 Revit 做定位参考。

Revit 作为新兴的 BIM 平台软件，紧跟主流建筑设计的步伐，在创建异型建筑上展现出明显的优势。Revit 中，自适应族类型可以通过捕捉控制点而绘制几何图形并产生自适应的构件。它可以灵活适应许多独特概念条件的构件。它的存在让曲面和异型模型的创建更加便捷和智能。

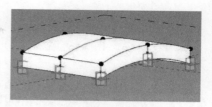

在阿布扎比国际机场项目中，由于建筑几何造型导致的幕墙板块的特殊性，我司大量使用了自适应族类型来创建各种异型的幕墙板块，以最高效的方式完成了相关的建模任务，如图9所示。

图9　自适应族类型

2.2　深化设计

模型的深化部分在 BIM 的全生命周期中占有很大的比例。以确认好的定位模型为基础进行进一步的深化，添加相应的节点和构件形成初版的 BIM 深化设计模型，就是 LOD200 模型。针对外幕墙分包而言，LOD200 模型是指为外幕墙面划分基础的单元构件，例如立柱、横梁和面板，确认外观效果。此模型可以被用来创建较详细的工程量清单，也可以被共享给相关分包商，用于交接和协调的初步检查，但仅作参考。

具体模型的深化我司选用 Revit Architecture 来实现。

由于单元体板块的尺寸和结构不同，形成了多种单元体类型，因此对 Revit 的族文件的可适应性提出了很高的要求。经过我司 BIM 工程师的仔细斟酌和测试，创建了多个多参数共同控制的高适应性的族文件，可以同时适应于不同位置的单元体结构，并且添加足够详细的节点细节，以达到模型的精细程度要求，如图10、图11和图12所示。

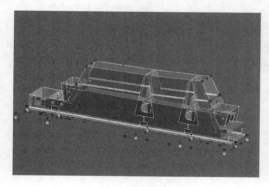

图10　横梁自适应族

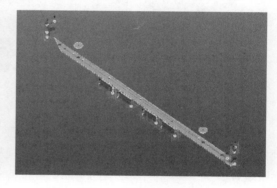

图11　T 型板自适应族

这些参数的设定不仅为前期模型的创建和修改提供了方便，而且在后期可以通过 Revit 的明细表提取各个单元板块的不同参数数据，真正地实现了参数化建模。Revit 族库就是把大量 Revit 族按照特性、参数等属性分类归档而成的数据库。在以后的工作中，可直接调用族库数据，并根据实际情况修改参数，便可提高工作效率（图13）。

Revit 族库已经被公认为一种无形的知识生产力。相关行业企业或组织随着项目的开展和深入，都会积累到一套自己独有的族库（图14、图15）。族库的质量，是相关行业、企业或组织的核心竞争力的一种体现，在未来的行业竞争中也将起到决定性的作用。

图纸的深化设计贯穿整个生命周期，与模型同步进行。两者是相辅相成的关系，随着图纸的不断更新模型也实时地进行修改，而模型中发现的问题也会及时解决并更新记录在最新版本的图纸之上。

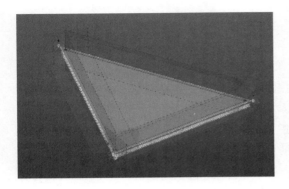

图 12　三角形嵌板自适应族　　　　　　　图 13　族参数设置

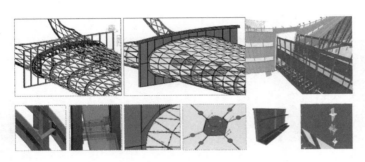

图 14　Car Park 族　　　　　　　　　　图 15　Piers 族

　　阿布扎比国际机场项目中，图纸提交时要求，必须有相对应的 BIM 模型同时提交，而且模型必须是与相关分包协调之后的无碰撞模型，同时具备模型和图纸才可以进入到图纸的审批过程。这一要求大大地提高了图纸审批的效率，不仅因为三维模型的配合加快了看图、审图的速度，而且经过模型协调后提交的图纸中的错误和问题更少，所以审批过程的反复次数也就越少，通过率也越高。

2.3　多专业交接协调——碰撞检查

　　随着模型的不断深化，细节的不断增加，局部的不断完善，模型的等级可以升级到 LOD300，这时的模型可以用于碰撞检查、协调沟通、分包参照、4D 施工模拟、漫游及确认效果等。

　　对于传统建设项目设计模式，各专业包括建筑、结构、暖通、机械、电气、通信、消防等设计之间的矛盾冲突极易出现且难以解决。

　　阿布扎比国际机场项目有过之而无不及，结构复杂、分包众多，不仅设备管线的布置系统繁多、布局复杂，而且还要满足消防通道的净高要求和现场预留洞口的位置不变，所以常常出现管线之间或者管线与构件之间发生碰撞，加之有效利用空间极度紧张，所以设计难度大，施工要求高，如图 16、图 17 所示。

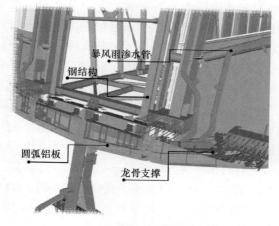

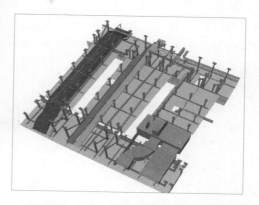

图 16　登机桥设备管线模型　　　　　　图 17　short crossing 设备管线模型

　　鉴于如上情况，我司使用 Autodesk Navisworks Manage 进行多专业模型的碰撞检查。Autodesk Navisworks Manage 软件是设计和施工管理专业人员使用的一款全面审阅解决方案，支持项目设计与建筑专业人士将各自的模型成果集成至同一个同步的建筑信息模型中，用于辅助项目管理。它可以将精确的错误查找功能与基于硬冲突、软冲突、净空冲突与时间冲突的管理相结合，也可以将精确的错误查找和冲突管理功能与动态的四维项目进度仿真和照片级可视化功能完美结合，如图 18 和图 19 所示。

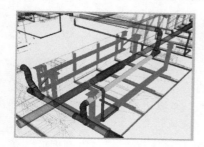

图 18　碰撞检查模型　　　　　　　　　　　图 19　碰撞报告细节

　　Autodesk Navisworks Manage 软件的碰撞检查功能，可以直接用于我司范围内不同系统的碰撞检查，也可以用于与其他各系统分包的模型进行空间的碰撞检查，碰撞检查可以真实查找和报告建筑模型中的不同冲突。而硬碰撞和软碰撞（间隙碰撞）两个方式又分别解决了实体之间的碰撞和空间间距无法满足施工相关要求这两种情况，全面地验证和检查了图纸方案的可实施性与准确性，随之将碰撞结果形成报告反馈给设计组或者相关分包公司，及时地沟通，然后完善设计方案并修改模型，最终达到模型跟踪修改的目的（图 20）。

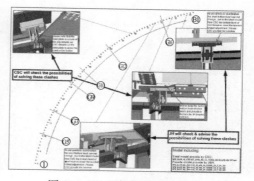

图 20　CG 顶部钢件碰撞报告

阿布扎比国际机场项目中，通过创建 BIM 模型实践提前检查和协调的工作方法，在设计阶段解决了很多潜在碰撞问题，比如混凝土与 MEP 管道系统，MEP 管道系统与幕墙结构支撑，消防通道位置吊顶与消防管道等；优化了很多设计方案，比如登机桥与 Pier 系统交接位置的各系统的安装顺序，short crossing 位置的后补埋件方案等。在这些情况复杂的位置，避免了施工现场大量的返工和资源浪费，同时缩短了工期，大大提高了整个项目的工程建造效率。

2.4　添加项目建筑信息

只有三维实体，没有相关的 BIM 建筑信息的模型不能称之为 BIM 模型，所以添加信息是 BIM 生命周期中不可缺少的一部分。信息的完整添加也标志等级进入了 LOD400 模型。

阿布扎比国际机场项目中，Revit 作为专业的 BIM 软件，可以很方便地为每一个构件添加特征性建筑信息参数，其中包括：唯一的编号，位置信息，工程量数据，构件描述，施工计划时间，现场完成时间，构件的变更记录，相关的图纸信息等，如图 21 所示。

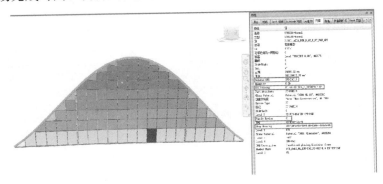

图 21　CG 顶部钢件碰撞报告

运用 Revit 自带的明细表功能创建指定参数信息内容的清单，并且可以便捷地导出为 Excel 表格，不仅方便于数据的统计，也为后期的 4D 和 5D 管理提供了基础依据，如图 22 所示。

计划部门的时间信息也是不断的定时更新的，准确显示现场的安装情况。模型提取的工程量清单数据与原始工程量清单数据相互链接，提供给商务部核算实际用量数据，也提供给总包相关部门审批，用于实际的工程请款事宜，如图 23 所示。

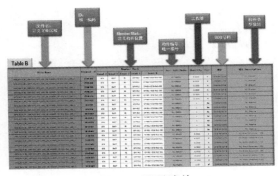

图 22　工程量清单

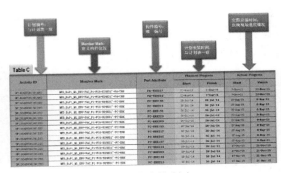

图 23　进度控制表

2.5 辅助出图及加工

阿布扎比国际机场项目的模型已经达到了 LOD400 的等级时，被作为加工参照，直接用来统计数量、提料、提取重量、输出施工图、输出加工图、提供给其他分包定义开孔或者焊接位置等。

首先可出图性是 BIM 的五大特点之一，通过对 BIM 模型设定剖切位置得到构件精度的节点图，而且这些节点图纸与三维模型相关联，只要模型发生变化二维图纸就会自动修改了，大大地减少了重复修改图纸的工作量，如图 24、图 25、图 26 所示。同时，可出图性不仅仅指通过模型创建图纸的作用，更重要的是此时的模型经过了碰撞检查和设计修改优化的过程，出错率低，需要修改的就少，通过这样高效的工作方式便达到减少设计人员的投入的效果。

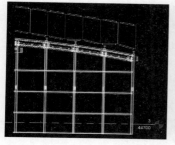 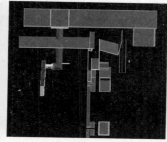 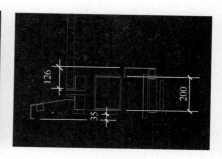

图 24　Elevation　　　　图 25　Section　　　　图 26　Detail

其次在阿布扎比国际机场项目中，辅助加工有很多方面的应用，以 ShortCrossing 为例，此位置遍布各种消防管道、空调换气设备、电路、灯、无线接收设备等，再加上混凝土梁结构密集排布，同时我们所做的吊顶位置由于位于消防路线范围有净高要求，因此复杂的结构交接和有效的利用空间为吊顶设计和安装造成了很大的困难的同时，碰撞打架问题众多，如图 27 所示。

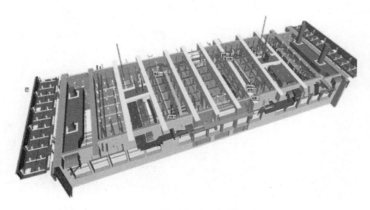

图 27　Short crossing 合并模型

由上可知，仅凭图纸的表达和沟通已无法满足此时复杂的协调情况，拥有直观的可视性和模拟性的 BIM 模型此时充分体现了它的优势。并且协调后无碰撞冲突的 BIM 模型直接用于提料和加工，BIM 实体模型可直接用于加工参照和位置定义，同时模型中的每个构件都拥有自身的特征信息参数，包括长度、数量、重量、材质等，可以批量导出数据表便于统计或提供给其他部门参考使用。

所以最终 short crossing 位置的吊顶和龙骨的模型直接用于加工，在阿布扎比国际机场项目中很多类似这样复杂的位置都采用了"模型协调沟通—辅助提料加工"的运营模式，不仅加快了沟通协调、修改优化、确认最终可行方案的速度，还有效地避免了人工的误差，从而也有效地减少了材料的浪费与缺失情况。

2.6 配合施工

LOD400 的模型也可以用于复核现场偏差和指导现场安装。

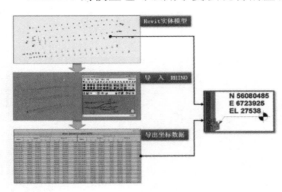

图 28　坐标数据报告

阿布扎比国际机场项目中，通常会从模型中提取所有构件的定位坐标数据给现场测量人员复核主体结构偏差，为准确安装提供基础保障，如图 28 所示。

以 Gatehouse 为例，协调后最终确认的 Revit 实体模型提供给钢结构分包，用于定义钢件焊接位置，以便于钢件可以在工厂完成焊接。当带有钢件的钢结构在现场完成安装后，项目测量人员会根据 BIM 提供的坐标信息复查所用钢件的现场坐标点信息，以此来判断主体结构的偏差值并分析对幕墙面板的安装影响。

对比理论坐标数据和现场实际测量数据表便可以得到偏差值报告，以此确认安装的调节方案，以保证幕墙始终安装在精确的理论位置，如图 29 所示。

同样以 Gatehouse 为例，由于主体钢结构分包的加工误差和现场安装偏差，导致整体的钢结构定位侧偏 20mm。因此根据偏差报告分析，我们不得不通过调整挂接方案，加大调节范围，来保证幕墙实际安装位置不变，达到精确安装的效果。

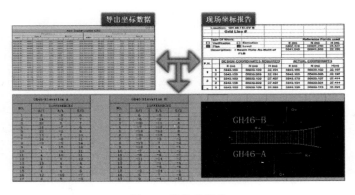

图 29　偏差值报告

在 Autodesk Navisworks Manage 中我们运用 BIM 三维可视化功能创建漫游动画，将施工方案模型化、动漫化，与现场管理人员进行施工交底，利用动画指导现场施工人员安装，无论安装位置，还是安装顺序，都清晰可见，无形中加快了施工进度。

2.7　工程进度管理

工程进度管理是在 BIM 的三维模型的基础上添加时间信息，用来安排施工计划、优化同级任务及确认下级分包商的工作顺序，实时地掌握现场的施工安装情况，从而控制整个工程的时间维度。

阿布扎比国际机场项目中，所有的 BIM 模型构件都被赋予了相应的建筑信息，如图22、图 23 为直接从模型中导出的数据表，Table C 便是时间信息，包括计划时间和实际安装时间，用于工程进度管理。

将时间数据与模型一起导入工程管理软件 Autodesk Navisworks Manage 便可以实现工程进度的可视化效果，也就是 4D 化模拟，如图 30 所示。不仅直观地展现项目的安装情况，同时可以评测设计、施工时间安排的合理性。

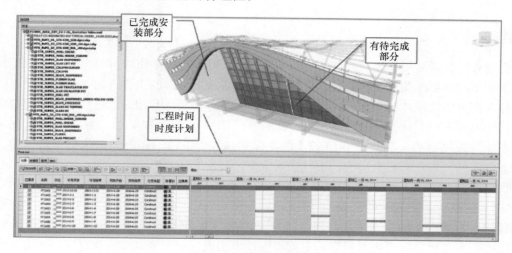

图 30　PT 系统 4D 管理

在 Autodesk Navisworks Manage 中我们还可以根据工程进度的时间数据，运用 BIM 三维可视化功能创建漫游动画虚拟施工进度，让管理人员甚至非工程行业出身的业主领导都对施工进度的各种问题和情况了如指掌。

在虚拟建筑中解决所有需要现场才能解决的问题，避免现场返工；提前协调好，合理安排工作顺序，没有停顿和等待，完全把控工程进度。因此，业界评价 4D 管理的价值为"做没有意外的施工"。

2.8　竣工模型交付

竣工模型创建于项目后期，即 LOD500 模型。竣工模型相对于竣工图纸更加的直观和便捷。

它体现了现场安装完成后的项目的真实情况，包括设计阶段的变更、施工阶段的修改调整等，而且其中应包含项目生命周期的所有信息，是一个完整的数据库。

在阿布扎比国际机场项目中，客户要求 BIM 模型必须与竣工图纸保持完全一致，也就是要求模型真实体现建筑完成的情况。同时竣工图纸中也要注明相关模型信息，实现模型与图纸的相互关联。如此 BIM 竣工模型、竣工图纸、实际工程三部分得到了完全统一。

竣工模型的信息集成将为后期管理提供基础，同时也会为未来建筑的翻新和改造提供便捷的查询途径。

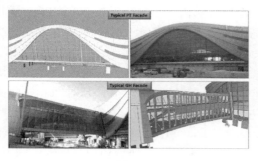

图 31

图 32

3　结语

在阿布扎比国际机场项目 BIM 全生命周期的应用实践中，BIM 团队遇到了很多问题，比如多种不同弧度的曲线怎样拟合、碰撞检查怎样形成更明确的报告反馈于设计、项目信息怎么样在模型中体现才能合理提供给后期管理使用等，但是随着问题的逐一解决，使整个阿布扎比国际机场项目团队人员更深刻地体会到了 BIM 的价值和优势，更深刻地体会到了 BIM 的未来发展趋势。同时在 BIM 技术的支撑下，各个阶段工作的数据信息不断完善、经验与教训不断积累，都将为后续的项目提供宝贵的经验。

现阶段的 BIM 是在不断地发展和完善中的，BIM 模型中信息资料的保存与传递的完整性决定后期 BIM 运维系统的深入程度。BIM 绝不仅仅用于模型查看阶段，BIM 作为在建筑信息管理平台最重要的新型工具，将会越来越多地应用到不同的项目中、更加广泛的领域中。比如阿布扎比国际机场项目在后期管理中计划实现自动识别以实现休息室是否有空余位置；根据客流量的分析可以节省照明设备，了解电梯的使用情况；遇到突发情况时可以根据位置快速地找到最近的疏散通道等，这些都将在未来的 BIM 发展中被实践和实现。

BIM 技术在上海中心裙楼幕墙工程上的探索和应用

胡忠明　朱应斌　程丰常

武汉凌云建筑装饰工程有限公司　合肥　230000

摘　要　对上海中心裙楼幕墙系统的各种双曲面、无规律扭曲面幕墙形式进行介绍，分析解决了其几何表皮在无法简单地用数学函数去表达其几何信息的非线性曲面的情况下，采用 BIM 高技术手段将幕墙造型的几何逻辑、幕墙系统多种类、多交接口等难点进行三维可视化建模，解决了碰撞分析、幕墙表皮快速合理分格、快速材料数据提取、精准现场施工定位、生产管理等难题，实现了"至简、至尊、至精"的设计理念。一直以来幕墙表皮的几何空间扭曲造型及幕墙系统的交接口繁多，是幕墙行业最为棘手的问题，如此复杂的立面，如何实现并保证各交接口自然平滑过渡？需要设计创新、手段创新和精准设计！

关键词　复杂曲面；异型；幕墙；建模；碰撞检查；数字化提取

1　概述

　　上海中心裙楼作为整个上海中心项目的基石，集商业休闲、会议办公、酒店大堂等多种功能于一体，为上海中心项目的主要门户通道，也是人们在上海中心这座超高层建筑工作、观光、旅游时的近距离观察点（图 1）。上海中心裙楼高 7 层，建筑高度 37m，建筑面积 61500m²。幕墙材料有玻璃、石材、金属板等，各种材料所在立面均为非线性曲面，不同材料间交接口繁多，交接处均为相贯异型空间曲线。

图 1　上海中心裙楼幕墙效果图

2 幕墙系统及特点

上海中心裙楼建筑立面幕墙细分为十三套系统：位于东立面商业入口的 PG1 类型单层索网玻璃幕墙系统；位于北面商业区域的 PG2 类型大跨度薄板桁架点支式玻璃幕墙；位于西立面会议厅部位的 PG3-2 类型大跨度钢铝结合点支式玻璃幕墙；位于西立面宴会厅部位的 PG3-1 类型大跨度单层索网玻璃幕墙系统；位于北面及东西水墙部位的 PS 类型整体单元挂接式开敞背栓石材幕墙；位于屋面的 PR 类型金色肌理玻璃幕墙，内部直立锁边铝镁锰板屋面防水体系；位于墙面及吊顶部位的 PR 类型金色肌理玻璃幕墙，内部黑色 PVDF 铝板防水体系；位于西侧五层观光休闲平台处的 VIP 厅（酒吧）玻璃肋点支式玻璃幕墙系统；位于西侧会议厅内部的 B10 类型钢铝结合隐框玻璃幕墙体系；位于南侧首层的隐框框架式玻璃及开敞背栓式石材基座幕墙；位于南侧室内的 J 类型大跨度索管组合桁架玻璃幕墙；位于南侧及北侧的玻璃（不锈钢）雨棚体系；位于东、西下沉式广场的隐框玻璃、开敞式石材幕墙及大量的玻璃栏板体系。

这些系统均以双曲面、无规律扭曲面分布于裙楼各个立面上（图 2、图 3）。

图 2　裙楼幕墙体系主要分布图

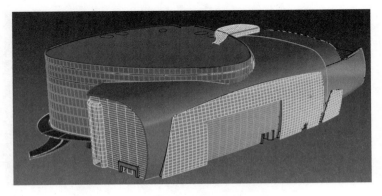

图 3　裙楼幕墙几何造型轮廓图

从图 4～图 9 的造型几何参数来看，上海中心裙楼幕墙的表皮是非常复杂的，不仅涉及普通单曲面、双曲面，更有无规则的空间扭曲面，每套幕墙系统都有各自不同的空间几何造型。特别是 PR 幕墙，几何表皮更是一种无法简单地用数学函数去表达其几何信息的非线性曲面。利用传统的绘图软件是无法准确表达幕墙分格、构造及与主体结构的相对关系的，再加上裙楼幕墙系统繁多，十三套幕墙系统相互或多套交接，导致系统交接口众多，大部分交接口均为不同几何空间造型的异形面。因此如何完美实现建筑师的设计意图，保证建筑外形的精确呈现，精准实现幕墙系统的交接，是需要解决的难点及重点所在。

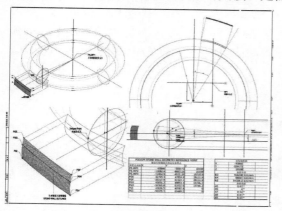

图 4　裙楼 PS 石材幕墙表皮几何参数

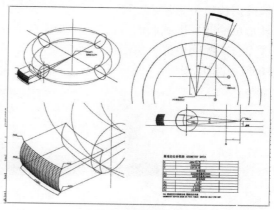

图 5　裙楼 PG2 幕墙表皮几何参数

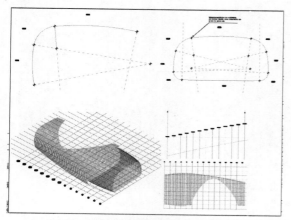

图 6　裙楼 PR 幕墙表皮几何参数

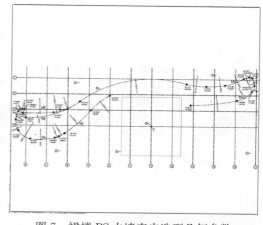

图 7　裙楼 PS 水墙表皮造型几何参数

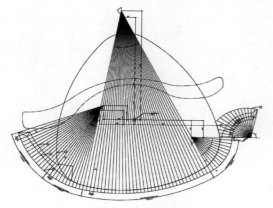

图 8　裙楼南雨棚表皮几何参数

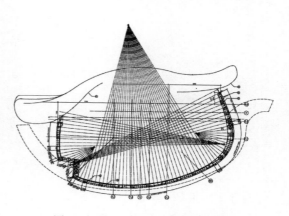

图 9　裙楼基座幕墙表皮几何参数

3 BIM 三维数字化技术的探索和应用

3.1 表皮分格及实体建模

3.1.1 表皮分格

上海中心裙楼幕墙工程多个系统均为曲面，其中以 PS 石材幕墙及 PR 金色肌理玻璃幕墙几何逻辑最为复杂。PS 石材幕墙造型逻辑简单地可认为是大小两圆相切后以固定半径旋转形成的非标准圆胎面；PR 金色肌理玻璃幕墙造型逻辑简单地可认为是多个半径不同的弧线组合成封闭曲线，然后此封闭曲线再以无规律空间曲线拉伸挤出形成非标准柱面（图 10、图 11、图 12）。

图 10　PS 石材/PR 玻璃幕墙表皮效果

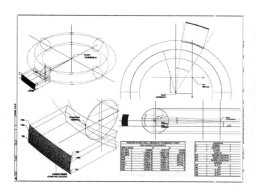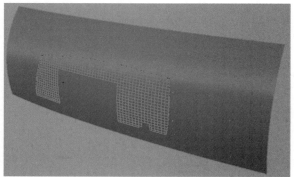

图 11　PS 石材幕墙表皮模型

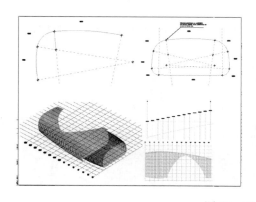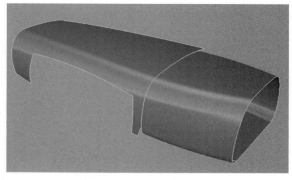

图 12　PR 玻璃幕墙表皮模型

对于 PS 和 PR 幕墙这两种复杂双曲面几何表皮造型，普通绘图软件无法进行或很难进行准确的表皮分格工作，尤其是 PR 幕墙。我们先就 PR 幕墙表皮分格逻辑进行一个简单的介绍。

PR 玻璃幕墙采用 8＋1.52SGP＋8 金色肌理夹胶平板玻璃，单块玻璃分格为 1800mm×300mm，标准缝宽 16mm。由于其表皮为空间扭曲造型原因，玻璃横向开缝必定不对齐，并且建筑师同意缝宽变化范围为±5mm。东西裙楼 PR 幕墙造型在 9 轴处出现变化，东裙（9 轴以东）部位 PR 造型从正负零标高开始，西裙（9 轴以西）部位 PR 造型从标高 4.2m 处开始并形成闭合扭曲面（图 13、图 14）。

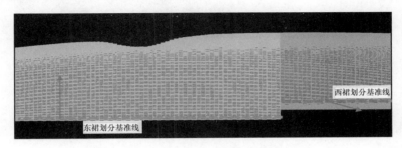

图 13　PR 幕墙北立面玻璃布板基准线设置

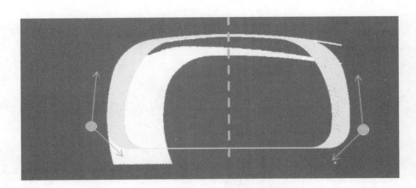

图 14　PR 幕墙西立面玻璃布板基准线设置

由于建筑师接受 PR 玻璃幕墙横向开缝不用对齐，因此东西裙楼处 PR 幕墙分别以正负零和标高 4.2m 处作为玻璃板块布板划分基准线。以基准线为基础，以 300mm 宽为模数进行玻璃分格布板（图 15、图 16、图 17）。

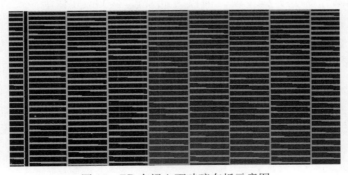

图 15　PR 东裙立面玻璃布板示意图

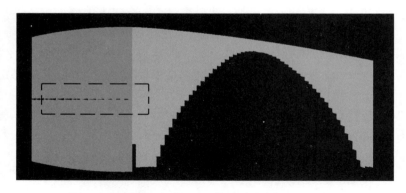

图 16　等距布置方式下 PR 幕墙玻璃布板 TOP 视图

　　由于东裙 PR 幕墙造型截面并未形成封闭曲线，因此按等分 300mm 的布板逻辑是可行的。西裙 PR 幕墙造型截面形成封闭曲线，由于 PR 表皮为空间扭曲面的原因，以基准线为基础等分 300mm 的分板逻辑，就形成了如图 16 红线所示的"齿口"。这个"齿口"是无规律的，即齿口缝大大小小，无等宽现象发生。

　　因此必须采用第二种布板方式来解决此"齿口"问题。我们以 9 轴为界，9 轴以东仍采用等宽布板逻辑，9 轴以西采用圆弧等分布板逻辑（图 18）。

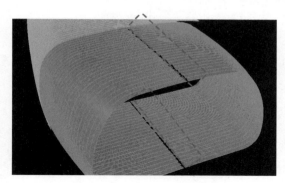

图 17　等距布置方式下 PR 幕墙
玻璃布板西裙模型轴测图

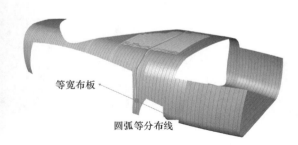

图 18　采用两种布板逻辑 PR 幕墙
玻璃布板西裙模型轴测图

　　9 轴以西采用圆弧等分分板逻辑，即以玻璃长度 1800mm 作为弦长，在横向方向上将 PR 表皮划分为若干个截面封闭的曲线，然后再将这些封闭的曲线以接近 300mm 的弦长步距划分为若干段，宽度变化为 275～300mm，变化步长为 7mm。将相邻的封闭曲线分段点进行连接，即可形成空间四边形，然后拍平拟合形成尺寸接近 1800mm×300mm 的平板玻璃（图 19）。

　　从图 19 可以看出，按圆弧等分布板逻辑重新对 PR 西裙楼部位的玻璃布板进行定义，可以避免交口部位"齿口"现象的发生。并且由于是相邻曲线分段点的连接形成玻璃控制线，玻璃过渡较为自然，错缝也较为规律。

3.1.2　实体建模

　　（1）协同设计院进行主体结构和建筑表皮修正：①幕墙实体模型的建立，有助于核查出

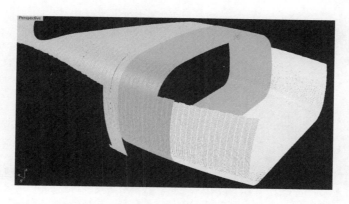

图 19　圆弧等分布板逻辑 PR 幕墙玻璃布板西裙模型轴测图

主体钢结构与幕墙表皮及龙骨的相对位置关系，可以直观地反映出幕墙结构是否与主体钢结构发生干涉，或安装距离过近导致难以施工。以模型为基础，对设计院主体钢结构的布置及形式提供有力的参考，减少后续施工过程中对主体结构的改动；②实体模型的建立，可以让设计院对外表皮有直观的三维观察，对于面材的选择、幕墙表皮收口部位的效果有直观的认识，可以帮助设计院对建筑表皮进行局部微观调整。

（2）给幕墙设计单位设计人员提供指导：①设计人员对照实体模型与二维施工方案图，对不合理连接部进行优化；②实体模型可提供大量的曲面或异形玻璃、金属板加工数据，为设计人员绘制加工图及材料清单提供有力支撑；③实体模型可有效地模拟出曲板与平板之间的差异，指导设计人员分析之间的差异值是否在可接受范围内，实现面材的"以平代曲，以折代曲"。

（3）给幕墙施工单位施工人员提供指导：①实体模型上附带的大量坐标定位信息，可以给现场测量人员提供三维坐标点数据，便于现场测量人员精准放线，控制幕墙精度；②实体模型可以直观地反映出幕墙各构件的关系，指导现场安装施工工作，相比二维图纸更为直观（考虑到当前施工队伍仍主要以农民工为主，普通施工蓝图或无法看懂，实体模型有助于其理解安装过程）；③便于施工单位进行商务变更、工程量统计工作。

（4）给业主、监理单位一定的参考作用。上海中心裙楼幕墙工程收口部位复杂，每个收口部位均涉及多个系统相交接，因此构件布置繁琐；并且收口部位均为空间弧面，如果安装出现较大误差，就会导致收口处各套系统无法匹配交圈，或者即使交圈也会出现收口处缝宽、搭接长度等大大小小，严重影响外观效果。我们以 PG1 为例（图 20）：

从图 20 中可以看出，PG1 收口部位涉及四种面材（体系）：PG1 系统玻璃表皮、PG1 周圈格栅百叶、PG1 檐口铝板及 PR 金色肌理玻璃。PG1 周圈弧形为非标准弧线，为五种不同曲率的弧线组合而成的曲线（原建筑设计此部位为样条曲线，无半径，我司进行高精度拟合后，为五段不同曲率曲线）。四种不同体系的材料、沿着五种半径的曲线，非同一平面（这些平面都非垂直或平行于轴线的平面）交合在一起，施工难度可想而知。如果单纯以二维施工蓝图来讲，可能三五张节点就足以反映此部位构造关系。但是施工人员在这些二维施工节点图的指导下，是不可能完美地将这些幕墙系统精确地组合在一起的。这就需要一个详细的实体模型，反映出各构件的布置关系、布置坐标、转接件与主体结构的转接关系等（图21）。

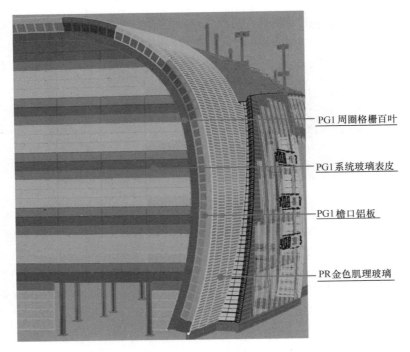

PG1 周圈格栅百叶

PG1 系统玻璃表皮

PG1 檐口铝板

PR 金色肌理玻璃

图 20　PG1 实体模型图

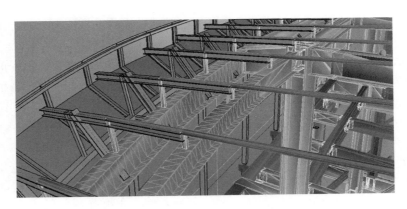

图 21　PG1 檐口龙骨布置图

3.2　模型信息化处理

3.2.1　数字化模型合模

　　上海中心裙楼的复杂空间表皮造型决定了主体钢结构也将同样复杂。正因为如此，主体钢结构和表皮之间的空间关系仅依靠常规的分析，是无法进行准确的判断的：幕墙表皮和主体钢结构是否发生碰撞，是否距离过小无法安装，是否需加设二次钢构等。这些在设计阶段需要解决的问题都可以通过合模技术得到直观体现。

　　从图 22、图 23 可以看出，裙楼钢结构构件密布交织，我们不可能对每根结构构件进行核查，实际上对空间构件普通的放样检查也很难发现问题；并且很多钢结构构件都以折线模拟曲线，这就为人工判断表皮是否与钢结构发生碰撞带来了很大的困难。我们通过将裙楼实体模型与钢结构实体模型在统一基点上（12 轴和 H 轴的交点）进行整合，模型软件自动将相互干涉的部位直观显示出来，设计人员可以对干涉部位进行检查分析（图 24）。

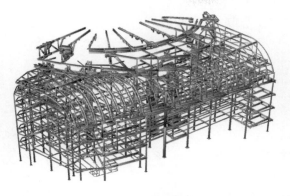

图 22　东裙房主体钢结构

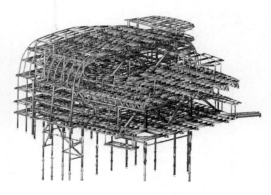

图 23　西裙房主体钢结构

从图 25～图 27 可以清晰看出，钢结构凸出了幕墙表皮。在建筑外表皮原则不变的情况下，这就意味着主体钢结构需要进行调整。由于设计院的结构施工蓝图基本上是以二维平、立、剖的形式表现，因此我们利用数字化模型剖切出合模后相干涉的部位的外表皮安装控制边线，以此边线作为结构的控制线，即结构表皮边缘（含主体钢结构和楼层板混凝土）不能超出此边线，设计院以此边线为基础进行主体结构的修正。如果设计院认为某些结构确定不

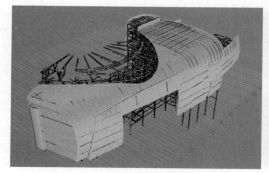

图 24　红线部位为合模后发现
的幕墙表皮与结构的碰撞

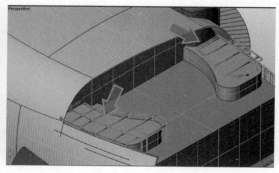

图 25　VIP 厅处钢结构凸出幕墙表皮

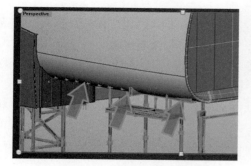

图 26　裙楼立面底部钢结构凸出幕墙表面

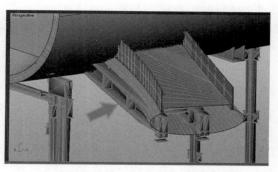

图 27　南侧连廊处，主体钢结构凸出幕墙表面

能够调整（如钢柱已从地下室伸上来，已无法移动），只要其未超出幕墙表皮，但是超出了幕墙安装控制线，我们就需逐一进行龙骨安装分析，分析安装时是否会有影响（图 28）。

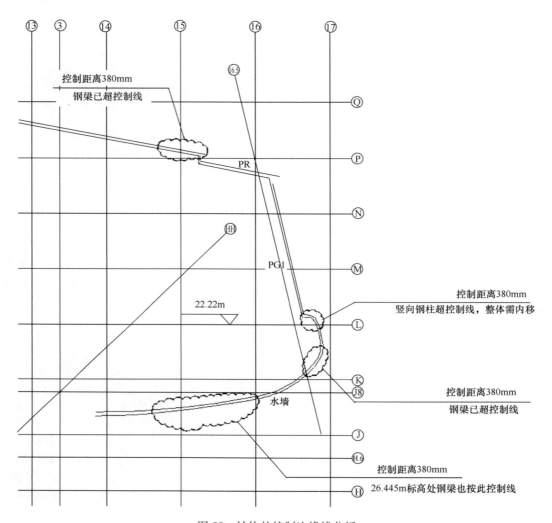

图 28　结构的控制边缘线分析

3.2.2　材料加工数据的提取

在图 29 铝板加工图纸中，共有六个加工数据，两个现场质检尺寸，另外还附有供商务与厂家核算铝板面积的其他一些数据。仅 PR 系统一项，数据量就高达近十万个。

由于实体模型的建立，使材料加工尺寸等数据可以以 Excel 表格形式导出（图 30～图 32）。这有助于实现加工数据的"零"错误：①铝板（玻璃或其他材料）实体模型的建立，使设计人员更为直观地进行核查，且软件也可以进行一定的相交、碰撞检查；②模型建立核对后，统一由程序生成所需的加工数据，避免人为测量尺寸、尺寸填写、尺寸归并等造成的二次错误。

3.2.3　现场测量、安装定位的依据

为了减少现场焊接量，在主体结构加工工厂进行了大量的幕墙所需的预埋钢板预制。主

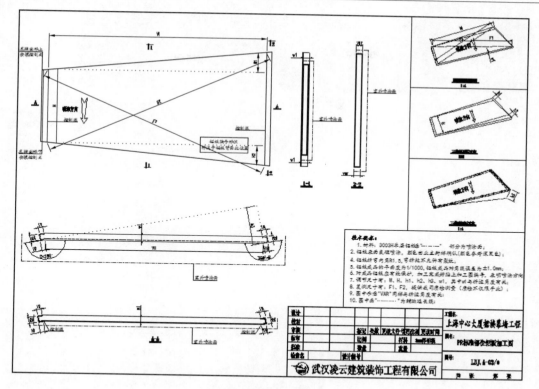

图 29　铝板加工图纸

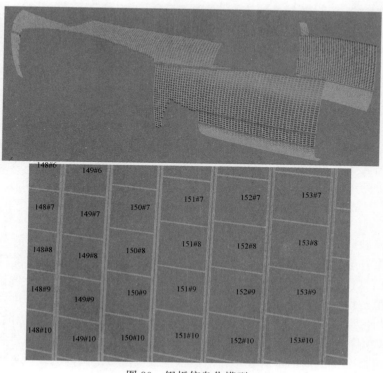

图 30　铝板信息化模型

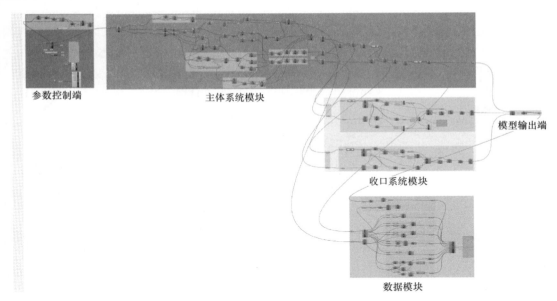

参数控制端
主体系统模块
模型输出端
收口系统模块
数据模块

图 31　铝板信息化批量导出

上海中心裙楼幕墙工程 PR立面部分
PR竖型材加工图
编号：CLD-SHZX-PR-02

	序号	对应型材编号	PR竖型材加工图			L(弧长)(mm)	R(半径)(mm)	H(弦长)(mm)复	W(拱高)(mm)复测信息	弧长(mm) L1	L2	半径(mm) R1	R2	弦长(mm)加工、复测信息 H1	H2	H3	拱高(mm)复测信息 W1	W2	A1(mm)	A2(mm)
6	1	PG1-1	PG1SJ-1	-	A	5193.4	13476.0	5161.4	249.4										87.4	319.9
7	2	PG1-2	PG1SJ-2	-	B					1224.6	1876.9	13476.0	12232.0	1224.2	1875.1	3093.6	13.9	36.0	126.7	309.4
8	3	PG1-3	PG1SJ-3	-	A	3596.0	12232.0	3583.0	131.9										71.5	303.4
9	4	PG1-4	PG1SJ-4	-	B					953.4	4724.0	12232.0	37794.0	953.2	4720.9	5669.7	9.3	73.8	65.8	298.6
10	5	PG1-5	PG1SJ-5	-	A	5605.6	37794.0	5600.5	103.9										56.8	299.2
11	6	PG1-6	PG1SJ-6	-	A	5617.6	37794.0	5612.5	104.3										113.5	299.2
12	7	PG1-7	PG1SJ-7	-	A	5383.0	37794.0	5376.4	95.8										167.9	300.2
13	8	PRB-Z17-H9/S1	PRSJ-Z17-H9/S1	-	A	4886.3	12883.0	4857.1	231.0										46.5	297.3
14	9	PRB-Z17-H9/S2	PRSJ-Z17-H9/S2	-	A	3291.6	12883.0	3282.6	105.0										194.7	297.3
15	10	PRB-Z17-H10/S1	PRSJ-Z17-H10/S1	-	A	4304.7	12884.0	4284.7	179.4										218.1	297.3
16	11	PRB-Z17-H10/S2	PRSJ-Z17-H10/S2	-	A	3220.5	12884.0	3212.1	100.5										55.9	297.3
17	12	PRB-Z17-H10/S3	PRSJ-Z17-H10/S3	-	A	3577.0	12884.0	3566.5	123.9										86.1	297.3
18	13	PRB-Z17-H10/S4	PRSJ-Z17-H10/S4	-	B					812.7	4840.5	12884.0	40988.0	812.6	4837.7	5646.9	6.4	71.4	57.1	297.3
19	14	PRB-Z17-H10/S5	PRSJ-Z17-H10/S5	-	A	5614.8	40988.0	5610.4	96.1										62.5	299.2
20	15	PRB-Z17-H10/S6	PRSJ-Z17-H10/S6	-	A	5608.8	40988.0	5604.4	95.9										111.5	299.2
21	16	PRB-Z17-H10/S7	PRSJ-Z17-H10/S7	-	A	5351.8	40988.0	5349.0	87.3										166.7	299.2
22	17	PRB-Z17-H11/S1	PRSJ-Z17-H11/S1	-	A	4119.4	12884.0	4101.8	164.3										197.8	297.3
23	18	PRB-Z17-H11/S2	PRSJ-Z17-H11/S2	-	A	3264.0	12884.0	3255.3	103.2										221.0	297.3
24	19	PRB-Z17-H11/S3	PRSJ-Z17-H11/S3	-	A	3401.2	12884.0	3391.4	112.1										207.6	297.3
25	20	PRB-Z17-H11/S4	PRSJ-Z17-H11/S4	-	B					954.4	4693.1	12884.0	41518.0	954.2	4690.6	5640.8	8.8	66.3	57.0	297.3
26	21	PRB-Z17-H11/S5	PRSJ-Z17-H11/S5	-	A	5615.1	41518.0	5610.8	94.9										67.4	299.2
27	22	PRB-Z17-H11/S6	PRSJ-Z17-H11/S6	-	A	5604.1	41518.0	5599.8	94.5										116.4	299.2
28	23	PRB-Z17-H11/S7	PRSJ-Z17-H11/S7	-	A	5561.3	41518.0	5557.1	93.1										176.5	299.2
29	24	PRB-Z17-H12/S1	PRSJ-Z17-H12/S1	-	A	4163.7	12884.0	4145.6	167.8										84.4	297.3
30	25	PRB-Z17-H12/S2	PRSJ-Z17-H12/S2	-	A	2944.5	12884.0	2938.1	84.0										63.3	297.3
31	26	PRB-Z17-H12/S3	PRSJ-Z17-H12/S3	-	A	3562.3	12884.0	3550.9	122.9										72.3	297.3
32	27	PRB-Z17-H12/S4	PRSJ-Z17-H12/S4	-	B					900.1	4754.9	12884.0	42050.0	899.9	4752.4	5648.7	7.9	67.2	58.0	297.3
33	28	PRB-Z17-H12/S5	PRSJ-Z17-H12/S5	-	A	5615.0	42050.0	5610.8	93.7										61.3	299.2
34	29	PRB-Z17-H12/S6	PRSJ-Z17-H12/S6	-	A	5603.0	42050.0	5598.8	93.3										110.6	299.2
35	30	PRB-Z17-H12/S7	PRSJ-Z17-H12/S7	-	A	5557.0	42050.0	5553.0	91.8										172.0	299.2
36	31	PRB-Z16-H01/S01	PRSJ-Z16-H01/S01	-	A	3608.2	12883.0	3596.4	126.1										175.1	297.3
37	32	PRB-Z16-H01/S02	PRSJ-Z16-H01/S02	-	A	3447.6	12883.0	3437.4	115.2										114.9	297.3
38	33	PRB-Z16-H01/S03	PRSJ-Z16-H01/S03	-	A	3613.3	12883.0	3601.5	126.5										215.2	297.3
39	34	PRB-Z16-H01/S04	PRSJ-Z16-H01/S04	-	B					739.7	4881.6	12883.0	42587.0	739.6	4878.9	5615.7	5.3	69.9	149.8	297.3
40	35	PRB-Z16-H01/S05	PRSJ-Z16-H01/S05	-	A	5484.5	42587.0	5480.8	88.3										188.6	299.2
41	36	PRB-Z16-H01/S06	PRSJ-Z16-H01/S06	-	A	5631.4	42587.0	5627.3	93.0										69.4	299.2
42	37	PRB-Z16-H01/S07	PRSJ-Z16-H01/S07	-	A	5587.3	42587.0	5583.3	91.6										102.5	299.2
43	38	PRB-Z16-H02/S01	PRSJ-Z16-H02/S01	-	A	3548.5	12883.0	3537.3	122.0										72.9	297.3

PR型材编号图　PR竖型材加工图　PR铝转接型材组件图　PR铝转接型材加工图　PR钢转接件组件图　PR钢 …

图 32　铝板加工数据表格

体钢结构现场安装完成后，检查预埋钢板其偏差值是否满足幕墙安装需要，如果不满足需提前考虑纠偏方案，避免现场随意切割现象的发生（图 33）。这时就需要一个与现场测量互动的过程：根据信息化数据模型，设计人员提供预埋钢板理论三维坐标点→现场测量预埋钢板实际三维坐标值→设计人员进行坐标值分析→进行纠偏方案处理（图 34、图 35）。

图 34 为设计人员提供的实体模型上的，某一焊制于主体钢结构上埋板的一个定位数据。现场测量人员根据指示对此块埋板进行测量并反馈回设计人员。设计人员进行对比分析，偏差在幕墙龙骨可调节范围内的不予处理；对于偏差大于调节范围内的，设计人员则需要加长或缩短转接件距离，加大调节孔长度，或采用其他纠偏措施。

图 33　主体钢结构现场安装完成

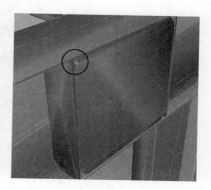

图 34　实体模型三维点

编号	实测数据			理论数据			理论偏差		
	X	Y	Z	X	Y	Z	△X	△Y	△Z
1				26.9328	49.8816	4.8410			
2	28.6872	49.4806	4.8339	28.6877	49.4809	4.8410	−0.0005	−0.0003	−0.0071
3	30.7290	49.0090	4.8340	30.7350	49.0134	4.8410	−0.0060	−0.0044	−0.0070
4	32.8772	48.5128	4.8344	32.8876	48.5218	4.8410	−0.0104	−0.0090	−0.0066
5	34.9200	48.0390	4.8315	34.9349	48.0543	4.8410	−0.0149	−0.0153	−0.0095
6	37.0777	47.5512	4.8282	37.0875	47.5628	4.8410	−0.0098	−0.0116	−0.0128
7	39.1285	47.0854	4.8301	39.1348	47.0953	4.8410	−0.0063	−0.0099	−0.0109
8	41.2840	46.5958	4.8348	41.2873	46.6038	4.8410	−0.0033	−0.0080	−0.0062
9	43.3320	46.1284	4.8260	43.3347	46.1363	4.8410	−0.0027	−0.0079	−0.0150
10	45.4881	45.6509	4.8211	45.4872	45.6447	4.8410	0.0009	0.0062	−0.0199
11	26.9188	49.8753	10.4100	26.9328	49.8816	10.4210	−0.0140	−0.0063	−0.0110
12	28.6666	49.4689	10.4123	28.6877	49.4809	10.4210	−0.0211	−0.0120	−0.0087
13	30.7081	48.9950	10.4121	30.7350	49.0134	10.4210	−0.0269	−0.0184	−0.0089
14	32.8534	48.4944	10.4143	32.8876	48.5218	10.4210	−0.0342	−0.0274	−0.0067
15	34.9148	48.0347	10.4055	34.9349	48.0543	10.4210	−0.0201	−0.0196	−0.0155
16	37.0714	47.5434	10.4055	37.0875	47.5628	10.4210	−0.0161	−0.0194	−0.0155

图 35　理论值与实测值对比分析

　　上海中心表皮空间逻辑造型复杂，幕墙表皮并非为某一水平面或垂直面，多数幕墙表皮为空间曲面，特别是收口部位基本上全为异形扭曲面。为了保证现场安装精度，就必须进行安装关键点控制：在深化设计时，设计人员依据实体模型，找出安装龙骨（面材）等工序时的关键控制安装点，并以三维坐标的形式标注于龙骨（面材）布置图上；在现场安装时，施工人员结合实体模型，对照设计人员给出的安装关键点进行测量放线，保证每道工序的安装控制点都能在可接受范围内，这样最终成型的幕墙才能确保精度，达到建筑师的要求。

　　PG1 处收口铝板在造型逻辑上为一圆台体的剖切面，兼顾着接口 PG1 百页格栅和 PR 玻璃幕墙（图 36）。如果铝板加工不精准或安装出现较大偏差，会导致圆弧面不能够平滑过渡而出现凹凸不平现象，也可能会出现收口铝板不能很好地衔接 PG1 百叶格栅和 PR 玻璃幕墙，造成交接缝隙过大或过小。这两者都会影响建筑效果。

　　因此我们除了在绘制加工图时给出了关键控制尺寸，并且还给出了安装关键控制点位。

如图 37 所示，每块铝板安装我们给出了三个关键控制点、六个非关键辅助控制点。现场测量人员根据这些控制点理论三维坐标进行控制，从而保证铝板安装的精准性。

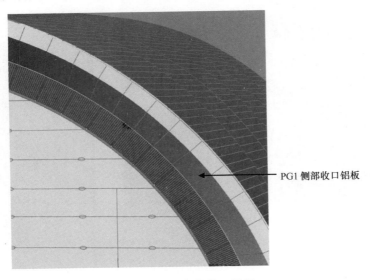

图 36　PG1 侧部收口铝板

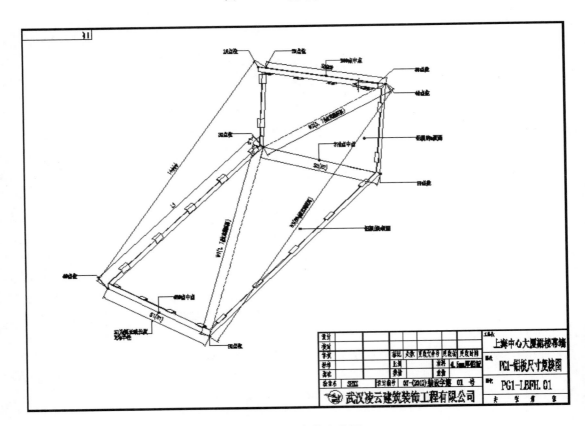

图 37　铝板复核定位图

在上海中心裙楼幕墙工程深化设计过程中，对于表皮造型逻辑为空间曲面的幕墙系统，设计人员都会给出龙骨、面材的关键加工、安装坐标等信息，因为此类幕墙现场施工人员是无法根据施工蓝图进行推算得出详细安装坐标的。而对部分表皮造型逻辑非空间曲面的幕墙系统，其平行于或垂直于 X、Y 轴，可以通过二维施工蓝图推算出安装点位的，设计人员可以不提供三维坐标点（图38）。

序号	铝板编号	1#点			2#点			3#点			6#点			7#点			8#点			16#点中点			27#点中点			38#点中点		
		X轴	Y轴	Z轴	X轴	Y轴	Z轴	X轴	Y轴	Z轴	X轴	Y轴	Z轴	X轴	Y轴	Z轴	X轴	Y轴	Z轴	X轴	Y轴	Z轴	X轴	Y轴	Z轴	X轴	Y轴	Z轴
1	PG1-ABL-01	45982	45453	1252	46789	46314	1024	48695	46726	879	46088	44989	-50	46876	45935	-50	46770	46401	-50	45034	45227	599	46832	46129	486	46732	46567	413
2	PG1-ABL-02	45920	45727	2101	46726	46593	1890	48831	47009	1755	45981	45458	1287	46788	46319	1040	46694	46731	894	45950	45593	1684	46757	46458	1465	46882	46870	1324
3	PG1-ABL-03	45862	45981	2956	46667	46852	2762	48571	47270	2637	45919	45732	2116	46725	46630	1905	46630	47014	1770	45856	45856	2536	46600	47142	2203			
4	PG1-ABL-04	45809	46214	3818	46612	47089	3640	48518	47511	3528	45861	45985	2972	46666	46856	2777	46570	47275	2652	45835	46099	3395	46639	46973	3209	46543	47393	3089
5	PG1-ABL-05	45760	46428	4685	46563	47308	4524	46466	47730	4420	45808	46217	3834	46611	47093	3655	46515	47515	3541	45784	46322	4260	46587	47199	4090	46491	47622	3981
6	PG1-ABL-06	45716	46617	5558	46518	47501	5413	46421	47927	5320	45759	46429	4701	46562	47309	4540	46465	47733	4436	45738	46523	5129	46540	47405	4976	46443	47830	4878
7	PG1-ABL-07	45689	46788	6435	46479	47675	6307	46381	48103	6225	45716	46621	5574	46518	47504	5429	46421	47930	5336	45698	46704	6004	46498	47589	5868	46401	48017	5780
8	PG1-ABL-08	45843	46938	7316	46444	47827	7205	46348	48258	7134	45677	46791	6451	46478	47677	6323	46380	48106	6241	45660	46864	6883	46461	47752	6764	46363	48182	6687
9	PG1-ABL-09	45814	47066	8201	46414	47958	8106	46315	48390	8048	45614	47068	8216	46414	47960	8122	46315	48392	8062	45828	47003	7766	46429	47894	7663	46330	48325	7598
10	PG1-ABL-10	45589	47173	9088	46389	48067	9011	46290	48501	8961	45614	47068	8216	46414	47960	8122	46315	48392	8062	45602	47121	8652	46401	48014	8566	46302	48446	8512
11	PG1-ABL-11	45570	47259	9978	46389	48155	9918	48270	48590	9879	45589	47175	9104	46389	48069	9027	46290	48502	8977	45579	47217	9541	46379	48112	9472	46280	48546	9428
12	PG1-ABL-12	45555	47324	10870	46354	48221	10827	46255	48657	10799	45570	47261	9994	46369	48156	9919	46270	48591	9895	45562	47293	10432	46361	48189	10380	46262	48624	10347
13	PG1-ABL-13	45545	47368	11763	46344	48265	11737	46244	48701	11720	45555	47325	10886	46354	48222	10843	46254	48657	10815	45550	47346	11324	46349	48244	11290	46249	48679	11268
14	PG1-ABL-14	45540	47390	12657	46339	48289	12642	46239	48725	12632	45540	47368	11779	46344	48266	11753	46244	48702	11736	45543	47379	12218	46341	48277	12200	46241	48713	12189
15	PG1-ABL-15	45540	47390	13551	46339	48289	13559	46239	48725	13565	45540	47390	12873	46339	48288	12664	46239	48724	12658	45540	47390	13112	46339	48288	13112	46239	48724	13111
16	PG1-ABL-16	45554	47370	14445	46343	48267	14471	46244	48707	14487	45540	47390	13567	46339	48288	13575	46239	48724	13581	45547	47380	14006	46341	48278	14023	46241	48714	14034
17	PG1-ABL-17	45554	47328	15339	46353	48225	15381	46254	48660	15408	45545	47369	14461	46343	48267	14487	46244	48703	14503	45550	47348	14900	46348	48246	14934	46249	48681	14955
18	PG1-ABL-18	45582	47264	16213	46383	48157	16328	46354	48554	47327	45555	47327	15355	46353	48224	15397	46254	48659	15843	45561	47302	15793	46361	48192	15843	46261	48627	15876
19	PG1-ABL-19	45588	47180	17121	46388	48074	17197	46289	48507	17246	45569	47263	16246	46368	48159	16306	46269	48593	16344	45579	47221	16684	46378	48116	16751	46279	48550	16795
20	PG1-ABL-20	45612	47074	18008	46412	47966	18102	46314	48398	18162	45588	47178	17137	46388	48072	17213	46289	48505	17262	45600	47126	17572	46400	48019	17657	46301	48452	17712
21	PG1-ABL-21	45675	46947	18893	46436	47836	19003	46343	48262	19074	45613	47072	18024	46413	47964	18118	46317	48396	18177	45627	47900	18580	46306	46329	18931		46330	18626
22	PG1-ABL-22	45675	46798	19774	46476	47685	19902	46378	48114	19983	45642	46944	18909	46442	47834	19019	46344	48264	19090	45658	46871	19342	46459	47759	19460	46361	48189	19536
23	PG1-ABL-23	45714	46629	20652	46516	47513	20795	46418	47939	20888	45676	46795	19790	46477	47964	19900	46344	48111	19999	45665	46712	20021	46496	47597	20356	46399	48025	20443
24	PG1-ABL-24	45759	46429	21491	46564	47301	21683	46468	47721	21806	45715	46624	20674	46517	47509	20814	46419	47936	20904	45735	46534	21085	46538	47413	21251	46442	47837	21357
25	PG1-ABL-25	45819	46169	22306	46627	47025	22549	46534	47744	22704	45760	46425	21507	46563	47760	21699	46467	47169	21126	46788	46305	21909	46554	47189	22126	46500	47583	22266
26	PG1-ABL-26	45892	45849	23097	46705	46695	23390	46614	47081	23577	45820	46164	22321	46628	47020	22564	46535	47428	22719	45854	46014	22712	46665	46860	22980	46573	47263	23152
27	PG1-ABL-27	45978	45471	23861	46797	46282	24202	46710	46663	24420	45893	45843	23112	46706	46675	23404	46615	47074	23592	46750	46688	23807	46661	46876	24010			

图38　铝板安装测量定位表

前面已经描述过 PR 幕墙的空间扭曲造型，现场施工人员是无法通过推算得出型材、玻璃的安装坐标点的。我们通过铝制转接系统的各种调节，在材料加工时可以归并一部分玻璃和铝制安装座，减少加工量和现场材料二次搬运工作量（图39）。但是现场定位坐标却无法合并，每一块玻璃都有其固定唯一的安装坐标点，而每一块玻璃都需现场测量又不现实，因此设计人员提出：横向上每隔两至三跨，纵向上每六个 300mm 宽的玻璃板块需精确测量一次控制点，保证安装精度。精确控制点之间的玻璃以设计人员坐标点作为参考，以实际安装效果作为基准，保证空间曲线的圆滑过渡即可。

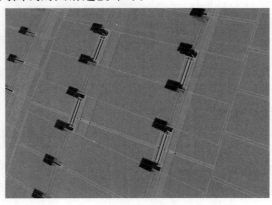

图39　PR 幕墙玻璃及安装座模型图

3.2.4　指导工厂化制作、现场安装

上海中心裙楼幕墙系统繁多，幕墙面材组合复杂。特别是 PS 石材幕墙，单块石材面积

较小，分别为 1200mm×450mm、900mm×450mm、600mm×450mm 三种规格，这三种石材又按四种组合方式在立面上进行排布。PS 石材幕墙整体逻辑造型为双曲圆胎面。

从图 40、图 41 可以看出，PS 幕墙石材面板较小，但是分布又有一定规律。如果采用普通框架式安装，即现场逐块安装，会存在以下两方面的缺点：①石材面材较小，安装费时费工，产出比不高；②石材面材逐块安装，控制点位过多过杂，而现场影响因素较多，会导致可能出现较大偏差。

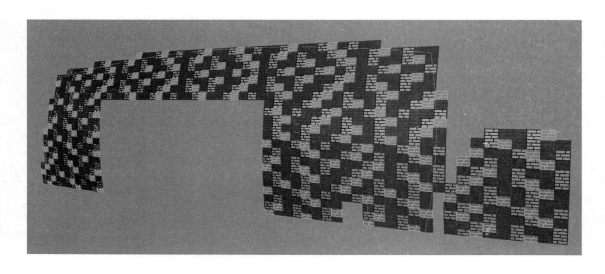

图 40　PS 石材面板立面布置图，边部未剪切

因此我们采取内部防水铝板框架式安装、外部石材单元式整体吊装的安装方式。由于 PS 石材幕墙的双曲表皮造型，而石材板块出于造价考虑，以直面板块代替弧线造型，因此必须精准定位石材板块挂接点位，才能保证石材板块"以折代曲"，实现弧线的双曲效果。

在进行"以折代曲"石材面板前，需要在理论放样上，对其实现效果进行判断，分析平板与弧板间的拱高差异，是否在建筑师可接受的范围，避免折面交口处出现较大凹凸台的出现（图 42）。

从图 43、图 44 放样可以看出，PS 石材幕墙横向曲率半径 624m，纵向曲率半径最

图 41　PS 石材面板布置放大图

小为 64m。横向曲率较大，因此平面石材板块拱高只有 0.65mm；纵向曲率稍小，平面石材板块拱高有 3.54mm。经过讨论，建筑师认为采用平面石材板块，此拱高在大面积幕墙范围人的视觉是无法察别的，是可以接受的。

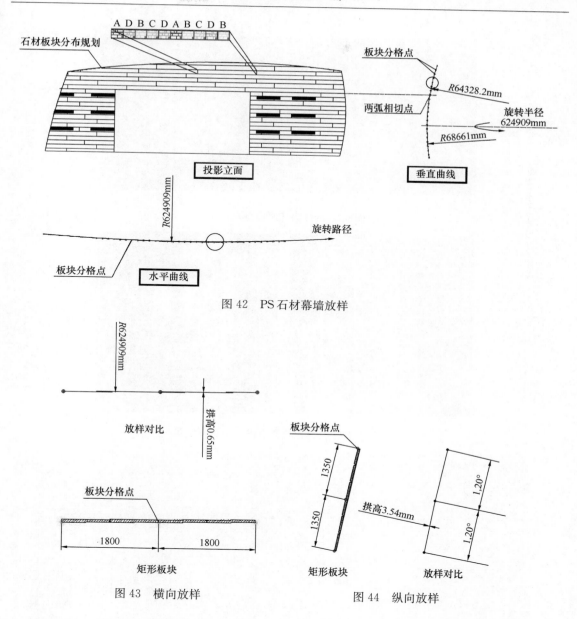

图 42　PS石材幕墙放样

图 43　横向放样

图 44　纵向放样

因此对于PS幕墙的双曲面造型，石材后部龙骨在横向上沿法向布置来适应横向曲率，纵向上采用弯弧形式；在安装防水铝板前，将石材板块挂座预先安装于龙骨上，并进行三维坐标定位；石材板块在工厂进行加工组装，检验合格后运至现场；防水铝板经水密性测试完成后立即进行整体安装石材板块。从这个角度上看，影响石材板块安装质量的关键点，除了板块的组装质量外，最重要的就是现场安装的石材挂座点的精准性（图45、图46、图47）。

钢龙骨在工厂进行加工时，根据信息化模型中提供的数据，在钢龙骨上进行预钻挂座定位安装孔。龙骨在进行工厂材料复测及现场安装复测完毕后，龙骨上的挂座位置也基本进行了精确定位。后续在安装石材挂座和石材板块时，进行更一步地微调，确保安装完毕后的石材幕墙精度。

285

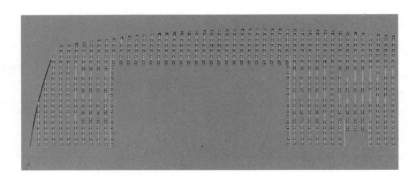

图 45　石材铝挂座模型定位图

图 46　石材板块挂点模型示意图

序号	龙骨编号	加工图号	W	D1	D2	D5	L1	L2	L3	L4	L7	W1	W2	W3	W4	W5	W6	W7	弧长	拱高	数量	表面处理
1	C2-R1	PSLGJG-04	5419.0	78.3	81.7	45.8	132.9					748.6	1346.2	1346.2	1346.2	450.0			5417.6	55.6	15	热浸锌
2	C3-R1	PSLGJG-04	5564.2	82.1	77.9	45.8	120.2					1132.2	1346.2	1346.2	1346.2				5562.7	56.3	7	热浸锌
3	C3-R2	PSLGJG-04	5558.9	80.2	79.8	45.9	125.9					947.7	1346.2	1346.2	1346.2				5557.4	56.4	7	热浸锌
4	C4-R1	PSLGJG-04	5607.4	73.6	65.7	45.3	174.5					53.7	1346.2	1346.2	1346.2	1346.2			5605.8	57.4	6	热浸锌
5	C5-R1	PSLGJG-01	2530.4	84.6	75.4	45.0	541.8	238.9	461.8			120.0	1132.9							2530.3	11.6	7	热浸锌
6	C6-R1	PSLGJG-01	2824.5	84.6	75.4	45.0	658.2	237.0	785.9			210.8	1346.2							2824.3	14.6	1	热浸锌
7	C7-R1	PSLGJG-01	3116.8	84.8	75.2	44.9	590.2	233.1	471.6			120.0	385.1	1346.2						3116.6	17.7	1	热浸锌
8	C8-R1	PSLGJG-01	3397.4	84.8	75.2	44.9	646.0	233.4	749.0			120.0	663.7	1346.2						3397.1	21.1	1	热浸锌
9	C8-R2	PSLGJG-06														见图纸	见图纸				1	热浸锌
10	C8-R3	PSLGJG-07														见图纸	见图纸				1	热浸锌
11	C8-R4	PSLGJG-08														见图纸	见图纸				1	热浸锌
12	C9-R1	PSLGJG-01	3666.2	84.9	75.1	44.9	640.1	231.7	712.9			120.0	932.5	1346.2						3665.8	24.5	1	热浸锌
13	C10-R1	PSLGJG-01	3923.3	85.1	74.9	44.8	497.0	230.0	546.0			120.0	1189.6	1346.2						3922.8	28.1	1	热浸锌
14	C10-R2	PSLGJG-04	3662.7	73.6	65.7	45.3	174.5					53.7	1346.2	1346.2	500.2					3662.3	24.3	2	热浸锌
15	C10-R3	PSLGJG-04	3939.8	82.1	77.9	45.8	644.7					500.7	1346.2	1346.2	500.2					3939.2	28.3	2	热浸锌
16	C10-R4	PSLGJG-04	2491.3	80.2	79.8	45.9	853.4					500.7	1346.2	1346.2	393.3					3491.0	22.3	2	热浸锌
17	C10-R5	PSLGJG-04	6795.7	78.3	81.7	45.8	1506.4					63.6	694.1	1346.2	1346.2	1346.2	1346.2	450.0		6792.9	84.3	2	热浸锌
18	C11-R1	PSLGJG-01	4168.6	85.2	74.8	44.8	488.4	228.5	424.6			208.7	1346.2	1346.2						4168.0	31.7	1	热浸锌
19	C12-R1	PSLGJG-02	4037.3	85.3	74.7	44.7	490.3	226.9	428.1			120.0	322.3	1346.2	1346.2					4036.7	29.8	1	异色氟碳喷涂
20	C12-R2	PSLGJG-03						141.2	92.6	243.7	482.1									2024.9	9.0	1	异色氟碳喷涂
21	C13-R1	PSLGJG-02	4299.0	85.3	74.7	44.7	484.5	225.5	419.8			120.0	613.9	1276.2	1346.2					4298.3	33.1	1	异色氟碳喷涂
22	C13-R2	PSLGJG-03						142.1	93.4	87.0	244.3	484.1								2024.9	9.0	1	异色氟碳喷涂
23	C14-R1	PSLGJG-02	4469.0	85.4	74.6	44.7	473.8	224.0	415.4			120.0	754.0	1346.2	1346.2					4468.3	36.5	1	异色氟碳喷涂
24	C14-R2	PSLGJG-03						143.0	94.1	87.2	243.0	485.8								2024.9	9.0	1	异色氟碳喷涂
25	C15-R1	PSLGJG-02	4667.3	85.5	74.3	44.6	466.4	222.7	409.7			120.0	932.2	1346.2	1346.2					4666.4	39.6	1	异色氟碳喷涂

图 47　钢龙骨挂座点位定位数据表

3.3　参数化设计

参数化设计，是通过将一定的逻辑关系组合，并将组合中的某一项赋予一定的参数变量，在此变量下批量生成模型、数据，或对变量数值进行一定的修改，模型构件即能够大批量地进行相应调整。现以 PR 幕墙玻璃的布置进行参数化设计作一个简单说明。

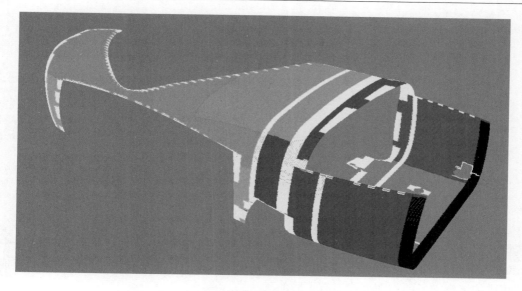

图 48　PR 金色肌理玻璃板块布板模型

　　PR 金色肌理玻璃幕墙，玻璃高度方向上约 300mm，宽度方向上约 1800mm。上文中对玻璃分格逻辑进行了说明：东裙楼 PR 按等宽逻辑方式布置，西裙楼 PR 按圆弧等分逻辑方式布置。如果 PR 幕墙是纯单曲面，玻璃布板工作用普通排列布置方式毫无问题，但是由于PR 表皮的空间扭曲造型，再加上东、西裙楼两种布板原则，使布板工作变得相当困难，即使在模型上进行手工逐块布板，工作量也相当巨大（图 48～图 51）。

图 49　起始部位布板

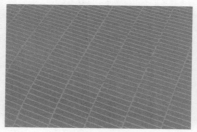

图 50　镂空部位布板

图 51　吊顶圆弧部位布板

　　因此我们采用了模型参数化设计，根据一定的逻辑关系，将玻璃布板分格交由程序完成（图 52）。

　　首先根据玻璃板块分格尺寸，以 1800mm 尺寸做平行于轴线的辅助线，并将辅助线投影到曲面上形成交线，得到玻璃的水平分格。这一步程序较为简单，可以通过程序完成也可以通过手工完成。

　　在参数化程序里面，大致上可以分为三个子模块：第一个子模块是将上述形成的玻璃分格交线进行布点，即沿弦长等于 300mm 设置玻璃定位点（东裙），并在设置定位点时留出玻璃分格间隙；第二个子模块是将相邻交线上的四个点形成一个四边形曲面，并将此曲面拍成平面；第三个子模块是输出平面玻璃的长、宽、高等加工尺寸和现场测量定位点等数据。

　　前面提到过，参数化设计的关键在于利用程序驱动建模工作，并且调整程序中的相关参

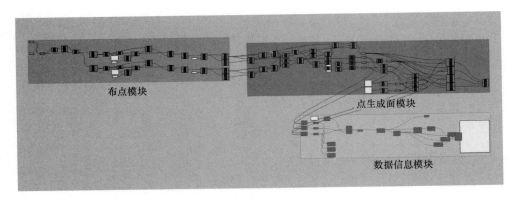

图 52　参数化程序

数变量，模型随之进行调整。如图 53 所示，此参数化程序里面的参数为蓝色模块中的 300mm。如果建筑师要求调整玻璃分格，只需将 300mm 更改成相应数值，模型即可完成调整，相比传统意义上的作图模式，有了质的飞跃。

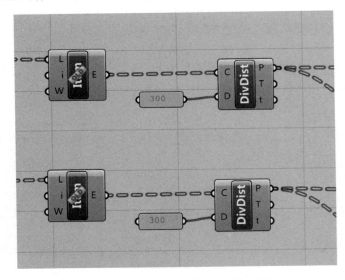

图 53　参数化程序中的关键控制变量

由于建筑师的多轮调整，如果每次调整都要重新建模分析，无疑会带来相当大的工作量，此时参数化设计的优势便极大地体现出来。

在此参数化程序里面（图 54），将挑檐铝板的模型建立分为三个子模块：第一个子模块是采用与 PG3 玻璃幕墙垂直的直线辅助线，以间距 900mm 分格投影至挑檐曲面上，并得到与挑檐相交的曲线；第二个模块是形成如上面方案图所示的挑檐造型，先形成垂直（或倾斜）于 PR 边线，高度为 900mm 的挑檐外沿面，然后以一定角度转为吊顶面；第三个模块是将铝板横纵向分格交线的交点连成一个曲面四边形，分析四边形是否在一个平面内，如果不在一个平面内，其翘曲值为多少，并输出每一块铝板的长、宽、高等加工尺寸和现场测量定位点等数据（图 55）。

总体来说，上海中心裙楼的设计，从最开始的业主招标方案仅有的一些概念图纸，到最

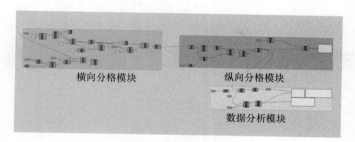

图 54　参数化程序

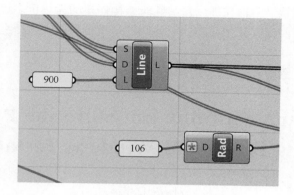

图 55　参数化程序中的关键控制变量

后的完成专家验收，它是我们公司第一个全过程、多阶段、高深入使用 BIM 工具作为主要设计工具的工程，应该来说取得了一定的成功。

参考文献

［1］　张璐薇，关瑞明.BIM 技术发展及其建筑设计应用［J］.华中建筑，2016，11.
［2］　卢婉玫.BIM 技术及其在建筑设计中的应用研究［D］.天津大学，2014.

聚氨酯附框解决了建筑门窗的安装问题

周佩杰

鞍山　114006

摘　要　阐述了聚氨酯拉挤附框在外门窗与建筑结构连接的无热桥设计和施工的一些方法和节点作法，解决了建筑门窗安装中存在的一些问题，指出聚氨酯拉挤型材是解决无热桥设计和施工的优秀材料。

关键词　聚氨酯附框；附框；工艺

Polyurethane with Box can Solve the Problem of Building Doors and Windows Installation

Zhou Peijie

Anshan　114006

Abstract　Expounds the polyurethane pultrusion with box outside doors and windows and the structure of the connection without thermal bridge design and construction of some of the ways and the node，solves the problems that exist in the building doors and windows installation，points out that the polyurethane pultrusion profiles is to solve without thermal bridge design and construction of the excellent material.

Keywords　Polyurethane with box；box；craft

　　节约资源、节约能源、建立节约型社会就是要减少能源消耗和低碳排放，而建筑直接耗能占全社会耗能的 46%～50%，其中门窗的能源损失又占到建筑能耗的 50%，这样近四分之一能耗就由于门窗而被消耗掉，所以减少门窗的能源损失是当前建筑节能的主要途径之一。

　　门窗节能与质量主要在于门窗玻璃、门窗框材料、玻璃与门窗框的密封、开启扇的密封和与建筑墙体的连接等五大重要因素。而门窗与建筑墙体的连接和密封在现行各种规范中对此都没有明确规定，更没有相应试验和检验标准，大多采用一种通常作法；另外由于门窗是由门窗企业进行安装，而建筑墙体和门窗安装后的收口是由建筑施工企业来完成，双方能否配合好显得更加关键，为此现在门窗存在很多问题集中反映在这里，特别是热桥（是指建筑围护结构中热流密度显著增大的部位，成为传热较多的桥梁）问题，必须彻底解决建筑门窗与建筑墙体间的连接和安装问题，使其规范标准化，达到门窗全方位实现节能。

1 门窗安装用附框的产生与发展

1.1 附框的产生

建筑门窗在建筑墙体上安装，是由建筑预留门窗洞口，采用固定片通过射钉（或膨胀螺栓）将窗框与墙体转接固定（图1）或用膨胀螺栓将窗框与墙体直接固定（图2）的方式进行安装；窗框与墙体之间用发泡胶进行保温，水泥砂浆进行收口，密封胶进行密封；最后再安装门窗玻璃等各种附件，完成整个门窗的安装，这也就是门窗的湿法安装。

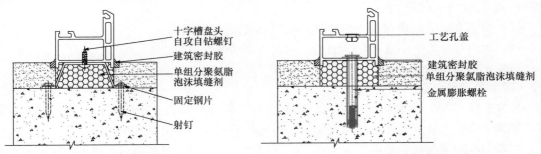

图1　湿法转接固定安装节点　　　　　图2　湿法直接固定安装节点

由于门窗的湿法安装时存在着：建筑施工过程中给门窗预留的洞口不规范；先安装门窗后进行二次抹灰收口对门窗的污损严重；在门窗具备安装条件时，留给门窗洞口测量、门窗加工和安装的时间很短，门窗安装不能保证工期等问题。针对上述问题的解决办法是先安装附框、土建二次收口后再安装门窗。

建筑门窗用附框是指在安装门窗前在墙体洞口预先安装的结构框件，建筑门窗通过该框件与墙体相连。

选用什么样的附框，现成的材料就是钢附框，为不影响门窗的洞口尺寸，使门窗太小又不使二次抹灰量过大，为此要求截面要小，所以选用20mm×40mm的矩形方钢管作为附框，其壁厚由先期的1.2mm到现在普遍使用的1.5mm。

有了附框，门窗安装时要在建筑预留的洞口内先安装附框，建筑进行二次抹灰收口，待土建装饰工程完成后，再进行门窗安装，这样相对地提高了门窗的安装质量，这也就是门窗干法安装（图3和图4）。为此附框具有规范洞口、转接、解决门窗湿法安装对门窗的污损、加快了门窗安装工期的作用。

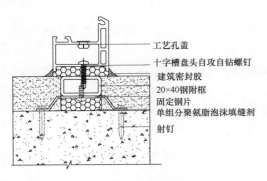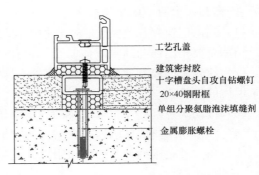

图3　干法转接固定安装节点　　　　　图4　干法直接固定安装节点

1.2　现行钢附框的局限性

由于钢附框是一种临时代用品，它具有一定局限性。

（1）耐蚀性能差，不能与建筑同寿命，甚至于比门窗的寿命还短；

（2）尺寸单一，适用性差；

（3）导热系数高，在墙体中形成了热桥，影响窗与墙体间的保温性能；

（4）线膨胀系数高于窗与墙体间的各种材料，导致膨胀伸缩后变形尺寸不一致，而形成裂缝，影响窗与墙体间的气密性、水密性，因裂缝导致冷热对流，形成了室内结露、结霜、结冰，同时又影响保温性能；

（5）当铝合金隔热窗双腔分别与其连接时，又形成了热桥；

（6）因热胀冷缩会引起响动、脱胶、固定点松动等现象发生；

（7）不能满足门窗安装对附框的更高要求。

1.3　附框的发展

国家建筑节能 75％和被动房建筑，绿色经济、科技环保的发展战略，门窗整窗单元安装，建筑和门窗产业化生产对门窗安装以及所用的附框提出了更高和更新的要求。

以聚氨酯附框为代表的新型非金属附框应运而生，在满足规范洞口、有利门窗成品保护和缩短门窗安装工期的作用外，还具有以下功能，同时也代表了附框的研究与发展方向。

（1）附框是结构构件，应耐蚀，同建筑同寿命；

（2）为门窗的安装提供可靠的连接，保证其抗风压性能；

（3）附框材料要有同建筑墙体保温相同或低的导热系数，不能形成热桥，不能因此而影响墙体的保温性能；

（4）要保证窗与墙体之间无缝隙和裂缝，必须保证附框与墙体间相结合的材料要具有亲和能力，也就是要有相近的线膨胀系数，才能保证门窗与墙体间的气密性，而不漏水；

（5）为门窗的安装用附框提供不同的断面尺寸和结构体系，保证门窗与墙体之间无通缝和便于密封；

（6）附框的安装便捷和牢固，有利于建筑二次收口施工；

（7）为门窗的安装、墙体的内外装饰提供整套的解决方案，并为窗台板、窗套板等安装提供配套的安装和连接方式；

（8）为整窗单元安装和住宅门窗产业化生产提供可靠和便捷的安装方式；

（9）为被动式建筑门窗的安装提供可靠和便捷的安装方式。

1.4　门窗和门窗附框的发展瓶颈

（1）当前门窗存在气密性、水密性差而导致的漏水等问题以及门窗节能保温差而导致结露、结冰主要是门窗与建筑墙体的连接和密封；

（2）建筑和门窗产业化生产就要实行门窗整窗单元安装，整窗单元安装就要解决门窗与建筑墙体的连接；

（3）被动式建筑门窗也要解决的是门窗与建筑墙体的连接；

（4）门窗与建筑墙体的连接和密封的纽带就是门窗用附框；

（5）当前被忽视的就是门窗用附框，现在没有专门标准，而在一些标准规定中也是模棱两可，不可执行；

（6）附框现在才开始，但发展还没有目标、不平衡，仅局限于钢附框的结构型式；

（7）由于开发商的短期行为、只追求经济利益，而附框又是隐蔽工程看不见，不采用具有功能要求和寿命长的附框；

（8）对非金属附框的性能指标提出了不切合实际的过高指标要求，超出了建筑本身的节能要求和连接性能要求，阻碍了非金属附框的健康发展。

2 现行门窗用附框的相关规定

2.1 《建筑节能工程施工质量验收规范》（GB 50411—2007）

该标准 6.2.7 条规定：外门窗框或附框与洞口之间的间隙应采用弹性闭孔材料填充饱满，并使用密封胶密封，外门窗框与副框之间的缝隙使用密封胶密封。6.2.7 条规定：金属外门窗隔断热桥措施应符合设计要求和产品标准的规定，金属附框隔断热桥措施应与门窗框的隔断热桥措施相当。

2.2 《铝合金门窗工程技术规范》（JGJ 214—2010）

该标准 7.1.2 规定：铝合金门窗的安装宜采用干法施工方式，而对干法安装后与墙体之间的处理未做规定。7.3.2 第 6 项规定：铝合金门窗采用湿法安装时，铝合金门窗框与洞口缝隙，应采用保温、防潮且无腐蚀性的软质材料填充密实：宜可使用防水砂浆填塞，但不宜使用海砂成分的砂浆。使用聚氨酯泡沫填缝胶，施工前应清除粘接面的灰尘，墙体粘接面应进行淋水处理，固化后的聚氨酯泡沫胶缝的表面应做密封处理。7.3.5 规定：铝合金门窗安装就位后，边框与墙体之间应采用粘接性能良好并相溶的耐候密封胶进行密封防水处理，胶缝采用矩形截面胶缝时，密封胶有效厚度应大于 6mm；三角形截面胶缝时，密封胶截面宽度应大于 8mm。

2.3 《天津市建筑节能门窗技术标准（DB 29—164—2010）》

该标准 6.0.3 规定：外门窗宜采用钢附框的安装方式。6.0.5 规定：外门窗框与外墙之间以及外门窗框与附框之间的缝隙应采用聚氨酯等材料发泡填充饱满，其外表面应采用中性硅硐或耐候密封胶密封。附框与外墙之间的缝隙应采用防水砂浆填充饱满。密封胶施工宜在批腻子、涂刷涂料之前，密封胶应连续均匀。门窗扇的安装宜在密封胶施工 24h 后执行。6.0.6 规定：外窗框与下墙体之间的缝隙应采用聚氨酯等材料发泡填充饱满，外墙保温材料应略压住窗下框。做外保温保护层时，应在窗框与保护层之间预留宽度宜为 5mm、深度宜为 8mm 的槽。槽内宜用中性硅硐或耐候密封胶密封。

2.4 江苏省住房和城乡建设厅的苏建函科〔2013〕443 号《关于印发〈江苏省民用建筑外窗应用暂行规定〉的通知》

该通知从自 2014 年 1 月 1 日起执行，并规定：民用建筑外窗必须采用附框安装。附框性能应满足节能、强度高、耐腐蚀、耐久性好等要求。积极推广采用节能型附框，节能型附框材料性能应满足：导热系数（25℃）应不大于 0.2W/（m·K），吸水率（24h）应不大于 0.5%，加热后尺寸变化率（60℃，24h）应不大于 0.1%，握钉力应不小于 4000N。

2.5 《山东省民用建筑外窗工程技术规范》

该标准 5.6.1 规定：附框应满足节能、强度、耐腐蚀、耐久性以及安装连接功能要求。5.6.2 规定：附框材料性能宜符合：导热系数不大于 0.25W/（m·K），热膨胀系数小于 1.5×10^{-5} m/℃。

3 聚氨酯附框在门窗安装中的应用

3.1 聚氨酯附框的特点及性能

聚氨酯附框采用以纤维及其制品为增强材料，以聚氨酯树脂为基材，将纤维及织物经压力注射聚氨酯树脂后，通过加热专用模具高温固化成型，经牵引机牵引拉挤工艺生产出表面光洁、尺寸稳定、强度高的拉挤工艺复合的异型材附框。它是由新型高分子复合材料、基体树脂和增强纤维构成的类似于钢筋混凝土的一种复合结构体，由于树脂和纤维在性能上的"优势互补"，使其具有轻质高强、耐潮湿、耐腐蚀、抗老化、阻燃、绝热、绝缘、保温、隔声等优良的物理化学性能，在高低温作用下，仍能保持尺寸稳定性，工艺先进，在生产过程中不会造成公害。

3.2 聚氨酯附框的结构体系

按附框断面的宽度尺寸分为 40、50、60、70、80、90、100 等系列，按附框的不同用途和功能构造又分为普通型、功能型和单元型三种附框。

3.2.1 普通型附框

是指附框结构简单的矩形结构，其功能只起转接作用（图 5 和图 6）。

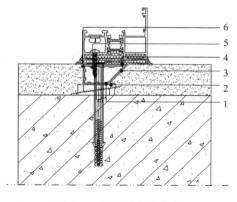
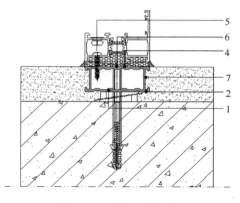

图 5　40B 附框安装节点　　　　图 6　60B 附框安装节点

图中：1——吃灰槽：提高水泥砂浆与附框的固定强度；

2——外定位平面：用于附框与建筑墙体间的定位；

3——单斜坡结构：使防水水泥砂浆很容易进入到附框与墙体之间，消灭了空洞现象，提高水泥砂浆与附框的固定强度，为建筑施工提供了方便；

4——内定位平面：为门窗安装提供了定位和注密封胶；

5——螺钉加厚壁：提高螺钉的承载能力和门窗的抗风压性能；

6——安装定位线：附框安装位置与建筑轴线的控制定位用。

7——组装槽口：为窗台板、披水板和其他门窗配件提供的安装槽口。

3.2.2 功能型附框

是指附框的结构能够满足附框与墙体连接所必备的功能要求（图 7 和图 8）。

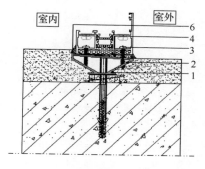

图 7　70A 附框安装节点

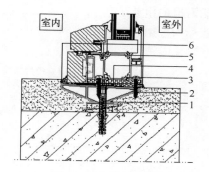

图 8　90A 附框安装节点

图中：1——卡槽结构：为固定片提供了卡接和调整位置；

2——双斜坡结构：使防水水泥砂浆很容易进入到附框与墙体之间，消灭了空洞现象，为建筑施工提供了方便，同时保证了附框地固定强度；

3——上面单斜坡结构：内高外低可有效地排出渗水；

4——附框与墙体之间的结构空间：通过填充闭孔的弹性保温材料，提高门窗与墙体间的保温性能，并为金属门窗因热胀冷缩提供了变形空间，而不会影响结构变形，消除了响动、脱胶、固定点松动等现象发生；

5——分腔结构：使附框形成多腔体，提高其保温性能；

6——室内的凸边结构：为门窗安装提供了定位和注密封胶，并可有效地解决墙体与窗框间的通缝问题。

3.2.3　单元型附框

是指附框结构能够满足建筑门窗进行整窗单元安装的要求（图 9）。

图中：1——卡槽结构：为固定片提供了卡接和调整位置；

2——双斜坡结构：使防水水泥砂浆很容易进入到附框与墙体之间，消灭了空洞现象，为建筑施工提供了方便，同时保证了附框的固定强度；

3——内平面结构：为门窗安装提供由室内向室外平推平面，保证销钉或弹簧卡片的入位；

4——室外的凸边结构：为门窗安装提供了定位和注密封胶，并可有效地解决墙体与窗框间地通缝问题；下面附框无此结构是保证排水腔体系的设置；

5——附框与墙体之间的结构空间：通过填充闭孔的弹性保温材料，提高门窗与墙体间的保温性能，并为金属门窗因热胀冷缩提供了变形空间，而不会影响结构变形，消除了响动、脱胶、固定点松动等现象发生；

6——附框内凹槽结构：提供了销钉的安装槽口，不用在附框上铣工艺孔，保证了门窗的整窗单元安装。

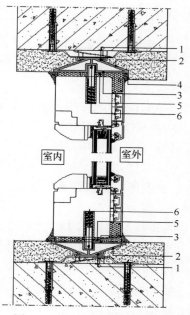

图 9　90B、90C 附框安装节点

3.3 聚氨酯附框的组装工艺

3.3.1 聚氨酯附框组装工艺

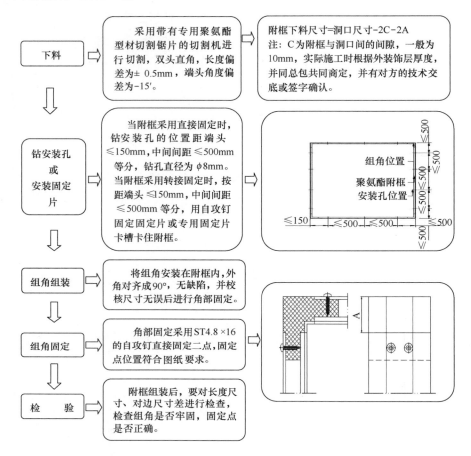

3.3.2 组装时的注意事项

（1）组角件是有方向性的，为此不能安装反了，更不能安装不上硬安装，以免损坏附框；

（2）自攻钉距边距离不要小于 10mm，防止撕裂附框；

（3）自攻钉应选用盘头自攻钉，最好是带垫圈式自攻钉，要先钻孔后攻钉；

（4）采用专用切割锯片和钻头进行切割和钻孔，切割和钻孔时不能用力过大；

（5）材料要轻拿轻放、不得踩踏。

3.4 聚氨酯附框在建筑预留洞口上的安装工艺

3.4.1 安装方式

按附框与建筑墙体的固定方式可分为：

直接固定式：将附框直接用金属膨胀螺栓或尼龙胀锚螺栓直接与建筑墙体进行固定的方式（图10）；

转接固定式：将附框通过固定片将中间部分与附框进行卡接（或用自攻钉进行固定）后，再将固定片的另两端用金属膨胀螺栓或尼龙胀锚螺栓或身钉与建筑墙体进行固定的方式

（图 11）。

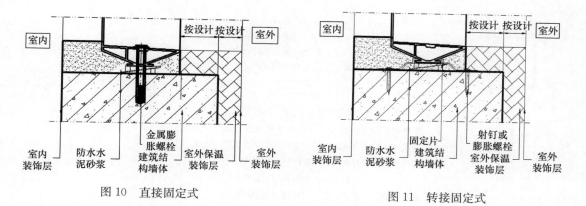

图 10　直接固定式

图 11　转接固定式

按附框在建筑预留的洞口安装位置可分为：结构内（图 12）、结构内外平齐（图 13）和结构外（图 14）三种。

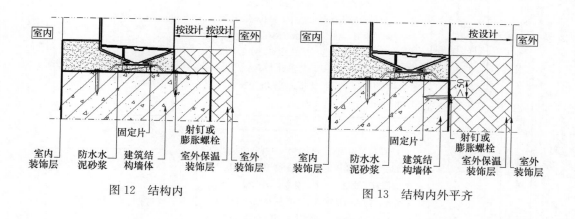

图 12　结构内

图 13　结构内外平齐

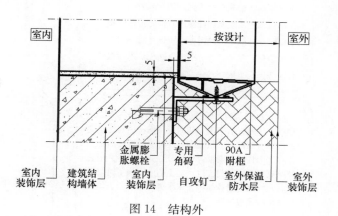

图 14　结构外

3.4.2 安装工艺

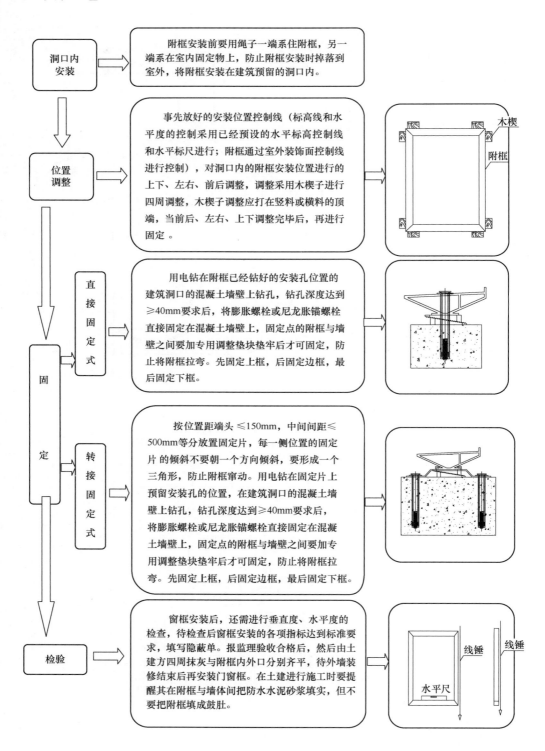

洞口内安装 → 附框安装前要用绳子一端系住附框，另一端系在室内固定物上，防止附框安装时掉落到室外，将附框安装在建筑预留的洞口内。

位置调整 → 事先放好的安装位置控制线（标高线和水平度的控制采用已经预设的水平标高控制线和水平标尺进行；附框通过室外装饰面控制线进行控制），对洞口内的附框安装位置进行的上下、左右、前后调整，调整采用木楔子进行四周调整，木楔子调整应打在竖料或横料的顶端，当前后、左右、上下调整完毕后，再进行固定。

固定 → 直接固定式 → 用电钻在附框已经钻好的安装孔位置的建筑洞口的混凝土墙壁上钻孔，钻孔深度达到≥40mm要求后，将膨胀螺栓或尼龙胀锚螺栓直接固定在混凝土墙壁上，固定点的附框与墙壁之间要加专用调整垫块垫牢后才可固定，防止将附框拉弯。先固定上框，后固定边框，最后固定下框。

固定 → 转接固定式 → 按位置距端头≤150mm，中间间距≤500mm等分放置固定片，每一侧位置的固定片的倾斜不要朝一个方向倾斜，要形成一个三角形，防止附框窜动。用电钻在固定片上预留安装孔的位置，在建筑洞口的混凝土墙壁上钻孔，钻孔深度达到≥40mm要求后，将膨胀螺栓或尼龙胀锚螺栓直接固定在混凝土墙壁上，固定点的附框与墙壁之间要加专用调整垫块垫牢后才可固定，防止将附框拉弯。先固定上框，后固定边框，最后固定下框。

检验 → 窗框安装后，还需进行垂直度、水平度的检查，待检查后窗框安装的各项指标达到标准要求，填写隐蔽单。报监理验收合格后，然后由土建方四周抹灰与附框内外口分别齐平，待外墙装修结束后再安装门窗框。在土建进行施工时要提醒其在附框与墙体间把防水水泥砂浆填实，但不要把附框填成鼓肚。

3.5 门窗在聚氨酯附框内的安装系统

3.5.1 安装工艺

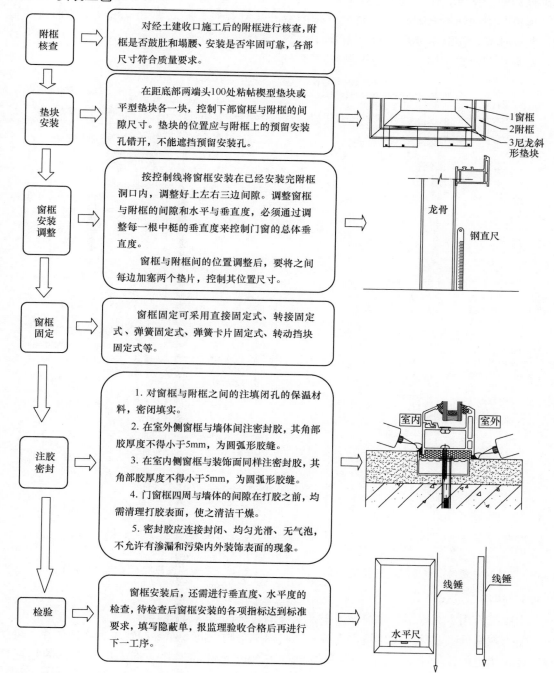

附框核查 ⟹ 对经土建收口施工后的附框进行核查,附框是否鼓肚和塌腰、安装是否牢固可靠,各部尺寸符合质量要求。

垫块安装 ⟹ 在距底部两端头100处粘帖楔型垫块或平型垫块各一块,控制下部窗框与附框的间隙尺寸。垫块的位置应与附框上的预留安装孔错开,不能遮挡预留安装孔。

（标注：1窗框 2附框 3尼龙斜形垫块）

窗框安装调整 ⟹ 按控制线将窗框安装在已经安装完附框洞口内,调整好上左右三边间隙。调整窗框与附框的间隙和水平与垂直度,必须通过调整每一根中梃的垂直度来控制门窗的总体垂直度。
窗框与附框间的位置调整后,要将之间每边加塞两个垫片,控制其位置尺寸。

（标注：龙骨 钢直尺）

窗框固定 ⟹ 窗框固定可采用直接固定式、转接固定式、弹簧固定式、弹簧卡片固定式、转动挡块固定式等。

注胶密封 ⟹ 1. 对窗框与附框之间的注填闭孔的保温材料,密闭填实。
2. 在室外侧窗框与墙体间注密封胶,其角部胶厚度不得小于5mm,为圆弧形胶缝。
3. 在室内侧窗框与装饰面同样注密封胶,其角部胶厚度不得小于5mm,为圆弧形胶缝。
4. 门窗框四周与墙体的间隙在打胶之前,均需清理打胶表面,使之清洁干燥。
5. 密封胶应连接封闭、均匀光滑、无气泡,不允许有渗漏和污染内外装饰表面的现象。

（标注：室内 室外）

检验 ⟹ 窗框安装后,还需进行垂直度、水平度的检查,待检查后窗框安装的各项指标达到标准要求,填写隐蔽单,报监理验收合格后再进行下一工序。

（标注：水平尺 线锤 线锤）

3.5.2 直接固定式

本系统应用于门窗采用先安窗框再安装玻璃的分体安装方式,窗框在附框上安装采用的是用自攻钉将窗框直接固定在附框上的安装方式（图15～图18）。

先将窗框从室内或室外安装在附框内,窗框与附框间下面要加硬质矩形垫片或斜型垫片，将窗框安装在指定的位置上，用自攻钉在窗框预留的安装孔内固定在附框上，同时要穿透附框的两个壁厚，在安装工艺孔上加盖工艺孔盖，工艺孔盖要用密封胶进行密封。

窗框与附框间填充闭孔保温材料，室内室外注密封胶，胶高要 5～8mm，并形成圆弧状，胶要连续，接缝不要在转角部和下面。

本系统固定点牢固可靠，简单易行，经济合理。

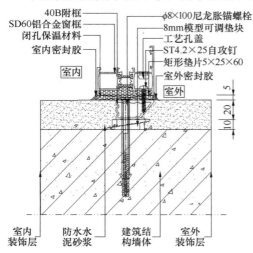

图 15　铝合金窗直接固定安装节点图

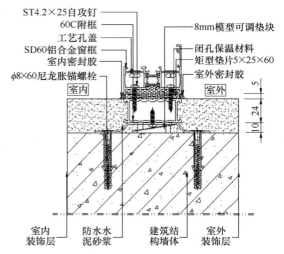

图 16　铝合金窗双腔直接固定安装节点

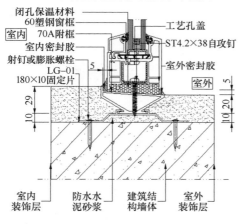

图 17　塑料窗直接固定安装节点图

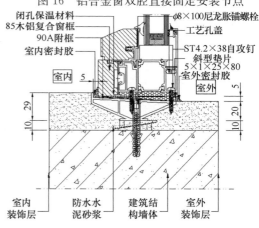

图 18　木包铝窗双腔直接固定安装节点

3.5.3　转接固定式

本系统应用木窗或铝包木窗整窗单元安装的转接固定式（图 19）。

窗框在附框上安装，采用室内安装方式，窗框与附框间下面要加硬质矩阵型垫片，将窗框安装在指定的位置上，用自攻钉将 15mm×60mm 单孔固定片一端固定在窗框的指定位置，另一端固定在附框上，要保证其安装尺寸不大于 10mm。

窗框与附框间填充闭孔保温材料，室内室外注密封胶，胶高要 10～15mm，并形成圆弧状，胶要连续，接缝不要在转角部和下面。

本系统固定点牢固可靠，简单易行，经济合理，但胶缝过大。

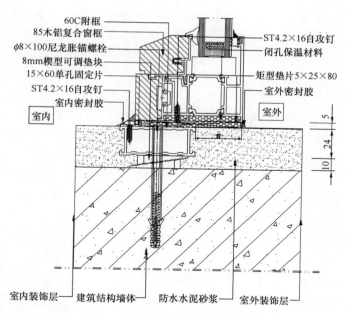

图 19　木包铝合金窗转接固定安装节点图

3.5.4　整窗单元安装弹簧销钉固定式

本系统应用木窗或铝包木窗整窗单元安装的弹簧销钉固定式（图 20 和图 21）。

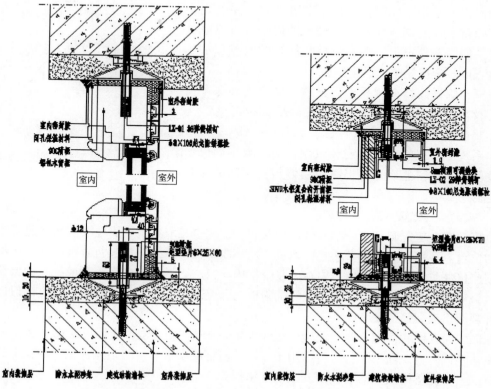

图 20　铝包木窗弹簧销钉固定安装节点图　　　图 21　木包铝窗弹簧销钉固定安装节点

附框采用下边以有利于排水无挡边附框和另三边的可以对窗框进行限位有外挡边的附框。

窗框采用从室内向室外安装方式，在窗框指定位置将弹簧销钉安装在孔内，安装到弹簧拉环为止，拉环应水平面向室内，此时弹簧销钉的扁圆头面应与附框的沟槽平行。

窗框与附框间下面要加硬质矩形垫片，将整窗从室内向室外平推安装到位，调整附框与窗框的间隙和水平及垂直度，合格后开始弹簧销钉固定，先将拉环拉开，弹簧销钉会自动弹入到附框的沟槽内，然后用专用扳手将销钉扁圆头旋转90°，使销钉的圆弧面顶住附框沟槽内的两个侧壁，固定结束。

本系统可以有效地提高安装效率，固定点牢固可靠，并保证了整窗的质量，提高了墙体与窗框间的保温性能。

3.5.5　整窗单元安装弹簧卡片固定式

本系统应用整窗单元安装的弹簧卡片固定式（图22）。

附框采用下边以有利于排水无挡边附框和另三边的可以对窗框进行限位有外挡边的附框。

窗框采用从室内向室外安装方式，在附框上安装弹簧卡片，将弹簧卡片的U槽卡在附框的U槽槽口内卡住，此时弹簧卡片的前端应朝向室外。

窗框与附框间下面要加6mm厚硬质垫片，将整窗从室内向室外平推，此时窗框压下弹簧卡片，安装到位后，弹簧卡片前端卡住窗框内槽口的内壁，与附框的挡边共同固定住窗框，调整附框与窗框的间隙和水平及垂直度，合格后整个固定结束。

窗框与附框间填充闭孔保温材料，室内室外注密封胶，胶高要5～8mm，并形成圆弧状，胶要连续，接缝不要在转角部和下面。

本系统可以有效地提高安装效率，固定点牢固可靠，并保证了整窗的质量，提高了墙体与窗框间的保温性能。

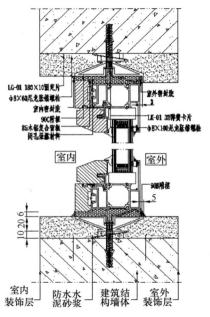

图22　木包铝窗弹簧卡片固定安装节点

3.5.6　被动式建筑窗与附框的安装

由于门窗在建筑洞口墙体结构外进行安装，这样也相应决定了附框要安装在建筑墙体结构外的位置。采用聚氨酯角型连接件通过金属膨胀螺栓与建筑结构进行直接固定，再将聚氨酯角型连接件与附框进行固定，窗在安装附框内，窗、附框和保温系统形成统一的保温结构体系，保证了等温线在同一位置，聚氨酯附框与保温系统的相近的线膨胀系数可以保证连接处不开裂而出现裂缝（图23）。

在固定时要注意固定点要距混凝土边缘大于50mm，防止混凝土因固定而开裂。

本体系固定方式简单易行，可适用于不同的附框的安装，也可适用窗框在附框上的不同安装方法，是完善的被动式建筑的安装系统结构。

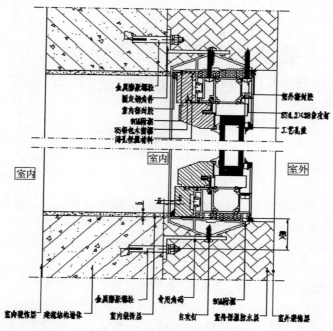

图 23　木包铝窗用于被动房建筑安装节点

4　结语

在国外对门窗的性能要求是窗安装在墙体上的整体性能，在国内现在也开始了门窗与墙体间的整体保温检验，而影响此处的最大问题就是附框，附框虽简单，但它是门窗与墙体连接的结合体和纽带，此处处理不好，门窗的保温、强度、气密、水密等性能也无法保证，为此门窗用附框势在必行，低导热系数、高强度的节能附框也势在必行。

作者简介

姓名：周佩杰（Zhou Peijie），男，1958 年生。职称：工程师。通讯地址：辽宁省鞍山市铁东区明达莘南花园 24 号楼 3 单元 401 号；邮编：114006；联系电话：13366193594；E-mail：ZPJ580606@163.com。

被动式超低能耗绿色建筑
所用外门窗的无热桥设计与施工

周佩杰

鞍山　114006

摘　要　本文摘录了国家和河北关于"被动式超低能耗绿色建筑"导则和标准的关于门窗的一些规定，阐述了聚氨酯拉挤附框或连接件在外门窗与建筑结构连接的无热桥设计和施工的一些方法和节点作法，指出聚氨酯拉挤型材的优异性能使其成为解决无热桥设计和施工的优秀材料。

关键词　被动式超低能耗绿色建筑；附框；无热桥；聚氨酯拉挤型材

Passive Low Green Building Energy Consumption the Outside Doors and Windows without Thermal Bridge Design and Construction

Zhou Peijie

Anshan　114006

Abstract　This article summarizes the national and hebei about "passive ultra-low power green building" guidelines and standards of some provisions on the doors and windows, this paper expounds the polyurethane pultrusion with box or fittings in the outside doors and windows and the structure of the connection without thermal bridge design and construction of some of the ways and the node practice, points out that the excellent properties of polyurethane pultrusion profiles is no thermal bridge design and construction of the excellent material.

Keywords　passive ultra-low power consumption; green building attached to the frame; with no heat bridge; polyurethane pultrusion profiles

被动式超低能耗绿色建筑（以下简称超低能耗建筑）是指适应气候特征和自然条件，通过保温隔热性能和气密性能更高的围护结构，采用高效新风热回收技术，最大程度地降低建筑供暖供冷需求，并充分利用可再生能源，以更少的能源消耗提供舒适室内环境并能满足绿色建筑基本要求的建筑。

本文从作为超低能耗建筑主要技术特征之一的，保温隔热性能和气密性能更高的外窗和无热桥的设计与施工，进行阐述外门窗与建筑墙体间的连接和安装方式，来实现无热桥的设计与施工。

1 住房城乡建设部关于门窗和门窗的无热桥的规定

住房城乡建设部于 2015 年 11 月 10 日以建科【2015】179 号文印发的《被动式超低能耗绿色建筑技术导则（试行）（居住建筑）》对外门窗的性能和外门窗的无热桥设计要求是：

1.1 外窗性能基本要求

1.1.1 外窗保温和遮阳性能应符合下列要求：

——不同气候区外窗传热系数（k）和太阳得热系数（$SHGC$）可参考表 1 选取；

表 1 外窗传热系数（k）和太阳得热系数（$SHGC$）参考值

外窗	单位	严寒地区	寒冷地区	夏热冬冷地区	夏热冬暖地区	温和地区
k	W/（m²·K）	0.70～1.20	0.80～1.50	1.0～2.0	1.0～2.0	≤2.0
SHGC		冬季≥0.50 夏季≤0.30	冬季≥0.45 夏季≤0.30	冬季≥0.40 夏季≤0.15	冬季≥0.35 夏季≤0.15	冬季≥0.40 夏季≤0.30

——为防止结露，外窗内表面（包括玻璃边缘）温度不应低于 13℃；在设计条件下，外窗内表面平均温度宜高于 17℃，保证室内靠近外窗区域的舒适度；

——应根据不同的气候条件优化选择 $SHGC$ 值。严寒和寒冷地区应以冬季获得太阳辐射量为主，$SHGC$ 值应尽量选上限，同时兼顾夏季隔热；夏热冬暖和夏热冬冷地区应以尽量减少夏季辐射得热、降低冷负荷为主，$SHGC$ 值应尽量选下限，同时兼顾冬季得热。当设有可调节外遮阳设施时，夏季可利用遮阳设施减少太阳辐射得热，外窗的 $SHGC$ 值宜主要按冬季需要选取，兼顾夏季外遮阳设施的实际调节效果，确定 $SHGC$ 值。

1.1.2 外门窗应有良好的气密、水密及抗风压性能。

依据国家标准《建筑外门窗气密、水密、抗风压性能分级及检测方法》（GB/T 7106），其气密性等级不应低于 8 级、水密性等级不应低于 6 级、抗风压性能等级不应低于 9 级。

1.2 外窗配置时应符合下列要求

1.2.1 玻璃配置应考虑玻璃层数、Low-E 膜层、真空层、惰性气体、边部密封构造等加强玻璃保温隔热性能的措施。

——严寒和寒冷地区应采用三层玻璃，其他地区至少采用双层玻璃；

——采用 Low-E 玻璃时，应综合考虑膜层对 K 值和 $SHGC$ 值的影响。膜层数越多，K 值越小，同时 $SHGC$ 值也越小；当需要 $SHGC$ 值较小时，膜层宜位于最外片玻璃的内侧；

——当需要 K 值较小时，可选择 Low-E 中空真空玻璃。Low-E 膜应朝向真空层；与普通中空玻璃相比，Low-E 中空真空玻璃传热系数可降低约 2.0W/（m²·K）；

——惰性气体填充时，宜采用氩气填充，填充比例应超过 85%，比例越高，隔热性能越好；

——中空玻璃应采用暖边间隔条，通过改善玻璃边缘的传热状况提高整窗的保温性能。

1.2.2 型材应采用未增塑聚氯乙烯塑料、木材等保温性能较好的材料。在严寒和寒冷地区，隔热铝合金型材难以达到超低能耗建筑的传热系数要求。在夏热冬冷、夏热冬暖和温和地

区，门窗型材保温性能要求可相对降低。

1.2.3 外窗应采用内平开窗。

1.3 外窗无热桥设计要点

建筑围护结构中热流密度显著增大的部位，成为传热较多的桥梁，称为热桥。

（1）外窗分隔应在满足国家标准要求的前提下尽量减少，并按照模数进行设计；

（2）外窗节点设计时，宜利用建筑门窗玻璃幕墙热工计算软件，模拟分析不同安装条件下外窗的传热系数和各表面温度，进行辅助设计和验证；

（3）外窗宜采用窗框内表面与结构外表面齐平的外挂安装方式，外窗与结构墙之间的缝隙应采用耐久性良好的密封材料密封严密；

（4）外窗台应设置窗台板，以免雨水侵蚀造成保温层的破坏；窗台板应设置滴水线；窗台宜采用耐久性好的金属制作，窗台板与窗框之间应有结构性链接，并采用密封材料密封；

（5）外窗安装示意图如图 1 所示。

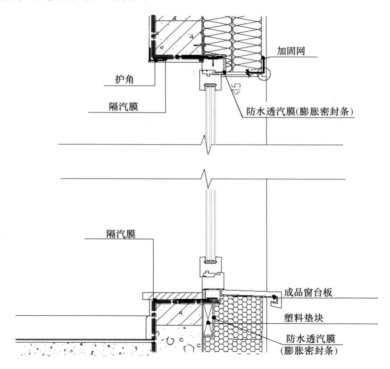

图 1　外窗安装示意图

2　河北省关于外门窗和外门窗无热桥的规定

2015 年 5 月 1 日起实施的河北省工程建设标准《被动式低能耗居住建筑节能设计标准》DB13（J）/T 177—2015 规定如下：

2.1　外门窗要求

2.1.1　外门窗的透明材料应选用 Low-E 中空玻璃或真空玻璃，其性能应符合下列规定：

（1）玻璃的传热系数，取中空玻璃稳定状态下的 U 值，应依据现行国家标准《中空玻

璃稳态 U 值（传热系数）的计算及测定》（GB/T 22476）规定的方法计算，并符合下列规定：

$$K \leqslant 0.8 W/(m^2 \cdot K)$$

（2）玻璃的太阳能总透射比，应依据现行行业标准《建筑门窗玻璃幕墙热工计算规程》（JGJ/T 151）规定的方法测定，并符合下列规定：

$$g \geqslant 0.35$$

（3）玻璃的选择性系数，宜符合下列规定：

$$S = T_L/g \geqslant 1.25$$

式中　g——透明材料的太阳能总透射比；

　　　S——透明材料的选择性系数；

　　　T_L——透明材料的可见光透射比。

2.2.2　外门窗的型材宜选用木材或塑料，其传热系数应依据现行国家标准《建筑外门窗保温性能分级及检测方法》（GB/T 8484）规定的方法测定，并符合下列规定：

$$K \leqslant 1.3 W/(m^2 \cdot K)$$

2.2.3　外门窗的玻璃间隔条应使用耐久性良好的暖边间隔条，并符合下列规定：

$$\sum(d \times \lambda) \leqslant 0.007$$

式中　d——玻璃间隔条材料的厚度，m；

　　　λ——玻璃间隔条材料的导热系数，W/（m·K）。

2.2.4　外门窗的传热系数，应依据现行国家标准《建筑外门窗保温性能分级及检测方法》（GB/T 8484）规定的方法测定，并符合下列规定：

$$K \leqslant 1.0 W/(m^2 \cdot K)$$

2.2.5　外门窗应采用三道耐久性良好的密封材料密封，每扇窗至少两个锁点，并尽可能减少型材对透明材料的分隔。

2.2.6　外门窗应具有良好的气密、水密和抗风压性能。依据现行国家标准《建筑外门窗气密、水密、抗风压性能分级及检测方法》（GB/T 7106），其气密性等级不应低于 8 级、水密性等级不应低于 6 级、抗风压性能等级不应低于 9 级。

2.2.7　外窗规格、分格形式及玻璃规格宜按附录 D 选用。

2.2.8　不得使用双层窗。

2.2　关键节点构造

2.2.1　外门窗宜紧贴结构墙外侧安装，外门窗与结构墙之间的缝隙应采用耐久性良好的密封材料密封，并符合下列规定：

（1）室内一侧使用防水隔汽膜，室外一侧使用防水透汽膜；

（2）宜采用预压膨胀密封带密封。

2.2.2　外窗台上应安装窗台板，并符合下列规定：

（1）金属窗台板的材料性能应符合本标准 8.4 的规定；

（2）金属窗台板与窗框之间应有结构性连接，并采用密封材料密封；

（3）金属窗台板上应设有滴水线；

（4）金属窗台板和窗框的接缝与保温层之间，应采用预压膨胀密封带密封，密封带粘胶一侧应粘贴在窗台板和窗框上。

2.3 外围护门窗洞口的密封材料

2.3.1 外围护结构门窗洞口处外墙与窗框之间，宜用防水隔汽膜和防水透汽膜组成的密封系统密封。

2.3.2 用于室内和室外的密封材料，宜采用不同颜色标识，室内一侧使用防水隔汽膜，室外一侧使用防水透汽膜。

2.3.3 在外围护结构的门窗洞口处，门窗框与外墙表面宜安装预压膨胀密封带。

2.3.4 由防水隔汽膜、防水透汽膜和密封胶组成的外墙与外门窗的密封系统，应由系统供应商配套提供。

3 外门窗与建筑结构连接的无热桥设计和施工

现在的被动式建筑用的外围护门窗采用的是湿法安装，普遍用镀锌角钢或镀锌金属压型角片，通过金属膨胀螺栓或尼龙胀锚螺栓与建筑墙体固定，这样又产生了新的热桥（图2、图3）。

图2　金属压型角片固定方式　　　　图3　折弯角钢固定方式

为了解决热桥和湿法安装过程中产生的门窗污损等问题，可采用以下的无热桥设计和施工方式。

3.1 湿法安装的无热桥设计和施工

图4是铝包木窗湿法无热桥安装方式，下部采用了三角形聚氨酯拉挤型材支架，承担门窗的重力荷载，其他三边采用聚氨酯拉挤型材制作固定角件，承担门窗承受的风荷载，采用沉头金属膨胀螺栓或尼龙胀锚螺栓将聚氨酯拉挤型材支架或固定角件固定在建筑墙体上，外露的螺栓头采用塑料盖帽盖住，不使金属热桥外露。

图5是铝合金窗湿法无热桥安装方式，下部采用了角形带垫框聚氨酯拉挤型材支架，承担门窗的重力荷载，其他三边采用聚氨酯拉挤型材制作固定直角角件，承担门窗承受的风荷载，采用沉头金属膨胀螺栓或尼龙胀锚螺栓将聚氨酯拉挤型材支架或固定角件固定在建筑墙体上，外露的螺栓头采用塑料盖帽盖住，不使金属热桥外露。

图6是塑钢窗湿法无热桥安装方式，下部采用了聚氨酯拉挤型材固定角件与塑料热框进行固定，承担门窗的重力荷载，其他三边采用聚氨酯拉挤型材制作固定角件，承担门窗承受

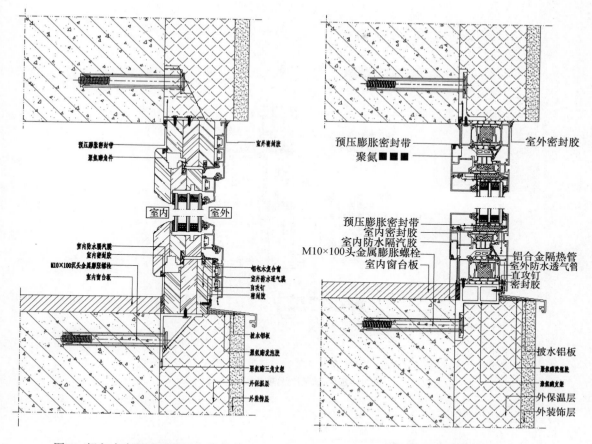

图 4　铝包木窗湿法无热桥安装方式　　　　图 5　铝合金窗湿法无热桥安装方式

的风荷载，采用沉头金属膨胀螺栓或尼龙胀锚螺栓将聚氨酯拉挤型材固定角件固定在建筑墙体上，外露的螺栓头采用塑料盖帽盖住，不使金属热桥外露。

　　湿法安装存在着土建在施工过程中对门窗的污损、对成品保护极为不利的弱点。

3.2　干法安装的无热桥设计和施工

　　图 7、图 8、图 9 分别是铝包木窗、铝合金窗、塑钢窗的干法无热桥安装方式，采用聚氨酯拉挤型材制成的附框，附框四周采用聚氨酯拉挤型材制作固定角件与其固定，承担门窗的重力荷载和门窗承受的风荷载，采用沉头金属膨胀螺栓或尼龙胀锚螺栓将聚氨酯拉挤型材固定角件固定在建筑墙体上，外露的螺栓头采用塑料盖帽盖住，不使金属热桥外露。

　　窗与附框采用从室外向室内安装，在附框室内侧设有挡边，提高门窗与墙体间的密封性，杜绝通缝的形成，并形成了室内高于室外，也有利于防水；附框与窗接触面设置成斜坡，有利于窗的排水系统设置；附框大于窗框将门窗外框包裹住，这样也有利于消除组合窗接合处的雨水渗透；附框与窗框间的弹性连接，可以消化热胀冷缩带来的变形量；聚氨酯附框和外保温系统的各项热工性能的一致性，形成了一个完整的保温统一体。

　　附框的采用实现了门窗的干法安装，消除了门窗因建筑施工对门窗的污损，为门窗的更换提供了便捷条件。

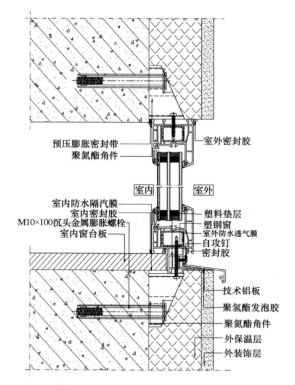

预压膨胀密封带
聚氨酯角件

室外密封胶

室内　室外

室内防水隔汽膜
室内密封胶
M10×100沉头金属膨胀螺栓
室内窗台板

塑料垫层
塑钢窗
室外防水透气膜
自攻钉
密封胶

技术铝板
聚氨酯发泡胶
聚氨酯角件
外保温层
外装饰层

图 6　塑钢窗湿法无热桥安装方式

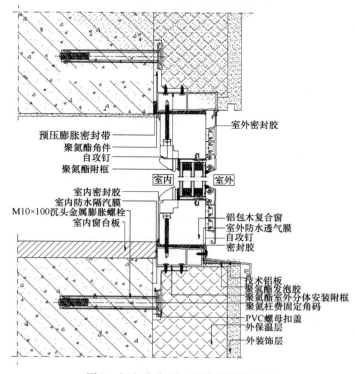

预压膨胀密封带
聚氨酯角件
自攻钉
聚氨酯附框

室外密封胶

室内　室外

室内密封胶
室内防水隔汽膜
M10×100沉头金属膨胀螺栓
室内窗台板

铝包木复合窗
室外防水透气膜
自攻钉
密封胶

技术铝板
聚氨酯发泡胶
聚氨酯室外分体安装附框
聚氨柱费固定角码
PVC螺母扣盖
外保温层
外装饰层

图 7　铝包木窗干法无热桥安装方式

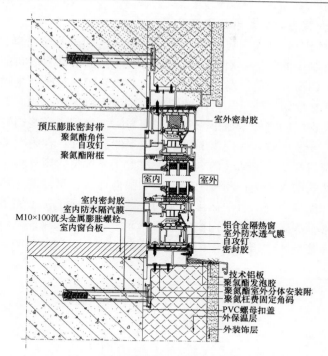

图 8　铝合金窗干法无热桥安装方式

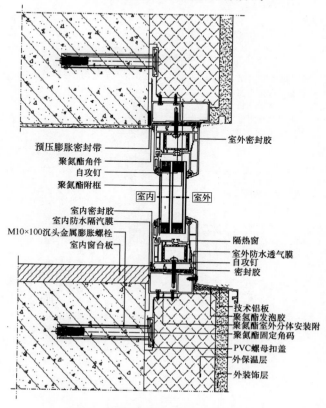

图 9　塑钢窗干法无热桥安装方式

3.3 整窗单元干法安装的无热桥设计和施工

图10、图11、图12分别是铝包木窗、铝合金窗、塑钢窗的整窗单元无热桥安装方式，采用聚氨酯拉挤型材制成的附框，附框四周采用聚氨酯拉挤型材制作固定角件与其固定，承担门窗的重力荷载和门窗承受的风荷载，采用沉头金属膨胀螺栓或尼龙胀锚螺栓将聚氨酯拉挤型材固定角件固定在建筑墙体上，外露的螺栓头采用塑料盖帽盖住，不使金属热桥外露。

窗与附框采用从室内向室外整窗单元安装，窗与附框采用了弹簧销钉和固定锁紧滑块的固定方式，可拆卸的安装方式，为门窗的更换提供了便捷条件；在附框室外侧设有挡边，提高门窗与墙体间的密封性，杜绝通缝的形成；附框大于窗框将门窗外框包裹住，这样也有利于消除组合窗接合处的雨水渗透；附框与窗框间的弹性连接，可以消化热胀冷缩带来的变形量；聚氨酯附框和外保温系统的各项热工性能的一致性，形成了一个完整的保温统一体。

整窗单元安装附框的采用实现了门窗的整窗单元干法安装，保证了门窗的整体质量，提高了安装的效率，为装配式建筑提供了门窗的可装配结构，为门窗的产业化带来了革命性的突破。

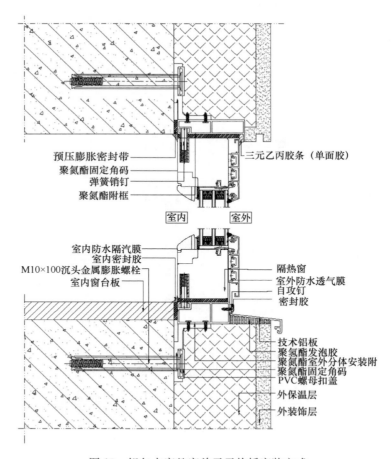

图10 铝包木窗整窗单元无热桥安装方式

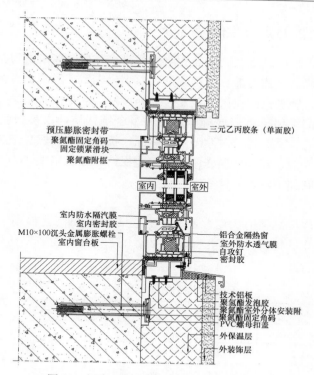

预压膨胀密封带
聚氨酯固定角码
固定锁紧滑块
聚氨酯附框

三元乙丙胶条（单面胶）

室内　室外

室内防水隔汽膜
室内密封胶
M10×100沉头金属膨胀螺栓
室内窗台板

铝合金隔热窗
室外防水透气膜
自攻钉
密封胶

技术铝板
聚氨酯发泡胶
聚氨酯室外分体安装附
聚氨酯固定角码
PVC螺母扣盖

外保温层
外装饰层

图 11　铝合金窗整窗单元无热桥安装方式

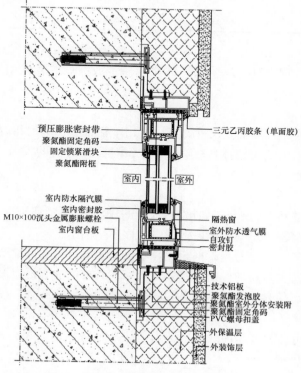

预压膨胀密封带
聚氨酯固定角码
固定锁紧滑块
聚氨酯附框

三元乙丙胶条（单面胶）

室内　室外

室内防水隔汽膜
室内密封胶
M10×100沉头金属膨胀螺栓
室内窗台板

隔热窗
室外防水透气膜
自攻钉
密封胶

技术铝板
聚氨酯发泡胶
聚氨酯室外分体安装附
聚氨酯固定角码
PVC螺母扣盖

外保温层
外装饰层

图 12　塑钢窗整窗单元无热桥安装方式

4 聚氨酯拉挤型材的特点及性能

聚氨酯拉挤型材采用以纤维及其制品为增强材料，以聚氨酯树脂为基材，将纤维及织物经压力注射聚氨酯树脂后，通过加热专用模具高温固化成型，经牵引机牵引拉挤工艺生产出表面光洁、尺寸稳定、强度高的拉挤工艺复合的异型材。它是由新型高分子复合材料、基体树脂和增强纤维构成的类似于钢筋混凝土的一种复合结构体，由于树脂和纤维在性能上的"优势互补"，使其具有轻质高强、耐潮湿、耐腐蚀、抗老化、阻燃、绝热、绝缘、保温、隔声等优良的物理化学性能，在高低温作用下，仍能保持尺寸稳定性，工艺先进，在生产过程中不会造成公害。具有如下特点和性能：

4.1 轻质高强

聚氨酯型材具有轻质高强的优良性能（详见表2），聚氨酯附框不需钢框为骨架，完全靠自身就能支撑，抗压、抗折、不变形、不弯曲。既节省了钢材，又达到了使用目的，可在台风多发区使用。

表 2 聚氨酯型材轻质高强优良性能

项目	单位	聚氨酯	铝合金	PVC	钢
密度	$1000kg/m^3$	2.1	2.8	1.5	7.8
拉伸强度	MPa	600	150	50	420
比强度		285	53	36	53
弯曲弹性模量	MPa	30000	70000	1960	20600
比刚度		14285	25000	1306	2641

4.2 耐蚀性能强

不用做任何表面处理，具有不怕水泥砂浆等碱性或酸性的较强耐腐蚀能力，与建筑同寿命。

4.3 适用性强

可按用户要求提供不同断面及尺寸，可以适用于铝合金、塑钢和玻璃钢等各类门窗安装对附框的要求，并提供了不同的附框组装工艺和附框及门窗的安装工艺，具有较强的适应性。

4.4 导热系数低

按聚氨酯附框导热系数为 $0.30W/m \cdot ℃$，经中国建筑科学研究院建筑环境与节能研究院编号为 CABR-MQMC-2015-001 的评估报告的评估结论是：

在冬季计算条件下，与普通钢附框相比，聚氨酯附框具有更好的节能效果，在减少建筑物通过建筑外窗附框流失热量的同时，有效地提高了相应的内表面温度：

（1）聚氨酯附框可使整个节点传热系数降低 $0.87\ W/(m^2 \cdot K)$，使整个节点内表面温度提高 5.6℃。

（2）聚氨酯附框可使附框与内外砂浆节点传热系数降低 $0.86W/(m^2 \cdot K)$，使附框与内外砂浆节点内表面温度提高 4.5℃。

4.5 线膨胀系数低

聚氨酯复合材料型材线膨胀系数为 $7.3×10^{-6}/℃$，玻璃为 $9×10^{-6}/℃$，砖为 9.5×

$10^{-6}/℃$，混凝土和水泥为 $10\sim14\times10^{-6}/℃$，同建筑墙体的材料线膨胀系数相近，这样在热胀冷缩情况下保证了变形量的基本一致，也避免了裂缝的出现，提高了接缝处的气密性、水密性，阻碍了冷热对流，避免了室内结露、结霜、结冰，同时提高了保温性能。

4.6 优异的物理力学性能

新修订的《门窗用玻璃纤维增强塑料拉挤型材》（JC/T 941）规定物理力学性能见表 3：

表 3　聚氨酯型材物理力学性能

性能	单位	聚氨酯型材
纵向拉伸强度	MPa	≥600
纵向拉伸弹性模量	GPa	≥40
纵向弯曲强度	MPa	≥600
横向弯曲强度	MPa	≥60
纵向弯曲弹性模量	GPa	≥30
树脂含量	%	18～33
树脂不可溶分含量	%	≥85
巴柯尔硬度	—	≥40
热变形温度	℃	≥200
螺钉拔出承载力	kN/mm	≥0.6

5　结论

被动式超低能耗绿色建筑所用的门窗的各项指标在安装时达到标准的要求，在实际使用寿命周期内是否也能达到标准的要求，是否衰减，这是关键问题。

门窗与建筑不是同寿命，所以门窗要进行更换，附框是门窗进行更换的首要条件，有了附框拆换门窗就不用损坏建筑结构墙体，这样附框与建筑要同寿命，不会因热胀冷缩和保温性能低而使建筑结构开裂和影响其保温性。聚氨酯拉挤型材是最优的附框用材料。

门窗在建筑墙体上安装必须实行干法安装和整窗单元安装，同时必须实行多功能的附框，这样才能最终保证门窗质量。

作者简介

姓名：周佩杰（Zhou Peijie），男，1958 年生。职称：工程师。通讯地址：辽宁省鞍山市铁东区明达莘南花园 24 号楼 3 单元 401 号；邮编：114006；联系电话：13366193594；E-mail：ZPJ580606@163.com。

绿色单元幕墙模块化系统设计初探

梁少宁

金刚幕墙集团有限公司 广州 510650

摘　要　单元式幕墙发展至今，已成为众多高层及超高层建筑幕墙的主流结构形式。本文将以我司的模块化绿色单元式幕墙系统研发为案例，将对其中的产品研发立项、设计方案、产品性能分析等方面进行介绍，并针对绿色建筑幕墙产品的模块化、集成化的设计方法进行可行性研究。

关键词　标准化设计绿色单元幕墙；模块化；系统研发设计

随着我国经济和科学技术的快速发展，国民的节能环保意识也在不断加强，社会对建筑物的节能性能也提出了更高的要求。绿色建筑、新能源技术等开始大量应用到国内新建筑项目的设计、建设当中，其节能指标对比既有建筑也大幅度提高。特别是最新的《公共建筑节能设计标准》（GB 50189—2015）和《绿色建筑评价标准》（GB/T 50378—2014）的颁布，对今后绿色建筑的发展和技术升级提出更高的要求。由此，一系列的问题亟待解决，诸如应如何利用可再生资源、使设计节能环保、令产品在使用中节约能源等。玻璃幕墙作为现代建筑的重要标志、外围护的重要结构，其技术发展也理应满足以上需求。符合绿色节能指标要求的幕墙产品将注定成为市场的新宠和今后幕墙技术和市场发展的风向标。本文以下章节将对多功能绿色集成幕墙系统中的技术重点及研发过程进行介绍。

1　研发目标

从建筑幕墙节能设计及热工分析角度来看，玻璃幕墙通常处于建筑物热交换、热传导最活跃的部位。针对于幕墙节能减排的新产品、新措施近年来不断涌现。诸如隔热断桥铝材、中空镀膜玻璃、双层幕墙结构、室内外遮阳设计、减少开启扇设置等先进的材料或技术方法，均大力促进了幕墙节能技术的发展。然而，上述产品要想实现标准化设计及广泛使用，均存在一定的局限性问题，如双层幕墙虽然节能效果出众，但结构复杂且造价昂贵，还侵占建筑室内空间。室内遮阳保温隔热效率较低，而室外遮阳如不能与建筑物及其外围护结构形成一体化设计，不仅会大大影响外观效果，还可能会加速室内外的热交换，此外国内现有的遮阳产品功能过于单一，节能效率不明显。普通玻璃幕墙减少开启扇虽然会使得幕墙整体热工效果提高，但容易造成楼内空间的整体"密封"，如果空调通风设施运行不好，就会产生室内空间的新风量不足，空气质量差；而反之设置过多的开启扇，虽然保证了自然通风，但在某些特殊情况如高层或超高层建筑上，则容易造成安全隐患。经我司综合考虑，我们选择以目前高层建筑所应用的主流技术——单元式幕墙为主体，同时增加横向光伏遮阳、竖向可滑动遮阳、电动通风装置等独立功能模块的设计，研发出一套性能优良、整体性强，同时集成多种功能的绿色单元幕墙产品（图1），并试图形成标准化的模块设计，以满足国内外有绿色建筑认证、LEED认证及相关高效节能需求的高端幕墙工程项目。

图1　金刚GM100多功能绿色幕墙单元效果图

2　原理与结构

2.1　幕墙功能模块构成

该幕墙系统分为4个主要功能组件模块，如图2所示从左至右依次包括：横向光伏遮阳板模块、竖向电动遮阳格栅模块、单元式幕墙模块、电动通风装置模块。除单元式幕墙核心模块外，其他组件均可按需添置。

2.2　单元式幕墙系统模块

本系统的核心幕墙模块以金刚幕墙UC100系列标准化单元幕墙系统（图3）为基础而研发，经过众多工程考验，完全满足国内实际工程使用。在保温隔热方面灵活采用注胶、穿条、隔热垫、多空腔胶条、双层中空LoW-E镀膜玻璃等技术确保良好的热工性能。在结构方面采用闭腔型材保证更好的结构稳定性，并配合我司成熟的标准化系统及配件使用，通用性大大增加，且无需额外试验检测费用，可使项目成本大为降低（图4）。

▼　横向光伏遮阳板
▼　百页及竖向遮阳
　　单元式幕墙板块
▼　横置通风装置

图2　多功能绿色集成幕墙各主要模块拆分效果图

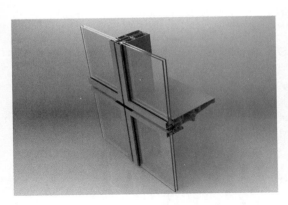

图 3　UC100 单元幕墙系统十字缝节点效果

▼　第一道尘密胶条
▽　第二道水密胶条
▽　第三道气密胶条

图 4　UC100 单元幕墙系统节点密封性设计示意图

2.3　竖向电动遮阳格栅模块

竖向电动遮阳格栅（图 5）可装配不同的竖向遮阳线条，也可以根据用户的喜好或地区的日照不同而更换不同材质或不同形状，加上可水平滑移活动特性，能满足不同应用场景的需求，大大提高了在日照强烈地区使用的遮阳性能，减少炎热季节用于建筑空调制冷能源消耗。

2.4　电动通风装置模块

幕墙板块内设有通风装置，其上通风器靠近楼层地面，而下通风器（图 6）则设置于楼层结构梁底。通风器可与机械抽风或排风装置相连接并配合使用。需要通风时上下通风器同时打开，与上通风器配合的抽风机从室外向室内吸入新鲜空气，而下通风器部位则与排风机配合负责将室内的废气排出（图 7 通风模式一），以此达到组织室内气流有序循环的目的。而室内外的空气由于气压差、热压差的效应，也会使得室内外空气单向流动，此时可仅使用单向抽风或排风机械，并配合采用幕墙板块间交错通风的方法（图 7 通风模式二），

从而根据季节及气候需要，实现室内外的自然通风及空气循环。

2.5　横向光伏遮阴板模块

横向光伏遮阳板模块（图 8）包含光伏玻璃组件，可在遮阳的同时通过光能发电并储存于蓄电池组，又或者通过控制系统将光伏电能并入电网。光伏电能可分别供给竖向电动滑移遮阳装置中遮阳

图 5　遮阳格栅
模块示意图

叶片或格栅杆件的左右移动和通风装置使用。通过标准化设计，横向遮阳板连接件利用一个转换装置在不需要修改幕墙系统模具的情况下实现通用化的配件连接固定，易损部件如光伏玻璃组件等可以很方便地拆装维修。光伏玻璃背面可采用穿孔盖板设计，既有利于排水又可帮助光伏组件散热。

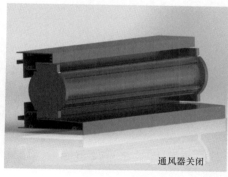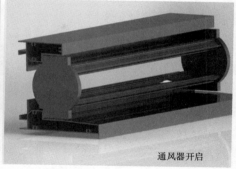

通风器关闭 通风器开启

图 6 UC100 单元幕墙系统通风器图解

通风模式一 通风模式二

图 7 多功能绿色集成幕墙通风方式示意图

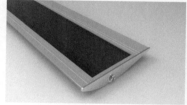

图 8 横向光伏遮阳板效果图

3 关键设计指标与系统分析

3.1 玻璃面板计算分析

本系统产品原型玻璃采用 8（Low-E）＋12A＋8mm 低辐射镀膜中空钢化玻璃，最大分格取 1500mm×2000mm 用作计算。玻璃最大设计标高位 150m，基本风压 W_0 取 0.75kPa，根据《建筑结构荷载规范》（GB 50009—2012），算在 B 类地区，建筑大面的设计标准值为 $W_k = \beta_{gz} \cdot \mu_{sl} \cdot \mu_z \cdot w_0 = 3.97 \text{kN/m}^2$。

本项目按 7 度抗震烈度设防设计，地震影响系数取 0.08，水平分布地震作用标准值为：$q_{Ek} = \beta_E \times \alpha_{max} \times \gamma_{gl} \times t_{gl} = 0.165 \text{kPa}$。

由此，本产品根据《玻璃幕墙工程技术规范》（JGJ 102—2003）的计算方法，计算得到单片玻璃风荷载应力为 $\sigma_{wk1} = \dfrac{6mw_{k1}a^2}{t_1^2}\eta_1 = 26.65 \text{MPa}$，地震荷载应力 $\sigma_{Ek} = \dfrac{6mq_{Ek}a^2}{t_1^2}\eta_1 = 1.01 \text{MPa}$，应力组合为 $\sigma = \psi_w \gamma_w w_k + \psi_E \gamma_E q_{Ek} = 37.97 \text{MPa} < f_a = 84 \text{MPa}$，外层玻璃强度满足要求。由于内层玻璃荷载比外层玻璃小，厚度一致，此处不再重复计算。

玻璃跨中挠度此处仍采用 JGJ 102—2003 的计算方法，可得 $d_f = \dfrac{\mu w_k a^4}{D}\eta = 21 < \dfrac{1500}{60} = 25 \text{mm}$，所以玻璃挠度可以满足要求。

3.2 单元插接横梁计算分析

横梁选用 6063-T5 铝型材，幕墙横梁为双向受弯构件，在平面外承受由面材传来的风荷载、地震作用等其他荷载，并根据面材的宽高比确定横梁的负荷范围（三角形荷载、梯形荷载或者均布荷载）；在平面内承受由面材传来的集中荷载及型材本身的自重。上分格高度为 1500mm，下分格高度为 1500mm，横梁计算跨度 2000mm。

根据此前玻璃荷载取值情况，得到水平风荷载和地震作用组合设计值为 COMB1＝ ＝5.53kPa。

计算分配到横梁母料上的弯矩为：

$$M_1 = M\frac{I_母 E}{I_母 E + I_公 E} = 1.73 \text{kN} \cdot \text{m}$$

分配到横梁母料上的弯矩为：

$$M_2 = M\frac{I_公 E}{I_母 E + I_公 E} = 1.64 \text{kN} \cdot \text{m}$$

材料塑性发展系数：$\gamma = 1.0$

由此可得横梁母料上的水平最大弯曲应力：

$$\sigma_1 = \frac{M_1}{W_1 \times \gamma} = \frac{1730000}{56764 \times 1.0} = 30.5 \text{MPa} < 90 \text{MPa}$$

横梁公料上的水平最大弯曲应力：

$$\sigma_2 = \frac{M_2}{W_2 \times \gamma} = \frac{1640000}{48272 \times 1.0} = 34.0 \text{MPa} < 90 \text{MPa}$$

作用在横梁上的最大变形：

$U_x = 1.19 \text{mm} < 2000/180 = 11.1 \text{mm}$，故横料在水平荷载作用下是安全的。

作用在横梁母料上由玻璃传来的集中荷载标准值，两个集中荷载作用于横梁跨长的 1/4

处，计算可得横梁在竖向荷载作用下的最大弯矩：

$$M_y = \frac{1}{10} \times P_{gl} \times S_t = 0.15 \text{N} \cdot \text{mm}$$

作用在横梁母料上的最大竖向弯曲应力：

$$\sigma_y = \frac{M_y}{W_t \times \gamma} = 18 \text{MPa}$$

横梁自重作用下挠度：

$U_y = 2.68 \text{mm} < 3.0 \text{mm}$，故母料在竖向荷载作用下是安全的。

由以上计算分析结果，我们再综合可得作用在横梁母料上的最大组合应力为 $\sigma_1 + \sigma_y = 30.5 + 18 = 48.5 \text{MPa} < 90 \text{MPa}$

作用在公料上的最大组合应力：

$\sigma_2 = 34 \text{MPa} < 90 \text{MPa}$，故所选用的横料是安全的。

3.3 单元插接立柱计算分析

幕墙单元立柱选取单跨悬挑梁的计算模型，幕墙横向计算分格宽度按最大 $B = 1500 \text{mm}$，跨长 3900mm，悬挑位置约 350mm。

由于幕墙的荷载由横梁和立柱承担，玻璃面板将受到的水平方向的荷载，按 45°角分别传递到横梁和立柱上，玻璃与立柱之间采用结构胶及入槽方式固定，两者以铰接的形式相连，所以此不考虑立柱的扭转，横梁又将承受的荷载传递给立柱，所以立柱承受荷载简化为均部线荷载，最后由立柱将所有荷载通过埋件传递到主体结构上。

由上文的设计荷载及计算结果，我们设计的立柱强度计算模型如图 9 所示。

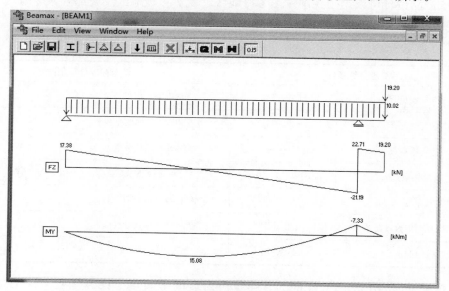

图 9　单元立柱强度计算模型示意

立柱跨中最大弯矩为 $M = 15.08 \text{kN} \cdot \text{m}$，作用在母料立柱上的最大弯矩：$M_1 = 7.4 \text{kN} \cdot \text{m}$，弯曲应力：$\sigma = 107.9 \text{MPa} \leqslant 150 \text{MPa}$，作用在公料立柱上的最大弯矩：$M_2 = 7.68 \text{kN} \cdot \text{m}$，弯曲应力：$\sigma = 109.4 \text{MPa} \leqslant 150 \text{MPa}$，立柱强度满足设计要求。

立柱挠度计算模型如图 10 所示：

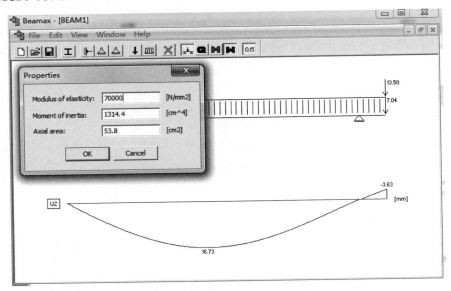

图 10　单元立柱挠度计算模型示意

立柱最大挠度为 16.73mm＜3850/180＝20mm，立柱挠度满足设计要求。

3.4　单元幕墙热工分析

本系统产品设计可以用于我国夏热冬冷地区、夏热冬暖地区及大部分寒冷地区。产品热工性能计算边界条件见表 1。

表 1　热工性能计算边界条件

冬季标准计算条件		夏季标准计算条件	
室内空气温度 T_{in}	20.0℃	室内空气温度 T_{in}	25.0℃
室外空气温度 T_{out}	−20.0℃	室外空气温度 T_{out}	30.0℃
室内对流换热系数 $h_{c,in}$	3.60W/（m²·K）	室内对流换热系数 $h_{c,in}$	2.50W/（m²·K）
室外对流换热系数 $h_{c,out}$	16.00W/（m²·K）	室外对流换热系数 $h_{c,out}$	16.00W/（m²·K）
室内平均辐射温度 $T_{rm,in}$	20.0℃	室内平均辐射温度 $T_{rm,in}$	25.0℃
室外平均辐射温度 $T_{rm,out}$	−20.0℃	室外平均辐射温度 $T_{rm,out}$	30.0℃
太阳辐射照度 I_s	0.00W/m²	太阳辐射照度 I_s	500.00W/m²

产品热工设计的主要参考标准为《建筑门窗玻璃幕墙热工计算规程》（JGJ/T 151—2008）和《民用建筑热工设计规范》（GB 50176—1993），所采用计算软件为《粤建科⁴® MQMC 建筑幕墙门窗热工性能计算软件》2010 正式版。

为简化计算，我们采用了如图 11 所示的东向玻璃幕墙幅面，不含及附加光伏及竖向遮阳模块，并将层间百叶换成中空 Low-E 玻璃，以计算其单元玻璃幕墙模块的热工性能。

计算可得幕墙幅面热工计算结果汇总表见表 2。

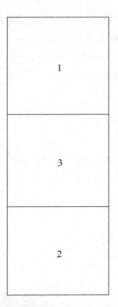

图 11 单元幕墙热工性能计算幅面设计

表 2 幕墙幅面热工计算结果

编号	名称	A	U	SC	τ	Ag	Ug	Ap	Up
1	东朝向幅面	5.455	2.801	0.281	0.168	5.455	2.801	0.000	0.000

幕墙主要立柱及横梁热工分析计算所得温度场如图 12 所示。

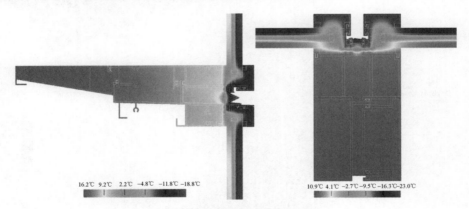

16.2℃ 9.2℃ 2.2℃ −4.8℃ −11.8℃ −18.8℃   10.9℃ 4.1℃ −2.7℃ −9.5℃ −16.3℃ −23.0℃

图 12 单元幕墙龙骨温度场图

由以上分析可得，本幕墙系统完全可以满足我国夏热冬冷地区、夏热冬暖地区及部分寒冷地区的使用要求。

3.5 产品日照分析

在本产品的研发设计中，我司选用了 Ecotect 软件对若干个幕墙单元计算模型样板进行了模拟日照试验分析。计算模型选取了 6m×6m 的房间，层高 3.9m，净高 3.75m，楼板边梁 300mm×700mm；幕墙单元幅面尺寸为 1500mm×3900mm，层间不透明部分分格为

1500mm×1350mm，透明部分采用双层中空 Low-E 玻璃，产品设置有横向和纵向固定遮阳设施。模型朝向为正南方。本次实验分别对建筑物，对北京、上海、广州三个城市的采光率、光照强度、遮挡率、可视度等指标进行了模拟分析。计算参数设定则根据《建筑采光设计标准》（GB 50033—2013），试验内容包括：

- 产品采光和照明分析。
- 产品空间可视度分析。
- 产品日照遮挡率分析。

将模型的室内地面相对 800mm 标高位置的平面作为日照分析参考平面，1400mm 标高位置的平面作为可视性分析参考平面；采用幕墙玻璃外表面作为产品的日照遮挡率分析参考平面，对以上进行网格划分。

试验模型示意图如图 13 所示。

分析结果如图 14、图 15、图 16 所示。

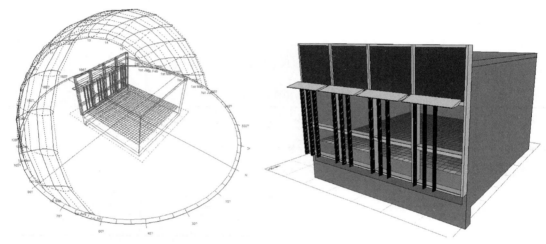

图 13 产品日照分析试验模型

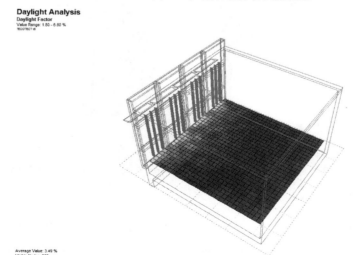

图 14 模型室内采光率分析结果

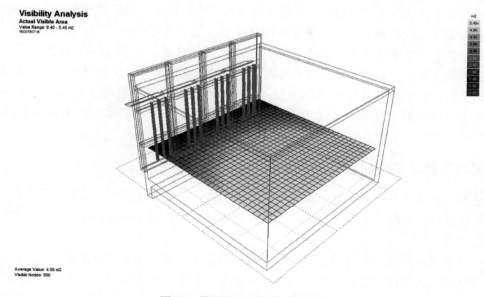

图 15　模型室内可视性分析结果

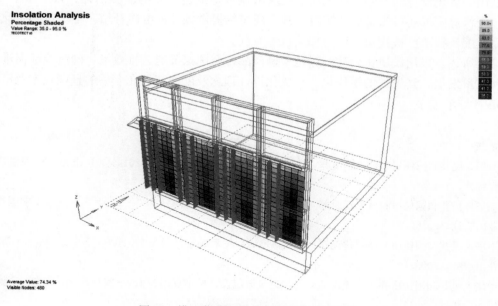

图 16　模型幕墙产品日照遮挡率分析结果

　　试验结果表明，在搭载了含横向和竖向遮阳模块之后，单元幕墙系统的遮阳效果提升显著，可大大降低夏季室内空调使用能耗，但采光率则有所影响。以上海地区为例，室内照度全年均值为 174.45lux；在房间进深超过约 2.0m 的地方其照度低于 300lux；日照采光率全年均值为 3.49%；在房间进深超过约 3.5m 的地方其采光率低于 3%，则需要设置人造光源。夏季时，在其遮阳模块可活动的情况下，其采光率及室内照度可进一步提升，而室内辐射得热将进一步下降，由此建筑物可得到显著的节能效果。

　　而在室内可视性方面，6m（开间）×6m（进深）的房间，除了靠近幕墙的房间边缘及角落部位的极小面积处于不可视状态，绝大部分处于可视状态，如果再考虑到遮阳装置的可活动因素，完全可以达到 LEED 认证要求的 90％以上室内可视面积。

最后，在幕墙日照遮挡率分析中，其节能效果最为显著，达到 35％。由此可见，合理的幕墙遮阳设计，可大幅度改善建筑的能耗情况。特别是搭载了一体化设计的可活动遮阳模块的幕墙产品，在不降低幕墙整体热工性能的情况下，夏季能更好减少建筑的太阳辐射得热，而冬季可调节其遮阳模块至合适的位置，以便更有利于增加室内的采光和减少取暖能耗。

4 实现绿色幕墙模块化设计的展望

通过本项目的研发可以看到，现有的技术条件已经完全可以实现多功能绿色集成幕墙系统的模块化设计，同时，借助于先进的计算分析软件，也能够对幕墙系统产品在复杂物理环境下进行仿真分析。

由于该系统各功能组件全都针对降低能源消耗设计开发，能最大限度地减少建筑物的热损失，并降低建筑能耗。系统模块化的设计理念也可随不同用户需求组合出不同解决方案，不必为了增减某一项功能而重新设计定制，大大节省了设计成本、生产成本和时间成本。同时，采用一体化设计的遮阳、通风功能模块可显著降低建筑物的能源消耗、减少污染排放。此外，光伏遮阳板还可为幕墙系统自身甚至建筑物提供额外的电能补给。本项目所研发的系统产品及配套技术已被我司注册为相关技术专利。

综上所述，采用模块化设计的绿色幕墙产品符合国家节能减排政策，同时能够促进产业升级和技术发展，其先进的模块化、集成化设计理念及配套产品在今后的幕墙技术及市场发展中完全大有可为。

参考文献

[1] 中华人民共和国住房和城乡建设部 . 建筑结构荷载规范（GB 50009—2012）[S]. 北京：中国建筑工业出版社，2012.

[2] 中华人民共和国住房和城乡建设部 . 建筑玻璃应用技术规程（JGJ 113—2015）[S]. 北京：中国建筑工业出版社，2015.

[3] 中华人民共和国住房和城乡建设部 . 玻璃幕墙工程技术规范（JGJ 102—2003）[S]. 北京：中国建筑工业出版社，2003.

[4] 中华人民共和国住房和城乡建设部 . 公共建筑节能设计标准（GB 50189—2015）[S]. 北京：中国建筑工业出版社，2015.

[5] 中华人民共和国住房和城乡建设部 . 绿色建筑评价标准（GB/T 50378—2014）[S]. 北京：中国建筑工业出版社，2014.

[6] 中华人民共和国住房和城乡建设部 . 建筑采光设计标准（GB 50033—2013）[S]. 北京：中国建筑工业出版社，2013.

[7] 金刚幕墙集团有限公司 . 一种多功能绿色集成幕墙系统[P]. 中国专利：2015107007538，2015-10-22.

[8] 金刚幕墙集团有限公司 . 一种可独立拆装的光伏遮阳装置[P]. 中国专利：2015208327647，2015-10-22.

[9] 金刚幕墙集团有限公司 . 一种可滑移的幕墙遮阳格栅[P]. 中国专利：2015208327647，2015-10-22.

作者简介

梁少宁（Liang Shaoning），男，1979 年生，职称：工程师；研究方向：幕墙技术标准化，幕墙设计；工作单位：金刚幕墙集团有限公司；地址：广州市天河区元岗路慧通产业广场 A7 栋；邮编：510650；E-mail：jgmqrd@163.com。

玻璃面板对玻璃承重构件的作用

温嘉励

广州斯意达幕墙设计咨询有限公司 广州 510620

摘 要 文章通过 ABAQUS 有限元软件，尝试了解面板对玻璃梁（简支梁）和玻璃柱（悬挑压弯构件）承载力的作用，寻求提供面板有效宽度的确定方法，以及考虑面板作用时，玻璃肋的优化方案。

关键词 玻璃结构；结构玻璃；玻璃梁；玻璃柱；

The Glass Panel Effect on Glass Structure

Wen Jiali

C. E. D. Façade Design & Consultant Ltd. Guangzhou 510620

Abstract By ABAQUS FEA software, tried to analyze the glass panel effect of bearing capacity on beam (simply supported beam) and glass column (compression—bending member). Tried to advance a method to determine the effective width of the Panel. And with the action of panel took into account, tried to advance the optimization solutions of glass fin.

Keywords glass structure; structural glass; glass beam; glass column

按文献[1,2]，在玻璃承重结构中，玻璃面板与玻璃肋通过结构胶或连接件共同作用协同变形，共同承担外荷载。本文将使用有限元分析软件 ABAQUS，对玻璃面板在玻璃柱（梁）中所起的作用进行讨论。首先讨论连接材料（硅酮结构胶、环氧树脂、钢件）不同，是否影响玻璃面板对玻璃梁（柱）的作用；然后讨论对玻璃梁（柱）起作用的玻璃面板宽度；最后提出，考虑玻璃面板作用时，玻璃梁（柱）的优化方案。

1 面板对玻璃梁的作用

1.1 不同连接材料对面板作用的影响

玻璃构件均选用 SGP 夹胶半钢化玻璃，玻璃梁使用了"牺牲层"[3]的保护概念，选用 4mm×10mm 厚 4 层夹胶玻璃，外层玻璃为保护层，即使破碎也不会对结构造成影响，内部 2 层玻璃为结构核心部分，参与结构验算。面板层计算有效厚度时考虑 SGP 夹胶片的结构作用[4]。具体玻璃构件数据见表1。

表1 玻璃梁的相关数据

构件	规格 （mm）	有效厚度 （mm）	高度/宽度 （mm）	长度 （mm）	支座	受荷情况
玻璃肋 （腹板）	10+1.52（SGP）+10 （核心部分）	20[4]	300	5000	两端铰支	合力为 14567.52N 的面荷载
玻璃面板 （翼缘）	8+1.52（SGP）+8	16[4]	828 （1/2玻璃分格）			

为考虑连接材料对面板作用的影响，建立几组模型方案。基准方案为不考虑面板的作用，只对玻璃肋进行建模。方案一连接材料为硅酮结构胶，由于硅酮结构胶需要注在玻璃肋保护层上，为模拟这一点，在玻璃腹板的顶部添加两边长为10mm的方形，假设当玻璃保护层破碎，保护层边缘的一小段玻璃板依然牢固地与玻璃柱核心部分粘结，能保证结构胶的完整性并能将荷载传递到玻璃柱核心部分。方案二连接材料为环氧树脂[5]。方案三连接材料为钢件，钢连接件端部通过SGP夹层嵌入到玻璃肋中，与玻璃肋连接成共同受力的整体[6]（表2，图1）。

ABAQUS模型中所有材料截面均使用实体单元，所以单元实体进行不删除边界整体组装，使各材料截面组成一个整体运行分析。

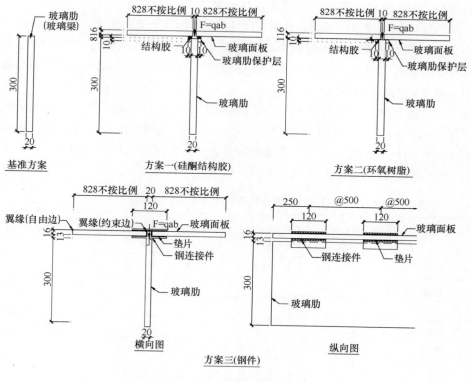

图1 玻璃梁模型截面

表 2　有限元分析方案

	基准方案	方案一	方案二	方案三
面板与玻璃肋的连接材料	不考虑面板作用	硅酮结构胶	环氧树脂	钢件
连接尺寸	—	12mm 宽×8mm 厚的矩形。	15mm 宽×1mm 厚的矩形[5]	120mm 边长的正方形距玻璃梁边 250mm，间距为 500mm
弹性模量		1.4 MPa	2550MPa[5]	钢件：$2.06×10^5$MPa 垫片：$0.1×10^5$MPa
泊松比		0.5[7]	0.4[5]	钢件：0.3[7] 垫片：0.45[8]

经 ABAQUS 有限元分析，各方案的应力变形图如图 2 所示，有关数值见表 3。比较模型的分析结果，可得几点结论：

当选用硅酮结构胶连接时，玻璃梁的最大应力值只下降了 0.4％，最大挠度值只下降了 11.1％，这是因为硅酮结构胶的弹性模量只有 1.4MPa，远小于玻璃的弹性模量 72000MPa；在面板，玻璃肋和结构胶共同作用时，硅酮结构产生的应力值相当小，从而使面板在结构中不起作用。因此，面板对玻璃梁（简支受弯构件）的强度的作用趋向于零，对于刚度的作用稍大，但数值上也非常小，不足以在结构设计中考虑。

当选用环氧树脂连接时，考虑面板作用，使玻璃梁的最大应力值下降了 46％，最大挠度值下降了 72.4％，表明提高连接材料的弹性模量，能使玻璃面板与玻璃肋的变形更加同步，面板对结构的作用提高。在结构设计时考虑面板对结构骨架的作用，可以提高玻璃材料的利用率，减少玻璃截面的尺寸。

当选用钢件连接时，面板与玻璃肋的变形基本同位。考虑面板作用，使玻璃梁的最大应力值下降了 45.2％，最大挠度值下降了 75.1％。可见使用钢件连接与环氧树脂连接时，面板对玻璃梁的作用是相近的，但由于玻璃面板与玻璃肋之间选用环氧树脂连接的方案在国内几乎没有，而钢件连接的方案在国内常见，所以钢件连接方案被推荐。

表 3　玻璃梁各模型的应力应变数值比较

		基准方案（无面板）	方案一（硅酮结构胶）数值	比较	方案二（环氧树脂）数值	比较	方案三（钢件）数值	比较
最大应力（MPa）	腹板	26.009	25.908	−0.4％	14.043	−46％	14.247	−45.2％
	翼缘	—	0.547	—	2.083	—	3.285	—
	连接件	—	0.069	—	2.063	—	53.498	
最大挠度（mm）	腹板	7.580	6.736	−11.1％	2.093	−72.4％	1.891	−75.1％
	翼缘	—	6.730	—	2.275	—	2.027	—
	连接件	—	6.731	—	2.093	—	1.887	—

注：比较是指相应方案与基准方案比较，公式为（方案值—基准值）/基准值。

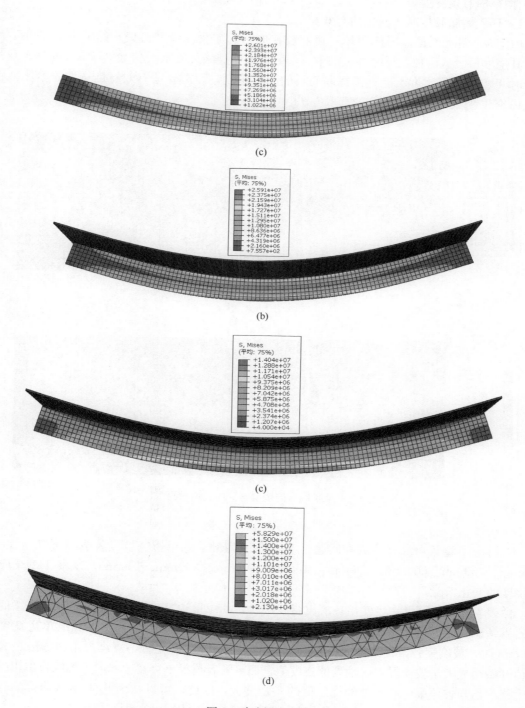

图 2 玻璃梁应力图

（a）无翼缘玻璃梁应力图；（b）T 型玻璃梁应力图（硅酮结构胶胶接）；
（c）T 型梁的应力图（环氧树脂胶接）；（d）T 型梁的应力图（钢件连接）

1.2 面板的有效宽度

1.2.1 环氧树脂胶接时，面板的有效宽度

由图 3、图 4 可见，当使用环氧树脂胶接时，T 型梁翼缘（面板）的应力分布并不均匀，其挠度最大值出现在翼缘外边缘中点，数值上比腹板挠度最大值大 8.7%。可见，结构设计时 T 型梁翼缘宽度不能直接选取面板的一半跨度，而需要按有效宽度选取。本小节将尝试讨论 T 型梁翼缘有效宽度的选取办法。

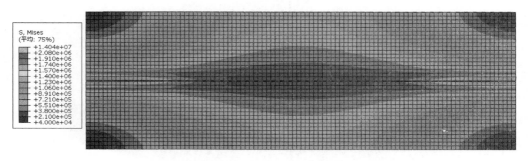

图 3 T 型梁翼缘的应力图（环氧树脂胶接）

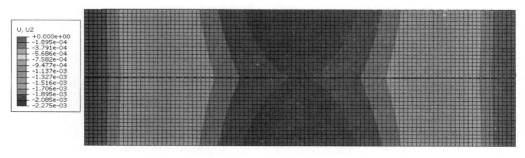

图 4 T 型梁翼缘的挠度图（环氧树脂胶接）

为讨论 T 型梁翼缘有效宽度问题，本节将 T 型梁翼缘单边宽度设置成以下几个尺寸：828mm、700mm、600mm、500mm、400mm、300mm、200mm、100mm，观察 T 型梁应力和挠度的变化情况。

由表 4 和图 5 可见，当使用环氧树脂胶接时，翼缘单边宽度为 100mm 时，玻璃梁的应力比不考虑翼缘时降低了 34.7%，挠度比不考虑翼缘时降低 55%。当翼缘单边宽度为 300mm 时，玻璃梁各部件的最大应力值与最大挠度下降速度变缓，翼缘自由边处的最大挠度值开始明显大于玻璃梁中心轴处的挠度值，而且随着翼缘单边宽度增大，翼缘自由边处的最大挠度值与玻璃梁中心轴处的挠度值的差距增大。因此，可以认为此 T 型玻璃梁的有效翼缘单边宽度为 300mm，即 T 型梁的最大应力为 14.901MPa，最大挠度为 2.497mm；与不考虑面板作用时最大应力为 26.009MPa 和最大挠度为 7.580mm 相比，分别下降 42.7% 和 67.1%。

表4　玻璃梁的应力应变数值比较（环氧树脂胶接）

翼缘宽度（mm）		无翼缘	100	200	300	400	500	600	700	828
最大应力（MPa）	腹板	26.009	16.995	15.519	14.901	14.567	14.360	14.223	14.127	14.043
	翼缘	—	9.566	5.794	4.220	3.372	2.854	2.515	2.283	2.083
	结构胶	—	1.419	1.731	1.868	1.942	1.986	2.015	2.034	2.063
最大挠度（mm）	腹板	7.580	3.412	2.748	2.471	2.322	2.231	2.171	2.130	2.093
	翼缘（约束边）	—	3.410	2.746	2.470	2.320	2.230	2.169	2.127	2.090
	翼缘（自由边）		3.413	2.758	2.497	2.371	2.307	2.277	2.269	2.275
	结构胶	—	3.411	2.748	2.471	2.322	2.231	2.171	2.130	2.093

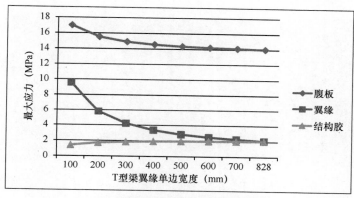

(a) 玻璃梁的最大应力随翼缘宽度的变化

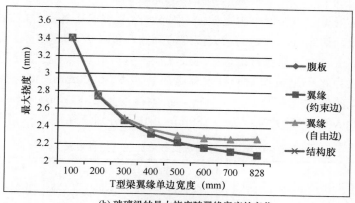

(b) 玻璃梁的最大挠度随翼缘宽度的变化

图5　玻璃梁的最大应力及最大挠度随翼缘宽度的变化（环氧树脂胶接）

1.2.2　钢件连接时，面板的有效宽度

由图6、图7可见，当使用钢件连接时，T型梁翼缘（面板）的应力分布并不均匀，其挠度最大值出现在翼缘外边缘中点，数值上比腹板挠度最大值大7.2%。因此，与使用环氧树脂胶接的情况一样，钢件连接时也应考虑T型梁翼缘的有效宽度。将玻璃翼缘（面板）单边宽度设置为：828mm、700mm、600mm、500mm、400mm、300mm、200mm、

100mm，以观察 T 型梁最大应力值和挠度值随翼缘宽度的变化情况。

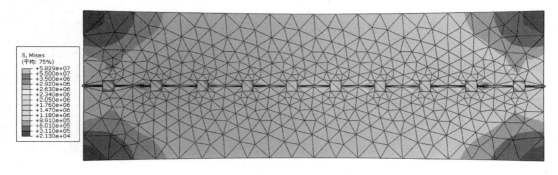

图 6   T 型梁翼缘的应力图（钢件连接）

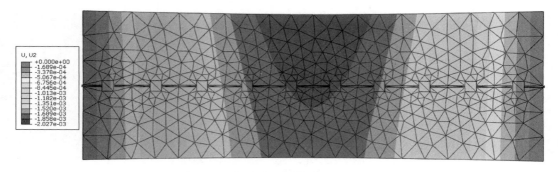

图 7   T 型梁翼缘的挠度图（钢件连接）

注：图形不对称，钢件与玻璃肋偏心连接所致

由表 5 和图 8 可见，当翼缘单边宽度为 200mm 时，玻璃梁各部件的最大应力值与最大挠度下降速度变缓，翼缘自由边处的最大挠度值开始明显大于玻璃梁中心轴处的挠度值，而且随着翼缘单边宽度增大，翼缘自由边处的最大挠度值与玻璃梁中心轴处的挠度值的差距增大。因此，可以认为此 T 型玻璃梁的有效翼缘单边宽度为 200mm，即考虑面板作用时，T 型玻璃梁中的玻璃的最大应力为 16.102MPa，最大挠度为 2.534mm；与不考虑面板作用时最大应力为 26.009MPa 和最大挠度为 7.580mm 相比，分别下降了 38.1% 和 66.6%。

表 5   玻璃梁的应力应变数值比较（钢件连接）

翼缘宽度（mm）		无翼缘	100	200	300	400	500	600	700	828
最大应力（MPa）	腹板	26.009	17.894	16.102	15.337	14.913	14.656	14.481	14.346	14.247
	翼缘	—	11.192	6.875	5.062	4.143	3.596	3.236	3.067	3.285
	钢件	—	52.749	51.031	52.182	52.140	53.110	53.401	53.788	53.498
	垫片	—	8.322	6.358	5.753	5.373	4.857	4.997	4.856	5.916
最大挠度（mm）	腹板	7.580	3.053	2.478	2.234	2.101	2.019	1.965	1.926	1.893
	翼缘（约束边）	—	3.051	2.476	2.231	2.097	2.016	1.962	1.924	1.891
	翼缘（自由边）	—	3.083	2.534	2.309	2.194	2.125	2.082	2.028	2.027
	钢件	—	3.046	2.474	2.230	2.100	2.015	1.960	1.919	1.887
	垫片	—	3.046	2.474	2.230	2.100	2.015	1.960	1.919	1.887

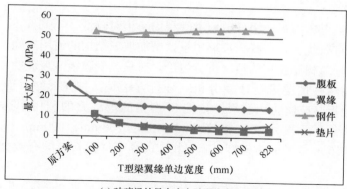

(a) 玻璃梁的最大应力随翼缘宽度的变化

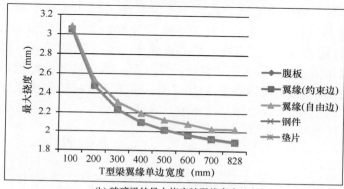

(b) 玻璃梁的最大挠度随翼缘宽度的变化

图 8 玻璃梁的最大应力及最大挠度随翼缘宽度的变化

1.2.3 小结

经有限元分析，从 T 型梁翼缘（面板）的应力分布图和挠度分布图可知，翼缘（面板）的应力和变形是不均匀的，随翼缘（面板）宽度增加，其变形变大，而对 T 型梁的作用减弱，因此在确认 T 型梁承载力设计值时，需要先确认翼缘（面板）的有效宽度。本节尝试通过观察改变翼缘（面板）的计算宽度对 T 型梁承载力的影响，确定翼缘（面板）的有效宽度。从表 6 可知，翼缘（面板）与腹板（玻璃肋）的连接材料不同，翼缘（面板）的有效宽度也不同，对 T 型梁承载力的作用也略有不同。当翼缘（面板）与腹板（玻璃肋）越同步，翼缘（面板）的作用越大，T 型梁的承载能力越高。

表 6 考虑有效宽度时玻璃梁的应力应变数值

	允许值	无翼缘		环氧树脂胶接 （翼缘有效宽度为 300mm）			钢件连接 （翼缘有效宽度为 200mm）		
		数值	利用率	数量	下降率	利用率	数量	下降率	利用率
最大应力 （MPa）	28[9]	26.009	93%	14.901	42.7%	53%	16.102	38.1%	58%
最大挠度 （mm）	25[7]	7.580	30%	2.497	67.1%	10%	2.534	66.6%	10%

注：利用率是指数值与允许值的比较，下降率考虑面板作用最大应力（挠度）的下降的幅度。

1.3 玻璃梁的优化

从表6可见，当考虑面板作用，玻璃梁的利用率相对较低（不到60%），因此需要对玻璃腹板（玻璃肋）进行优化，以减少玻璃用量，增加玻璃结构的使用空间。

本小节首先对环氧树脂胶接的情况进行讨论，对只改变腹板（玻璃肋）的高度，和先改变厚度再改变高度两种情况进行建模分析。分析方法是：首先翼缘（面板）单边宽度为828mm时，改变腹板（玻璃肋）的尺寸，使T型梁的承载力的利用率达目标值（90%左右）；然后建立翼缘（面板）单边宽度为828mm、700mm、600mm、500mm、400mm、300mm、200mm、100mm的分析模型，确定相应的翼缘（面板）的有效宽度，最终确认T型梁优化方案。

经试运算，最终获得两个优化方案：优化方案一玻璃肋的核心截面为20mm厚×220mm高，优化方案二玻璃肋的核心截面为16mm厚×245mm高（即改用8mm玻璃原片）。运算结果见表7，当玻璃肋的原片由10mm改为8mm时，优化效果最好。因而使用同样的方法，获得钢件连接时的优化方案，核心截面为16mm厚×250mm高，运算结果见表7。可见，考虑面板作用后，当最大应力相仿的情况下，玻璃肋的截面能减少，其中改变玻璃厚度的方法，能使玻璃肋的截面减少30%以上。由于环氧树脂胶接是线性连接，其节约材料的效果更好。优化后的节点图如图9和图10所示。

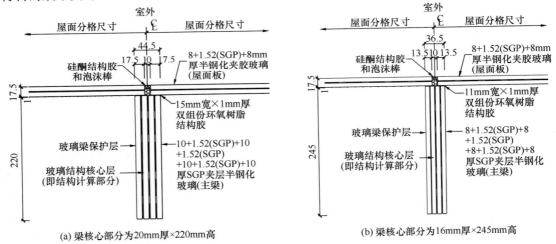

图9　优化后玻璃梁的连接图（环氧树脂胶接）

表7　玻璃梁的优化方案比较

	连接材料	玻璃肋核心截面	最大应力（MPa）	利用率（%）	最大挠度（mm）	利用率（%）	截面面积（mm²）	节省率（%）
原方案	无翼缘	20mm厚×300mm高	26.009	93%	7.580	30%	6000	—
优化一	环氧树脂胶接	20mm厚×220mm高	25.346	91%	5.680	23%	4400	26.7%
优化二		16mm厚×245mm高	26.182	94%	5.113	20%	3920	34.7%
优化三	钢件连接	16mm厚×250mm高	26.777	96%	5.113	20%	3920	33.3%

注：利用率是数值与允许设计值的比值，应力设计值为28MPa，挠度设计为25mm；节省率为与不考虑翼缘方案比，优化方案玻璃肋面积减少的比率。

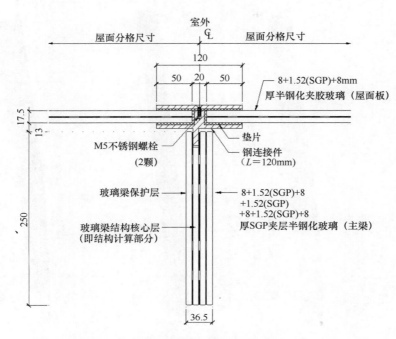

图 10　优化后玻璃梁的连接构造图（钢件连接）

2　面板对玻璃柱的作用

玻璃柱为悬挑压弯构件，其截面和参数与玻璃梁基本相同，只是面板的有效厚度改为21mm。具体玻璃构件数据见表 8。

表 8　玻璃柱相关数据

构件	规格 （mm）	有效厚度 （mm）	高度/宽度 （mm）	长度 （mm）	支座	受荷情况
玻璃肋 （腹板）	10＋1.52（SGP）＋10 （核心部分）	20	300	5000	底端固接， 顶端自由	轴向：合力 2065.99N 的面荷载
玻璃面板 （翼缘）	10＋1.52（SGP）＋10	21	828 （1/2 玻璃分格）			径向：合力 4670.88N 的面荷载

经 ABAQUS 有限元分析，各方案的应力变形图如图 11 所示，有关数值见表 9。比较模型的分析结果，可得几点结论：

当选用硅酮结构胶连接时，面板对玻璃柱的作用，比对玻璃梁的作用要大，但数值上仍然较小，因此当选用硅酮结构胶连接时，不应考虑面板对玻璃柱的作用。

当选用环氧树脂连接时，面板对玻璃柱的作用，没有对玻璃梁的大，最大应力值下降了 19%，最大挠度值下降了 44%。

当选用钢件连接时，面板对玻璃柱的作用比较明显，情况与玻璃梁相似，最大应力值下降了 46.5%，最大挠度值下降了 76.5%。因此，对于悬挑压弯构件，选用钢件连接是较优方案。

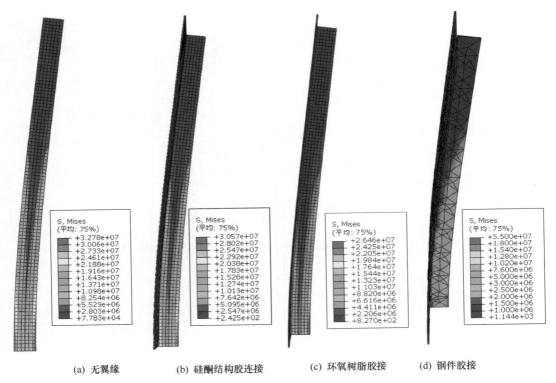

| (a) 无翼缘 | (b) 硅酮结构胶连接 | (c) 环氧树脂胶接 | (d) 钢件胶接 |

图 11　玻璃柱应力图

表 9　玻璃柱各模型的应力应变数值比较

		基准方案（无面板）	方案一（硅酮结构胶）		方案二（环氧树脂）		方案三（钢件）	
			数值	比较	数值	比较	数值	比较
最大应力（MPa）	腹板	32.784	30.566	−6.8%	26.460	−19%	17.532	−46.5%
	翼缘	—	3.193	—	1.160	—	3.008	—
	连接件	—	0.076	—	0.278	—	32.163	—
最大挠度（mm）	腹板	23.228	19.02	−18.1%	13.074	−44%	5.454	−76.5%
	翼缘	—	19.02	—	13.072	—	5.521	—
	连接件	—	19.020	—	13.185	—	5.183	—

注：比较是指相应方案与基准方案比较，公式为（方案值—基准值）/基准值。

　　由图 12 可见，当环氧树脂胶接或钢件连接时，应变图符合悬挑压弯构件的变形规律，而 T 型柱的翼缘的应力分布不均匀，靠腹板处应力较大，随跟腹板的距离增加，翼缘的应力明显下降。因此仍然需要考虑翼缘（面板）的有效宽度。

　　由表 10 可见，当使用环氧树脂胶接玻璃面板与玻璃肋时，面板对玻璃结构的作用非常明显，当翼缘单边宽度为 100mm 时，玻璃柱的应力比不考虑翼缘时降低了 16.9%，挠度比不考虑翼缘时降低了 37.7%。当翼缘单边宽度为 300mm 时，玻璃柱各部件的最大应力值与最大挠度下降速度变缓，翼缘自由边处的最大挠度值开始明显大于玻璃柱中心轴处的挠度

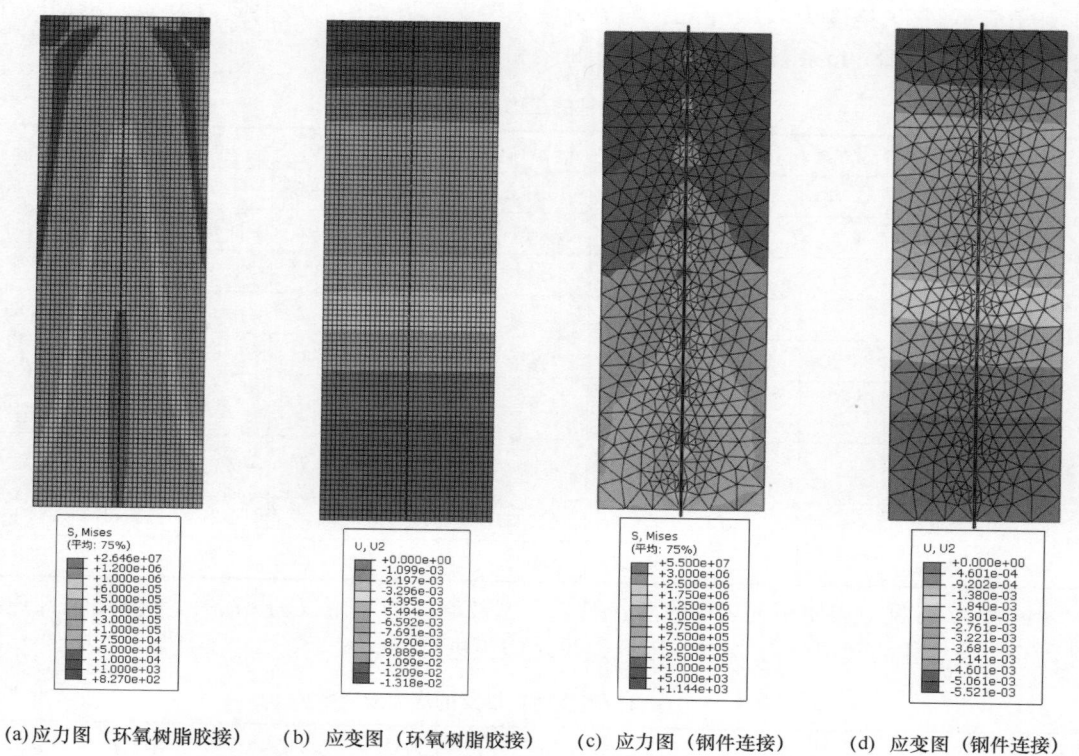

(a) 应力图（环氧树脂胶接）　(b) 应变图（环氧树脂胶接）　(c) 应力图（钢件连接）　(d) 应变图（钢件连接）

图 12　T 型柱的应力与应变图

值，且随着翼缘单边宽度增大，翼缘自由边处的最大挠度值与玻璃柱中心轴处的挠度值的差距增大。因此，可以认为此 T 型玻璃柱的有效翼缘单边宽度为 300mm，即 T 型柱的最大应力为 26.648MPa，最大挠度为 13.405mm；与不考虑面板作用时最大应力为 32.784MPa 和最大挠度为 23.228mm 相比，分别下降了 18.7% 和 42.3%。

表 10　玻璃柱的应力应变数值比较（环氧树脂胶接）

翼缘宽度（mm）		无翼缘	100	200	300	400	500	600	700	828
最大应力（MPa）	腹板	32.784	27.242	26.811	26.648	26.566	26.519	26.491	26.473	26.460
	翼缘	—	5.354	3.052	2.299	1.917	1.653	1.427	1.219	1.160
	结构胶	—	0.235	0.259	0.268	0.273	0.275	0.277	0.278	0.278
最大挠度（mm）	腹板	23.228	14.465	13.692	13.405	13.263	13.181	13.131	13.099	13.074
	翼缘（约束边）		14.464	13.690	13.403	13.261	13.179	13.129	13.097	13.072
	翼缘（自由边）	—	14.472	13.710	13.436	13.308	13.241	13.207	13.192	13.185
	结构胶	—	14.465	13.691	13.405	13.262	13.181	13.131	13.099	13.074

由表 11 可见，当使用钢件连接玻璃面板与玻璃肋时，面板对玻璃结构的作用同样明显。可见，玻璃翼缘（面板）单边的有效宽度应为 200mm，相应的 T 型柱的玻璃的最大应力为

19.193MPa，最大挠度为7.016mm；与原方案不考虑面板作用时最大应力为32.784MPa和最大挠度为23.228mm相比，分别下降了41％和70％。

表11　玻璃柱的应力应变数值比较

翼缘宽度（mm）		原方案	100	200	300	400	500	600	700	828
最大应力（MPa）	腹板	32.784	20.886	19.193	18.502	18.135	17.908	17.744	17.631	17.532
	翼缘	—	10.933	6.948	5.131	4.415	3.791	3.453	3.281	3.008
	钢件	—	52.406	41.373	37.128	35.275	33.606	33.241	32.479	32.163
	垫片	—	8.006	6.031	4.423	5.297	3.592	3.337	3.177	5.561
最大挠度（mm）	腹板	23.228	8.484	6.969	6.348	6.011	5.800	5.656	5.550	5.454
	翼缘（约束边）	—	8.478	6.964	6.344	6.007	5.797	5.654	5.548	5.452
	翼缘（自由边）		8.513	7.016	6.404	6.073	5.866	5.723	5.617	5.521
	钢件		8.068	6.627	6.035	5.714	5.513	5.376	5.275	5.183
	垫片		8.068	6.627	6.035	5.714	5.513	5.376	5.275	5.183

由表12可见，当使用环氧树脂胶接时，T型玻璃柱的利用仅为67％；当使用钢件连接时，T型玻璃柱的利用仅为48％。因此建议对腹板进行优化。

表12　考虑有效宽度时玻璃梁的应力应变数值

	允许值	无翼缘		环氧树脂胶接（翼缘有效宽度为300mm）			钢件连接（翼缘有效宽度为200mm）		
		数值	利用率	数量	下降率	利用率	数量	下降率	利用率
最大应力（MPa）	40[9]	32.784	82％	26.648	18.7％	67％	19.193	41％	48％
最大挠度（mm）	25[7]	23.228	93％	13.405	42.3％	54％	7.016	70％.	28％

注：利用率是指数值与允许值的比较，下降率考虑面板作用最大应力（挠度）的下降的幅度。

运用玻璃梁的优化方法对玻璃柱进行优化，获得环氧树脂胶接时只改变高度的优化方案一，核心截面为20mm厚×265mm高。环氧树脂胶接时只改变厚度的优化方案二，核心截面为16mm厚×300mm高。钢件连接时的优化方案三，核心截面为16mm厚×245mm高。具体数据见表13。可见，改变截面的厚度比高度更能节省材料，对于T型玻璃柱，钢件连接比环氧树脂胶接更能节省材料。优化后的方案节点图如图13和图14所示。

表13　玻璃柱的优化方案比较

	连接材料	玻璃肋核心截面	最大应力（MPa）	利用率（％）	最大挠度（mm）	利用率（％）	截面面积（mm²）	节省率（％）
原方案	无翼缘	20mm厚×300mm高	32.784	82％	23.228	93％	6000	—
优化一	环氧树脂胶接	20mm厚×265mm高	32.418	81％	18.679	75％	5300	11.7％
优化二		16mm厚×300mm高	33.561	84％	17.108	68％	4800	20％
优化三	钢件连接	16mm厚×245mm高	31.336	78％	12.713	51％	3920	34.7％

注：利用率是数值与允许设计值的比值，应力设计值为40MPa，挠度设计为25mm；节省率为与不考虑翼缘方案比，优化方案玻璃肋面积减少的比率。

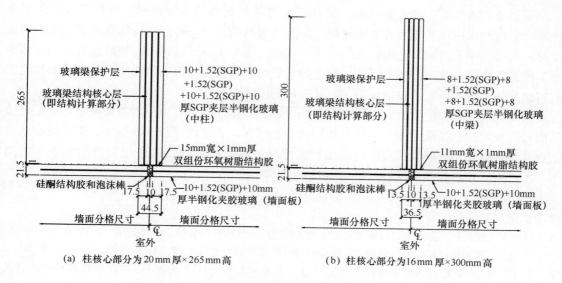

(a) 柱核心部分为 20mm 厚×265mm 高   (b) 柱核心部分为 16mm 厚×300mm 高

图 13   优化后玻璃柱的连接图（环氧树脂胶接）

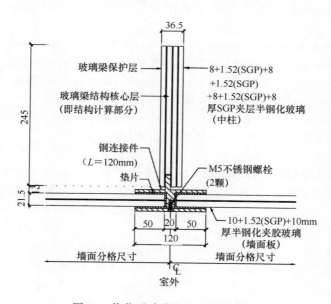

图 14   优化后玻璃柱的连接构造图

3   结语

经分析，面板对玻璃梁（简支梁）和玻璃柱（悬挑压弯构件）的作用，取决于其连接材料弹性模量，面板与玻璃肋的协同变形情况。因而当硅酮结构胶胶接时，由于硅酮结构胶弹性模量过小，导致面板在梁柱应力分析基本不起作用。当改为弹性模量较高的双组分环氧树脂结构胶连接时，面板在梁柱应力分析中作用明显，能有效地降低梁柱的应力值。当使用钢件连接时，面板的作用同样明显。对于玻璃柱，钢件连接时的应力应变值比环氧树脂结构胶连接时更显优势。

尽管按国外文献[5]和上述分析，使用双组分环氧树脂结构胶连接，可以发挥面板对主体玻璃结构的作用，并能节省玻璃材料，但国内对双组分环氧树脂结构胶在建筑玻璃中尚无应用，既没有相关的操作经验，也没有指导规程，更不了解环氧树脂结构胶接节点的受力情况、传力机理以及使用寿命。因此，双组分环氧树脂结构胶在玻璃结构中的应用还需要更多的实验分析和数据研究，目前还不能直接应用到实际工程中。

相反，钢件弹性模量高，安生可靠性高，材料质量能保证，施工因素影响小，能保证玻璃面板与玻璃肋在荷载作用下，具有相同的变形情况。在全玻璃幕墙领域中，钢件连接（包括点式和夹具式）的研发和应用已经比较成熟，可以把相关的经验应用到玻璃承重结构当中，所以钢件连接是玻璃结构发展的重要方向。

参考文献

[1] 王元清，张恒秋，石永久．玻璃承重结构的工程应用及其设计分析[J]．工业建筑，2005，35(2)：6-10.
[2] 王元清，张恒秋，石永久．玻璃承重结构的设计计算方法分析[J]．建筑科学，2005，21(6)：26-30.
[3] 邱岩．玻璃及其层合材料表面与界面性能评价技术研究［D］．北京：中国建筑材料科学研究总院，2008.
[4] JGJ 102—2012（报批稿），玻璃幕墙工程技术规范［EB／OL］．http：//www. docin. com/p-792285879. html.
[5] Ouwerkerk E. Glass columns：a fundamental study to slender glass columns assembled from rectangular monolithic flat glass plates under compression as a basis to design a structural glass column for a pavilion［D］．Netherlands：Master of Science program of Civil Engineering at the Delft University of Technology. Faculty of Civil Engineering and Geosciences；2011.
[6] Eckersley O'Callaghan［EB／OL］．http：//www. eocengineers. com/#projects.
[7] 中国建筑科学研究院．玻璃幕墙工程技术规范（JGJ 102—2003）［S］．北京：中国建筑工业出版社，2004.
[8] 王元清，石永久，吴丽丽．点支式玻璃建筑应用技术研究[M]．北京：科学出版社，2009.
[9] 《建筑玻璃应用技术规程》(JGJ 113—2015)[S]．北京：中华人民共和国行业标准，2009.

作者简介

温嘉励(Wen Jiali)，女，1983 年生，工程硕士，建筑工程结构设计工程师，研究方向：玻璃承重结构；工作单位：广州斯意达幕墙设计咨询有限公司；地址：广州市天河区广州大道中 900 号金穗大厦裙楼五楼 529 房；邮编：510620；联系电话：13527713774；E-mail：wenjiali001@163. com。

玻璃排架结构设计初探

温嘉励

广州斯意达幕墙设计咨询有限公司　广州　510620

摘　要　通过玻璃盒子的模拟结构设计，尝试对玻璃结构设计的理论分析部分进行探讨。按玻璃盒子的受力过程依次对玻璃面板、玻璃排架和玻璃连接节点进行设计和承载力验算，以及对玻璃盒子进行剩余强度分析和验算。

关键词　玻璃结构；结构玻璃；玻璃排架结构；玻璃梁；玻璃柱

Structural Design of Simulation for Glass Bent Frame Structure

Wen Jiali

C. E. D. Facade Design & Consultant Ltd. Guangzhou 510620

Abstract　With structural design of simulation for glass bent frame structure, theoretical analysis for glass structure design was discussed. Along the loading procedure, design and verification of carrying load were carried out among glass panel, glass support, and glass connecting joint. Additionaly, analysis and check for remaining capacity of glass bent frame structure were performed substantially.

Keywords　glass structure; structural glass; glass bent frame structure; glass beam; glass column

随着美国苹果公司对玻璃结构创造性应用，玻璃结构进入全球民众视野。从 20 世纪晚期开始，玻璃结构已在国外发展了 30 多年，从试探阶段进入到广泛应用的阶段[1,2]，同时国外对玻璃结构的研究也积累了非常丰富的成果[3]。而国内，对玻璃承重结构的研究比较有限[4-11]。苹果公司上海旗舰店有力证明了国内的玻璃制造和装配业具备制造玻璃结构的能力。但对玻璃结构的设计研发，我国还处于试验和探索阶段（图 1）。

为了探讨玻璃结构的承载力验算方法，笔者尝试运用幕墙和钢结构的设计方法对玻璃盒子进行结构设计（图 2）。

玻璃盒子为边长 5m 的立方体，为简化方案，忽略门窗的设计。每个玻璃面分三格，玻璃面板尺寸为 1.67m 宽×5m 高（长）。综合考虑设计强度、剩余强度和耐温性，本项目玻璃均选用半钢化 SGP 夹胶玻璃，玻璃尺寸由结构计算决定，考虑 SGP 对结构玻璃的作用[12]。

玻璃屋面板通过橡胶垫片和硅酮结构胶与相关构件连接，将橡胶垫片视为竖向支座，硅酮结构胶视为弹簧支座（其弹簧刚度由结构胶的变型量决定）；玻璃墙面板通过酮结构胶与玻璃柱连接，通过螺栓与底部支座连接（图 3）。

图1　2014年幕墙年展的玻璃梁（作者拍摄）

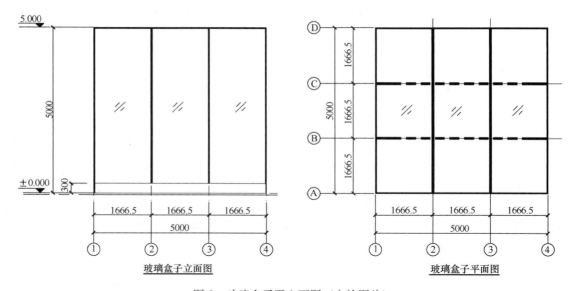

图2　玻璃盒子平立面图（自绘图片）

　　玻璃柱的底部为固接，顶部与玻璃梁铰接。主梁的两端与玻璃柱铰接形成主排架。次梁与玻璃柱铰接形成次排架。次梁与主梁交接处，次梁使用钢件穿过主梁进行等强连接（图3）。

　　假设玻璃盒子处于广州城区，按50年使用年限进行考虑，其基本风压为0.5kPa，粗糙度类别为C类。抗震设防类别为丙类，抗震设防烈度为7度。

　　玻璃盒子所在地基为尺寸足够大的C40混凝土，其抗压强度：$f_c = 19.1 \text{N/mm}^2$，抗拉强度：$f_t = 1.71 \text{N/mm}^2$。

　　玻璃盒子按《建筑结构荷载规范》（GB 50009—2012）进行荷载取值和组合，玻璃的承载力设计值按《建筑玻璃应用技术规程》（JGJ 113—2009）取值。根据《玻璃幕墙工程技术规范》（JGJ 102—2003）和《钢结构设计规范》（GB 50017—2003）对玻璃盒子进行强度和挠度验算。

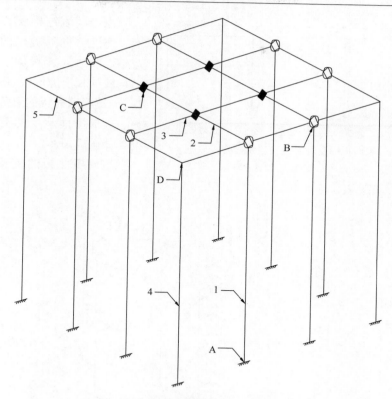

图 3　玻璃盒子结构体系（自绘图片）

1—中柱；2—主梁；3—次梁；4—角柱；5—边梁；A—刚接柱脚；B—梁柱间铰接；C—次梁接长刚接；D—角柱与边梁的连接

1　玻璃盒子各构件的承载分析

1.1　玻璃屋面板的承载分析

在风荷载作用下，中间位置处的屋面板平面外承受竖向风荷载，同时平面内承受墙面板传递的水平风荷载。边缘处的屋面板，三边与墙面板连接，均承受墙面板传递的风荷载（图 4）。

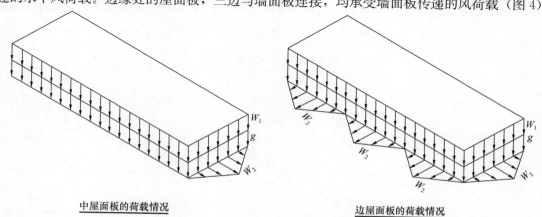

中屋面板的荷载情况　　　　　　　　边屋面板的荷载情况

图 4　屋面板的荷载情况（自绘图片）

g—面板自重；q—面板活荷载；W_1—竖向风荷载；W_2—水平风荷载；Q—集中活荷载

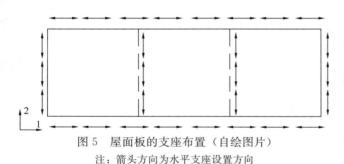

图 5　屋面板的支座布置（自绘图片）

注：箭头方向为水平支座设置方向

由于硅酮结构胶长度远大于宽度，宽度方向对玻璃的支承力可以忽略，所以屋面板的水平支座只沿结构胶的长度方向设置（图 5）。

1.2　玻璃墙面板的承载分析

玻璃墙面承受的荷载有五种情况，如图 6 所示。

玻璃墙面板的支座布置如图 7 所示，具体的设置见表 1。

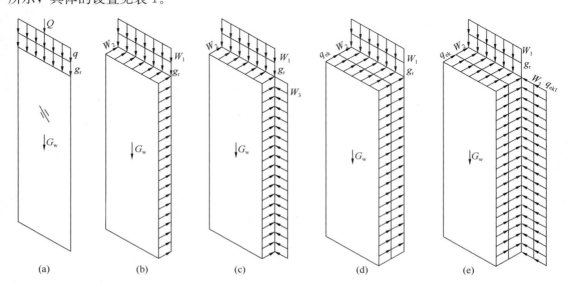

图 6　墙面板的荷载情况（自绘图片）

（a）自重和活荷载组合；（b）中间墙面板自重和风荷载的组合；（c）转角墙面板自重和风荷载的组合；（d）为中间墙面板自重、风荷载和地震作用的组合；（e）为转角墙面板自重、风荷载和地震作用的组合

G_w—墙面板自重；g_r—支承屋面板的重量；q—支承屋面板承受的面活荷载；Q—支承屋面板承受的集中活荷载；w_1—支承屋面板的竖直风荷载；w_2—墙面板直接承受的水平风荷载；w_3—支承转角墙面板的水平风荷载；q_{EK}—墙面板直接承受的地震荷载；q_{EK1}—支承转角墙面板的地震荷载

表 1　墙面板的支座设置

	位置	连接材料	支座假设	支座刚度系数
	长边与中柱连接	结构胶	垂直于面板的弹簧支座	正向刚度系数
长边与墙面板连接	结构胶的轴向与面板垂直	结构胶	垂直于面板的弹簧支座	正向刚度系数
	结构胶的轴向与面板平行	结构胶	平行于面板的弹簧支座	切向刚度系数
	顶边与屋面板连接	结构胶	平行于面板的弹簧支座	切向刚度系数
底边墙脚连接	左端支座	螺栓	三向铰接支座	—
	左端支座	螺栓	双向铰接支座	—

1.3　玻璃排架的承载分析

玻璃主排架承受荷载的情况有五种，如图 8 所示，其受荷宽度为 1666.7mm。由于不了

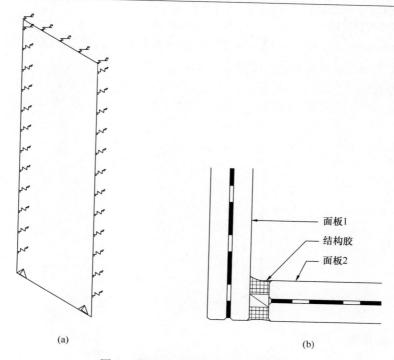

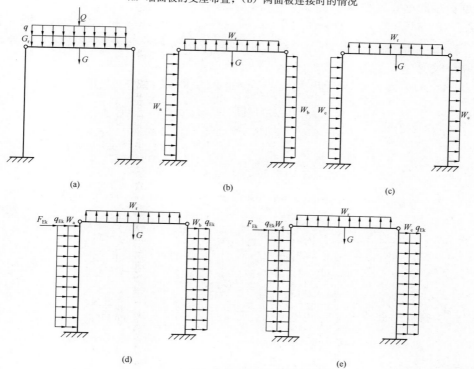

图 7　墙面板的支座布置（自绘图片）

（a）墙面板的支座布置；（b）两面板连接时的情况

图 8　玻璃主排架的荷载情况

（a）自重和活荷载组合；（b）自重和风荷载组合（顺风向）；（c）自重和风荷载组合（侧风向）；

（d）自重、风荷载（顺风向）和地震作用组合；（e）自重、风荷载（侧风向）和地震作用组合

解结构胶与玻璃共同作用的机理，以及玻璃面板有效宽度的选取办法，所以本文不考虑玻璃面板对玻璃排架（梁柱）的抗弯作用，只考虑玻璃面板对玻璃柱梁的侧向支撑作用时，玻璃梁不会发生弯扭失稳，玻璃排架不发生侧向失稳。

　　在主排架失效时，次排架会代替主排架，成为主承重骨架，因此次排架的荷载情况与主排架相同。次排架的计算简图如图 9 所示，假设次梁为三段玻璃构件刚接而成的接长梁。

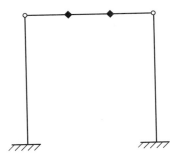

图 9　次排架计算简图

2　玻璃盒子的承载力验算

　　本文选择 SAP2000 对各构件进行有限元分析，得到各构件的最大应力最和挠度值。

2.1　玻璃面板的承载力验算

　　通过 SAP2000 运算，屋面板选用 8＋1.52（SGP）＋8mm 厚半钢化夹胶玻璃（有效厚度为 16.05mm），墙面板选用 10＋1.52（SGP）＋10mm 厚半钢化夹胶玻璃（有效厚度为 21.07mm），验算结果见表 2 和如图 10～图 13 所示。

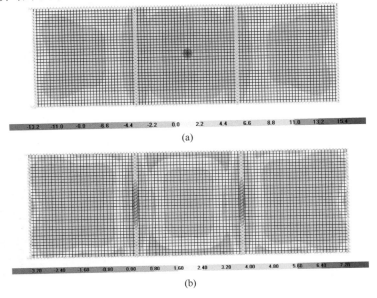

图 10　屋面板的应力分布图

（a）自重和活荷载组合；（b）自重和风荷载组合

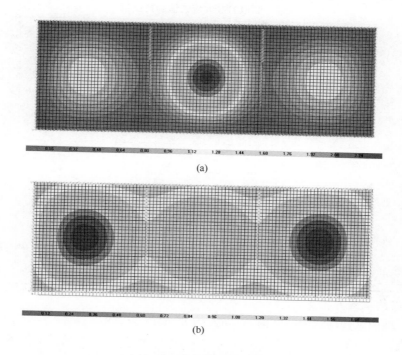

图 11　屋面板的挠度分布图

（a）自重和活荷载组合；（b）自重和风荷载组合

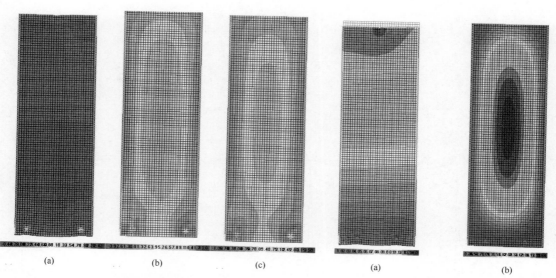

图 12　墙面板的应力分布图

（a）自重和活荷载组合；（b）自重和风荷载组合；

（c）自重、风荷载和地震组合

图 13　墙面板的挠度分布图

（a）自重和活荷载组合；

（b）自重和风荷载组合

表 2　面板的最大应力值和挠度值

面板类型	荷载组合	中部强度		边缘强度		端部强度		挠度	
		数值（MPa）	位置	数值（MPa）	位置	数值（MPa）	位置	数值（mm）	位置
—	长期荷载下强度设计值（挠度值允许值）	28	—	22	—	20	—	27.78	—
边缘处屋面板	自重和活荷载组合	16.223	面板中点	2.498	右次梁与墙连接处	—		2.311	面板中心
	自重和风荷载组合	7.142	右次梁中点	2.291	左次梁与主梁连接处	—		1.766	面板两端区格中心
转角处墙面板	自重和活荷载组合	−2.482	左端支座	−2.786	左端支座	−2.527	左端支座	0.015	面板顶部中心
	自重和风荷载组合	8.603	左端支座	13.825	左端支座	−12.045	左端支座	3.775	面板中心
	自重、风荷载和地震作用	−3.480	右端支座	−4.420	右端支座	−4.148	右端支座		

2.2　玻璃排架的承载力验算

经验算，玻璃梁柱均选用高度为 300mm 的 10mm＋1.52mm（SGP）＋10mm 厚夹层半钢化玻璃，最大应力值见表 3，弯矩图如图 14、图 15 所示。最大挠度值见表 4，变形图如图 16、图 17 所示。

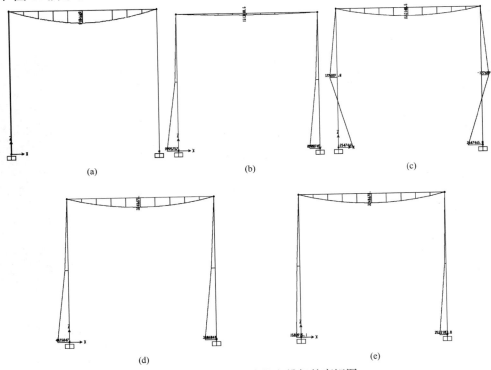

(a)　　　　　　　　(b)　　　　　　　　(c)

(d)　　　　　　　　(e)

图 14　不同荷载组合的主排架的弯矩图

（a）自重和活荷载组合；（b）自重和风荷载（顺风向）；（c）自重和风荷载（侧风向）；
（d）自重、风荷载（顺风向）和地震作用；（e）自重、风荷载（侧风向）和地震作用

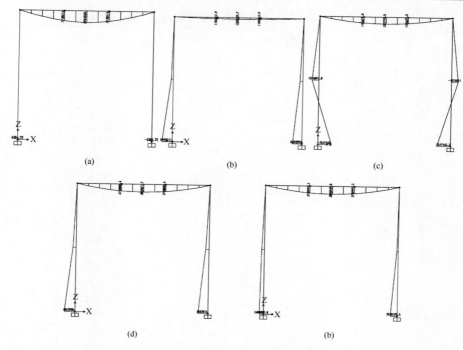

图 15　不同荷载组合的次排架的弯矩图

（a）自重和活荷载组合；（b）自重和风荷载（顺风向）；（c）自重和风荷载（侧风向）；

（d）自重、风荷载（顺风向）和地震；（e）自重、风荷载（侧风向）和地震

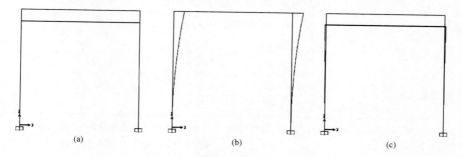

图 16　不同荷载组合的主排架的变形图

（a）自重和活荷载组合；（b）自重和风荷载（顺风向）；（c）自重和风荷载（侧风向）

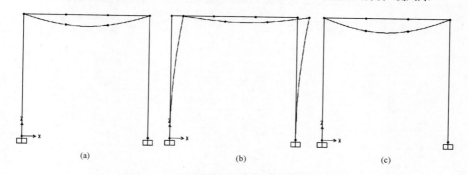

图 17　不同荷载组合的次排架的变形图

（a）自重和活荷载组合；（b）自重和风荷载（顺风向）；（c）自重和风荷载（侧风向）

表 3　不同荷载组合的玻璃柱的最大应力值

构件	荷载组合	最大弯矩的位置	最大弯矩（N·mm）	轴力（N）	应力设计值（N/mm²）	欧拉设计值（N/mm²）
主排架柱	（a）	左（右）柱底部	0	−8604.30	1.434	1.185
	（b）	左柱底部	9995756.92	−3064.94	33.830	33.999
	（c）	左（右）柱底部	2547465.04	−3063.80	9.002	8.979
	（d）	左柱底部	4025846.69	−4451.57	14.161	14.184
	（e）	右柱底部	2522103.77	−4459.43	9.150	9.116
次排架柱	（a）	左（右）柱底部	4578.82	−8604.30	1.449	1.201
	（b）	左柱底部	9995890.82	−3064.83	33.830	33.999
	（c）	左（右）柱底部	2547465.04	−3063.80	9.002	8.979
	（d）	左柱底部	4026462.00	−4460.22	14.165	14.187
	（e）	右柱底部	2521488.71	−4459.55	9.148	9.114
主排架梁	（a）	梁中心	9104669.42	0	30.349	—
	（b）		1513140.50	−329.05	5.099	5.056
	（c）		1513140.50	1531.01	5.299	—
	（d）		3248677.69	−243.40	10.869	10.837
	（e）		3248677.69	128.62	10.850	
次排架梁	（a）	梁中心	9175973.38	0.90	30.587	
	（b）		1519276.03	−329.02	5.119	5.077
	（c）		1518898.18	1531.01	5.318	
	（d）		3260878.86	−243.27	10.910	10.880
	（e）		3259899.63	128.74	10.88	
短期荷载时端面强度设计值					40	40
长期荷载时端面强度设计值					20	20

注：（a）为自重和活荷载组合，（b）为自重和风荷载组合（顺风向），（c）为自重和风荷载组合（侧风向），（d）为自重、风荷载（顺风向）和地震作用组合，（e）为自重、风荷载（侧风向）和地震作用组合；轴力栏中正值为拉力值，负值为压力值。

表 4　不同荷载组合的梁柱的最大挠度值

构件	荷载组合	玻璃柱		玻璃梁	
		最大挠度值（mm）	发生部位	最大挠度值（mm）	发生部位
主排架	（a）	0	—	5.481	中点
	（b）	13.113	左柱顶部	1.251	中点
	（c）	0.297	左（右）柱中部	1.234	中点
次排架	（a）	0.007	左（右）柱顶部	5.609	中点
	（b）	13.113	左柱顶部	1.279	中点
	（c）	0.297	左（右）中部	1.262	中点
挠度允许值		25		25	

注：（a）为自重和活荷载组合，（b）为自重和风荷载组合（顺风向），（c）为自重和风荷载组合（侧风向）。

3 玻璃盒子剩余强度分析

玻璃结构中，玻璃构件的破坏存在不可预见性、突发性和不可避免性，所以必须考虑玻璃构件破坏后，结构的安全性。除非极端情况，玻璃盒子一般只会产生局部构件破坏，所以本文只考虑某一构件破坏对玻璃结构的影响。

由于玻璃选用 SGP 的夹胶玻璃，根据制造商提供的实验证明[13]，即使玻璃面板破碎，也会保留在原位，玻璃骨架承受荷载没有改变，只是破碎构件不再承受荷载，荷载将传到其相邻的玻璃构件上。

当中间面板破坏时，对玻璃结构影响不大。当边角面板破坏时，会影响相邻玻璃面板，要求进行相关面板的强度复核。当中柱破坏时，与之连接的梁退出工作，与之组成排架的另一中柱成悬挑构件，需要进行强度复核。当主次梁破坏退出工作时，屋面板的支承情况有改变，但不会引起面板破坏，与之相连的中柱成悬挑构件，需要进行强度复核。因此，玻璃盒子的剩余强度验算包括：缺少支撑的玻璃墙面板的强度复核，和悬挑中柱的强度复核。由于构件破坏后，有临时支护才可上屋面检修，所以剩余强度验算不考虑 1kN 的屋面检修集中荷载。

3.1 玻璃墙面板的剩余强度验算

结构胶轴向与面板平行的转角墙面板为不利墙面板，对其进行剩余强度验算，自重和风荷载组合视为墙面板剩余强度验算时的最不利荷载组合，最大应力值见表 5。不同支承下墙面板的应力分布图如图 18 所示。

表 5 不同支承情况下墙面板的最大应力值（MPa）

荷载组合	失效情况	中部强度		边缘强度		端部强度	
		数值	位置	数值	位置	数值	位置
自重和风荷载组合	与墙面板顶边连接的屋面板失效时	12.008	右端支座	19.395	左端支座	14.904	左端支座
	与墙面板长边连接的中柱失效时	26.216	左端支座	32.853	左端支座	29.211	左端支座
	与墙面板长边连接的墙面失效时	35.353	右端支座	38.076	右端支座	−27.911	右端支座
自重作用	长边连接失效时	−1.742	靠失效边支座	−1.957	靠失效边支座	−1.775	靠失效边支座
长期荷载下强度设计值		28	—	22	—	20	—
短期荷载下强度设计值		56	—	44	—	40	—
承载能力极限状态验算		8.603	左端支座	13.825	左端支座	−12.045	左端支座

3.2 玻璃屋面板的剩余强度验算

屋面板的支承构件破坏情况有五种。图 19（a）为短边处墙面板失效，屋面板支承减少，与屋面板和失效墙面板连接的墙面板传来的荷载增加。图 19（b）为次梁失效，有两种情况：次梁直接失效，中柱失效导致次梁失效，后一种情况会使屋面板承受墙面传来的水平荷载增大，作为验算的对象。图 19（c）为长边处边缘墙面板失效，此时，其分析与图 19（a）情况相似。图 19（d）为长边处中间墙面板失效。图 19（e）为主梁失效。经验算，屋面板的最大应力值，见表 6。不同支承下屋面板的应力分布图如图 20 所示。

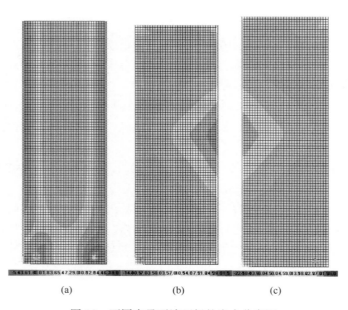

图 18　不同支承下墙面板的应力分布图

（a）顶边连接失效；（b）中柱连接失效；（c）转角墙面连接失效

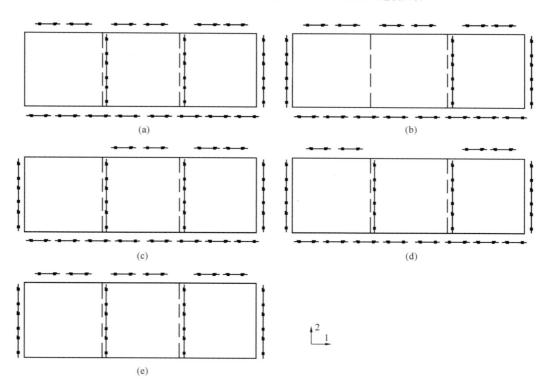

图 19　屋面板剩余强度时的支座情况

（a）短边处墙面板失效；（b）次梁失效；（c）和（d）长边处墙面板失效；（e）主梁失效

表6 不同支承情况、自重和风荷载组合下屋面板的最大应力值（MPa）

支座情况		强度设计值	（a）	（b）	（c）	（d）	（e）	承载力验算
应力位置	中部	28	10.096	9.903	9.027	8.085	10.553	7.142
	边缘	22	10.320	5.198	9.422	6.430	10.788	2.291

注：（a）为短边处墙面板失效，（b）为次梁失效，（c）和（d）为长边处墙面板失效，（e）为主梁失效。

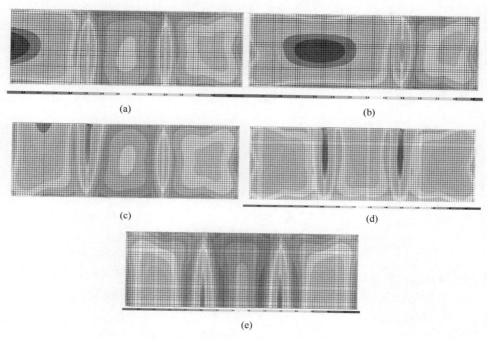

（a）

（b）

（c）

（d）

（e）

图20 不同支承下屋面板的应力分布图
（a）短边处墙面板失效；（b）次梁失效；（c）长边处转角墙面板失效；
（d）长边处中间墙面板失效；（e）主梁失效

3.3 玻璃排架的剩余强度验算

玻璃柱破坏有三种可能情况，如图21所示。情况一，支承主梁的中柱破坏，相应玻璃

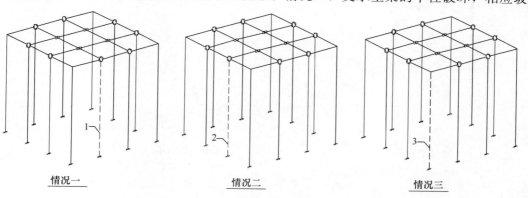

情况一　　　　　　　情况二　　　　　　　情况三

图21 玻璃柱破坏可能情况（自绘图片）

355

面板变为三边支承，该主排架上的另一中柱视为悬挑构件，玻璃主梁承受的荷载传递到玻璃次梁上，次排架变为主排架承担荷载。情况二，支承次梁的中柱破坏，相应玻璃面板变为三边支承，该次排架上的另一中柱视为悬挑构件，相应的次梁退出工作。情况三，角柱破坏，即面板破坏。

玻璃梁破坏有三种可能情况，如图 22 所示。情况一，主梁破坏，相应玻璃面板荷载由次梁承受，相连的中柱成悬挑构件。情况二和情况三，均为次梁破坏，玻璃面板受荷支承减少，但不会引起面板破坏，相连的中柱成悬挑构件。因此，排架结构的剩余强度验算就是玻璃中柱的悬挑验算。

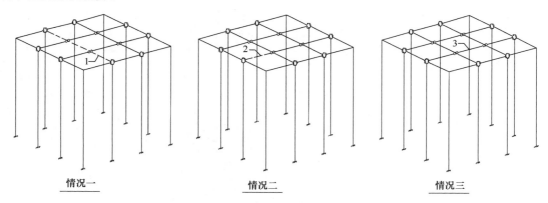

图 22　玻璃梁破坏可能情况（自绘图片）

基于上述分析，悬挑柱的不利荷载情况出现在主排架另一中柱失效，有两种荷载情况，一是自重和风荷载组合（迎风），二是自重、风荷载（迎风）和地震的组合（图 23、图 24）。经验算，最大应力值见表 7。

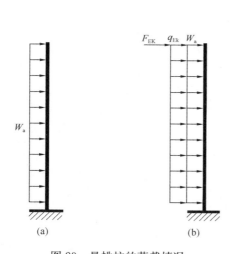

图 23　悬挑柱的荷载情况
（a）自重和风荷载组合；（b）自重、
风荷载（迎风）和地震的组合

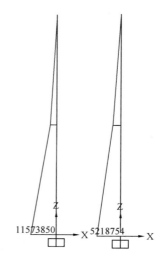

图 24　不同荷载组合的次排架的弯矩图
（a）自重和风荷载（顺风向）；（b）自重、
风荷载（顺风向）和地震

表7 不同荷载组合的玻璃柱的最大应力值

荷载组合	最大弯矩 （N·mm）	轴力 （N）	应力设计值 （N/mm²）	欧拉设计值（N/mm²）
（a）	11573849.90	−2065.99	38.924	39.065
（b）	5218753.90	−1993.08	17.728	17.758
短期荷载时端面强度设计值			40	40
长期荷载时端面强度设计值			20	20

注：（a）为自重和风荷载组合（顺风向），（b）为自重、风荷载（顺风向）和地震作用组合，轴力栏中正值为拉力值，负值为压力值。

4 玻璃盒子连接节点设计

面板的连接和玻璃柱脚的连接设计与幕墙相同，此处不再详述，只对梁柱连接、次梁接长连接进行介绍。为保护玻璃梁柱，在玻璃柱梁的两面各增加一片玻璃，作为柱梁的保护层（牺牲层），因此实际玻璃梁柱为 4mm×10mm 厚 SGP 夹层半钢化玻璃。

玻璃主排架的梁柱连接构造图如图 25 所示。玻璃梁和玻璃柱做成榫眼和凸榫形式，锲

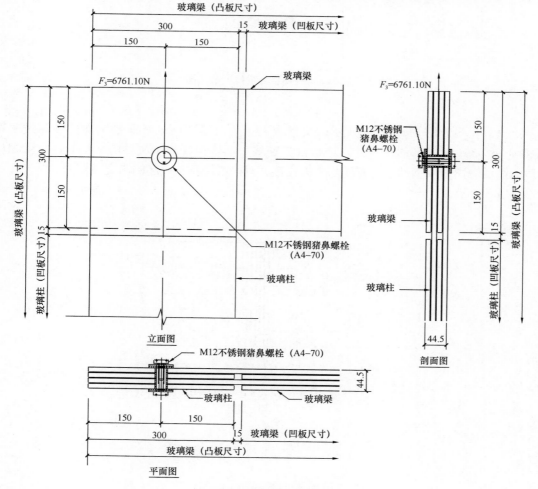

图 25 玻璃梁柱连接构造图

在一起，通过 1 颗等级为 A4－70 的 M12 不锈钢猪鼻螺栓固定，玻璃的开孔直径为 25mm，详细如图 26 所示。

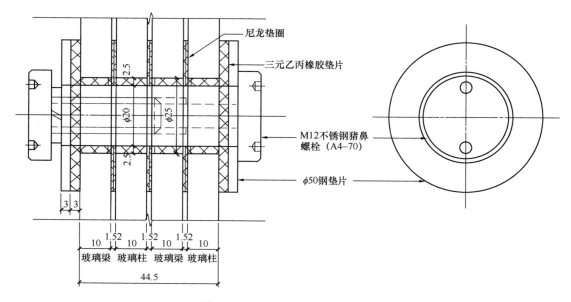

图 26　梁柱连接处的螺栓节点图

次梁接长构造图，如图 27 所示。次梁遇到主梁时需要断开，通过钢连接件穿过主梁（主梁上开 $\phi25\times80$mm 的长圆孔）进行接长连接。钢连接件当于次梁的一部分，承受相应的段的荷载和内力。钢件通过螺栓与主梁连接，对次梁接长节点起侧向支撑作用。

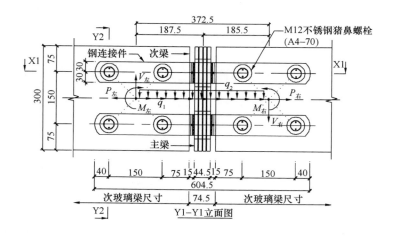

图 27　次梁接长构造图（一）

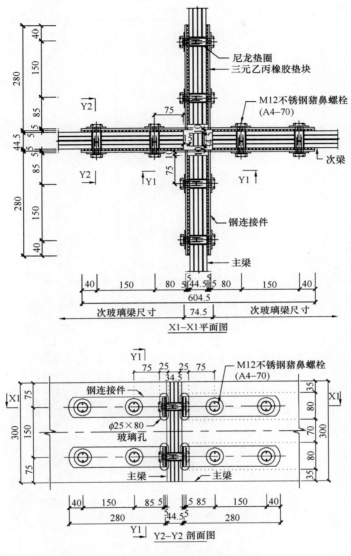

图 27　次梁接长构造图（二）

5　结语

　　本文运用弹性力学，对玻璃盒子进行传统理论上的结构设计，尝试探讨玻璃结构设计的方法。本文按荷载传递过程依次对玻璃面板、玻璃排架、玻璃节点进行强度和刚度的验算，并且根据玻璃脆性的特点，尝试提出玻璃盒子剩余强度分析的思路和验算方法。玻璃盒子方案图如图 28～图 32 所示。各构件验算结果表 8。

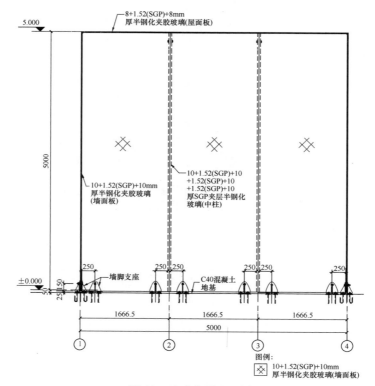

图 28　玻璃盒子立面图

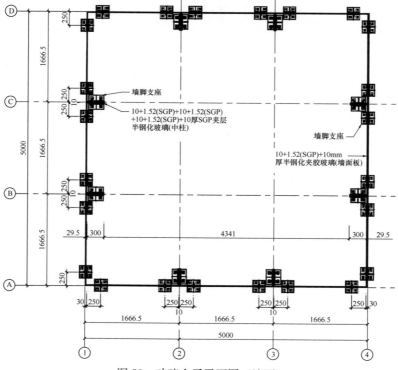

图 29　玻璃盒子平面图（地面）

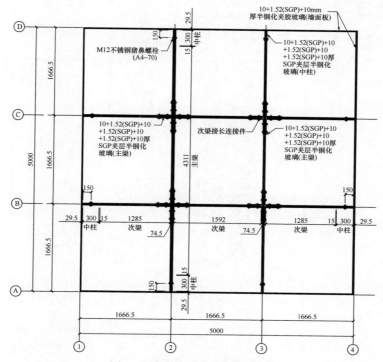

图 30　玻璃盒子平面图（梁高）

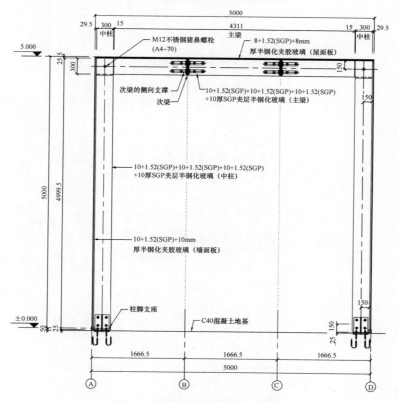

图 31　玻璃盒子剖面图（主梁）

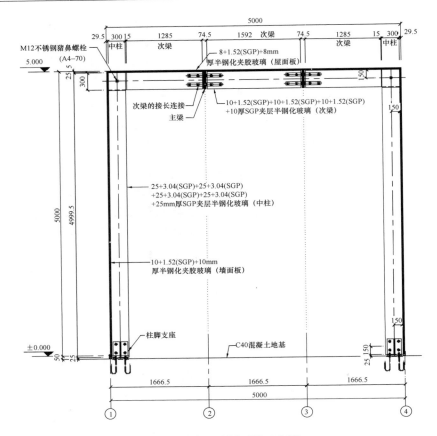

图 32　玻璃盒子剖面图（次梁）

表 8　各构件承载力的最大应力值和挠度值

构件	玻璃规格	最大应力值				最大挠度值			决定因素
		数量（MPa）	与允许值比较	计算状态	荷载组合	数量（mm）	与允许值比较	荷载组合	
屋面板	8+1.52（SGP）+8mm 厚	16.223	57.9%（长期作用）	承载能力极限状态	自重和活荷载	2.311	8.3%	自重+活荷载	规范最小值
墙面板	10+1.52（SGP）+10mm 厚	38.076	86.5%（短期作用）	剩余强度验算	自重和风荷载	3.775	13.6%	自重+风荷载	剩余强度
玻璃柱	300mm 高,4×10mm 厚,1.52mm（SGP），核心部分为 2×10mm 厚	39.065	97.7%（短期作用）	剩余强度验算	自重和风荷载组合（顺风向）	13.113	52.5%	自重+风荷载（顺风向）	剩余强度
玻璃梁	300mm 高, 4×10mm 厚,1.52mm（SGP），核心部分为 2×10mm 厚	30.587	69.5%（短期作用）	次排架承载能力极限状态	自重和活荷载	5.609	22.4%	自重+活荷载（次排架）	极限强度

　　本文玻璃盒子的结构设计只停留在理论计算阶段，没有经过实验进行复核，也不能较全面考虑玻璃结构在实际工程中可能遇到的问题（如门窗洞、排水、防雷、备管线布置等），

不一定能真正反映玻璃结构的实际受力情况。只能是玻璃结构设计的一种尝试性的探讨，为国内玻璃结构的研发提出一些想法，希望能引起国内同行的关注，使玻璃结构能在国内发展起来。

参考文献

[1] 史蒂西，施塔伊贝，巴尔库等. 玻璃结构手册[M]. 白宝鲲，厉敏，赵波译. 大连：大连理工大学出版社，2004：53，274-278.

[2] Eckersley O'Callaghan [EB / OL]. http：//www. eocengineers. com/#projects.

[3] Ouwerkerk E. Glass columns：a fundamental study to slender glass columns assembled from rectangular monolithic flat glass plates under compression as a basis to design a structural glass column for a pavilion [D]. Netherlands：Master of Science program of Civil Engineering at the Delft University of Technology. Faculty of Civil Engineering and Geosciences；2011.

[4] 王元清，石永久，吴丽丽. 点支式玻璃建筑应用技术研究[M]. 北京：科学出版社，2009.

[5] 陈峻，张其林，陶志雄等. 四边简支玻璃面板模爆法的试验研究[J]. 结构工程师，2012(2).

[6] 石永久，邓晓蔚，王元清. 驳接式玻璃结构建筑及其玻璃板承载性能分析[J]. 工业建筑，2005，35(2)，11-15.

[7] 王元清，张恒秋，石永久. 面内受弯玻璃板承载性能的有限元分析[J]. 建筑结构，2008，38(2)：100，120-122.

[8] 王元清，张恒秋，石永久. 面内受弯玻璃板的承载及稳定性试验研究[J]. 清华大学学报（自然科学版），2006，46(6)：773-776.

[9] 王元清，张恒秋，石永久. 玻璃承重结构的工程应用及其设计分析[J]. 工业建筑，2005，35(2)：6-10.

[10] 王元清，张恒秋，石永久. 玻璃承重结构的设计计算方法分析[J]. 建筑科学，2005，21(6)：26-30.

[11] 王元清，张恒秋，石永久. T型组合受弯玻璃板的承载性能[J]. 建筑科学与工程学报，2006，23(3).

[12] JGJ 102—2012（报批稿），玻璃幕墙工程技术规范[EB / OL]. http：//www. docin. com/p-792285879. html.

[13] kuraray [EB / OL]. http：//kuraray. tpk6. de/sentryglas2015/en/.

作者简介

温嘉励（Wen Jiali），女，1983 年生，工程硕士，建筑工程结构设计工程师，研究方向：玻璃承重结构；工作单位：广州斯意达幕墙设计咨询有限公司；地址：广州市天河区广州大道中 900 号金穗大厦裙楼五楼 529 房；邮编：510620；联系电话：13527713774；E-mail：wenjiali001@163. com。

关于承重构件截面的选择

温嘉励

广州斯意达幕墙设计咨询有限公司 广州 510620

摘 要 文章介绍玻璃承重构件的截面选择，包括玻璃承重构件的主要截面型式及各种型式的优缺点，和选择玻璃截面需要考虑的因素。

关键词 结构玻璃；玻璃结构；玻璃建筑；玻璃承重结构

The Selection on Section of Load Bearing Glass Component

Wen Jiali

C. E. D. Façade Design & Consultant Ltd. Guangzhou 510620

Abstract Choices for the section of glass structure, involving the types of section, those attributes, and other factors.

Keywords Structural glass; Glass structure; Glass Architecture; Load Bearing Glass Structure

随着制造工艺的不断改进，玻璃已经成为一种主承载结构材料，玻璃结构作为一种新现代公共建筑结构，进入全球民众视野。

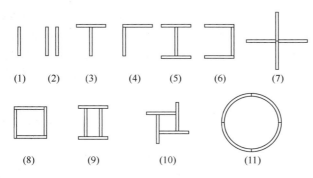

图 1 玻璃构件的截面形式（自绘）

玻璃承重构件主要是指玻璃柱和玻璃梁，一般是玻璃板通过胶接或点式连接组成各种截面，主要的截面型式见图 1。图中（1）～（7）为开口截面，（8）～（11）为闭合截面。

一般来说，开口截面构件的玻璃板件数目较少，如果选用一样尺寸的板件组合截面，开口截面的面积相对小于闭合截面，其抵抗外力和稳定性较低。玻璃边缘保护相对薄弱，易受横向外力冲击而发生意外破坏，但开口截面构件端部连接较易实现，玻璃板件连接节点较少，易于加工，减少因加工误差而引起的强度降低，对板件间的误差要求较低。因此，易得到建筑师和工程师的接受。

闭合截面有较高的强度和稳定性，但其有内部空腔，如果使内部空腔与外界空气实现流动，那么细小的粉尘或小昆虫会因空气流动而进入构件的内部空腔，使透明的玻璃柱出现视觉瑕疵，而且几乎没有办法进行清洁。如果封闭所有的缺口，使内部空腔与外界空气完全隔绝，那么温度应力将大大减弱玻璃柱的承载能力。

图 1（1）为Ⅰ字型截面，实际上就是传统的玻璃肋，不考虑玻璃面板对结构的作用。其主要的受力形式是平面内受弯，国内对此已有一定的研究[1,2]。根据幕墙规范[3]，夹层玻璃的等效截面厚度为多片玻璃厚度之和。

图 1（2）为Ⅱ字型截面，主要出现在意大利设计师 Santambrogio 的作品中，Ⅱ字型截面之间通过有一定厚度的硬质 PVB 制品（或其他胶体）连接[4]，成为 Santambrogio 作品的一种标志性特点。其最大的特点是玻璃构件间连接方式，利用硬质 PVB 胶片的可塑性和无缝焊接的性能，玻璃构件间的连接变得非常通透和灵活，同时构件间的力的传递比较清晰，构件基本为轴心受力。但在我国建筑玻璃应用中，几乎没有与硬质 PVB 制品共同使用的经验，因此运用这一技术还需要大量的实验和研发才能应用到现实工程中。

图 1（3）为 T 字型截面，是指玻璃翼缘平面外受弯、玻璃肋（腹板）平面内受弯的组合型受弯截面型式。一般出现在玻璃楼梯中踢板与踏板组成的 T 型截面以及玻璃承重墙中、玻璃面板与玻璃肋共同作用时的截面形式。按翼缘和腹板的连接可分为胶粘连接和连接件连接。对于 T 字型组合受弯玻璃构件的力学性能分析，我国已经有一些的研究[5~7]。但文献[5]指出当玻璃面板与玻璃肋共同作用时，玻璃面板取有效宽度，按 T 型截面梁进行计算，但并没有具体指出玻璃面板的有效宽度如何进行取值，也没有相关报告介绍玻璃面板与玻璃肋通过结构胶连接，是如何共同起作用的；或者使用连接件进行连接时，各构件的受力状态是如何的。

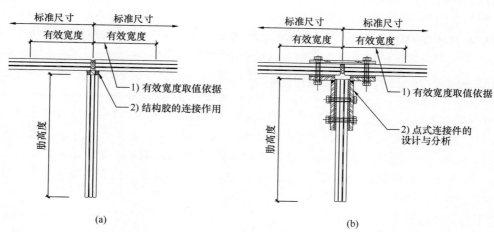

图 2　墙式 T 型玻璃构件有待讨论的问题（自绘）
（a）胶接式 T 型截面；（b）点式 T 型截面

图 1（4）为 L 字型截面，实际是 T 字型截面的一个特例，一般出现在两互相垂直的玻璃墙面的转角，或玻璃墙面与玻璃层面的连接处。两玻璃面板互为对方的玻璃肋，共同承受两个方向的荷载。玻璃面板以一定有效宽度，按 L 字型截面梁柱时计算。

图 1（5）为工字型截面构件，一般以独立中心柱的形式出现在玻璃结构中，由于其为开口截面，易于进行连接节点设计，同时方便清洁，所以是国外研究人员比较愿意选用的截面型式之一[8]。

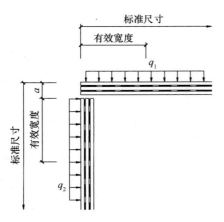

图3　墙式L型玻璃构件有待
讨论的问题（自绘）

图1（6）为槽型截面构件，出现在文献[8]中，但由于双轴对称，在工程应用和研究文献中出现不多。

图1（7）为十字型截面构件，一般以独立中心柱的形式出现在玻璃结构中，如法国市政大楼方案。十字型截面易于连接，外形比较容易被建筑师接受，因此十字型截面在工程中应用和有关实验或数据研究的文献都有相当的数量。但因十字型截面比较容易发生弯扭屈曲，大大降低截面的承载能力，同时玻璃边缘都是外露的，比较容易发生横向冲击破坏，因此使用十字型截面构件对整体结构有一定的风险。

图1（8）为箱型截面构件，可以用作独立中心柱，此截面由四件细长形玻璃面板组合而成，玻璃面板边缘有一定的保护作用，防冲击破坏的能力较十字型截面构件好。

图1（9）为双腹板截面构件，是文献[8]中玻璃柱轴压实验选用的截面类型之一。

图1（10）为星型截面构件，是文献[8]中玻璃柱轴压实验选用的截面类型之一。

图1（11）为圆型截面构件，可以由两件或四件弯玻璃组成，如苹果店中的螺旋形玻璃楼梯的圆形中心柱。但因玻璃构件的弯钢化半径一般要求大于1m，所以圆型构件的截面尺寸相对较大。

玻璃承重构件的设计并不是单一的承载性能验算过程，需要考虑构件的连接方式、防火防冲击和其他等多种影响因素。本文将对这些影响因素进行讨论。

1　玻璃承重构件承载性能

玻璃的承载性能主要考虑强度、稳定性及刚度等因素。对于玻璃构件截面的选择，首先要考虑的就是构件抵抗某种内力需要的截面系数。对于玻璃梁，主要考虑抗弯强度、抗剪强度、弯扭屈曲，对应的截面系数有双轴的弯曲截面系数、双轴的惯性矩以及极惯性矩。对于玻璃柱，主要考虑抗压强度、弯曲屈曲和扭转屈曲，对应的截面系数有截面面积、双轴的惯性矩、惯性积、极惯性矩和扇性惯性矩。

表1为玻璃构件各种截面型式的特性，表中所有构件均用宽度100mm，厚度8mm的板件组合而成，忽略板件间的粘结尺寸。表中 I_x 和 I_y 分别为截面两主轴的惯性矩，$F_{\theta,E}$ 为玻璃构件的扭转屈曲临界力，计算时假定计算长度为1000mm。

表1从理论值上对玻璃构件的截面力学性能进行简单的了解，可见玻璃板件越多，玻璃的理论强度就越大，闭合截面的临界值会大于开口截面的临界值，无突出边的闭合截面（箱型）的承载值大于有突出边的闭合截面（双腹板，星型）。但从文献[8]的实验结果发现，受压玻璃柱破坏时的极限荷载远小于材料力学计算得到的理论值，其原因为玻璃承载力取决于玻璃的裂纹与内部应力。根据文献[8]分析，影响玻璃柱承载力的因素有：玻璃柱端部截面的平整度、玻璃边质量、玻璃缺陷、板件间结构胶的性能和玻璃端部连接。

表 1　各种玻璃构件截面的特性

截面	面积（mm²）	I_x（mm⁴）	I_y（mm⁴）	$F_{0,E}$（kN）	占用面积（mm²）
I 字型	8×100	66×104	0.4×104	625	800
T 字型	2×8×100	183.7×104	67.1×104	662	10800
L 字型	2×8×100	183.7×104	151.7×104	499	10800
工字型	3×8×100	113.8×104	534.1×104	1502	11600
槽型	3×8×100	289.3×104	406.1×104	1533	11600
十字型	4×8×100	600.7×104	534.2×104	580	41600
箱型	4×8×100	534.2×104	534.2×104	71268	11664
双腹板	4×8×100	242.3×104	600.7×104	35282	11600
星型	4×8×100	377.1×104	377.1×104	27185	20449

当玻璃截面选用端部承压的方式进行力的传递时，端部截面平整度的差异对玻璃柱承载力的大小有很大影响。如果玻璃柱中所有板件的端部均处于一个平面上，玻璃柱的受力均匀，压应力起主导作用，玻璃柱的承载值比较大。但如果玻璃柱中的板件端部不在一个平面上，有一定的差距，那么当玻璃柱受压时，会因受力不均匀而产生拉应力，最后因拉应力到达极值而破坏。

玻璃边缘的平滑度对玻璃承载力也有一定的影响，玻璃边缘如有凹凸面或其他缺陷，受外荷载时，玻璃边缘的缺陷处会产生较大的集中应力，也是玻璃坏破的一个原因，因此对于玻璃构件材料应做好磨边处理。

玻璃表面或内部的缺陷，包括裂纹、气泡或杂质都会降低玻璃承载性能，此问题是不可能避免，也不可预测的。只能选择产品相对稳定的厂家制作玻璃构件，或选用超白玻璃系列产品，使玻璃缺陷带来的影响尽量降低。

根据文献[8]实验结果，使用结构胶连接的轴压玻璃板件，结构胶可使玻璃构件在受力较大时，出现应力重分配，从而玻璃构件的承载力有一定的提高，而且低弹性模量的结构胶这一效果明显优于高弹性模量的结构胶。

玻璃构件的端部选用结构胶与支座连接，通过剪力方式传递外荷载，其承载力将会大大高于端部承压构件的承载力。可见玻璃构件端部垫片传力和螺栓传力都将降低玻璃构件的承载能力。

2　玻璃承重构件连接方式

玻璃承重构件的连接包括两种，一是组成玻璃构件的板件间的连接，二是玻璃构件端部与其他结构的连接。前者是玻璃构件的内部连接，后者是玻璃构件与其他结构力传递的方式。

目前的生产工艺，玻璃之间或玻璃与其他材料的连接主要有三种方式：机械连接（包括线形边框连接、局部边连接、局部点式连接）、胶粘结连接和焊接。

线形边框连接主要为玻璃平面外受力的玻璃结构。局部边连接是指对边连接或三边连接，是相对于线形边框的连接可以获得更多的通透感。

局部点式连接一般是指通过点式连接件进行的连接。按连接件的材质可分为：不锈钢件连接、钛合金件连接和 PVB 硬胶片连接。其中不锈钢件是主要的连接材料，绝大多数的玻璃结构选用不锈钢件作为连接件。钛合金件连接主要在苹果专卖店的玻璃结构中使用，其工艺和设计技术基本掌握到英国结构设计工作室 Eckersley O'Callaghan 手里。PVB 硬胶片连接则主要出现在意大利玻璃设计师 Santambrogio 的玻璃作品[4]。按连接件与玻璃连接的关系，可以分为螺栓连接、嵌入式连接、背栓连接。螺栓连接是玻璃构件之间通过螺栓和金属件连接，是目前最常用的连接方式。这种方式要求在玻璃上开孔，会在玻璃开孔处产生较大的集中应力，使玻璃破坏，同时开孔质量是决定玻璃承载力大小的一个关键因素。在我国由于点式玻璃幕墙的广泛使用，此连接方式的研究最为深入[9]。

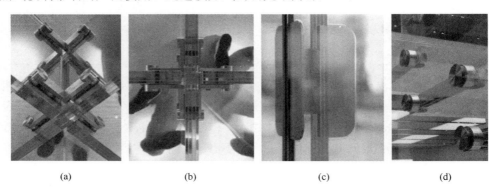

（a） （b） （c） （d）

图 4　玻璃构件间的连接方式[10]

（a）螺栓连接；（b）螺栓连接；（c）嵌入式连接；（d）背栓连接

嵌入式连接是将金属件预埋到夹层玻璃之中，在现场进行金属件连接的连接方式。这种连接方式需要在夹层玻璃的中间层玻璃开相应的凹槽，在玻璃进行夹层加工时，将金属件放入玻璃构件中，金属件主要通过玻璃夹胶片粘结固定和荷载传递。在现场将各玻璃构件中的金属件连接起来，从而实现玻璃构件间的连接。这种连接方式是英国结构设计工作室 Eckersley O'Callaghan 研发的，此方式避免了玻璃开孔而产生集中应力和玻璃缺陷问题，同时将金属件的尺寸做到了最小。但是这种连接要求玻璃的加工精度非常高。另外，金属件与玻璃夹胶片的连接性能是怎么样的，目前缺乏此方面的研究数据。

背栓连接是通过特制的背栓件将玻璃构件连接起来的方式，主要特点是玻璃孔没有完全穿透玻璃，玻璃的外表面保持平整和通透。目前德国慧鱼集团提供多款玻璃背栓件，及其相应的力学数据和加工方法。

结构胶连接是通过结构胶将玻璃或玻璃与其他材料连接起来的连接方式，是通过剪力或摩擦力实现力的传递。这种连接方式首先由英国结构设计事务所 Dewhurst Macfarlance 设计和应用，主要代表作品为上述的英国金斯威德玻璃博

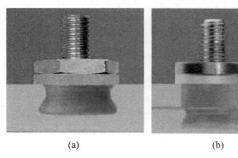

（a） （b）

图 5　德国慧鱼提供的玻璃背栓件[11]

（a）用于单层钢化玻璃；（b）用于夹层玻璃

物馆扩建工程。结构胶连接的强度不仅由胶体本身确定，还与胶的粘结性和与基材的连接性有关，同时胶粘结的好坏还受注胶环境、基材平整性和清洁度、操作工的技术及固化过程等因素影响。结构胶的选用需考虑固化要求、粘结性、防水性、防 UV 性、耐温性、合适的抗剪强度、表面硬度等因素，其中表面硬度需要与玻璃表面硬度相近，从而可以保护玻璃边缘免受损坏。

表 2　按弹性模量分类的结构胶

低弹性模量结构胶	高弹性模量结构胶
单组分聚氨酯	
单组分高分子聚合物	单组分环氧基树脂
单组分丙烯酸脂	双组分环氧基树脂
硅酮胶	双组分聚亚安酯
双面贴	双组分甲基丙烯酸酯

虽然焊接技术已经广泛用于玻璃艺术品中，但这种技术对温度控制要求非常高，而且会大大降低玻璃强度，所以还无法用于大尺寸建筑玻璃中。

三种连接方法相比，线性金属连接方式比较安全可靠，但有影响视觉的金属边，点式金属连接方式相对线性金属连接视觉上效果要好些，但会因集中应力、加工缺陷和误差等问题直接降低玻璃承载性能。胶粘结连接施工技术要求较高，但基本不影响玻璃通透性，而且受力传递更为均匀，因此胶粘结连接在国外被认为是较好的连接方式。

在玻璃构件间板件的连接选择结构胶连接时，文献[8]实验证明，玻璃构件在受力过程中有可能出现内力重分布现象，可有效增加玻璃构件的承载力。在轴压构件中，低弹性模量的结构胶提高玻璃构件承载力的效果要优于高弹性模量的结构胶。

(a)　　　　　　　　　　(b)

图 6　玻璃柱端部连接[8]

（a）与钢板件胶接；（b）钢套筒连接

对于轴压玻璃构件端部的连接，文献[8]做了多个实验进行比较，包括有端部通过垫片传递压力的、与钢板件胶接将压力转换成剪力的、选用钢套筒预埋玻璃构件等方式。其实验结果发现，与钢板件胶接将压力转换成剪力的端部连接方式使玻璃构件得到最大的承载力，其次是端部垫片传压的方式，最低的是选用钢套筒埋置方式。由于闭合截面难以实现钢板件胶接的连接方式，会大大影响闭合截面实际的承载力。

另外，玻璃端部的连接方式不同，会影响玻璃构件的计算长度，对玻璃构件的稳定性有一定的影响。

但是在我国，由于点式金属连接力的传递更为简单和明确，使人觉得金属连接更为可靠和安全耐久。对于化学粘结剂的连接，玻璃与粘结胶如何共同作用并不了解，并对化学粘结剂的耐久性和相溶性产生疑问，在使用前还需要更多的实验研究。

3　玻璃承重构件的防火、防冲击

防火对任一构件材料都是必须考虑的，玻璃材料虽为 A 级不燃建筑材料，但它会因遇火灾温度升高而降低或失去承载能力，使整个建筑处理不安全状态。因此在玻璃结构建筑中应避免堆放可燃材料，做好消防措施。对于开口型截面，火灾产生的高温对玻璃构件相对均匀加热，在玻璃能承受的温度下（耐温性因玻璃各种不同而不同），玻璃构件是安全的。但对于闭合截面，环境温度只对玻璃构件外表面加温，玻璃构件空腔内温度相对较低，使玻璃内外表面形成温度差，从而形成较大的温度应力，这个温度应力对玻璃构件的伤害要大于玻璃绝对温度产生的伤害，使闭合截面构件更早失效。

横向冲击对玻璃构件会是一种致命的破坏。尤其是针对玻璃边缘的横向冲击，可能使玻璃瞬间成为碎片而失去承载能力。对于玻璃边缘受到保护的无突出边的闭合截面（尤其是圆型截面），横向冲击的伤害相对较少。对于有突出边的截面，必须采取措施对突出边进行保护，如果加防撞软胶或加设栏河等避免外物冲击的措施。如文献[8]玻璃柱设计中，特意在工字型玻璃柱外部加设夹胶玻璃组成的箱型截面做保护。

防火是结构材料必须考虑的一个问题。在国外文献[8]中介绍，当遇到火情时，在玻璃结构中的所有人能够全部安全撤离的时间内，玻璃结构没有发生倒塌，那么说明玻璃结构是安全的。这个时间取决于玻璃的种类、玻璃结构的面积、能容纳的人数、玻璃结构所处的位置、及人员撤离的容易程度等。

文献[8]表示，通过对玻璃增加透明的有机隔热涂层，可以有效增长玻璃热熔失稳的时间，从而提高玻璃结构的防火安全性。在我国，防火玻璃已经广泛地应用在建筑中。总之，玻璃结构的防火问题关键在于如何人员撤离的时间和制定消防的安全细则。

4　玻璃承重构件的其他问题

玻璃构件截面选择还需要考虑加工、清洁、空间占用和美观等问题。

目前玻璃构件截面选择深受实际生产加工技术的影响。玻璃构件是由玻璃板件组成的，玻璃板件质量，如裂纹、气泡或杂质等问题直接影响玻璃承载力。玻璃板件的切割工艺及磨边处理，也非常关键，如双腹板截面，两腹板的宽度差异直接影响玻璃组装质量。玻璃板件的连接边越多，加工就越困难，加工耗时也越长，加工质量就越难保证，如双腹板截面的加工要难于工字型截面。因此，玻璃构件中板件的增加表面上强度相应增加，但因为加工难度增加，质量难以控制，玻璃构件缺陷问题增加，使得玻璃构件强度不加反而下降。因此，在国外实际工程应用中，较多选用的玻璃构件截面一般为工字型截面和十字型截面。

如前所述，玻璃是非常通透的材料，任何可见的杂质都会影响玻璃构件的视觉效果，玻璃构件清洁问题是设计过程需要考虑的。对于闭合型截面是不可能在使用过程中进行清洁的，唯一保证闭合型截面高清的方法，只有将闭合型截面构件完全密封。但是闭合型截面构件内部空气会使玻璃构件面对变化的气压和温度应力的问题。因此，如果确认选择闭合型截面，必须对上述两问题进行充分了解和分析，以免使用过程中使截面发生破坏而失去承载力。

表1所示，不同截面占用建筑空间的面积也不同，这将意味着建筑实际使用空间也有不同，对于使用者当然不希望结构柱占用建筑的使用空间，因此这也是设计时需要考虑的一个因素。

对于玻璃构件截面的美观问题是一个非常主观的问题，会因建筑师和结构师不同而有不同的答案，在具体的建筑里，不同的玻璃构件截面也会达到不同的视觉效果。

参考文献

[1] 王元清，张恒秋，石永久．面内受弯玻璃板承载性能的有限元分析[J]．建筑结构，2008，38(2)：100，120-122．

[2] 王元清，张恒秋，石永久．面内受弯玻璃板的承载及稳定性试验研究[J]．清华大学学报(自然科学版)，2006，46(6)：773-776．

[3] JGJ 102—2003，玻璃幕墙工程技术规范[S]．北京：中华人民共和国行业标准，2003．

[4] 张婷婷，玻璃装饰家居设计[J]．上海工艺美术，2011，(01)：86-87．

[5] 王元清，张恒秋，石永久．玻璃承重结构的工程应用及其设计分析[J]．工业建筑，2005，35(2)：6-10．

[6] 王元清，张恒秋，石永久．玻璃承重结构的设计计算方法分析[J]．建筑科学，2005，21(6)：26-30．

[7] 王元清，张恒秋，石永久．T型组合受弯玻璃板的承载性能[J]．建筑科学与工程学报，2006，23(3)：45-49．

[8] Ouwerkerk E．Glass columns：a fundamental study to slender glass columns assembled from rectangular monolithic flat glass plates under compression as a basis to design a structural glass column for a pavilion[D]．Netherlands：Master of Science program of Civil Engineering at the Delft University of Technology．Faculty of Civil Engineering and Geosciences，2011．

[9] 王元清，石永久，吴丽丽．点支式玻璃建筑应用技术研究[M]．北京：科学出版社，2009．

[10] Eckersley O'Callaghan[EB/OL]．http：//www. eocengineers. com/# projects．

[11] 德国慧鱼集团幕墙背挂 ACT 系统[EB/OL]．http：//www. fischer. com. cn/．

作者简介

温嘉励(Wen Jiali)，女，1983 年 11 月生，工程硕士，建筑工程结构设计工程师，研究方向：玻璃承重结构；工作单位：广州斯意达幕墙设计咨询有限公司；地址：广州市天河区广州大道中 900 号金穗大厦裙楼五楼 529 房；邮编：510620；联系电话：13527713774；E-mail：wenjiali001@163.com。

三、检测与标准篇

既有建筑幕墙安全性检查鉴定方法研究

万成龙 王洪涛 张山山

中国建筑科学研究院 北京 100013

摘 要 既有建筑幕墙安全性日益受到社会的关注，也是近年来研究的热点之一，但研究多侧重于幕墙支承结构和单项检测技术的研究，缺乏对幕墙安全性鉴定的全面研究。本文在总结幕墙检查鉴定经验的基础上，提出了幕墙安全性全面检查鉴定的竣工资料检查、计算书检查与结构承载能力复核、竣工图检查及现场检查检测四大部分内容，并对每部分检查鉴定的详细内容进行了整理，对既有建筑幕墙安全性检查鉴定具有重要的参考意义。

关键词 既有建筑幕墙；安全性；检查鉴定方法

Study on safety inspection method of existing building curtain wall

Wan Chenglong，Wang Hongtao，Zhang Shanshan

（China academy of building research，Beijing 100013）

Abstract The safety of the existing building curtain wall has attracted more and more attention and is also a research hotspot in recent years. Recent research focuses on the structure and the single detection technology of the curtain wall，which is lack of comprehensive research on the safety of curtain wall. Based on the inspection experience of curtain wall，the paper put forward the inspection of security identification，inspection of structural calculation，inspection of completion drawing，and on-site inspection and detection for the existing building curtain wall，and each part of examination details were collected，which have an important significance for safety inspection and identification of building curtain wall.

Keywords the existing building curtain wall；safety；inspection and appraisal

1 前言

既有建筑幕墙的安全性是近年来的研究热点，《玻璃幕墙工程技术规范》JGJ 102—2003规定"玻璃幕墙在正常使用时，每隔5年应进行一次全面检查"。然而，国内外现有的研究成果及研究工作大多集中于框架式幕墙的研究，且研究成果尚不完善，目前也仅有部分地方性的既有建筑幕墙可靠性鉴定技术规程。

针对既有建筑幕墙安全性检测评估，国内也进行了大量研究，集中于幕墙结构安全性评估、检测技术等方面。结构安全性评估方面，先后提出了模糊综合评判方法、区间数模糊综合评判方法、集对分析方法等；检测技术方面，先后提出了建筑幕墙安全性能评估技术、玻璃面板失效检测技术、结构胶的检测技术等。

研究这些成果不难发现，现有的针对既有幕墙的检测评估技术要么针对幕墙结构安全进行评定，要么针对某个项目进行检测技术研发，缺乏对既有建筑幕墙进行全面评估。部分标准中给出了安全性等级的评级，实际上也仅适用于幕墙结构的安全性评定。

在既有建筑幕墙安全性检查鉴定过程中，按检查鉴定对象以及工作量大致可划分为竣工资料检查、计算书检查与结构承载能力复核、竣工图检查及现场检查检测四大部分内容。本文总结了相应部分在检查鉴定中的主要内容，对既有建筑幕墙安全性的全面检查鉴定工作具有重要参考意义。

2 竣工验收资料检查

竣工验收资料检查包括设计、施工验收过程中形成的所有存档资料的检查，应包括资料的完整性和技术性检查。

2.1 竣工验收资料完整性检查

竣工验收资料完整性检查包括幕墙设计文件、施工验收文件的完整性检查，主要检查的内容有：

（1）设计文件：幕墙设计说明、竣工图、计算书。

（2）玻璃幕墙气密性、水密性、抗风压、平面变形性能检测报告和结构胶相容性（包括拉伸粘结性、邵氏硬度）报告。

（3）主要材料质量保证文件：1）铝型材的规格型号、淬火状态、壁厚、膜厚等；2）钢材的规格型号、材质、表面处理；3）玻璃的规格品种，钢化玻璃热处理情况，中空玻璃的一道、二道密封胶的品种，夹层玻璃夹片材料的厚度等；4）硅酮结构密封胶规格品种、批号、有效期，进口硅酮结构密封胶的商检证明，硅酮建筑密封胶的规格品种及特性等；5）密封胶条的规格品种；6）五金件的规格型号、材质、厚度、表面处理状态等。

（4）隐蔽工程验收记录：1）预埋件或后置埋件尺寸、位置及偏差、防腐处理情况；2）立柱与主体结构连接节点中螺栓规格尺寸、转接件规格尺寸及防腐处理、转接件与埋件焊接及防腐处理，立柱伸缩缝尺寸及打胶情况；3）隐框玻璃幕墙玻璃板块组件压板规格、压板之间距离；4）防火和防雷构造和节点。

（5）工程质量检查记录：1）结构胶与玻璃粘结的打胶记录；2）立柱安装轴线偏差、标高偏差；3）横向构件水平标高偏差；4）单元式玻璃幕墙两组件对插件接缝搭接长度；5）点支承玻璃幕墙爪件高低差；6）幕墙垂直度；7）幕墙水平度。

（6）竣工验收文件：设计单位、建设单位、监理单位、施工单位等联合签署的工程质量合格的竣工验收文件。

2.2 竣工验收资料技术性检查

竣工验收资料技术性检查包括幕墙设计文件、施工验收文件的技术性检查。设计资料技术性检查中包括了竣工图检查、计算书检查与结构承载能力验算，专业性较强且工作量较大，因此单独列出。主要检查的内容和方法有：

（1）玻璃幕墙物理性能试验报告技术性审查。报告给出的幕墙主要结构、材料与竣工图和计算书的一致性核查。试验报告给出的结果与幕墙设计说明中给出指标的符合性进行核查，前提是对幕墙设计说明给出的指标按标准规范进行重新核查。如果幕墙设计说明给出的指标经核查不对，则应重新确定幕墙物理性能指标，幕墙物理性能试验报告应与重新确定的物理性能指标核对。如物理性能试验指标达不到幕墙的性能指标，则要根据结构计算书及其他资料综合判定幕墙的安全性和适用性。

（2）材料质保文件的技术性审查。应将主要材料，如铝型材、钢材、玻璃、硅酮结构密封胶、硅酮建筑密封胶、五金件等检测结果、复验结果与国家标准和设计要求核对，核对其规格型号、厚度、状态、有效期等；以及主要合同中约定材料的数量与品牌的符合性。

（3）隐蔽验收记录的技术性检查。主要检查隐蔽验收记录中预埋件或后置埋件、立柱与主体结构连接、防火防雷构造节点等主要技术要求与标准和设计要求的一致性。

（4）工程质量检查记录的技术性检查。主要检查工程施工过程中打胶记录、安装尺寸偏差等与标准规范和设计要求的一致性。

3 计算书检查与结构承载力复核

结构计算书是幕墙优化设计的重要依据。结构计算书中，荷载及组合、计算模型及其他计算信息的准确对保证结构优化结果的可靠十分重要。幕墙结构计算中的荷载及其组合、计算模型、计算材料信息是基础，选用不准确会导致计算结果的错误。

3.1 计算书检查

幕墙的设计计算书检查包括项目完整性检查和计算准确性检查。

设计计算书应包括以下主要设计参数：地区基本风压；幕墙高度；地面粗糙度；抗震设防烈度；设计使用年限等。

设计计算书的主要计算项目应包括：1）荷载计算：包括墙面区、墙角区风荷载计算，地震作用计算，自重计算；荷载及作用组合；2）各受力杆件和面板的强度和刚度计算，结构胶计算，连接件计算，预埋件或后置埋件计算，焊接计算。

无设计计算书或设计计算书缺损严重的，以现场检查的幕墙实际结构进行验算分析。设计计算书有违反国家强制性标准或计算错误应重新进行验算。

3.2 结构承载力复核

一般来说，仅对结构安全性进行复核时，主要构件的承载能力复核验算采用现行标准和规范规定的方法进行；在对原设计准确性进行鉴定时，应按幕墙设计时的规范进行复核。

结构承载力复核应按照现行国家、行业标准规范验算最不利工况下既有玻璃幕墙单元受力节点及构件的承载力和变形。

构件和节点验算应按实际状态确定。当原设计文件有效，且材料无严重的性能退化、施工偏差在允许范围内时，可采用材料强度标准值；当材料有严重的锈蚀、腐蚀以致性能退化，应按检测结果确定相关材料的强度标准值；构件和节点的几何参数（规格、尺寸）应采用实测值，有施工偏差等应考虑其影响；计算模型和边界条件应符合实际状态。

4 竣工图检查

竣工图一般包含了幕墙的设计说明和图纸，图纸包含了立面图、平面图、大样图和节点图等。因而，竣工图检查包含了对幕墙设计说明的检查和图纸的检查。

幕墙的设计说明是幕墙后续深化设计的依据。幕墙的设计说明主要对工程基本信息、幕墙基本构造、材料、物理性能及执行标准的确定。幕墙设计总说明检查的主要内容：（1）工程所在地区地理位置、建筑面积、幕墙面积、工程标高、幕墙标高、各类幕墙面积、幕墙工程的使用特殊功能要求及等级以及选用的幕墙结构的先进性、安全性、稳定性；（2）幕墙设计时采用的标准和规范；（3）幕墙主要功能要求及指标包括：幕墙抗风压性能、水密性能、气密性能、平面内变形性能、防火性能、防雷性能；（4）幕墙材料要求及说明包括：各种材料（铝型材、玻璃、铝板、钢材、结构胶、耐候胶、五金件等）牌号、颜色、规格、表面处理和性能参数等。

检查重点有：对幕墙采用标准和规范的合理性、有效性检查；幕墙物理性能指标复核；检查幕墙材料要求的合理性。其中最重要的是幕墙物理性能指标确定的正确与否，幕墙物理性能指标是幕墙物理性能试验、结构计算和节能计算的指标依据。如果幕墙物理性能指标确定错误，则后续的所有设计计算即使达到了相应指标，也无法判定幕墙是否达标。

竣工图检查的主要内容：（1）主体结构图，表述幕墙在主体结构上的位置、形状；（2）幕墙的立面分格图，包括建筑物的各个立面，幕墙立面划分的网络，各分格尺寸、分格的竖向标高，水平间距，开启扇形式及位置；（3）幕墙局部立面图；（4）幕墙平面图，表述沿建筑物周边幕墙布置、水平尺寸、幕墙类型及轴向位置编号；（5）幕墙节点图，主要有：立柱、横梁主节点图；立柱和横梁连接节点图；开启扇连接节点图；不同类型幕墙转接节点图；平面和立面、转角、阴角、阳角节点图；封顶、封边、封底等封口节点图；典型防火节点图；典型防雪节点图；沉降缝、伸缩缝和抗震缝的处理节点图；结露防水排水处理节点图；预埋件节点图；幕墙与主体连接节点图；其他特殊节点图。（6）预埋件位置图和预埋件的局部大样图、预埋件组件图。其中检查重点为幕墙的节点图。

竣工图应与既有玻璃幕墙工程一致。检查人员现场检查检测时应进行核对，发现有不一致情况应以实际检查为准。无竣工图或竣工图缺损严重的以现场检查检测结构构造进行安全性分析。

5 现场检查检测

现场检查检测的主要目的有：（1）检查幕墙结构体系、材料、连接构造等与设计的一致性；（2）检查幕墙主要材料、连接构造与标准规范的一致性；（3）检查幕墙存在的主要问题，如五金件是否松动、挂钩式开启扇顶部压块是否缺失等；（4）针对幕墙存在主要问题进行深入检测分析，辨明原因并找出处理措施。

现场检查检测的主要内容有：（1）幕墙的外观检查。重点检查玻璃板块是否破裂、中空玻璃是否失效、石材面板是否有微裂纹或开裂、面板是否有污染等；（2）幕墙的结构体系检查。重点检查幕墙的结构体系是否与设计一致、玻璃幕墙是单元式还是构件式、点支式幕墙的支承形式、石材幕墙的面板类型与支承构造类型等；（3）幕墙的主要材料检查。玻璃的厚度、钢化度、镀膜膜面位置等；石材材质、表面处理；金属材料的膜厚、壁厚；结构胶外观；五金件的品牌、材质及表面处理等；（4）幕墙的主要构造检查。埋件形式、幕墙与埋件连接、横梁与立柱连接、玻璃的安装构造、开启窗构造、防雷防火构造等；（5）幕墙典型事故分析。一般来说，进行幕墙检查鉴定的工程常常是发生了某类严重的安全事故引起业主方或物业方的重视，所以幕墙检查鉴定通常要针对该典型事故进行深入检查，并在现场或实验室进行专项检测分析，必要时应选取典型部位拆开进行检查检测。

6 结语

综上所述，既有建筑幕墙安全性检查鉴定方法研究主要结论如下：

（1）既有建筑幕墙安全性检测评估多集中于幕墙结构安全性评估和单项检测技术研究，缺乏对既有建筑幕墙安全性的全面评估方法研究；

（2）在总结幕墙检查鉴定经验的基础上，论文提出了既有建筑幕墙安全性检查鉴定的四大部分工作内容：竣工资料检查、计算书检查与结构承载能力复核、竣工图检查及现场检查检测；

（3）论文针对提出的竣工资料检查、计算书检查与结构承载能力复核、竣工图检查及现场检查检测四部分检查鉴定内容，进行了详细的细化和明确，为既有建筑幕墙安全检查鉴定提供重要参考。

作者简介

万成龙（Wan Chenglong），男，1983 年生，工程师。研究方向：建筑门窗幕墙科研、标准、检测检查鉴定；工作单位：中国建筑科学研究院；地址：北京市北三环东路 30 号；邮编：100013；联系电话：13811447633；E-mail：13811447633@163.com。

既有建筑幕墙安全检查鉴定典型问题分析

万成龙　王洪涛　张山山

中国建筑科学研究院　北京　100013

摘　要　既有建筑幕墙安全性日益受到社会的关注，也是近年来研究的热点之一。本文在结合日常检查鉴定经验的基础上，归纳整理了幕墙检查鉴定中的典型问题，对部分问题的原因进行了简单分析并提出了相应处理建议，对既有建筑幕墙安全性检查鉴定以及典型问题的处理具有重要参考意义。

关键词　既有建筑幕墙；安全性检查鉴定；典型问题分析

Analysis on typical problems of safety inspection and appraisal of existing building curtain wall

Wan Chenglong，Wang Hongtao，Zhang Shanshan

(China academy of building research，Beijing 100013)

Abstract　The safety of existing building curtain wall has attracted more and more attention，and it is also one of the hot spots in recent years. On the basis of routine inspection and identification of experience，the paper summed up the typical problems in the identification of curtain wall inspection，the reasons for some problems are analyzed briefly and put forward the corresponding treatment suggestions，which has important reference significance to the safety inspection and typical problems processing of the existing building curtain wall.

Keywords　existing building curtain wall；safety inspection；analysis on typical problems

1　前言

　　既有建筑幕墙的安全性是近年来的研究热点，《玻璃幕墙工程技术规范》（JGJ 102—2003）规定"玻璃幕墙在正常使用时，每隔 5 年应进行一次全面检查"。然而，国内外现有的研究成果及研究工作大多集中于框架式幕墙的研究，且研究成果尚不完善，目前也仅有部分地方性的既有建筑幕墙可靠性鉴定技术规程。

　　针对既有建筑幕墙安全性检测评估，国内也进行了大量研究，集中于幕墙结构安全性评估、检测技术等方面。结构安全性评估方面，先后提出了模糊综合评判方法、区间数模糊综合评判方法、集对分析方法等方法；检测技术方面，先后提出了建筑幕墙安全性能评估技术、玻璃面板失效检测技术、结构胶的检测技术等。

研究这些成果不难发现，现有的针对既有幕墙的检测评估技术要么针对幕墙结构安全进行评定，要么针对某个项目进行检测技术研发，缺乏对既有建筑幕墙进行全面评估，部分标准中给出安全性等级评定也仅适用于幕墙结构的安全性评定。实际上，幕墙的安全性与设计、选材、施工和使用环节密切相关，既有建筑幕墙安全性检查鉴定应包含设计、施工和使用等全部环节。

在既有建筑幕墙安全性检查鉴定过程中，按检查鉴定对象以及工作量大致可划分为竣工资料检查、计算书检查与结构承载能力复核、竣工图检查及现场检查检测四大部分内容。本文在结合日常检查鉴定经验的基础上，归纳整理了幕墙检查鉴定中的典型问题，对部分问题的原因进行了简单分析并提出了相应处理建议，对既有建筑幕墙安全性检查鉴定以及典型问题的处理具有重要参考意义。

2 竣工验收资料检查常见问题分析

竣工验收资料检查包括资料完整性和技术性检查。资料完整性问题常见的有：（1）缺少设计类文件，如设计说明、计算书、竣工图等；（2）缺材料类文件，如型材、玻璃、锚固紧固件密封材料的合格证、性能检测报告、进场验收记录、结构胶相容性试验报告等；（3）缺少物理性能检测报告或其他必要检测报告（如采用后置埋件时需要有的物理性能试验报告）；（4）缺少施工记录，尤其是埋件、龙骨安装、防雷防火等隐蔽工程验收记录。

资料的技术性审查中设计类文件单独审查，常见问题见"3.1 结构计算书检查常见问题"和"4 竣工图检查常见问题分析"；材料类、施工记录类文件齐全时，一般问题不大；常见的问题有：

（1）物理性能指标确定不合理或物理性能检测报告未达到设计指标要求。某工程经检查，试验报告给出的级别未达到设计说明中给出的指标，典型案例见表1。

表 1 建筑幕墙物理性能试验报告审核典型案例

序号	性能	设计级别[(1)]	检测级别[(2)]	结果
1	抗风压性能（kPa）	V级	V级	达到设计要求
2	气密性能 m³（m·h）	开启部分Ⅰ级 固定部分Ⅰ级	开启部分Ⅱ级 固定部分Ⅱ级	未达到设计要求
3	水密性能（Pa）	开启部分Ⅰ级 固定部分Ⅰ级	开启部分Ⅱ级 固定部分Ⅱ级	未达到设计要求

注：（1）设计级别为施工图《工程设计说明》中提出的要求，按 JG 3035—1996 分级；

　　（2）检测级别为《玻璃幕墙气密、水密、抗风压、平面内变形性能检测报告》中提供的检测结果。

（2）部分材料与合同约定厂家、品牌信息不符。某工程玻璃出现大面积钢化玻璃破裂现象，经资料检查，发现该工程所用 40000m² 玻璃中仅有约 20000m² 为合同约定厂家的供应商供应，其余玻璃来源不明。

此外，部分采用后置埋件的工程还应对提供的后置埋件试验报告审核。典型的后置锚栓抗拉检测值与设计值检查案例见表2。

表2　典型的后置锚栓抗拉检测值与设计值比较检查案例

序号	项目	设计值[1]	检测值[2]			结果
1	膨胀锚栓	≥8.0kN	8.09kN	8.12kN	8.15kN	符合设计要求
2	膨胀锚栓	≥8.0kN	8.15kN	8.82kN	9.32kN	符合设计要求
3	化学锚栓	≥18.0kN	18.11kN	18.19kN	18.57kN	符合设计要求

注：（1）设计值根据结构计算确定；

（2）检测值来源于《膨胀锚栓》（检测报告，编号：××××）和《化学锚栓》（检测报告，编号：××××）。

3　结构计算书检查常见问题及结构设计复核

3.1　结构计算书检查常见问题

计算书审查的主要内容有：荷载取值、计算模型、项目完整与否、取值判定等；如无问题，则给出结论；如有问题，则重新计算校核。

幕墙结构计算书审核过程中常见的问题有：（1）风荷载取值有误。某工程计算书所有风荷载体型系数均取为1.2，而根据标准规定，此处应取1.2（墙面区）和2.0（墙角区）。（2）计算模型选取有误。某计算书选取双跨梁进行计算，而设计图纸中给出节点在层间位置仅有一个支点，应按单跨梁计算。（3）计算标高选取有误。某计算书选取计算标高为60m，而设计图纸幕墙最高点为88.7m。（4）构件信息有误。某计算书取计算规格为8mm钢化玻璃+12A+6mm普通浮法玻璃，而设计说明、竣工图纸均为6mm钢化玻璃+12A+6mm钢化玻璃。（5）计算项目不全。某些工程忽略了连接螺钉、焊缝的计算校核。

3.2　结构设计校核

在原计算书计算有误的情况下，需要对主要构件的承载力进行校核。结构设计校核主要内容有：玻璃的强度（应力）、刚度（挠度）；横梁立柱的强度（应力）、刚度（挠度）；结构胶（隐框）、横梁立柱连接、立柱与埋件连接、埋件计算等连接强度校核。某工程玻璃幕墙结构计算校核项目及结果示例见表3。

表3　某工程玻璃幕墙结构计算校核项目及结果示例

构件	设计	项目	计算结果	要求（限值）	判定
玻璃	钢化中空玻璃：宽1353.0mm 高2745.0mm	强度（外片）	23.92N/mm²	≤84.00N/mm²	合格
		强度（内片）	22.12N/mm²	≤84.00N/mm²	合格
		刚度	13.8mm/1353.0mm	≤L/60	合格
立柱	最大跨度：3.546m	强度	71.80N/mm²	≤85.5N/mm²	合格
		刚度	L/304	≤L/180	合格
		抗剪强度	9.428N/mm²	≤49.6N/mm²	合格
立柱与结构连接	螺栓：2个M12螺栓	受剪承载力	58977.6N	≥9081.9N	合格
	立柱	承压承载力	17280.0N	≥9081.9N	合格
	角码：Q235，厚8.0mm	承压承载力	117120.0N	≥9081.9N	合格
预埋件	锚筋：4根HPB 235、φ12.0mm钢筋	总截面积	452.2mm²	≥85.3mm² ≥83.1mm²	合格
	锚板：厚8.0mm热轧钢，面积45000mm²	法向承载力	375750.0N	≥8541.1N	合格
	焊缝：焊角尺寸8.0mm，长度100.0mm	强度	26.752N/mm²	≤160N/mm²	合格

续表

构件	设计	项目	计算结果	要求（限值）	判定
横梁	跨度：1451mm	强度	36.192N/mm²	≤85.5N/mm²	合格
		抗剪强度	$\tau_x=2.707$N/mm² $\tau_y=0.847$N/mm²	≤49.6N/mm²	合格
		刚度	1.489mm（风荷载） 0.759mm（重力）	≤L/180	合格
横梁与立柱	角码与横梁：2个M6螺栓	局部承载力	4320.0N	≥796.136N	合格
	角码与立柱：2个M6螺栓	铝角码抗压承载力	4320.0N	≥883.122N	合格

4 竣工图检查常见问题分析

竣工图审查的主要内容有：（1）玻璃类型与安装构造：明框、隐框等；（2）开启扇设计：挂钩式或铰链式、玻璃、五金等构造；（3）连接构造：三维抗震调节、横梁立柱连接、立柱与主体结构连接；（3）防火节点：材料、构造；（4）防雷节点：避雷针、均压环、立柱与均压环连接；（6）排水构造：排水构造、采光顶角度及天沟构造。

其中最常见的问题是隐框玻璃连接构造不合理，见图1。主要问题有：（1）隐框玻璃与

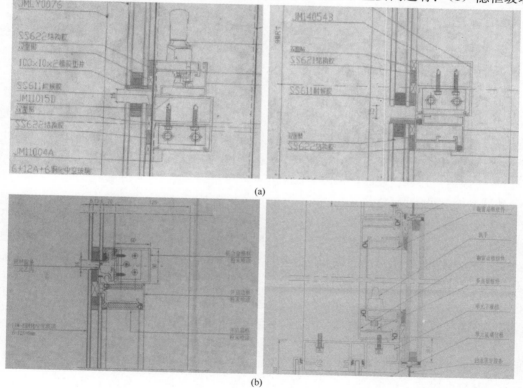

(a)

(b)

图1　隐框玻璃粘结常见问题

（a）隐框玻璃与横竖龙骨连接设计不合理；（b）开启扇外片与附框无有效粘结；

（c）隐框玻璃中空层结构胶与附框粘结结构胶不对缝

横竖龙骨连接设计不合理；（2）中空玻璃开启窗设计不合理；（3）隐框玻璃中空层结构胶与附框粘结结构胶不对缝。图 1（a）中隐框玻璃采用无附框设计，现场打注结构胶，打胶质量无法保证，不符合标准规定。

隐框玻璃结构胶不对缝问题，即中空玻璃内外片粘结结构胶和中空玻璃与附框粘结的结构胶胶缝不对应，常常在某一片钢化玻璃破裂后导致另一片玻璃与附框无有效粘结。

防雷防火节点核查。防火节点设计未采用 1.5mm 厚镀锌钢板承托，或防火岩棉厚度不符合标准规定。

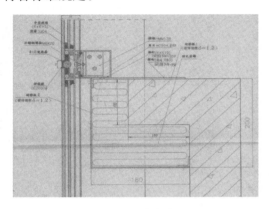

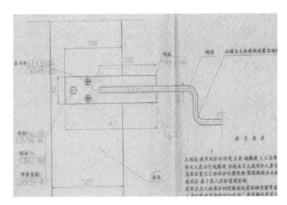

图 2 防火节点   图 3 防雷节点

5 现场检查常见问题分析

现场检查检测的主要内容有：（1）材料检查：玻璃、型材、五金、密封材料；（2）开启扇设计：挂钩式防脱限位装置；（3）连接构造：面板连接构造、横梁立柱连接、立柱与主体结构连接；（4）防火节点：材料、构造；（5）防雷节点：避雷针、均压环、立柱与均压环连接；（6）排水构造：排水构造、采光顶角度及天沟构造。材料检查应对典型材料的品牌、规格、型号、数量、外观、表面处理等进行检查。

5.1 玻璃幕墙常见问题分析

（1）玻璃破裂。非钢化玻璃破裂表现为一或多道裂纹，见图 4（a）。裂纹的数量与玻璃的应力有关：裂纹为一道时，玻璃应力不超过 10MPa；多道时，玻璃应力偏高。钢化玻璃破裂的主要表现为具有明显的"蝴蝶斑"特征，碎裂成无数的小块，见图 4（b）。钢化玻璃"自爆"时，起爆点处有肉眼可见的杂质颗粒。

（2）中空玻璃失效。中空玻璃密封失效主要表现形式为中空玻璃内部进水汽，玻璃内部"结露"、玻璃侵蚀形成"虹彩膜"，严重者中空玻璃内部大量积水，见图 5。

（3）玻璃更换方式不合理。玻璃整体更换，现场打结构胶安装固定，见图 6（a）；仅更换外片破碎玻璃，现场打结构胶，见图 6（b）。

（4）开启扇脱落。正常设计、施工情况下，每个开启扇顶部应有两个防脱限位压块。典型问题为防脱限位装置失效导致挂钩式开启扇脱落，见图 7。

（5）隐框玻璃底部无托板。隐框玻璃幕墙结构中，玻璃板块采用结构胶与附框粘结，但结构胶不宜长期承受剪力，因此设计时要求隐框玻璃底部应有 2 个托板承受玻璃板块重力。

(a)　　　　　　　　　　　　　　　　　(b)

图 4　玻璃破裂

（a）普通平板玻璃破裂；（b）钢化玻璃破裂

图 5　中空玻璃密封失效

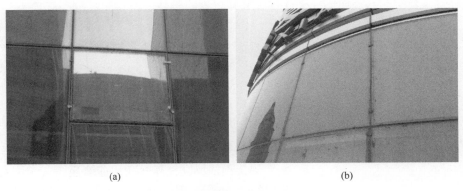

(a)　　　　　　　　　　　　　　　　　(b)

图 6　玻璃更换方式不合理

（a）整体更换，现场打胶固定；（b）仅更换玻璃外片，现场打胶固定

检查中发现的主要问题为隐框形式的固定玻璃板块底部无托板和开启扇隐框中空玻璃底部无托板，见图 8。

（6）外片玻璃脱落。外片玻璃脱落主要存在于隐框开启扇，见图 9。某工程存在严重的外片脱落现象，共脱落 20 余片。经检查，该工程用外片玻璃为热反射镀膜玻璃，且边部与结构胶粘结处未作除膜处理，结构胶与外片镀膜层为粘结层破坏；内片玻璃有明显的密封失

图 7　防脱限位装置失效导致挂钩式开启扇脱落

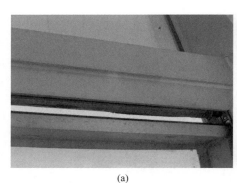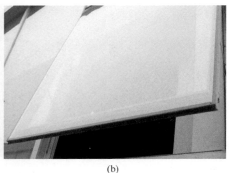

(a)　　　　　　　　　　　　　　　　(b)

图 8　隐框底部无托板

(a) 隐框底部无托板（固定玻璃板块）；(b) 隐框底部无托板（开启扇）

效形成的"虹彩膜"；开启扇底部无托板或外片无有效承托，结构胶长期承受剪力。

图 9　隐框玻璃外片脱落

（7）五金件松动失效。五金件松动失效主要表现为锁座脱落、螺钉松动、铰链松动脱落及启闭困难，见图 10。锁点失效导致有效受力点减少，增加了开启扇在关闭状态下的安全隐患，在风压作用下容易脱落。

（8）连接构造不符合设计要求。预埋板施工位置偏差过大，导致转接件仅有部分边缘与埋板有效焊接；横梁立柱连接角码应有至少 3 个不在一条直线上的螺钉固定，见图 11。

（9）防雷防火节点不符合设计要求。防火要求在层间位置由 1.5mm 镀锌钢板承托至少 100mm 的岩棉板，检查中发现的典型问题见图 12。

（10）漏水问题。幕墙及其与周边构件连接处的漏水问题是工程中常见的典型问题，见图 13。幕墙及其与周边连接部位漏水会造成室内装饰面破坏。

（11）热舒适性差。玻璃幕墙工程多存在夏季室内温度过高、空调能耗大，导致热舒适性差的问题；部分工程存在冬季漏风、漏气导致的室内温度过低问题。

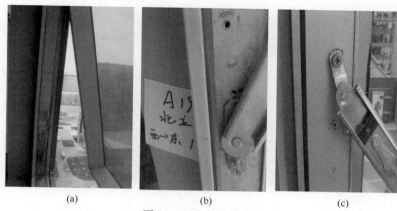

(a)   (b)   (c)

图 10　五金件松动失效

（a）锁座脱落；（b）螺钉松动；（c）铰链脱落

图 11　立柱与埋件、横梁与立柱连接不符合设计要求

图 12　防雷防火节点

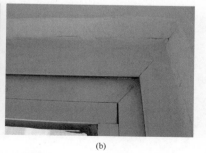

(a)   (b)

图 13　幕墙门窗工程漏水

（a）幕墙漏水；（b）门窗与铝板幕墙接口处漏水

5.2 石材幕墙常见问题分析

（1）石材面板破裂脱落。石材面板的破裂主要包括挂件处的石材破裂，最典型的是采用T 型挂件的幕墙石材面板由于挂件受力不一致及锈蚀膨胀而在挂件处出现破裂，见图 14。

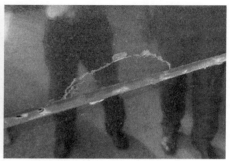

图 14　挂件处石材破裂

（2）挂件设计不合理。石材挂件设计不合理，主要为形状设计和材质选择。挂件形式选择角度来讲，目前可独立更换的"SE"挂件逐渐成为主流。

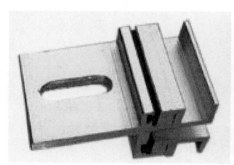

图 15　"SE"形铝合金挂件和"T"形镀锌钢挂件

材质角度来讲，目前检查的大多数工程采用镀锌钢材质的挂件，在工程中存在严重锈蚀，甚至出现挂件锈胀导致的石材脱落事故，建议挂件采用铝合金或 316 不锈钢材质。

5.3 铝板幕墙常见问题分析

金属板幕墙主要为铝板幕墙，日常检查过程中反映问题较少，常出现的问题是铝板脱落和部分密封胶老化开裂，见图 16。

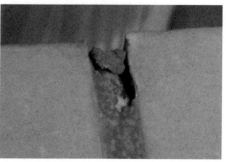

图 16　铝板脱落和密封胶开裂

6 结语

综上所述，既有建筑幕墙安全性检查鉴定常见问题分析的主要结论如下：

（1）既有建筑幕墙安全性是近年来研究热点，目前研究工作尚不完善。既有建筑幕墙安全检测评估已有研究工作多集中于幕墙结构的安全性评估或单项检测技术研究，片面的检查鉴定内容和方法难以得到全面、科学的评估结果，亟须对既有建筑幕墙安全性检查鉴定进行全面研究和总结。

（2）本文针对总结出的竣工资料检查、计算书检查与结构承载能力复核、竣工图检查及现场检查检测四大部分内容，归纳整理了既有建筑幕墙检查鉴定时常遇到的典型问题。

（3）既有建筑幕墙的安全性与设计、选材、施工和使用环节密切相关，应针对各个环节采用资料审查校核或现场检查的形式综合判定幕墙的安全性。竣工资料检查常见问题为资料缺失、性能报告不符合设计要求以及材料与合同约定不符等；结构计算书检查常见问题为荷载、模型、试件信息有误或项目不全，结构设计校核应包括玻璃、横梁立柱、埋件和各类连接节点的计算；竣工图常见问题有玻璃构造设计、横梁立柱连接设计、与主体结构连接设计及防雷防火节点设计不合理；现场检查常见问题为材料选用不合理（如石材挂件选用镀锌钢易锈蚀）、面板失效（如玻璃、石材面板破裂等）、开启扇脱落、五金松动、连接构造不合理、防雷防火施工不规范等问题。

（4）既有建筑幕墙检查鉴定除应上述内容进行全面检查鉴定外，还应针对典型问题进行专题研究分析，辅以必要的实验室检测、模拟计算等手段。以中空玻璃外片脱落为例，应综合分析玻璃边缘金属膜是否去除、边部密封胶种类、密封胶尺寸等因素，并针对鉴定原因提出处理建议。

作者简介

万成龙（Wan Chenglong），男，1983 年生，工程师。研究方向：建筑门窗幕墙科研、标准、检测检查鉴定；工作单位：中国建筑科学研究院；地址：北京市北三环东路 30 号；邮编：100013；联系电话：13811447633；E-mail：13811447633@163.com。

门窗幕墙用硅酮胶质量鉴别方法

刘　盈　张仁瑜

中国建筑科学研究院·国家建筑工程质量监督检验中心

北京市北三环东路 30 号　100013

摘　要　本文通过运用红外光谱分析、热重分析、元素分析 3 种化学分析方法，对门窗幕墙用胶质量良莠不齐的几种常见问题进行了分析，建立了易操作的分析测试方法，为有效解决目前门窗幕墙工程用硅酮胶实际存在的问题提出解决办法。

关键词　门窗幕墙；硅酮胶；质量鉴别

1　前言

80 年代初期，随着中国铝门窗产业的发展，建筑用密封胶产品开始进入中国。80 年代中期以后，随着建筑幕墙技术的引入，硅酮胶产品开始在国内使用，产业逐步发展。建筑门窗幕墙用硅酮胶产品早期在中国完全依靠进口，中国在该领域的生产技术完全是空白，市场被外资企业所垄断。此时，一批国有和民营企业看到了硅酮胶市场前景，开始自行研发建筑门窗幕墙用硅酮胶，并在生产技术和生产装备国产化方面取得了突破。

进入 2000 年后，中国房地产经济蓬勃发展，国产建筑硅酮胶企业也抓住这一机遇迅速成长。特别是近年来，伴随着我国建筑业的持续高速发展，国内建筑硅酮胶制造业迅速崛起，国内厂商市场份额迅速扩大。随着行业的发展，国内硅酮胶生产企业数量飞速增加，目前已逾 300 家，但企业规模大小不一，产品质量参差不齐，销售量逐年增加，但产品销售利润却一再压缩，使得许多企业开始通过降低产品质量，甚至以次充好来追求利润，贴牌、乱加填料等不规范行为也越来越多，直接造成一些玻璃幕墙工程出现了玻璃坠落、中空玻璃"流泪"等情况，导致玻璃幕墙工程质量纠纷频发。此外，施工方对密封胶产品使用的误区以及部分施工单位"偷梁换柱"问题的存在都使得门窗幕墙工程质量堪忧。

本文拟通过化学分析的方法，建立解决目前门窗幕墙工程用硅酮胶常见的质量问题，为保障门窗幕墙工程质量提供测试方法支持。

2　门窗幕墙用硅酮胶常见的质量问题

通过对门窗幕墙实际工程以及硅酮胶生产、销售、施工、使用等单位的调研，总结门窗幕墙用硅酮胶产品质量常见的问题，归纳如下：

（1）早期选材错误。早期门窗幕墙的设计往往不被重视或是设计人员因对高分子产品性能的不了解以及对规范的不熟悉而导致没有给出正确的产品选择方案，导致门窗幕墙工程没有按照使用需求选择合适的密封胶产品。选材问题包括如何鉴别常见的几大类密封胶，包括：硅酮类、聚硫类、聚氨酯类。

（2）产品质量问题。目前国内玻璃幕墙工程用胶质量良莠不齐，对于一个工程，存在先供应真胶，后供应假胶的做法；或是中标产品与后期供货产品质量差别较大的问题，给玻璃幕墙工程安全带来很大隐患。虽然，对于工程质量的监管各有关部门一再出台措施，但因为高分子材料的特殊性：使用前为未固化的半成品，使用之后变成固化的成品，且固化之后的密封胶在目前我国的标准规范中缺乏有效的检测方法。

（3）密封胶产品标准多数依据美国标准的方法和参数设立，技术要求侧重物理力学性能的测试，基本不包括化学分析测试方法。然而，我国门窗幕墙工程的现状与发达国家还存在差距，社会诚信体系尚不健全，以次充好的情况依然存在。这些问题都对目前的测试方法提出挑战，为此，本文拟采用一些较常见的化学分析手段，以期解决门窗幕墙工程中存在的硅酮胶产品质量问题。

3 分析测试及结果

3.1 红外光谱法

红外光谱测试是利用红外光谱对有机物分子进行定性分析的一种常见测试方法，可用于鉴别分子中含有官能团的种类。现行国家标准《红外光谱分析方法通则》（GB/T 6040）中 5.2.5a ATR 测定方法可用于密封胶产品的分析测试，通过红外光谱分析能够有效区分各种密封胶产品。

由图 1 可见，$1262cm^{-1}$ 处为 $Si-CH_3$ 吸收峰，$1082\sim1011cm^{-1}$ 处为 $Si-O-Si$ 的伸缩振动吸收峰，$2963cm^{-1}$ 为 CH_3 的 $C-H$ 非对称伸缩振动峰。以上特征峰可作为硅酮类密封胶的鉴别特征。

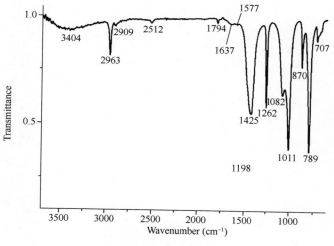

图 1　硅酮胶红外光谱谱图

由图 2 可见，$C-S$ 键伸缩振动出现在 $742cm^{-1}$，$1405\sim1115cm^{-1}$ 为与 S 相连的亚甲基 $-CH_2-$ 振动峰，$1724cm^{-1}$，$1283cm^{-1}$ 处为增塑剂中酯基吸收峰。以上特征峰可作为聚硫类密封胶的鉴别特征。

聚氨酯类密封胶的氨基甲酸酯特征峰出现在 $1725cm^{-1}$（$C=O$），由图 3 可见。

3.2 热重分析法

热重分析是指在程序控制温度下测量待测样品的质量与温度变化关系的一种热分析技

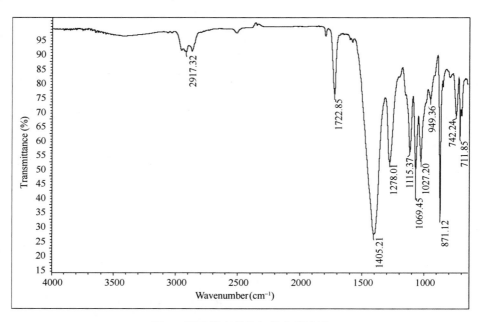

图2　聚硫类密封胶红外光谱谱图

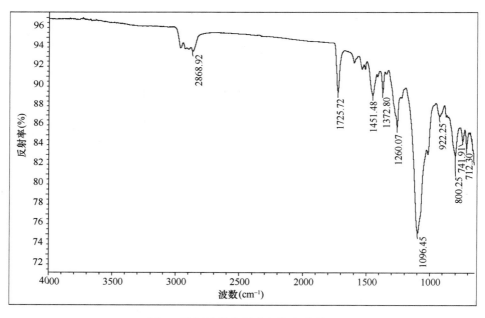

图3　聚氨酯类密封胶红外光谱谱图

术，可用来分析聚合物组分，是比较常用的分析测试手段。

　　我们选取了两款价格差别较大的市售硅酮结构胶和透明硅酮胶样品分别进行热重分析测试。图4和图5对比可见，透明胶样品中低沸点物质（如白油等）含量较大，约占16%，而硅酮结构胶中低沸点物质含量较低，约为3%。我们发现价格较低的硅酮胶产品中添加的易挥发物和填料较多，而价格最高、监管最严的硅酮结构胶产品则高分子主链的含量更大，

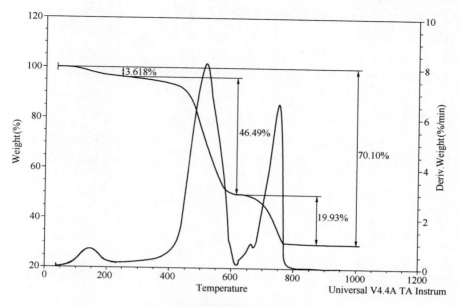

图 4 硅酮结构胶热重分析谱图

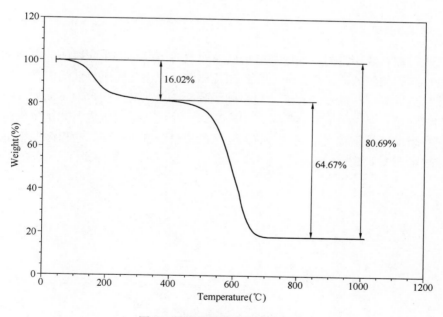

图 5 透明硅酮胶热重分析谱图

产品物理力学性能和耐久性也更优异。热重分析法可用于实际工程中以次充好问题的初步鉴定，对热重分析谱图差异较小的硅酮胶产品，建议进一步进行元素分析鉴定。

3.3 元素分析法

元素分析是对已知样品进行具体元素的定量分析，除可测定 C、H 元素外，还可测得 Si 元素含量，可直接获得硅酮胶产品中硅元素的含量。我们选取不同厂家的硅酮结构胶产品以及同厂家的硅酮结构胶与硅酮耐候胶产品分别进行 Si 元素含量分析，分析测试结果如表 1。

由表 1 测试结果可见，不同厂家的硅酮结构胶产品所含 Si 元素存在差别，虽然仅相差不到 2%，产品的型式检验结果也均合格，但 Si 元素含量的不同，导致实际生产成本上存在差别，因主链含量的差别，造成实际工程使用耐久性的差异。表 2 测试结果可见，同一厂家硅酮结构胶比硅酮耐候胶的 Si 元素含量高 7.7 个百分点，产品价格与产品性能的差异也较大，用途也不同。可见，元素分析测试方法对于鉴别硅酮胶产品优劣、产品配方变化等有重要的作用，可结合热重分析方法综合评价和鉴定。

表 1　不同厂家硅酮密封胶的元素
分析结果报告单　　单位：wt%

送样单位：	材料学院
样品名称：	胶
检测项目：	Si
样品编号	Si
2016-J-10	12.75
2016-J-13	10.97
备　注	

表 2　同一厂家硅酮结构胶与硅酮耐候胶
元素分析结果报告单　单位：wt%

送样单位：	材料学院
样品名称：	高分子材料
检测项目：	Si
16-M-29	11.20
16-J-9	18.92
备　注	—

4　结语

通过以上门窗幕墙用密封胶问题的分析以及建立对应的可解决问题的分析测试方法，为保障门窗幕墙工程用胶的质量提供了可操作的检测鉴定方法。鉴于目前门窗幕墙实际存在的问题，以及后续质量纠纷的复杂程度，建议硅酮胶生产企业对不同批次不同配方的产品进行化学分析测试并留存谱图，同时，实际工程密封胶产品使用时也应进行化学分析测试并留存谱图。上述分析测试结果档案的建立将有助于产品质量问题的追溯，对保障门窗幕墙工程的质量具有重要的现实意义。

中欧建筑门窗合页标准简介（上）

曾　超　　杜万明

广东坚朗五金制品股份有限公司　广东东莞　523722

摘　要　中欧建筑门窗合页标准简介共分为上、中、下三个部分，主要介绍了国内和欧洲现行的、与建筑门窗合页有关的相关标准，通过各标准的详细介绍，使大家清晰了解标准内容及标准之间的联系，本部分（上）主要是对 BS 7352：1990 作出详细介绍。

关键词　合页、BS 7352；EN 1935；EN 13126－8；JG/T 125；ANSI/BHMA A156.7

一　引言

合页，在国内根据习惯不同又称为活页、铰链，在英文中一般用 hinge 来表示，但无论是国内的合页还是国外的 hinge 一词，也均是一个宽泛的代名词，合页根据使用场合的不同分为窗用合页和门用合页，根据结构形式的不同也可分为玻璃门用合页、平板合页、型材门窗用合页等。因此，即使表面上看，都是关于合页（hinge）的标准，也需读者仔细阅读其正文内容，了解其真正的使用范围与场合，以避免简单的性能指标对比，造成混淆引用。

二　建筑门窗用合页国内外相关标准

国内外均有关于窗（或落地窗）和人行门（或通道门）用合页的标准，在倡导消除贸易壁垒、促进自由贸易的当代，各个国家在编制标准时都会参考引用相关国内外标准（我国也提倡等同采标），因此，虽然标准体系存在差异，但科学、先进的技术指标还是会得到广泛的参考、引用。以下就是一些国内外常用的，并且在一定程度上存在相关关联的合页标准的例表。

表 1　相关国内外合页标准

序号	标准号	英文名称	中文名称	备　注
1	ANSI/BHMA A156.7：1988	Template Hinge Dimensions	板式合页尺寸	美国国家标准，现行版本为 2014 版
2	BS 7352：1990	Strength and durability performance of metal hinges for side hanging applications and dimensional requirements for template drilled hinges	平开用金属合页的强度和耐久性性能及板式钻孔合页的尺寸要求	英国国家标准，已作废，其关于板式合页的尺寸要求参考引用了 ANSI/BHMA A156.7：1988
3	EN 1935：2002	Building hardware-Single-axis hinges-Requirements and test methods	建筑五金-单轴铰链-要求和试验方法	欧洲标准，现行，其对于合页力学性能及耐久性性能的内容引用了 BS 7352：1990。该标准目前正在修编

续表

序号	标准号	英文名称	中文名称	备 注
4	DD CEN/TS 13126—8：2004	Building hardware fittings for windows and doors height windows- Requirements and test methods Part 8：tilt&turn, tilt-first and turn-only hardware	窗和高窗用建筑五金配件的要求和试验方法 第 8 部分：平开下悬、下悬平开和仅平开五金系统	欧洲技术规范（TS：Technical Specification），于 2003 年 8 月 18 号审核通过，但目前已被 EN 13126—8：2006 替代
5	EN 13126—8：2006	Building hardware-Requirements and test methods for windows and doors height windows Part 8：tilt&turn, tilt-first and turn-only hardware	窗和高窗用建筑五金的要求和试验方法 第 8 部分：平开下悬、下悬平开和仅平开五金系统	欧洲标准，现行，取代了 DD CEN/TS 13126—8：2004。其内容与 DD CEN/TS 13126—8：2004 一致，基本没什么变化
6	JG/T 125—2007	Building hardware for windows and doors-Hinges	建筑门窗五金件 合页（铰链）	国内行业标准，现行，其内容参考引用了 DD CEN/TS 13126—8：2004。目前正在修编
7	TBDK-2011-02-04	Attachment of supporting fitting components for turn-only and tilt&turn fittings	平开和内平开下悬五金系统安装及测试	德国国内 4 个机构：FVS＋B，RAL，PIV 和 ift 联合制定

由于 ANSI/BHMA A156.7 仅是关于合页尺寸、不涉及合页的力学性能等，因为不再作过多介绍，TBDK 为德国国内文件，非正式标准，故也不展开。在本系列文章中将对例表中的其他 5 个标准（实际是 4 个标准，因为 DD CEN/TS 13126—8：2004 和 EN 13126—8：2006 内容基本是一样的，故进行统一介绍）进行逐一详细介绍，便于大家对各标准的内容有客观、正确的认识。在本部分内容中，将主要介绍 BS 7352：1990 的内容。

三 BS 7352：1990 标准介绍

BS 7352：1990（平开用金属合页的强度和耐久性性能及板式钻孔合页的尺寸要求）已被作废，且被 BS EN 1935：2002（将在第 4 章进行介绍）所取代，虽是一个作废标准，但其原有许多重要内容得到了 EN 1935：2002 的引用，故在此仍对其主要内容进行一下详细介绍，这样也便于让读者更清晰国外标准（欧洲标准）的发展历程。

BS 7552 主要包含两大部分的内容——金属合页的强度、耐久性能（力学性能方面）和板式钻孔合页尺寸要求（编者备注：合页尺寸要求方面的内容与 ANSI/BHMA A156.7：1988 一致，所用示意图等均相同，有兴趣者可找原文比对查看）。在其前言中有如下内容：

本英国标准替代已废止的 BS 1227—1A：1967。

BS 1227—1A：1967 于 1945 年第一次出版并在 1967 年进行了修订。该标准规定了钢制、铸铁制或整体拉制（挤压）铜和铝制关节型合页，以及钢制带型（板状型）合页的材料、工艺，结构，尺寸和承重的最低要求。其并未对成品的强度，机械寿命或耐久性作出性能要求。

BS 7352 包含了适用于平开类型的 9 个等级类型的合页，其范围涵盖轻型的小于 10kg 的碗柜门到 120kg 的重型门。本标准规定了对所有合页的静态强度试验要求和耐久性试验过程中的可允许的磨损量，以及安装后不进行涂漆的合页的防腐要求；并规定了合页所产生的最大摩擦阻力及两部件间所允许的最大初始自由位移。本标准还包含了对于用于金属门和门框上的全嵌式板式合页的尺寸要求。这些均参考了已在国际上被广泛接受的美国经验。

对于一些窗用合页的特殊要求并未包含于本标准之中。因为塑料材料的性能随着时间的推移很容易产生较大的变化。本标准并不包含主要零件为塑料材料的合页。

下面对 BS 7352：1990 的正文内容进行较详细的介绍，为了保证与原文的一致性，相关条款代号、图表序号等均会采取与原标准一致的形式，望读者知悉。

1 范围

本英国标准规定了平开用扇重量最大为 120kg，扇尺寸最大为 2400mm×1200mm 的所有单轴金属合页的静态强度试验和耐久性试验过程中所允许的磨损量。其也规定了对那些安装后不进行涂漆的金属合页的防腐要求。其规定了在耐久性试验中所允许的由合页的摩擦阻力所产生的力矩，合页部件之间的水平和竖直的最大位移量（对于竖直位移量的考核不包含两节型合页）。其还规定了对于用于金属门和框上的全嵌式板式钻孔合页的尺寸及其他要求。

合页主要零部件如合页片，关节（转向节），桶（barrels）和销轴所用的金属可以是铁或钢的，对制造方法没有限制。不以允许上述零件采用塑料材料，但是其他辅助部件如垫圈，衬套或套管或用于防止金属零件腐蚀的零件等可采用塑料或其他非金属材料。

当平开下悬窗用合页要参考引用 BS 7352 时，标准中的试验要求仅适用于平开用合页的检测。本标准并未规定对窗用滑撑和与弹簧自动关闭装置相配合使用的合页的要求。

本标准并未对合页用紧固件作出规定。因此，试验用合页是通过螺栓固定于试验装置的。

注 1：本标准并不包含对于用于防火门上的合页的附加要求，但是对于防火门应用的一般性指导在 C.11 中有相关说明。

2 定义

2.1 重要表面 significant surface

合页安装后明显可见的表面和对外观、功能或使用可靠性十分重要的表面。

2.2 全嵌式板式钻孔合页 full mortice template drilled hinge

合页设计成嵌于扇的对接边缘和框的企口缝内。

注：这类合页通常用于钢制框和钢制门上。

3 分类

根据合页所能承载的扇的最大重量及一年的最多操作次数，对合页进行分类，具体见表2。

表 2　合页的分类

等级	扇最大重量（kg）	一年最多的操作次数（cycles）
1	10	5000
2	20	5000
3	20	25000
4	40	25000
5	40	200000
6	40	500000
7	60	500000
8	80	200000
9	120	200000

注：这9个等级包含了大多数的应用情况（见 C.4 至 C.6）。这些质量是基于每个扇上使用 3 个合页。如果只使用 2 个合页，那么应将罗列的质量减少 1/3（也可见 C.7）。

4 试验

4.1 环境温度

整个试验期间，试验室温度应维持在（20±5)℃。

4.2 静荷载试验

每个类型中挑 1 个合页，应连续的进行 B.1 所描述的初始测量以及 B.2 所描述的静态荷载试验（静态荷载试验包括荷载变形及过载试验两个内容）。

4.3 耐久性试验

每个类型中挑 1 个合页，应进行 B.3 所描述的试验。

该合页应该是没有经过 4.2 所规定的静态荷载试验的合页（即其是一个新的合页样品）。除了 200,000 次或 500,000 次的耐久性试验应根据 B.3 的要求进行润滑外，其他次数的试验不应进行附加的润滑。

4.4 腐蚀试验

适用的话，每个类型中挑一个合页，进行条款 6 所规定的腐蚀性试验。该合页事先应没进行过其他任何试验。

5 试验荷载、循环次数及接收标准

5.1 初始测量

当按 B.1 的要求进行试验时，初始水平自由移动量最大允许值应为 0.2mm，初始竖直自由移动量最大值应为 0.4mm。

5.2 静态荷载试验

5.2.1 最大荷载

每个等级类型的合页所规定的最大荷载应为表 3 中所规定的量。

表 3 静态荷载试验

等级	荷载变形时最大荷载（见注释）	过载试验（见注释）
1	20	30
2	40	60
3	40	60
4	80	120
5	80	120
6	80	120
7	120	180
8	160	240
9	240	360

注：荷载允许偏差为 0～0.5kg。

编制注：荷载变形试验是在 2 倍承重条件下进行，过载试验是在 3 倍承重条件下进行。

5.2.2 接收标准

5.2.2.1 荷载变形试验

当按 B.2.1 进行试验时，合页应符合以下要求：

（1）负载状态下，最大水平位移量不应超过 2mm。

（2）负载状态下，最大竖直位移量不应超过 4mm。

（3）卸载状态下，水平和竖直残余位移量不应超过图 1 中的阴影区域。

（4）任何零部件不应有明显可见裂纹或发生断裂。

5.2.2.2 过载试验

当按 B.2.2 进行试验时，合页应符合以下要求：

（1）合页片，关节（转向节），桶（barrel）或销轴不应断裂。

（2）即使是合页无法正常操作了，扇应仍旧与框相连接。

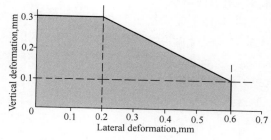

图 1 静态荷载试验时所允许的变形量（横坐标为水平变形，纵坐标为竖直变形）

5.3 耐久性试验

5.3.1 试验扇的质量和循环次数

每个等级合页的试验扇的质量和循环次数应为表 4 中所规定的值。

表 4 耐久性试验

等级	试验扇质量（kg）	循环次数（次）
1	10	5000
2	20	5000
3	20	25000
4	40	25000
5	40	200000
6	40	500000
7	60	500000
8	80	200000
9	120	200000

注释 1 质量允许偏差为 0～0.5kg；
注释 2 次数允许偏差为 0%～1%。

5.3.2 接收标准

5.3.2.1 当按照 B.3 进行试验时，相较于基准面所测得的水平和竖直磨损量应在图 2 的阴影区域之内。

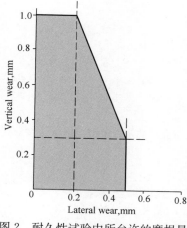

图 2 耐久性试验中所允许的磨损量

5.3.2.2 当按照 B.3 的要求进行试验时，在 4000 次和在循环最终结束时，所允许的最大摩擦力矩不应超过 2Nm（合页等级为 1～6 的），3Nm（合页等级为 7～8 的），4Nm（合页等级为 9 的）。

5.4 重新试验

5.4.1 静态荷载试验

如果合页不能满足所有相关的接收标准，那么再进一步抽取 2 个合页再次进行失败项所在的性能项的全部性能试验。如果两个合页均符合要求了，则可忽略第一个的试验结果。如果继续抽样中的 2 个合页有一个仍不符合要求，那么则不能再从样品中抽样再进行试验了（即判定为不合格了）。

5.4.2 耐久性试验

如果合页不能满足所有相关的接收标准，那么再进一步抽取 2 个合页再次进行耐久性试验。如果两个合页均符合要求了，则可忽略第一个的试验结果。如果继续抽样中的 2 个合页有一个仍不符合要求，那么则不能再从样品中抽样再进行试验了（即判定为不合格了）。

6 防腐

注释 1：如果合页自带彩色光面处理如喷涂，以进行防腐性保护，那么则不必符合本条款要求。

合页应按照 BS 5466—1 进行中性盐雾试验。当暴露于表 5 所规定的时间后应对合页进行检查，直到金属基重要表面出现肉眼可见的明显腐蚀。

注释 2：允许表面处理上所出现的沾色或变色，其不宜与金属基的腐蚀相混淆。

应声明表面处理所达到的防腐等级。

表 5　防腐等级

等级	暴露时间（h）	误差（h）
CP 2	2	−0，+1/4
CP 6	6	−0，+1/2
CP 24	24	−0，+1
CP 48	48	−0，+2
CP 96	96	−0，+4
CP 240	240	−0，+4

7 板式钻孔合页

7.1 一般要求

用于金属门和框上的全嵌式板式钻孔合页应符合 7.2 到 7.6 的尺寸及其他相关要求。

7.2 标识

全嵌式板式钻孔合页应按下列代码进行设计：

（1）A30M；

（2）A35M；

（3）A40M；

（4）A45M；

（5）A50M；

（6）A60M。

注 1：字母 A 和 M 表示标准重量的全嵌式板式合页。数字表示在合页长度，例如：30 = 3.0in（76.2mm）

注 2：美国标准中所包含有其他形式和尺寸要求未在本英国标准中进行规定。美国编码也是按上述所示的形式进行编码的，这样可以减少混淆。

7.3 尺寸

合页尺寸应为图 3 至图 6 所给出的尺寸（对于这些尺寸的允许偏差，见 7.4）。

注释 1：这些插图仅是为了说明尺寸要求。其并不限制轴承（bearings）的设计及类型。

注释 2：合页片边缘至旋转轴的宽度并未作出规定。因为这一要求是随着门的厚度及旋转轴所要求的补偿而变化的。

7.4 允许偏差

7.4.1 总长度

总长度 L（图 3 至图 6 中所给出的）的尺寸允许偏差应为所规定尺寸的 -2‰~0‰。

注释 1：2‰的偏差保证美国尺寸经等量变换后也能符合相同的嵌入式企口。

7.4.2 所有其他尺寸

图 3 至图 6 中所给出的所有其他尺寸的允许偏差应为 ±0.013mm（±0.005in）。

7.5 其他设计特点

全嵌式板式钻孔合页的页片应为直边和方角。每个合页片应形状一定以保证当合页开启 1.59mm± 0.38 mm（0.0625in±0.015in）时，合页片是相互平行的。

7.6 机械螺丝尺寸

当合页钻孔是配合非优先级的螺丝尺寸（安装）时，这类合页应对该类变化进行清晰的信息描述。

注：建议合页钻孔优先采用能与图 3 至图 6 所给出的机械螺丝尺寸相配合的尺寸。

8 标记

8.1 合页应标记厂商的名称或商标，本标准的代号及合页等级。

8.2 包装材料应标记厂商的名称或商标，本标准代号，合页等级，如若适用，也应标记防腐等级。如果是钻孔合页，则应进行说明且在标记中还应包含标识代码，见 7.2。

8.3 送货单和发票应包含 8.2 所规定的所有信息。

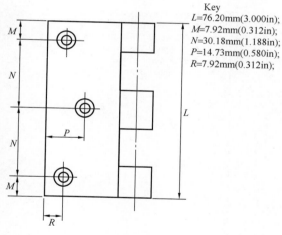

Key
L=76.20mm(3.000in);
M=7.92mm(0.312in);
N=30.18mm(1.188in);
P=14.73mm(0.580in);
R=7.92mm(0.312in);

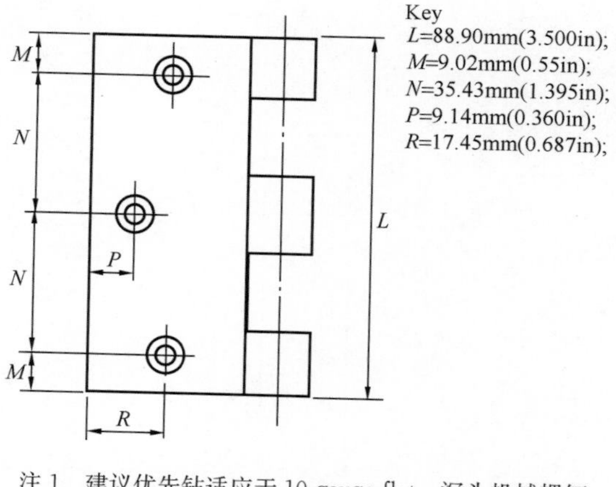

Key
L=88.90mm(3.500in);
M=9.02mm(0.55in);
N=35.43mm(1.395in);
P=9.14mm(0.360in);
R=17.45mm(0.687in);

注 1　建议优先钻适应于 10 gauge flat 沉头机械螺钉的孔，见 7.6。

注 2　尺寸允许偏差见 7.4。

图 3　全嵌式板式合页，尺寸为 76.2mm（3 in）（A30M）

注 1　建议优先钻适应于 10 gauge flat，沉头机械螺钉的孔，见 7.6。

注 2　尺寸允许偏差见 7.4。

图 4　全嵌式板式合页，尺寸为 88.9mm（3.5in）（A35M）

附录 A　试验装置

A.1　试验设备应能承受 360kg 的重量，在该重量下，相较于门窗扇未负载时，竖直轴线位置变化量不应超过 1mm，并且试验设备应符合 A.2 所规定的垂直要求。试验设备的制

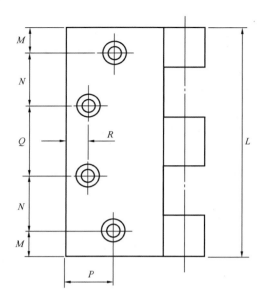

Key(A40M)
L=101.60mm(4.000in);
M=13.00mm(0.512in);
N=25.50mm(1.004in);
P=19.05mm(0.750in);
Q=24.60mm(0.968in);
R=9.53mm(0.375in);

Key(A45M)
L=114.30mm(4.500in);
M=12.90mm(0.508in);
N=28.58mm(1.125in);
P=25.40mm(1.000in);
Q=31.34mm(1.234in);
R=9.53mm(0.375in);

Key(A50M)
L=127.00mm(5.000in);
M=12.90mm(0.508in);
N=31.75mm(1.250in);
P=25.40mm(1.000in);
Q=37.70mm(1.484in);
R=9.53mm(0.375in);

注1　建议优先钻适应于 12 gauge flat，沉头机械螺钉的孔，见 7.6。
注2　尺寸允许偏差见 7.4。

图 5　全嵌式板式合页，尺寸为 101.6mm（4in），114.3mm
（4.5in）和 127.0mm（5in）（A40M，A45M，A50M）

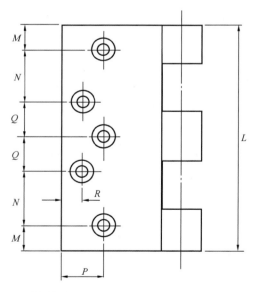

Key
L=152.40mm(6.000in);
M=12.70mm(0.500in);
N=32.54mm(1.281in);
P=23.80mm(0.937in);
Q=30.96mm(1.219in);
R=9.53mm(0.375in);

注1　建议优先钻适应于 1/4in gauge flat，沉头机械螺钉的孔，见 7.6。
注2　尺寸允许偏差见 7.4。

图 6　全嵌式板式合页，尺寸为 152.4mm（6in）（A60M）

成材料不应因大气环境的变化而受到影响。图 7 是适宜的试验装置的插图。

A.2　试验合页（上部合页）中心和下部旋转中心之间的距离为 1540mm±5mm，试验

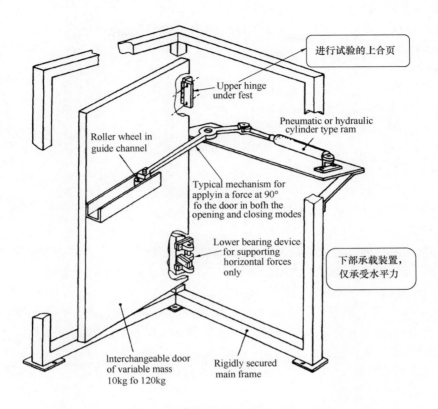

图 7　合页耐久性试验装置的布置安装

合页与下枢轴的旋转轴线应竖直（偏差不超过 2mm）。扇重心应在距竖直旋转轴 463mm±10mm 且在上合页中心下方 770mm±10mm 的位置。

　　A.3　试验装置应配备有适当的钢板，确定其安装位置，以便重心所在的、平行于扇面的平面和试验合页旋转轴的距离（图 8 中的 w 值）与如果合页按照厂商说明安装在 45mm 厚的门上时所呈现的值是一样的（±1mm）。

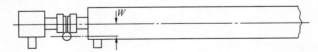

$w=$ 当合页安装在 45mm 厚的门上时，门中心与旋转轴之间的距离

图 8　合页安装位置细节

　　A.4　下枢轴应仅提供水平约束，其允许由于试验合页（上部合页）的任何磨损或变形而将引起的扇在竖直方向的移动。扇重应仅由试验合页（即上部合页）承受。下部枢轴所产生的角摩擦力矩不应超过 1Nm。

　　A.5　水平和竖直位移测量位置应在图 9 所示的位置。

　　A.6　提供合适的装置，以保证扇能平稳顺畅的到达 92.5°±2.5°或合页的完全开启角度（取二者中开启程度较小的），并以 4～6 次/min 的速率进行循环。开启和关闭力应无震动的垂直施加在门扇上，施力点位置距上合页 425mm±75mm（在上合页下方），且距垂直旋转轴的距离至少为 400mm 的区域。

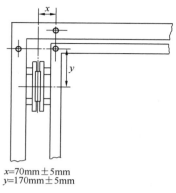

$x=70mm\pm5mm$
$y=170mm\pm5mm$

图 9　基准面位置

附录 B　试验过程

B.1　初始测量

使用合适的螺丝，在 2Nm 的力矩作用下将试验合页安装在附录 A 所描述的试验台上。

确保相应等级的合页所承载的质量与表 4 给出的一致。

无震动的将扇旋转到 $95^{+5}°$ 或完全开启角度（取二者中较小的开启程度）20 次。测量并记录下合页基准面间的初始水平和竖直间隙。

无震动的、尽可能靠近试验合页的中部（高度方向上），沿开启侧方向施加水平力。该力大小为能充分占据合页各零件之间的初始水平自由移动量的基础上再加 25N 的力。测量并记录扇和基准面的水平间隙。移除水平力。

除 lift off 型（两节类型）的合页外，无震动的、尽可能靠近合页轴线的位置竖直施加等于门重＋25N 的力以充分占据合页各零件之间的初始竖直自由移动量。测量并记录扇和基准面的竖直间隙。移除竖直力。

B.2　静态荷载试验

B.2.1　荷载变形试验

无震动的，在附录 A 所规定的重心位置处加载额外的负载。

注：额外增加的重量应保证扇最后的总重量等于表 3 中所要求的值。

按 B.1 的规定将扇转动 20 次。测量并记录下水平和垂直间隙。

无震动的移除负载。等过了 1～2min 后，将扇如 B.1 的方法转动 5 次。测量并记录水平和垂直间隙。

检查合页是否有明显裂纹或其他的变形，并记录下合页的功能性运动的变化。

B.2.2　过载试验

当完成 B.2.1 试验后，在相同的合页上，继续的无震动的在附录 A 所规定的重力中心位置施加额外的负载。

注：额外增加的重量应保证扇最后的总重量等于表 3 中所要求的值。

按 B.1 的方法摆动扇 5 次。维持荷载 1～2min，然后卸载。

检查合页零件是否有明显的裂纹，变形或是断裂。并记录下相关结果。

B.3　耐久性试验

使用合适的螺丝，在 2Nm 的力矩作用下将试验合页安装在附录 A 所描述的试验台上。

向试验扇上加载荷载，以便其总重量等于表 4 中所要求的值且重力中心维持在附录 A 所述的位置。

将扇开启至 $92.5°±2.5°$ 或合页所允许的完全角度位置（取二者中开启程度较小的），平稳的开启 20 次。

测量并记录下扇与基准面的初始水平和竖直间隙。

将扇开启至 92.5°±2.5°或合页所允许的完全角度位置（取二者中开启程度较小的）4000＋40 次。

每次循环包含 3～5s 的开启操作，3～5s 的关闭操作以及 4～5s 的停歇时间。

测量并记录下在开启角度为 0°±5°，30°±5°，60°±5°和 90°±5°时试验扇初始运动时所需的力矩。该摩擦力矩值宜为 5.3.2.2 所规定的值。

将扇开启至 92.5°±2.5°或合页所允许的完全角度位置（取二者中开启程度较小的）至表 4 中所规定的次数。（先前的 4000 次包含在内）

当耐久性试验为 200000 次或 500000 次时，可根据厂商的建议酌情每 25000±300 次（直至 175000 或 475000 次）对合页进行润滑。

在 25000 次，200000 或 500000 次时（视情况而定）（也就是在耐久性完成之后，在这里说视情况而定是因为根据合页等级的不同，所要求的循环次数是不同的），在无润滑的情况下，再次测量摩擦力矩、水平和竖直间隙。

如果转动力矩超过了 5.3.2.2 的要求，可采取以下过程以保证下部枢轴仍能满足附录 A 的要求。

移除试验合页（上部合页），并用一个摩擦较低的承载替代。测量整扇的转动力矩，如果测得的转动力矩小于 1Nm，则将前面的测量力矩作为最终的转动力矩值。

然而，如果再次测量的力矩值还是超过 1Nm，那再换一个新的下部枢轴承载以保证转动力矩小于 1Nm。然后再将上部合页更换为之前已进行试验过的试验合页，再次测量转动力矩，然后将该值作为最终的转动力矩值。

注　在整个耐久性试验期间，可每隔一段时间或不时地对水平和竖直间隙进行测量。

附录 C　合页选用指导

C.1　一般要求

宜保证按本标准所规定的分类进行选择的合页在一定经济成本下能提供相对合理的服务。要达到试验条件所预期的使用寿命是不太可能的，因为实际使用条件是多种多样的，特别是如：是否使用闭门器，使用中的注意程度，每个扇所安装的合页个数及安装位置，门扇的尺寸，暴露于粉尘、海洋性空气还是其他形式的污染环境中，安装精度和使用期间的维护次数。本附录的后续几章将针对这些或其他情况提供相应的指导，如用于防火门上的合页的选择。

应该注意试验装置的设计应保证在试验期间试验扇的所有重量仅由 1 个合页承受。这增加了在静态荷载试验时的负载严重程度以保证合页强度（包含有安全系数）。此外，这也加速了耐久性试验期间的磨损速率以减少试验次数。

C.2　闭门器的使用

闭门器会增加对门合页的负载及其磨损速率。对无缓冲功能的闭门器，一般认为有效门重量比实际门重量重约 20%。对于有缓冲功能的闭门器，有效重量会更大些，两倍于实际门重给评估耐久性提供了一个更安全的基础。

尽管有些专业门厂商在仅用 2 个合页的情况下也能满足门的相关性能，但安装有闭门器的门时还是宜使用 3 个或 3 个以上的合页。C.7 给出了合页数量及合页安装位置的指导。

　　闭门器所提供的关闭力矩是有限制要求的，产生的力矩也是随着闭门器的尺寸（功能）不同而发生变化。鉴于这种原因，安装于带有闭门器的门的合页不宜产生太大的摩擦力矩。建议安装于此类门上的一组合页（3 个）在使用期间所产生的力矩不宜超过 3Nm（合页等级为 1～6 的），4Nm（合页等级为 7 或 8 的），5Nm（合页等级为 9 的）。合页应用于此种情况下（有闭门器的情况）时，应小心地进行选择。也宜考虑对一组合页（3 个）安装后所产生的摩擦力矩进行附加试验。

C. 3　合页使用状态类型

　　使用中的注意程度，意外误操作的可能性及操作（使用）频率是影响使用寿命的重要因素。

　　对合页使用状态进行了如下 3 种分类：

　　（1）轻度：使用频率低且在使用过程中会高度注意的（如由房屋所有人自己使用时）；很少有机会发生误操作情况。

　　例如：

　　门：民居中的内门以及民居中提供进入私人区域通道的外门。

　　窗：低层民居用窗。

　　陈列柜：家用家具或有合同约定用家具（如酒店卧房）。

　　（2）中等：使用频率中等且在使用过程中会有一定的注意；有时会发生误操作情况。

　　例如：

　　门：提供进入到所指定的公共区域，但一般不会用于公众拜访或用于大体积货物搬运的民居外门。

　　窗：商店，办公室，高层民居以及工厂用窗。

　　陈列柜：有正常规章约定，但可能会出现不大注意或者举止粗野的操作的家具，如图书馆书柜，大学研究院和学校保管柜，酒店接待和餐厅储存家具。

　　（3）重度：使用频率高且公众或其他人员使用过程中会很少注意，有很高的机会发生误操作。

　　例如：

　　门：商店、医院和提供进入到所指定的公共区域、由公众使用及可能用于大体积货物搬运的门。

　　闭门器安装使用的场合。

　　窗：学校，医院和其他建筑上公众有使用权的窗。

　　陈列柜：用于特别重视合同使用的家具，如运输、学生公共休息室和用于军事服务的建筑。

　　对于轻度和中型使用状态的，可选择等级 1～4 的合页（反复启闭 5000 或 25000 次）。对于重度使用状态，的可选择等级 5～9 的合页（反复启闭 20 万或 50 万次）。

　　DD 717 中提出一个附加的超重型分类，该情况中，门可能经常受到暴力使用和冲击。然而在这种使用情况下，需有一个特别坚固的门扇和框的结构，等级 5～9 的重度使用状态合页宜适用于平开门的使用。

C. 4　典型的门质量

　　符合 BS 4787—1 要求的典型门质量在表 6 列了出来。

表6 典型门的质量范围

Door type 门类型	Size 尺寸（mm）	Mass 质量（kg）
Oversize or special external doors 特大尺寸或特殊的外门	2400×1200	55～110
One hour fire doors 1小时防火门	2040×826×54	37.5～72.5
Heavy external doors 重型外门	2000×1002×44	37.5～55
Light external doors 轻度外门	2000×907×40	20～37.5
Half hour fire doors 半小时防火门	2040×826×44	25～37.5
Heavy internal doors 重度内门	2040×1012×40	25～37.5
Medium internal doors 中等内门	2040×1012×40	17.5～25
Light internal, large wardrobe and large louvred doors 轻度内门，大的衣柜和大的百叶门	2040×926×40	10～17.5
Cupboard, wardrobe, cabinet, louvred doors and shutters 碗柜，衣柜，陈列柜，百叶门和窗	2 040×626×40	3～10

C.5 典型窗质量

窗的尺寸和形状多种多样。它们的质量取决于窗框材料及其截面，玻璃厚度，单玻或双玻。表7到表10列出了一些典型的例子。

表7 玻璃厚度为4mm的单玻扇质量

Size 尺寸（mm）	Mass 质量（kg）
600×600	5～7
600×900	7～10
600×1200	10～13
900×900	10～14
900×1200	14～17
1200×1200	18～21

表9 玻璃厚度为6mm的单玻扇质量

Size 尺寸（mm）	Mass 质量（kg）
600×600	7～9
600×900	10～12
600×1200	13～15
900×900	14～17
900×1200	18～21
1200×1200	24～27

表8 玻璃厚度为4mm＋4mm的双玻扇质量

Size 尺寸（mm）	Mass 质量（kg）
600×600	8～10
600×900	11～14
600×1200	15～18
900×900	17～20
900×1200	22～26
1200×1200	30～33

表10 玻璃厚度为6mm＋6mm的双玻扇质量

Size 尺寸（mm）	Mass 质量（kg）
600×600	10～12
600×900	15～18
600×1200	21～23
900×900	23～26
900×1200	31～34
1200×1200	42～45

C.6 门操作频率的预估

许多典型情况的操作频率已列入表10中。不能评估门使用过程中的操作频率可能会导致实际使用情况中不恰当的合页规范及后续问题。

表 11　门操作频率的预估

Door situation 门使用情形	Estimated number of operations 操作次数预估	
	Daily 每天	Annually 每年
High frequency heavy duty situations：高频率、重度使用情形		
large departmental store entrance 大型百货公司入口	5000	1500000
large office building entrance 大型办公大楼入口	4000	920000
cinema or theatre entrance 影院或剧院入口	1300	455000
school entrance 学校入口	1250	225000
entrance door to school toilets 学校厕所入口	1250	225000
city centre shop entrance 市中心商店入口	1000	300000
large city bank entrance 大城市银行入口	1000	250000
school corridor fire door 学校走廊防火门	600	108000
town bank entrance 城镇银行入口	500	125000
city centre restaurant entrance 市中心餐馆入口	500	150000
large office corridor fire door 大型办公室走廊防火门	450	104000
town centre shop entrance 城镇中心商店入口	400	120000
large office or factory toilet entrance 大型办公室或工厂厕所入口	400	92000
hospital ward door 病房门	350	128000
Medium frequency medium duty situations：中频率、中等使用情形		
school classroom door 学校教室门	80	15000
office door 办公室门	75	18000
store toilet door 商店厕所门	60	18000
dwelling rear or side entrance 住宅后门和侧门	15	5400
dwelling front entrance 住宅前门	12	4400
Low frequency light duty situations：低频率、轻度使用情形		
dwelling living room communicating doors 住宅客厅联络门	30	10800
dwelling bathroom/toilet door 住宅浴室/厕所门	20	7200
dwelling cupboard door 住宅碗柜门	12	4300
dwelling bedroom door 住宅卧室门	9	3200
dwelling wardrobe/closet door 住宅衣柜或壁橱门	6	2200
dwelling cabinet furniture door 住宅柜类家具门	5	1800

C. 7　门尺寸，每扇门的合页数量及其位置

BS 4787—1 适用于最高为 2040mm 高×926mm 宽的、表 6 中所列的各种类型门。该标准规定了每个扇需安装 3 个合页，上合页和下合页与门中心线距离相等，中间合页安装在中心线上。中间合页与上部合页及下部合页的距离均为 770mm。

BS1245 也包含了类似的要求：三个合页相对于中心线是对称安装的。

PD 6512—1 建议对于更高一点的门，中间合页安装在中间高度的位置，上部合页和下部合页安装在距门上部和底部 250mm 的位置。

第三个合页安装在中心位置时有利于防止门扇翘曲变形，因此可以减少潜在的锁闭困难。轻量级门特别容易翘曲，此外，狭窄门梃的全玻璃门其框一般也缺乏刚度。

当门第一次被悬挂（安装）时，这种情况是不可避免的：门的重量不会被均匀地分布在三个合页上。这将会导致承载最大荷载的那个合页会有一个相对较快的磨损，但是随着合页磨损，更多比例的荷载会逐渐转移至其他合页上，直到荷载最终平均的分布在每个合页上，表 2 中的分类是基于每个扇使用 3 个合页。当每个扇仅只安装 2 个合页时，那么应将表 2 中所规定的质量减少 1/3。

　　如果不会存在翘曲问题，尤其对于较重的门而言，那么就宜将第三个合页紧邻于上部合页下方进行安装。这是因为门重会使上部合页产生向外（远离门框）的弯矩，而底部合页是向内挤压。中心安装的合页弯矩为 0。如果第三个合页安装在紧邻上部合页之下（200mm是典型的安装距离），那么其可以抵抗一部分向外的弯矩，从而减少门在使用过程中的下垂趋势。

　　基于以上原因，当合页主要用于承载时，宜将两个合页安装于上部，将一个合页装于下部；更注重于抵抗弯曲或曳起时，宜将三个合页等距离分布安装。

　　应注意到，使用者持有一种观点且得到了一些产商的支持，该观点认为，对于使用频率高的大型或重型门宜这样进行悬挂：下部合页基本上不承受荷载，其主要作用是充当枢轴以控制位置和转动的。在该种情况下，最大门扇重量宜减少 1/3 以补偿下合页的缺失（其不再承受荷载）所带来的影响。

　　对于宽度大于 950mm 的门，所增加的弯矩宜通过减少每个合页等级所承受的最大质量来进行补偿（即宽度加大会增加弯矩，则通过减少承载重量来减少弯矩，从而达到平衡）。门宽与门扇质量减少量具体见表 12。对于宽度大于 1250 的门，应咨询产商或专业的供应商的意见。

表 12　对于较宽的门，最大质量减少量

Door widths 门宽（mm）	Reduction in maximum mass of leaf 扇最大质量的减少量（%）
951 to 1050	10
1051 to 1150	20
1151 to 1250	30

　　对于超过 2100mm 高的门，建议安装 4 个合页。4 个合页等距离安装能最大程度上抵抗弯曲；当 4 个合页是 2 个安装在上部，2 个安装于下部时，从承受荷载角度来讲则是最好的。

　　当使用多个合页时，重要的是尽量使各合页的销轴轴线精确地安装在同一条直线上。任何安装错误都将导致当扇旋转时合页的形变，使门或窗的操作更加困难，很可能会导致承载面更快的磨损或安装的松动。合页产生声响通常是由于各合页旋转轴未精准的在同一条直线上。

　　最初引进上升（rising butt）门合页是为了改善门与地面之间的间隙以适应其开启。后来，自动关闭功能（尤其是对于厕所或淋浴间的门）认为是有益的。作用于某些重量级别的门上时，自动关闭功能应能克服合页间的摩擦力。

C.8　防腐

　　有 2/3 的合页是采用本色打磨处理的，其安装之后，作为装饰的一部分，门扇和合页将在原位置进行喷涂且以后会时不时进行重新粉饰。对于这类合页是不用进行特别的防腐处理的。

　　各种各样的装饰性和/或防蚀性处理则应用于了其他类合页上。内部经常潮湿或冷凝变干燥；在无污染空气中的暴露；在污染性空气如化学物质、海洋性环境中含盐的情况中暴露；以上三种情况的严重程序是依次递增的。根据暴露的环境的不同，腐蚀速率相差在 10 倍范围内不等。在不同的环境下不同的表面处理抗蚀性能力是不一样的。一般来说，窗用合页所处的环境要比门用合页的严重，因为其经常处于发生冷凝的状态下且暴露于外部大气环境中也是其一种常态环境。

加速腐蚀试验（如条款 6 中所规定的中性盐雾试验）是通过机械手段对表面进行化学冲击，其不同于自然条件下所发生的情况。基于以上原因，该试验虽并不与实际使用过程中的所预期的寿命相称，但其有一个很好的相关参考度。作为指导，中性盐雾 24h 的产品可能会在大多数内部环境中有好的表现；中性盐雾 48h 的产品在特别的内部潮湿或外部无污染条件下可能会有更好的表现；对于用于污染性大气环境中的产品，选择中性盐雾 96h 或更久的产品则是最好的。

C. 9　紧固零件

合页会安装在不同的材料上，如软木、硬木、碎料板、挤压铝型材、金属薄板和塑料挤型材（可以通过其他材料进行加固）。

常用的木螺钉适用于安装于木材上，宜提供所有情况下的定位孔的合适尺寸，对于有些硬木来说这些是必不可少的。

当木用螺钉材料为不锈钢、铝、黄铜、青铜或其他相对较软的材料时，如果在最终安装较软的螺钉之前先安装同样尺寸的常见的钢制木用螺钉，则其断裂风险会减小。未电镀的钢制螺钉只宜适用在安装后会再进行喷涂的地方。否则，螺钉宜进行保护性处理，如镀锌和钝化，或宜使用本身具有很好的抗腐蚀能力的材料，如不锈钢、黄铜或铝。

不同类的金属在潮湿环境下接触会产生电解腐蚀，这会加速腐蚀速率。这一情况在 PD 6484 中有探讨。该文件列出了在相同评级条件下，相接触的金属相较于未接触时的腐蚀速率增长对比情况，例如黄铜材料的螺钉不宜用于铝质合页上。

不同材料的螺纹紧固件的紧固力取决于牙型，为适用于碎料板（压缩板）、挤型铝、无钢衬的挤型塑和有钢衬的挤型塑研制了特殊的牙型。通过使用最新研制的全螺纹双开螺纹设计，即使在木材上也会有很好的紧固力。紧固件的合理选择可以减少合页松动的风险。

C. 10　维护

合页的松动经常是由非直线安装或螺钉的不合理选择造成的。松动的螺钉宜再次拧紧，若需要的话宜对合页重新对线或换一个更适合的类型的螺钉。

合页通常是厂商以无润滑的形式提供的。因为安装人员反对油滑的合页，他们发现很难避免不将油渍弄到门窗上。在大多数情况下，是在安装后再马上进行润滑的，且在使用过程中会时不时地进行润滑，这样会大大减少磨损。

其他例外则属于特殊情况，如在落满灰尘的位置润滑油与砂砾混合充当研磨膏，将加速磨损；或者是公共厕所中，其会定期的被洗涤剂淋湿或冲洗，这将会带走部分润滑油。对于这类情况，可使用专门的干膜润滑油。

同时合页发出声响是可能缺少润滑的信号，如果经常发生声响则应检查合页安装线是否对准。

C. 11　防火门应用情况

防火门的完整性是完全信赖于在火焰之中合页的承受温度的能力及强度。相当详细的专业建议可在 "*ABHM Code of Practice for Hardware Essential to the Optimum Perform-*

ance of Fire Resisting Timber Doorsets" 和 *"Code of Practice. Architectural Ironmongery Suitable for Use on Fire Resisting Self—closing Timber and Emergency Exit Doors"* 这两个文件中找到。如此详细的程度已超出了本英国标准的范围，可以参考上述两个出版物。这两个出版物列出了下述重要因素：

（1）所用材料的熔点。低熔点材料如铝合金，压铸锌合金，塑料等是不合适的。建筑规程要求最低熔点为 800℃。

（2）合页的安装数量。三个合页等距离安装能最好的抵抗变形，但是膨胀型胶条的越来越多的使用使上述要求变得没那么重要。

（3）使用上升合页以提高自身的关闭功能在有些地方官方是不允许的，只是在一些特定的地方才被某些官方允许。但无论哪种情况，都必须与建筑规程要求保持一致。

（4）将用于的门窗的合页片尺寸，尤其是与门厚度有相关联系的合页片宽度，合页边缘与门边缘之间作为防火屏障的剩余的木材数量。

（5）螺钉孔位置及螺钉长度和类型，其将影响在有火的情况下的紧固力。

（6）很容易引起门移动的合页类型，如销轴松动或两节型合页，考虑到防火门不应轻易移动的重要性，故其不被有些官方所允许。

只要有可能，当合页和门作为一个系统已进行了防火试验的，其宜以系统形式用于防火门应用中。因为表面上不太重要的整门细节的改变会影响整门的完整性或者会改变热量的传递路径，从而改变在门火中的性能表现。

C. 12 Security 安全性

当防盗性是很重要的时候，面部安装（face-fixed）合页或销轴容易松动的合页宜避免使用。

抵抗暴力冲击影响时，可以选择已通过 DD 171：1987 中 4.5 和 A.9 所规定的"硬物冲击"试验的重度（参照 C.3 的分类）或超重度合页。

四　结语

BS 7352：1990 虽然是一个作废标准，但其关于合页力学性能和反复启闭的内容依然保留在了现行了 EN 1935：2002 标准中，该标准中附录 C "合页选用指导"的内容描述了大量的实际应用经验，至今也仍值得我们参考学习。另外，通过对 BS 7352 的学习，我们也能较清晰的了解欧洲门合页标准的发展历史。

参考文献

［1］　ANSI/BHMA A156.7：1988《Template Hinge Dimensions》.

［2］　BS 7352：1990《Strength and durability performance of metal hinges for side hanging applications and dimensional requirements for template drilled hinges》

［3］　EN 1935：2002《Building hardware-Single-axis hinges-Requirements and test methods》

［4］　DD CEN/TS 13126—8：2004《Building hardware fittings for windows and door height windows-requirements and test methods-part 8 tilt&turn, tilt-first an turn-only hardware》

［5］　EN 13126—8：2006《Building hardware-requirements and test methods for windows and doors height windows-part 8 tilt&turn, tilt-first an turn-only hardware》

［6］　TBDK-2011-02-04《Attachment of supporting fitting components for turn-only and tilt&turn fittings》

[7]　JG/T 125—2007(201X)《建筑门窗五金件 合页(铰链)》

作者简介

杜万明(Du Wanming)，男，1961 年 11 月生，高级工程师，研究方向：门窗及门窗五金；工作单位：广东坚朗五金制品股份有限公司；地址：广东省东莞市塘厦镇大坪坚朗路 3 号；邮编：523722；联系电话：13926809130；E-mail：dwanming1@kinlong.cn。

曾超(Zeng Chao)，男，1987 年 11 月生，助理工程师，研究方向：门窗五金；工作单位：广东坚朗五金制品股份有限公司；地址：广东省东莞市塘厦镇大坪坚朗路 3 号；邮编：523722；联系电话：18825290971；E-mail：zengchao@kinlong.cn。

中欧建筑门窗合页标准简介（中）

曾 超 杜万明

广东坚朗五金制品股份有限公司 广东东莞 523722

摘 要 中欧建筑门窗合页标准简介共分为上、中、下三个部分，主要介绍了国内和欧洲现行的、与建筑门窗合页有关的相关标准，通过各标准的详细介绍，使大家清晰了解标准内容及标准之间的联系，本部分（中）主要是对 EN 1935：2002 作出详细介绍。

关键词 合页、BS 7352；EN 1935

一 EN 1935：2002 标准介绍

在 EN 1935：2002 ［建筑五金—单轴铰链（合页）的要求和试验方法］的前言的第 8 段内容中，有明确写到"本标准中平开用合页的静态荷载和耐久性试验方法源自瑞典标准 SS 3442，SS 3443 和英国标准 BS 7352：1990"，因此 EN 1935：2002 参考引用了 BS 7352：1990 的合页力学性能要求内容，另外由于英国是欧洲标准化委员会（CEN）成员国，国内必须执行该标准，故转化为 BS EN1935：2002（相当于等同采用，但前面需加上国家标准代号）。另外，值得注意的是，BS EN1935：2002 取代了 BS 7352：1990。这个取代关系虽未在前言或标准正文内容中明确提到，但在 BSI（英国标准协会）的官网上，在呈现 BS EN1935：2002 相关信息时，有明确提到，网上截图信息如图 1 所示（网址：http://shop. bsigroup. com/ProductDetail? pid＝000000000030118674）：

同样，在 BSI（英国标准协会）的官网上，我们也能清楚了解到 EN 1935 其实是正在修

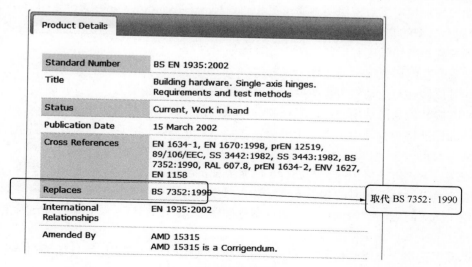

图 1 网址截图

编的［项目代号（WI）：00033481］——其在 2012 年 8 月 20 日其发布了征求意见稿（Draft for Public Comment），2014 年 10 月份左右，在 CEN/TC 33 技术委员会的"正在进行的标准"目录中，查询到当时标准处于"正在审批（Under Approval）"状态，若一切顺利，其应在 2015 年就会审核通过，由于关注度不够，笔者也是很长一段时间才会查询其最新状态，等在 2015 年 10 月份左右查询该标准状态时（在 2016 年 11 月份也再次进行了查询），却发现该标准的信息跟踪状态已在"正在进行的标准"目录中消失了，而查其"已发布的标准"目录，也只有 EN 1935：2002 的信息。由于对 CEN 标准编制具体过程工作不了解，笔者主观推断，可能是新修订的内容在各个国家分歧比较大，所以在最终审核时未获得通过，目前该标准的最新修订状态如何，也无从得知。

下面就对 EN 1935 的相关内容作下详细介绍，其前言中有如下说明：

对使用于平开中的合页的静荷载和耐久性试验方法源于瑞典标准 SS3442，SS3443 和英国标准 BS 7652：1990（见参考书目）

附录 B 和附录 C 规定了使用于防火和（或）防烟或防盗门上的合页的附加要求。

对于使用于门宽大于 950mm、与闭门器共同安装，尤其是安装于紧急逃生门上的合页，附录 D，E，F 给出了使用状态分类和典型应用指南。

附录 J 包含了对于不同样品的试验顺序流程图。

在相同的扇重情况下，适用于平开上的合页一般也有足够的强度来适用于上悬类型上。然而这两种窗型在承载和磨损面方面完全不同。其致力于发展上悬类型用合页的试验方法以进一步将上悬类型用合页等级分类更加精细化。当合页使用于上悬类型时，宜考虑合页所有的因素，如，采取一定措施防止合页轴掉出来是有必要的。

考虑到建筑产品指令（89/106/EEC），当应用于安装有闭门器的防火/防烟门上时，允许其自动关闭。

以下则是对 EN 1935：2002 正文内容的介绍，为了保证与原文的一致性，相关条款代号、图表序号等均会采取与原标准一致的形式，望读者知悉。

1　范围

本欧洲标准规定了对于使用于通道窗和门（Access Windows and Doors）上的单轴铰链（两节型或多节型的）的要求。这些窗和门可（也可不必）装有门关闭装置。其包含对以下合页的静荷载，剪切强度和反复启闭中允许磨损量试验：

（1）安装在门扇或窗扇的边缘，仅能朝一个方向开启；

（2）其旋转轴与活动扇边缘距离在 30mm 范围内，门扇重量最大至 160kg；

（3）其旋转轴与活动扇边缘距离在 30mm 范围内，窗扇重量最大至 60kg。

本欧洲标准将合页分为 4 类使用种类（附录 A）并规定了在耐久试验中克服摩擦阻力所允许的最大力矩。

对安装后无需进行保护的合页进行了防腐方面的要求。

只要合页符合其应用时的相关要求，那么对产品的材料及制造加工方法没有限制。

使用于防火防烟门上的合页，应通过本标准所要求的性能试验及其他性能试验要求。附录 B 给出了对这些产品的附加要求。

本标准不适用于与弹簧自动门关闭机构相结合使用的合页。与门协调装置相结合使用的闭门装置（有或无电力驻持装置）在 EN 1158 中有规定。

尽管在本标准中对于用于将合页固定于窗或门上的紧固件没有规定，但是如果厂商提供或指定了紧固件类型，那么相应的紧固件就应使用于试验中。

注：在范围中，其明确规定"本欧洲标准规定了对于使用于通道窗和门（Access Windows and Doors）上的单轴铰链（两节型或多节型）的要求"，其所用的英文单词为"Access Windows and Doors"，但在正文内容中所用的单词则较多的为"Window"。为保证原文对应，在后续的中文翻译中也会直接译为"窗"。

3 术语和定义

两节型合页 Lift-off Hinge：

单轴枢轴、仅有两个关节（转向节），其旋转轴线在活动扇边缘 30mm 范围之内，侧面或顶部安装。

多节型合页 fixed pin hinge：

单轴枢轴、有多个关节（转向节），销轴固定或可移动，其旋转轴线在活动扇边缘 30mm 范围之内，侧面或顶部安装。

4 分类

4.3 耐久性

在本标准中，对合页的耐久性进行了三个等级的分类。

合页耐久性等级取决于其使用频率及承载重量，具体见表 1。

仅用于窗上的合页：

等级 3：10000 次；

等级 4：25000 次

用于门上的合页：

等级 4：25000 次

等级 7：200000 次

4.9 合页等级

本标准将合页分为了 14 个等级，具体见表 1。

表 1　分类汇总

使用种类			第 2 个代码 反复启闭		第 3 个代码 试验门重量		第 4 个代码 防火/防烟适用性	第 5 个代码 使用安全性	第 6 个代码 防腐	第 7 个代码 安全性	第 8 个代码 合页等级
使用状态	等级	用于	等级	次数	等级	质量	可选等级	可选等级	可选等级	可选等级	等级
轻度	1	窗	3	10000	0	10	0，1	1	0，1，2，3，4	0，1	1
轻度	1	窗	3	10000	1	20	0，1	1	0，1，2，3，4	0，1	2
轻度	1	门或窗	4	25000	1	20	0，1	1	0，1，2，3，4	0，1	3
中等	2	门	7	200000	1	20	0，1	1	0，1，2，3，4	0，1	4
轻度	1	窗	3	10000	2	40	0，1	1	0，1，2，3，4	0，1	5
轻度	1	门或窗	4	25000	2	40	0，1	1	0，1，2，3，4	0，1	6
中等	2	门	7	200000	2	40	0，1	1	0，1，2，3，4	0，1	7

			第2个代码		第3个代码		第4个代码	第5个代码	第6个代码		第7个代码	第8个代码
轻度	1	窗	3	10000	3	60	0，1	1	0，1，2，3，4		0，1	8
轻度	1	门或窗	4	25000	3	60	0，1	1	0，1，2，3，4		0，1	9
中等	2	门	7	200000	3	60	0，1	1	0，1，2，3，4		0，1	10
重度	3	门	7	200000	4	80	0，1	1	0，1，2，3，4		0，1	11
超常	4	门	7	200000	5	100	0，1	1	0，1，2，3，4		0，1	12
超常	4	门	7	200000	6	120	0，1	1	0，1，2，3，4		0，1	13
超常	4	门	7	200000	7	160	0，1	1	0，1，2，3，4		0，1	14

在 EN 1935 的附录 A 中，对于使用状态的分类如下：

（1）等级 1——轻度

用在住房或其他居住区域的门或窗上的合页，使用频率低，且人们操作时会十分小心，发生事故或误操作的概率也很小。

如，室内和无公众拜访的办公室或区域。

（2）等级 2——中等

用在住房或其他居住区域的门上的合页，使用频率中等（一般），且人们操作时会有一定的注意，有时会发生事故或误操作。

如，室内和限制公众拜访的办公室或区域。

（3）等级 3——重度

用在建筑门上的合页，且公众使用频率高，但操作时会很少注意，发生事故或误操作的机会大。

如，公共机构建筑，如图书馆，医院和学校。

（4）等级 4——超常使用

经常处于暴力使用下的门用合页。

如，可能会被故意滥用的等级为 12 的合页。

注：等级为 13 和 14 的合页对潜在持续的暴力攻击提供更好的抵抗性。

5 要求

5.1 初始摩擦力矩测量

当按 6.4 的要求进行试验时，所允许的最大摩擦力矩应符合以下要求：

——2Nm（等级为 1 到 7 的）；

—— 3Nm（等级为 8 到 11 的）；

——4Nm（等级为 12 到 14 的）。

5.2 静态荷载

5.2.1 荷载变形

（1）当按照 7.3.2 进行试验时；

（2）负载情况下，水平位移量不应超过 2mm；

（3）负载情况下，竖直位移量不应超过 4mm；

卸载后，水平和竖直方向的位移量应在图 2 所示的阴影区域范围内。当合页是仅用于上悬开启类型时，水平移动量可由 0.6mm 增至 1mm。

（4）不应出现断裂或目视可见的裂纹。

5.2.2 过载

当合页按照 7.3.3 进行试验时：

（5）合页片、关节（转向节）、桶（Barrel）或销轴等不应有目视可见的损坏、破裂或变形。

（6）即使出现合页无法正常工作的情况，扇也应仍旧与窗框相连接。

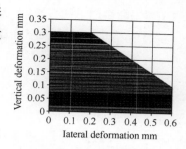

图 2　静态荷载试验
时允许变形量

5.3　剪切强度

注：本试验并不适用于两节型（Lift-off）合页。

当按照 7.4 进行试验时：

（7）合页片、关节（转向节）、桶（Barrel）或销轴等无断裂或裂纹，或水平变形量不大于 3mm；

（8）该试验前后新增的水平和竖直位移不应超过 1mm，合页在无任何断裂的情况下操作 20 次；

注：该要求不适用于等级为 14、用于防盗门上的合页。

（9）对于使用于防盗门上超常使用的等级为 14 的合页，只要当试验结束后，合页能在不超过 220Nm 的力矩下，开启至 95°或全角度（二者中开启程度较小的）至少一次，那么无论永久性变形多大都是允许的。

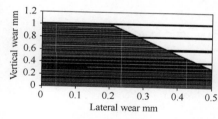

图 3　耐久性试验磨损允许量

5.4　耐久性试验

当按 7.5 完成合页试验后：

（10）参照准面测量，试验时合页的水平和竖直磨损量累计不应超出图 3 中的阴影区域范围；

（11）初始 20 次反复启闭及完全完成反复启闭后，所测得的最大摩擦力矩不应大于 2Nm（等级 1 到 7）或 3Nm（等级 8 到 11）或 4Nm（等级 12 到 14）。

5.5　防腐

5.5.1　当安装完成后不施加保护措施的合页

根据合页分类，应符合 EN 1670：1998 中 5.6 的要求。

抗腐蚀性等级应包含在合页分类代码之中。

5.5.2　安装后施加保护措施的合页

当安装完成后还施加保护措施的合页，如在合页上喷漆，其防腐蚀等级代码应为 0（即该类合页不定义防腐等级）。

5.6　用于防火和/或防烟门上的合页

用于防火或防烟门上的合页应符合附录 B 中的附加要求。

5.7　用于防盗门上的合页

用于防盗门上的合页应符合附录 C 中的相关要求。

5.8　具有相同设计特征的合页系列

合页系列中的各个产品使用于不同的实际应用中，它们有相似的重要的设计标准，如插销直径，关节（转向节）直径，垫圈类型，合页片厚度，材料等，且如果合页的长度不超过已检测合页的 25％ 或低于 12.5％，则不需要对每个类型产品进行耐久性试验。然而每款产品还是要进行荷载变形、过载和剪切强度（如果适用的话）试验。即使在其他参数都一样的情况下，若合页片的外形不同于已检测的合页，则也应进行荷载变形、过载和剪切强度试验。

当材料发生变化时，这类特许情况是不适用的，除非能很清楚地知道所替代的新材料性能更加优越。无论哪种情况下，荷载变形、过载和剪切强度（如果适用的话）都是应进行试验的。

6　试验装置

6.1　初始摩擦力矩测量，静荷载和耐久性试验

试验设备应能承受 480kg 的重量，在该重量下，相较于门窗扇未负载时，两合页之间的竖直轴位置变化量不应超过 1mm，并且试验设备应符合下述的垂直要求。试验设备的制成材料不应因大气环境的变化而受到影响。上下部合页中心之间的距离为 1540mm±5mm，合页旋转轴应竖直（误差范围 0.1°）且在一条直线上（误差范围 2mm）。门重心应在距垂直旋转轴 463mm±10mm 且在上合页中心下方 770mm±10mm 的位置。

试验装置应配备有适当的钢板，钢板的安装应保证重心位置与两合页的合页片上的安装孔是等距的。合页的旋转轴应与扇的竖直平面平行（图 4）。

说明：W 为旋转轴与门中心的距离。

图 4　合页安装位置细节

下合页的安装应允许扇的竖直自由移动，以便试验合页的磨损或变形均能通过试验扇的移动完全体现出来。扇重应仅由试验合页承受。下部合页所产生的角摩擦力矩应不超过 1Nm。

水平和竖直位移测量点位置应如图 5 所示。

提供合适的装置，以保证扇能平稳顺畅的到达 92.5°±2.5° 或合页的完全开启角度（取二者中开启程度较小的），并以（600±30）次/h 的速率进行循环。开启和关闭力应无震动的垂直施加在试验扇上，施力点位置距上合页 425mm±75mm（在上合页下方）、且距垂直旋转轴的距离至少为 400mm 的区域。

所有的试验均在两合页固定在刚性试验台上时进行。垂直的试验荷载应由单个合页来承受。

注：图 6 中给出了一个合适的试验装置的插图。

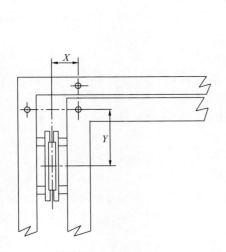

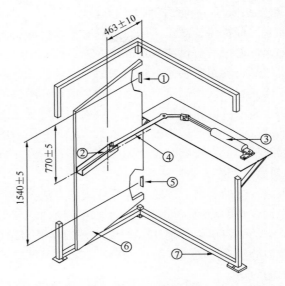

说明：X—70mm±5mm；

Y—170mm±5mm。

图5　基准面位置

说明：①进行试验的合页；②在导槽内的滑轮；③气缸或液压缸；④沿开启和关闭方向向门垂直施加力的典型机构；⑤仅承受水平力的下合页；⑥可更换的门，其质量从10kg到160kg；⑦刚性的固定架

图6　典型的试验装置

6.2　剪切强度试验

试验装置应由两个可调节的、可进行合页安装的方棱形金属块组成，其中的一个金属块应安装在一刚性横梁上，另一个可安装在如图7所示的可旋转横梁上，以保证其可在竖直方向上自由移动。应提供在指定点向可活动的金属块施加负载时的方法。

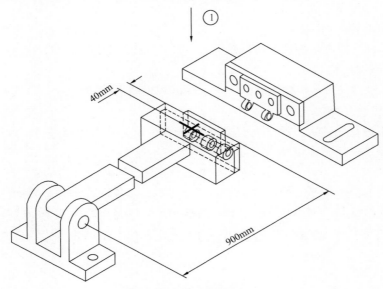

说明：1　所施加的荷载F。

图7　剪切力试验装置

6.3 将合页安装于试验装置上的方法

如果厂商提供或规定了固定方式，那么试验合页就应该按指定的方式进行固定。

如果厂商没有提供或规定固定方式，如果试验合页有安装孔而无紧固件，那么应使用合适的机械螺钉穿过安装孔（螺钉头能与安装孔轮廓匹配）来固定合页。

不能直接安装于试验装置上的合页应首先刚性的安装在辅助工装上，该辅助工装尽可能地与门、窗或百叶窗的型材相似，应用厂商所规定的方法用如螺栓、夹紧或焊接等将合页安装在辅助工装上。然后将辅助工装置按图6和图7所示的刚性的安装在试验台上。

除非厂商另有规定，否则则应施加2Nm±0.1Nm的力矩对所有紧固件进行拧紧。

6.4 初始（摩擦力矩）测量

根据6.1的要求，按照6.3所规定的方法将试验合页安装于试验装置上。

根据合页的等级、按照表1的规定，向扇加载重量。

无震动的将扇旋转到92.5°±2.5°或完全开启角度（取二者中较小的开启程度）20次。

在扇分别在开启角度为0°±5°，30°±5°，60°±5°和90°±5°时，测量并记录初始运动时所需要的力矩。

测量并记录扇与基准面的初始水平和竖直间隙。

7 试验方法

7.1 样品

7.1.1 一般要求

应提供12个合页。其中5个用于7.1.2到7.1.5所规定的试验中（见附录J的流程表）。如果合页不能满足所有适当的接收标准，那么应继续从原始样本［原来的12个样品（只剩5个了的）］中抽样并按照7.2要求进行重新试验。

7.1.2 初始测量和静态荷载试验（样品1）

应使用到1个合页以用于6.4所规定的初始测量试验及后续的7.3所规定的负载变形试验和过载试验。

7.1.3 剪切强度试验（样品2）

2个新的合页（没进行静态荷载试验的），进行7.4所规定的剪切强度试验。

7.1.4 耐久性试验（样品3）

1个合页，没经过其他任何试验的，按7.5所规定的进行试验。

7.1.5 抗腐蚀性（样品4）

在安装后不进行保护措施的合页应按照EN 1670相关等级要求进行试验（1个）。合页应为新的（没经过任何其他试验）。

7.2 重新试验

如果有合页不能满足所有的接收标准，那么再进一步抽取2个合页来进行失败项所在的性能项的全部性能试验。如果两个合页均符合要求了，则可忽略第一个的试验结果。

如果继续抽样中的2个合页有一个仍不符合要求，那么则不能再从样品中抽样了（即判定为不合格了）。

7.3 静态荷载试验

7.3.1 规定荷载

每个等级的合页承载重量及在负载变形和过载试验所规定的荷载重量如表2所示。负载重量偏差应为 0～5kg。

表 2　静态荷载试验

合页等级	负载变形质量（kg）	过载质量（kg）	剪切力（kN）
1（10kg）	20	30	1.5
2（20kg）	40	60	1.5
3（20kg）	40	60	1.5
4（20kg）	40	60	1.5
5（40kg）	80	120	1.5
6（40kg）	80	120	1.5
7（40kg）	80	120	1.5
8（60kg）	120	180	1.5
9（60kg）	120	180	1.5
10（60kg）	120	180	1.5
11（80kg）	160	240	3.0
12（100kg）	200	300	6.0
13（120kg）	240	360	10.0
14（160kg）	320	480	15.0

7.3.2　荷载变形

无震动的，在 6.1 所规定的重心位置处加载额外的负载。保证扇最后的重量等于表 2 中所要求的。

按 6.4 的规定将扇转动 20 次。测量并记录下水平和竖直间隙。

无震动的移除负载。等过了 1～2min 后，将扇转动 5 次。测量并记录水平和竖直间隙。

检查合页是否有明显裂纹、变形或断裂，并记录下检查结果。

验证其是否满足 5.2.1 的要求。

7.3.3　过载

当完成 7.3.2 和 7.5 试验后，均会在相对应的同一合页上再次进行过载试验。无震动的在 6.1 所规定的重力中心位置施加负载。保证扇总重量等于表 2 中所规定的。

将扇转动 5 次。

保持负载 1～2min 然后卸载。

检查合页是否有明显裂纹、变形或断裂，并记录下检查结果。

验证其是否满足 5.2.2 的要求。

7.4　剪切强度

该试验应在两个单独的合页上进行，合页片可轮流的安装在如图 7 所示。

测量合页片间的相对水平位移。

将合页按照 6.3 的规定方法安装在 6.2 所规定的试验装置上。

测量并记录试验开始和结束后固定螺钉时的力矩。

以均匀速度平稳的在 30s±5s 的时间内施加表 2 中规定的剪切力（允许误差＋5%），维持 1min±10s。平稳的卸掉负载。

再次测量两合页片间的侧向位移。

验证其是否满足 5.3 的要求。

注意：在 5.3 的要求中"该试验前后新增的水平和竖直位移不应超过 1mm"，但在上述试验方法中，只描述了水平位移的测量，没说明竖直位移的测量，另外对于具体如何测量，基准面（点）等均未明确说明。

7.5 耐久性试验

将合页按照 6.3 的规定方法安装在 6.2 所规定的试验装置上。

该组合页为先前未经过任何试验的合页。

将扇加载至如表 2 所规定的重量。

将扇开启至 92.5°±2.5°或合页所允许的完全角度位置（取二者中开启程度较小的），平稳的开启 20 次。

在开启角度为 0°±5°，30°±5°，60°±5°和 90°±5°时，测量并记录初始运动时所需要的力矩。

测量并记录扇与基准面的初始水平和竖直间隙。

测量度记录试验开始和结束后固定螺钉时的力矩。

将扇开启至 92.5°±2.5°或合页所允许的完全角度位置（取二者中开启程度较小的）一定次数，该次数为表 1 中所规定的。

每次循环从扇完全关闭开始，循环速度为（600±30）次/h。

当耐久性试验为 200000 次时，根据厂商的建议每 25000±300 次（直至 175000 次）对合页进行润滑。

当进行完 200000 次循环后，测量并记录扇与基准面的最终水平和竖直间隙，并保证用于将合页安装于试验台上的紧固件扭动力矩与试验开始前所需力矩是一样大的。

在无进一步润滑的情况下，在 10000 次，25000 或 200000 次后时（视情况而定，因为不同的合页等级，循环次数是不一样的），再次测量摩擦力矩和水平和竖直间隙。

再次进行 7.3.3 的过载试验。

验证其是否满足 5.4 的要求。

笔者备注：再次进行 7.3.3 的过载试验后，应是验证其是否满足 5.2.2 的要求

如果转动力矩超过了 5.4 的要求，可采取以下过程以保证下合页仍能满足 6.1 的要求。

移除试验合页，并用一个摩擦较低的合页替代。测量整扇的转动力矩，如果测得的转动力矩小于 1Nm，则将前面的测量力矩作为最终的转动力矩值。

然而，如果再次测量的力矩值还是超过 1Nm，那再换一个新的下部合页以保证转动力矩小于 1Nm。然后再将上部合页更换为之前已进行试验过的试验合页，再次测量转动力矩，然后将该值作为最终的转动力矩值。

注：在整个耐久性试验期间，可每隔一段时间或不时的对水平和竖直间隙进行测量。

附录 A（规范性的） 合页使用和典型应用的分类

在本文 4.9 的合页的分类中，对附录 A 的内容已经进行了引用介绍，因此在这里不再复述。

附录 B（规范性的） 用于防火/防烟门上的合页的附加要求合页

B.1 用于防火/防烟门上的合页应符合本标准中第 4 至 8 章的要求并至少达到附录 A 中所规定的中等使用等级（等级 2）。

B. 2 合页的任何零件（除装饰件，如外壳，按钮等外）或其紧固件熔点均不得低于800℃，但当合页通过了相关适用于防火防烟门的防火试验标准的检验时，以上要求不适用。在此种情况下，合页仅能安装在已满足防火检测标准的整樘门上，其严格限制应用于相同建筑，模型和尺寸的门上。

注：在防火检测欧洲标准发布之前，相关地方所现行的有效的法规可以被应用。

B. 3 当门处于关闭位置时，在没有使用特殊工具的情况下，合页轴不应能被移动或者门上被连接部分不应能被移动。

注1：合页的防火性只是安装于建筑上的门或窗的防火性中的一部分。所有的防火要求则超出了本标准的范围，但被包含在了其他标准中，这些标准正由 CEN/TC 33 准备中，其考虑了整樘门和窗。根据 EN 1634—1 该试验可能在全尺寸的整樘门窗上进行，但通过按照 prEN 1634—2 将合页用于试验中，可拓展到一个更宽的范围。

合页中断了合页片边缘和框间隙，其紧固件穿透了合页片。这对于防烟门的性能影响只有通过将合页安装在整樘门上并按 EN 1634—1 进行试验才能进行判定。

注2：大多数防火防烟门都安装有闭门器。对于安装有闭门器的门用合页其规定见附录 E。对于用于此类门上的合页，对于其所规定的最大操作力矩尤其要重视遵守。

附录 C（规范性的） 用于防盗门上的合页

C. 1 用于防盗门上的合页应符合本标准中第 4 至 8 章的要求，此外还应符合 C. 2 到 C. 4 的要求。

C. 2 合页应符合超常使用情况下、等级 12，13 和 14 的合页要求。

注：当需要对潜在持续的暴力攻击有更好的抵抗时，宜规定为等级 13 和等级 14。

C. 3 当合页根据厂商的说明书进行安装后，应不能从室外侧对紧固件（安装螺钉等）进行操作。

C. 4 用于外开外门上的合页应达到下列其中的一个设计要求，要么合页轴只有在门打开的情况下才能被移动，或者，将合页螺栓与门扇结合以保证合页能承受表 2，见 7.4 所规定的等级为 12，13 和 14 的剪切荷载。在该试验中，合页轴应被移除，接收标准为扇在荷载作用下不应分离。

注：合页安全性只是安装于建筑中的门的安全性能要求的一部分。安全性的所有要求则超出了本标准的范围，但其包含在了其他标准中，这些标准正由 CEN/TC 33 准备中，这些标准（尤其是在 ENV1627）考虑了整樘门。

附录 D（资料性的） 用于超大宽度门上的合页

更宽的门和窗会增加对合页的弯矩，宜通过减少每个等级合页的最大扇重量来进行补偿。

表 D. 1　更宽的门窗所增加的重量

扇尺寸		比例因子	门扇正常的增加重量（%）
高度（mm）	宽度（mm）		
2000	1000	2	0
2000	1050	1.9	10
2000	1100	1.82	18

续表

| 扇尺寸 | | 比例因子 | 门扇正常的增加重量（%） |
高度（mm）	宽度（mm）		
2000	1150	1.74	26
2000	1200	1.66	33
2000	1250	1.60	40

更宽的门的质量是通过比例因子来调节的，该比例因子是通过门高度除以宽度计算得出的。对于因子为 2 或大于 2 时，没有规定，当因子小于 2 时，实际重量增加比例与现有的比例因子相加应等于 2。重量增加比例见表 3。

附录 E（资料性的）　用于装有闭门器的门上合页

闭门器会增加对门合页的负载及其磨损速率。对无缓冲功能的闭门器，一般认为有效门重量比实际门重量重约 20%。对于有缓冲功能的闭门器，有效重量比实际门重量重约 75%。

装有闭门器的木门宜使用 3 个或 3 个以上的合页。

注：如果有足够的经验证明门的性能没问题，那么在某些特殊情况下，门厂商可以推荐仅使用 2 个合页。

带驻持功能或缓冲功能的闭门器将大大增加合页及其紧固件的压力。宜选择等级 12、13 和 14 的合页与该类闭门器配合使用。如果是安装 3 个合页的话，则第 3 个合页安装在上合页下方且距上合页 200mm 的位置处，这样的话，第 3 个合页就能为上部合页承担向外的附加弯矩。在该类情况下，大量的紧固件被用于合页和闭门器上以防止因紧固件的松动而可能造成的对门的损坏。

闭门器所提供的关闭力矩是有限制要求的，产生的力矩也是随着闭门器的尺寸（功能）不同而发生变化。鉴于这种原因，安装于带有闭门器的门的合页不宜产生太大的摩擦力矩。

当门上安装一组合页后（2 个，3 个或者更多），其最大力矩不宜超过 3Nm（合页等级为 1—7 的），4Nm（合页等级为 8—11 的），5Nm（合页等级为 12—14 的）。该类应用场合的合页宜小心选择。

附录 F（资料性的）　合页，尤其是安装在逃生通道门上的合页的维护

建议对合页进行常规检查和维护。这对于安装于逃生通道门上的合页而言，尤为重要。

维护内容应包括：按厂商要求进行润滑以及当紧固件松动时进行再次拧紧或更换。

由于在外部条件下腐蚀速度更快速，因此安装于外门上的合页相较于安装在内门上的合页来说，需要更频繁的检查。

逃生通道门经常进行系统检查和日常维护以保证紧急逃生装置的功能正常。对合页的检查和维护宜纳入到日常工作中。

附录 G（规范性的）　允许变形和磨损量示意图

附录 H（规范性的）　试验装置示例

附录 G 和附录 H 均是试验示意图，均已在"5 试验要求"和"6 试验装置中"引用并完全表示出来，因此在这里不再重复罗列。

附录 J（规范性的） 试验过程流程图（图 8）

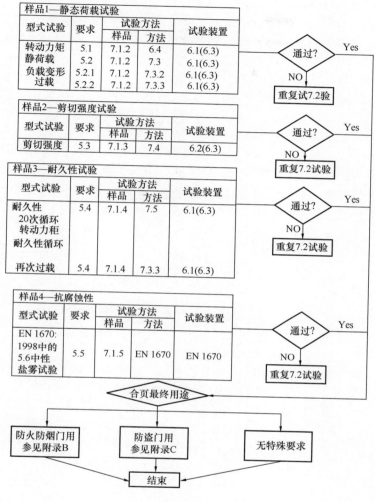

图 8　试验过程流程图

二　小结

通过以上的介绍，我们不难发现，EN 1935：2002 主要还是针对板式合页的规定，此外结合 EN 1935：2002 的相关要求以及欧洲产品指令，则可对该类合页进行 CE 标志（这一部分内容在 EN 1935：2002 的附录 ZA 中有说明，本文中未对该部分内容进行详细介绍，有兴趣的读者可参考标准原文）。对于标准正文内容，需要特别指出的是，在静态荷载试验以及耐久性（反复启闭）试验中，均只要求安装两个合页，其中门上部安装试验合页（其承受全部的门扇重量），下部所安装的合页为辅助合页，并非试验合页，其只承受水平力。即在这两个在试验模拟门上进行试验的项目中，分别只要求提供一个试验样品合页，这与我国的标准有所差异，值得引起大家注意。

参考文献

[1] BS 7352：1990《Strength and durability performance of metal hinges for side hanging applications and dimensional requirements for template drilled hinges》

[2] EN 1935：2002《Building hardware-Single-axis hinges-Requirements and test methods》

作者简介

杜万明(Du Wanming)，男，1961 年 11 月生，高级工程师，研究方向：门窗及门窗五金；工作单位：广东坚朗五金制品股份有限公司；地址：广东省东莞市塘厦镇大坪坚朗路 3 号；邮编：523722；联系电话：13926809130；E-mail：dwanming1@kinlong.cn。

曾超(Zeng Chao)，男，1987 年 11 月生，助理工程师，研究方向：门窗五金；工作单位：广东坚朗五金制品股份有限公司；地址：广东省东莞市塘厦镇大坪坚朗路 3 号；邮编：523722；联系电话：18825290971；E-mail：zengchao@kinlong.cn。

中欧建筑门窗合页标准简介（下）

曾 超 杜万明

广东坚朗五金制品股份有限公司 广东东莞 523722

摘 要 中欧建筑门窗合页标准简介共分为上、中、下三个部分，主要介绍了国内和欧洲现行的、与建筑门窗合页有关的相关标准，通过各标准的详细介绍，使大家清晰了解标准内容及标准之间的联系，本部分（下）除对 EN 13126—8 及 JG/T 127 作出详细介绍外，还将结合上、中两篇文章的内容作出综合分析。

关键词 合页、BS 7352；EN 1935；EN 13126—8；JG/T 125

一 EN 13126—8：2006（DD CEN/TS 13126—8：2004）标准介绍

EN 13126—8 是 EN 13126 系列标准之一，EN 13126 系列标准规定了一系列建筑窗和高窗用五金件要求和试验方法（总共有 19 个部分），虽然 EN 13126—8：2006 是"窗和高窗用建筑五金的要求和试验方法 第 8 部分：平开下悬、下悬平开和仅平开五金系统"，但其中有对合页的静态荷载试验要求与方法，另外考虑到附加荷载试验（即悬端吊重）、其他附加试验（即撞击洞口和撞击障碍物）都是在窗（高窗）开启状态下进行的，其实质也是对合页连接强度等的考察，而五金系统的耐久性试验，也包含了对合页的寿命要求。因此在本章中，将会对以上内容进行详细介绍。

值得注意的是，虽然 EN 1935 和 EN 13126—8 中都提到了"窗（windows）用和门（doors）用"，但其实这两个标准是由同一个技术委员会（CEN/TC33）中的同一个工作组（WG4）编制的，因此在适用范围上，二者是不会存在矛盾冲突的。

这里需要重点说明一下的是，EN 13126—8：2006 虽然取代了 DD CEN/TS 13126－8：2004（我国行业标准 JG/T 127—2007 在编制时则是参考了 DD CEN/TS 13126—8：2004），但在内容上，除了重量等级有所区别（2006 版中，重量等级是从 50kg 开始，而 2004 版中的重量等级则是从 60kg 开始），其他方面，忽略文字表达的差异，标准内容上则是基本一样的。考虑到标准的现行性及二者标准内容的高度一致，下面就对 EN 13126—8：2006 中，有关合页的静态荷载、耐久性（反复启闭）、附加荷载试验（即悬端吊重）、其他附加试验（即撞击洞口和撞击障碍物）这几方面的内容进行详细介绍。为了保证与原文的一致性，相关条款代号、图表序号等均会采取与原标准一致的形式，望读者知悉。

1 范围

该欧洲标准详细说明了对于用于 EN 13126—1 附录 A 中所示的窗和阳台门上的下悬平开，平开下悬和平开五金系统的耐久性、强度、安全性和功能方面的要求和试验过程。

所试验产品的使用者通过本标准的检测，可以相信，正常使用情况下，用于窗和阳台门上的下悬平开，平开下悬或平开的五金系统能达到预期的要求。

注释 1　在使用期间为了维持产品所保证的功能，产品必须依照厂商提供的保养手册和维护说明进行使用。

3　术语和定义

3.1　平开下悬 Tilt & Turn

平开下悬五金系统用来开启与锁闭窗和阳台门。平开下悬系统是用来确保窗和阳台门首先处于平开位置，然后通过操作执手使其处于下悬位置。从某种意义上来说，该标准中平开下悬五金系统是结构工程用窗和阳台门上一个单执手操作五金系统，其符合表 1 中所规定的试验尺寸。

3.2　下悬平开 Tilt-First

下悬平开五金系统是用来确保窗和阳台门首先处于下悬位置，然后通过操作执手使其处于平开位置。用于平开下悬五金系统上的术语定义也适用于下悬平开五金系统上。

3.3　仅平开

平开五金系统是确保通过执手操作，使窗和阳台门处于平开位置。用于平开下悬五金系统上的术语定义也适用于仅平开五金系统上。

4　分类

4.3　耐久性（第 2 个代码）

根据 EN 13126—1：2006 和本标准 5.3 的规定，应分为两个等级：

——等级 4：15000；

——等级 5：25000。

4.10　试验尺寸（第九个代码）

第九代码表明用于测试平开下悬，下悬平开和仅平开五金系统的试验尺寸符合本标准中的表 1，章节 5.1 及 EN13126—1：2006 中 4.10 的要求。

表 1　试验尺寸和锁点最少数量

试验尺寸（mm） S. R. W×S. R. H	锁点最少数量	图示锁点位置
1300×1200 1550×1400	7	
900×2300	6	

S. R. W=窗扇槽口宽度，S. R. H=窗扇槽口高度

所有尺寸单位均为 mm，S. R. W（Sash Rebate Width）＝窗扇槽口宽度，S. R. H（Sash Rebate Height）＝窗扇槽口高度

——1300mm 宽×1200mm 高（窗质量≤130kg）；

——1550mm 宽×1400mm 高（窗质量＞130kg）；

——900mm 宽×2300mm 高（阳台门尺寸）。

规定的尺寸仅为试验尺寸。其与可能制造的窗的最大尺寸无关。

5 要求

5.1 一般的

对于平开下悬，下悬平开或仅平开五金系统的要求应与 EN13126—1：2006 中条款 5 相一致。

当厂商选择更少的锁点时，在验报告中应注明所测试五金系统的实际锁点数量。

5.2 机械稳定性

5.2.1 斜拉杆的稳定性

斜拉杆应能确保当发生不正确开启（误操作）时，仍能牢固连接。

在误操作情况下，合页应仍能连接窗扇与窗框且功能正常。

如果斜拉杆不能满足该要求，那么就应安装一个防误操作装置。这样的话试验就应在安装防误操作装置的情况下按照条款 7 进行。

5.2.2 合页的机械强度

合页应能在每个操作状态位置下都能安全的引导窗扇。

合页经受如图 1 和图 2 所示的附加的静态荷载试验——相当于合页在如条款 7 进行试验时负载的 5 倍（参考表 2 和表 3 中的负载值"F"）。每种类型的合页取 20 个进行试验。

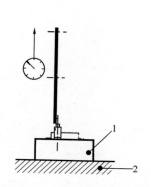

说明：1—上合页固定试验装置（钢制的）；2—可夹紧的安装板。

图 1 合页试验装置，施加如表 2 所要求的拉力 F

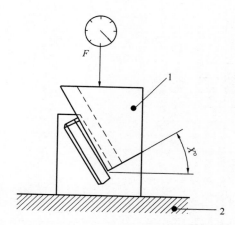

说明：1. 角部枢轴（下部合页）试验装置（钢制的）；
2. 可夹紧的安装板（角度 X 应符合表 3 的规定）。

图 2 角部枢轴（下合页）试验装置，施加如表 3 所要求的压力 F

表 2 上合页静态荷载试验，按图 1 要求进行施加

等级	试验尺寸 900mm×2300mm		试验尺寸 1300mm×1200mm		试验尺寸 1550mm×1400mm	
	窗扇质量（kg）	拉力 F（N）	窗扇质量（kg）	拉力 F（N）	窗扇质量（kg）	拉力 F（N）
050	50	500	50	1400	—	—
060	60	600	60	1650	—	—
070	70	700	70	1900	—	—
080	80	800	80	2200	—	—
090	90	900	90	2450	—	—
100	100	1000	100	2700	—	—
110	110	1100	110	3000	—	—
120	120	1150	120	3250	—	—
130	130	1250	130	3500	—	—
140	140	1350	—	—	140	3900
150	150	1450	—	—	150	4200
160	160	1550	—	—	160	4400
170	170	1650	—	—	170	4700
180	180	1750	—	—	180	5000
190	190	1850	—	—	190	5300
200	200	1950	—	—	200	5500

表 3 下合页静态荷载试验，按图 2 要求进行施加

等级	试验尺寸 900mm×2300mm $X=11°$		试验尺寸 1300mm×1200mm $X=30°$		试验尺寸 1550mm×1400mm $X=30°$	
	窗扇质量（kg）	压力 F（N）	窗扇质量（kg）	压力 F（N）	窗扇质量（kg）	压力 F（N）
050	50	2550	50	2850	—	—
060	60	3050	60	3400	—	—
070	70	3550	70	4000	—	—
080	80	4000	80	4550	—	—
090	90	4600	90	5100	—	—
100	100	5100	100	5700	—	—
110	110	5600	110	6250	—	—
120	120	6100	120	6800	—	—
130	130	6600	130	7400	—	—
140	140	7150	—	—	140	8000
150	150	7650	—	—	150	8550
160	160	8150	—	—	160	9150
170	170	8650	—	—	170	9700
180	180	9150	—	—	180	10300
190	190	9700	—	—	190	10850
200	200	10200	—	—	200	11450

5.3 耐久性

确定了两个等级：

——等级 4：15000 次（＋1%）（下悬平开和平开下悬系统）；

——等级 5：25000 次（＋1%）（仅平开系统）。

5.5 附加荷载试验（悬端吊重）

在附加载荷试验期间和结束之后，窗扇应依然连接在合页上。

注释：在附加载荷试验期间和结束时，并没必要进行窗扇的操作。

5.7 抗腐蚀性能

五金件应符合 EN 1670 中列出的等级，其中等级 3（96 小时）是最小要求。

对于在铁或是钢上的锌镀层，如果按符合 ISO 4520：1981 的要求使用了其他表面保护方法，则其厚度不必达到 $12\mu m$（等级 3）或是 $16\mu m$（等级 4）。

除非厂商提供了试验检测报告，否则五金件应必须按照 EN 1670 的要求进行试验。

注释：对于抗腐蚀性的评估只限于重要区域（通常是已安装的五金件的可见表面）。

以下部分可以不进行抗腐蚀性评估：

——铆钉位置；

——需进行后续处理的位置（如：因五金件的切料、研磨而裂开的表面）；

——五金件上不在明显可见区域附近，不需进行表面处理的零件或表面（如：锌压铸模形成的螺钉导向孔）；

——焊缝及其周边处。

5.8 其他附加试验（撞击洞口和撞击障碍物）

在进行附加的开启撞击和关闭撞击试验后，窗扇不应掉落。合页应仍能连接窗扇和窗框。

注释：不必要求窗扇仍可操作。

6 试验设备

平开下悬，下悬平开或者仅平开五金系统应按照厂商的安装说明安装于试验样品中并按照 EN 13126—1：2006 条款 6 规定的进行试验。

五金厂商应为试验机构提供试验样窗。在试验申请中应附上型材截面图的相关信息以及窗和阳台门用必要的五金安装信息。

试验应在试验台上进行，试验台在功能和形状上符合用于安装五金配件的窗扇的要求。试验台的尺寸应符合 4.1 和表 1 的要求。应提供附加固定装置的应用说明。进行试验的五金应满足厂商所推荐的试验样窗尺寸和质量的要求。

为了防止当试验样窗紧固在试验台上时产生变形，在将窗框放入试验台上前，先在其上安装 19mm±1mm 的木板。在将要安装五金的区域对窗框进行牢固地夹紧安装。除非另有说明，否则所有的公差都应在 0～10% 之间。

7 试验过程

7.1 样品

对于该标准，将用到 3 套样品。

样品 A——性能试验（整套样品）；

样品 B——腐蚀性试验（五金组件）；

样品 C——保留以供参考对照（五金组件）。

注释 1：如果厂商没有提供按照 EN 1670 要求进行试验的检测报告，那么仅样品 B 是必需进行的。

注释 2：在整个试验报告有效期间，样品 C 应由试验机构保留。

7.2 合页稳定性

厂商应按照 5.2.2 的要求，通过自我声明（附带相关支持、证明文件）的形式将试验结果报送给检验站。

7.3 耐久性试验

7.3.1 一般的

平开下悬（下悬平开）五金系统的耐久性试验包含平开下悬（下悬平开）次数（7.3.2）和平开次数（7.3.3）。

7.3.2 平开下悬循环——下悬平开循环

7.3.2.1 一般的

按照 5.3 的要求试验循环总共至少要达到 15000 次（等级 4）。试验样品的 15000 次循环包含以下方面：

——15000 次下悬；

——15000 次锁闭；

——15000 平开（100mm）；

——15000 次锁闭。

对于平开下悬和下悬平开，试验循环应包含以下动作：

——窗扇在关闭位置，五金系统锁闭；

——窗扇运动到下悬位置（或平开位置 100mm 处）；

——窗扇运动回至关闭位置，五金系统锁闭；

——窗扇运动到平开位置 100mm 处（或下悬位置）；

——窗扇运动回至关闭位置，五金系统锁闭。

耐久性试验应按照 EN 13126—1：2006 中 8.2 的要求以 250^{+25} 次/h 的速率进行。厂商为了避免摩擦材料过热等情况可选择了较低的循环速度，这种情况下，试验报告中就应详细说明试验速度以及采用较低速度的原因。

在耐久性试验期间，试验样品应通过使用执手进行操作。操纵器装置（图 5）与执手的连接应以这样的方式进行装配—锁闭过程中只有转矩，驱动力只有在开启过程中才出现，这样符合实际中的受力情况。

7.3.2.2 下悬位置

窗扇以 0.5mm/s（±10%）的速度通过试验台运动到下悬的终点位置，该终点位置与完全下悬位置距离为 5mm。

在窗扇下悬位置应可能的装一个弹簧复位机构——例如，在试验窗扇到达其最大下悬位置时气缸气压释放（阀门打开）。

随后的运动应在大约 3s 后开始。

7.3.2.3 平开位置（100mm）

窗扇执手一侧应移动至离窗框大约 100mm 的平开位置。

7.3.2.4 关闭位置

窗扇从平开位置或下悬位置移动到在离最终关闭位置 3mm±1mm 的地方停下来（在执手附近进行测量）。应在各锁点位置施加 20N 的反作用力。窗扇通过窗执手的转动进一步到达终点（锁闭）位置。在整个试验期间 20N 的反作用力应一直存在。

7.3.2.5 润滑和调节

按照本标准中条款 6 和 EN 13126—1：2006 中 7.1 的要求五金厂商将五金件安装在试验样品上。根据安装信息和产品信息对五金件进行润滑（初始润滑）。

注释：在试验开始之前，应由试验机构对试验样品的顺畅度进行检查，如果需要则根据厂商说明书进行调节。这种情况下窗扇是自由关闭的（没有力的作用）。

如果有需要，则在耐久性试验中在每5000次循环后对样品进行调节。

除非厂商特别说明了五金件不需要维护的，否则每5000次循环后，试验机构应对所有的嵌入和可接近的滑块及锁闭区域进行润滑。

7.3.2.6 接收标准

接收标准应基于至少完成15000次的基础上进行。

当进行耐久性试验后，保持20N的反作用力。接收标准在遵照EN 13126—1：2006中8.4的要求的同时也要包含以下方面：

——试验样品应能够操作终点位置正常操作（平开，下悬和关闭）；

——窗扇推入力应符合5.4.1要求；

——执手操作力（力矩）应符合5.4.2要求；

——锁点可变公差（窗扇间隙变化）应符合5.4.3要求。

7.3.3 平开循环（转至90°的位置）

在平开至90°位置的试验进行之前，检验站应按照厂商的规定对试样样品进行校正。

通过试验台作用，窗扇旋转至90°。在窗扇上的适当位置产生碰撞力。在该试验中，窗扇在离其最终关闭位置大约50mm的地方停止。

平开至90°位置试验应按照EN13126—1：2006中的8.2的要求以250^{+25}次/h的速度进行，厂商为了避免摩擦材料过热等情况可选择了较低的循环速度，这种情况下，试验报告中就应详细说明试验速度以及采用较低速度的原因。

根据4.10，循环次数与试验尺寸有关，具体如下：

——对于试验尺寸1300mm宽×1200mm高的循环5000次（窗质量≤130kg）；

——对于试验尺寸1550mm宽×1400mm高的循环5000次（窗质量>130kg）；

——对于试验尺寸900mm宽×2300mm高的循环10000次（阳台门尺寸）。

7.3.4 接收标准

接收标准应基于至少完成5000（10000）次的基础上进行。

当进行平开至90°的试验后，继续保持20N的反作用力。接收标准在遵照EN13126—1：2006中8.4的要求的同时也要包含以下方面：

——试验样品应能够在操作终点位置正常动作（平开，下悬和关闭）；

——窗扇推入力应符合5.4.1要求。

7.3.5 附加荷载试验（悬端吊重）——1000N

窗扇旋转至90°的平开位置时，在窗执手附近附加施加1000N的垂直力并维持5min。

按照5.5，在附加载荷试验期间和完成后，窗扇不应脱落。合页应仍然能保持窗扇和窗框的连接。

注释：在附加载荷试验期间和结束时，并没必要进行窗扇的操作。

7.3.6 无平开限位器的撞击洞口试验

7.3.6.1 一般的

如果不允许窗扇与洞口相接触，那么就应使用平开限位器。

7.3.6.2 试验安装

参照图3的试验安装信息进行安装。

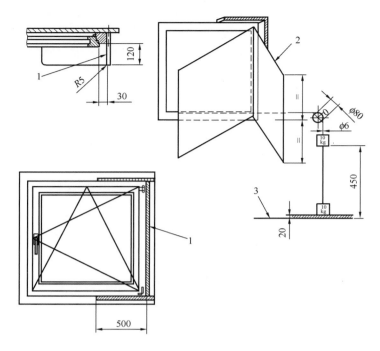

说明：1—刚性材料；2—让窗扇摆动停止；3—洞口侧挠曲（平开限位器）

图3　无平开限位器的撞击洞口试验

7.3.6.3　试验执行

在撞击洞口试验过程中，先测量确定窗扇上的初始位置，该测量处距末端位置（＝窗扇相对于洞口的位置）450mm。从该位置处10kg的重物以自由加速度下降。

该重物应用连接线与试验样窗在窗执手附近相连接。连接线的长度应是特别挑选的以保证重物在窗扇到达其最终撞击位置前20mm处停止运动。每次试验后都应让窗扇充分摆动。

该试验反复进行3次。

7.3.6.4　接收标准

根据5.8的要求，进行附加开启撞击试验后，窗扇不应坠落。合页应仍能保持窗框与窗扇的连接。

注释：在撞击洞口试验结束时，并没必要进行窗扇的操作。

7.3.7　有平开限位器的撞击洞口试验

当使用带平开限位器的五金系统时，窗扇应通过限位器安装在可变的最终平开的位置。

注释：对于此种情况，应按照7.3.6.2的要求，在不受洞口的限制下，通过平开限位器将窗扇维持在最终平开位置。

应按照7.3.6中类似的方式对平开限位器进行试验，然而10kg的重物应从距最终位置（＝平开限位器所限制的最终平开位置）200mm处下落。

7.3.8　撞击障碍物试验

7.3.8.1　试验安装

参考图4的安装信息进行撞击障碍物试验装置的安装。

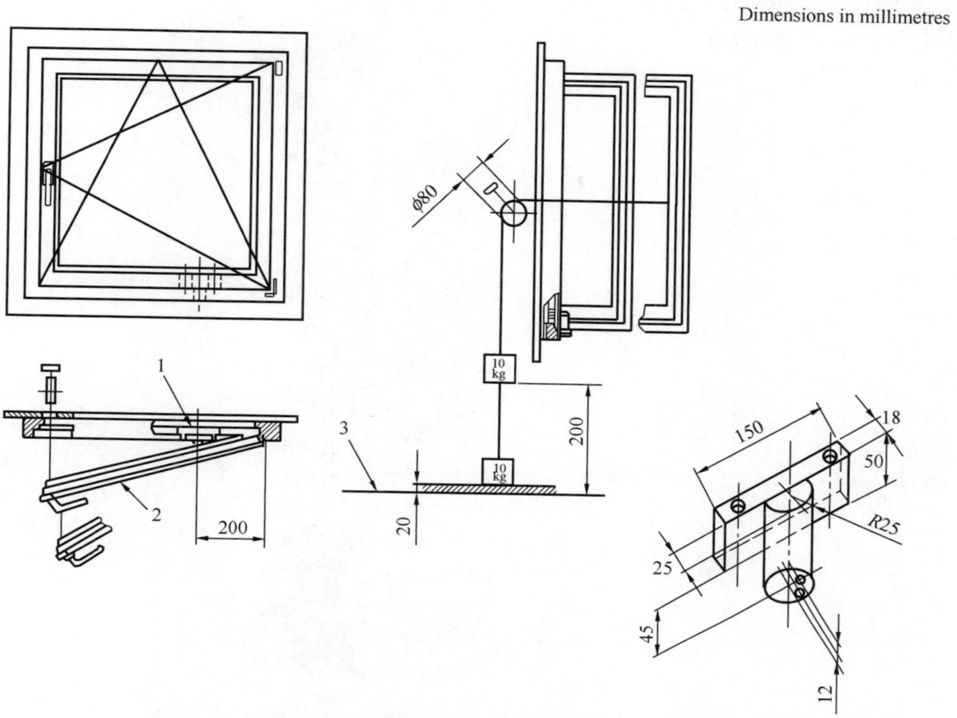

Dimensions in millimetres

说明：1—障碍物；2—让窗扇摆动停止；3—障碍物最终位置

图 4　撞击阻碍物试验

7.3.8.2　试验执行

在撞击洞口试验过程中，先测量确定窗扇上的初始位置，该测量处距末端位置（＝窗扇与障碍物接触的位置）200mm。从该位置处 10kg 的重物以自由加速度下降。

该重物应用连接线与试验样窗在窗执手附近相连接。连接线的长度应是特别挑选的以保证重物在窗扇到达其最终撞击位置前 20mm 处停止运动。每次试验后都应让窗扇充分摆动。

该试验反复进行 3 次。

7.3.8.3　接收标准

根据 5.8 的要求，进行撞击障碍物试验后，窗扇不应脱落。合页应仍能保持窗框与窗扇的连接。

注释：在撞击阻碍物试验完成之后，并没必要进行窗扇的操作。

7.4　耐久性试验——平开五金系统

根据 5.3（等级 5）应进行 25000 次循环。

注释：如果厂商可能提供符合 7.3 要求的试验报告，就不必进行试验了。应按 7.3.3 和 7.3.4 所说的类似的方式进行耐久性试验，只不过要循环达到 25000 次。此外平开五金系统还应按照 7.3.5 和 7.3.8 进行试验。

根据 7.3 和 7.4 的描述可知，对于平开下悬（下悬平开）窗，耐久（反复启闭）次数为15000 次（下悬平开，平开下悬）＋5000 次（90°平开）；对于平开下悬（下悬平开）阳台门（高窗），耐久（反复启闭）次数为 15000 次（下悬平开，平开下悬）＋10000 次（90°平开）；对于仅平开的五金系统，耐久（反复启闭）次数则为 25000 次。

435

附录 A（资料性的）典型试验装置（图 5）

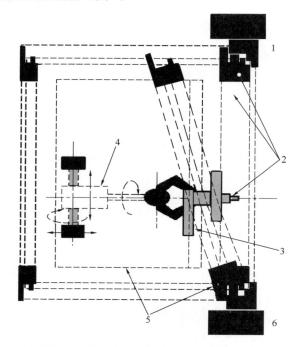

1—窗框顶端；2—五金样品；3—窗执手；4—执手和窗扇运转操作装置；5—窗扇；6—窗框槛

图 5　（资料性的）典型试验装置

附录 B（规范性的）试验流程图（图 6）

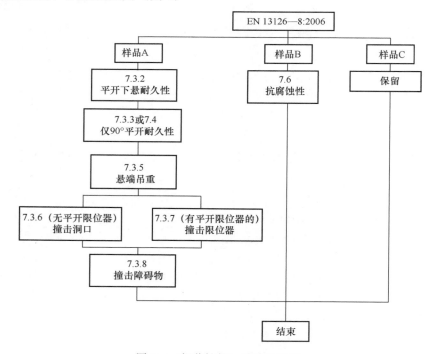

图 6　（规范性的）试验流程图

二 JG/T 125 标准介绍

《建筑门窗五金件 合页（铰链）》（JG/T 125）是国内建筑工业行业标准，现行版本为2007 版，但目前正在修编，已进行了审查会议，预计很快最新版本就会发布。下面就对（JG/T 125—2007）中的主要力学性能指标内容进行详细介绍。为了保证与原文的一致性，相关条款代号、图表序号等均会采取与原标准一致的形式，望读者知悉。

1 范围

本标准规定了建筑门窗用合页（铰链）的分类、要求、试验方法、检验规则等。

本标准适用于建筑平开门、内平开窗用合页（铰链）。

3 分类和标记

3.1 分类

合页（铰链）分为门用合页（铰链）、窗用合页（铰链）。

3.2.2 主参数代号

承载质量：以单扇门窗用一组（2 个）合页（铰链）实际承载质量（kg）表示。

4 要求

4.3 力学性能

4.3.1 合页（铰链）承受静态荷载

4.3.1.1 上部合页（铰链）承受静态荷载

（1）门上部合页（铰链），承受静态荷载（拉力）应满足表 6 的规定，试验后均不能断裂。

表 6 门上部合页（铰链）静态荷载

承载质量代号	门扇质量 M （kg）	拉力 F（N）（允许误差＋2％）	承载质量代号	门扇质量 M （kg）	拉力 F（N）（允许误差＋2％）
050	50	500	130	130	1250
060	60	600	140	140	1350
070	70	700	150	150	1450
080	80	800	160	160	1550
090	90	900	170	170	1650
100	100	1000	180	180	1750
110	110	1100	190	190	1850
120	120	1150	200	200	1950

（2）窗上部合页（铰链），承受静态荷载（拉力）应满足表 7 的规定，试验后不能断裂。

表 7　窗上部合页（铰链）承受静态荷载

承载质量代号	窗扇质量 M（kg）	拉力 F（N）（允许误差＋2％）	承载质量代号	窗扇质量 M（kg）	拉力 F（N）（允许误差＋2％）
030	30	1250	120	120	3250
040	40	1300	130	130	3500
050	50	1400	140	140	3900
060	60	1650	150	150	4200
070	70	1900	160	160	4400
080	80	2200	170	170	4700
090	90	2450	180	180	5000
100	100	2700	190	190	5300
110	110	3000	200	200	5500

4.3.1.2　承载力矩

一组合页（铰链）承受实际承载质量，并附加悬端外力作用后，门窗扇自由端竖直方向位置的变化值应不大于 1.5mm，试件无严重变形或损坏，能正常启闭。

4.3.2　转动力

合页（铰链）转动力不应大于 40N。

4.3.3　反复启闭

按实际承载质量，门合页（铰链）反复启闭 100000 次后，窗合页（铰链）反复启闭 25000 次后，门窗扇自由端竖直方向位置的变化值应不大于 2mm，试件无严重变形或损坏。

4.3.4　悬端吊重

悬端吊重试验后，门窗扇不脱落。

4.3.5　撞击洞口

通过重物的自由落体进行门窗扇撞击洞口试验，反复 3 次后，门窗扇不得脱落。

4.3.6　撞击障碍物

通过重物的自由落体进行门窗扇撞击障碍物试验，反复 3 次后，门窗扇不得脱落。

5　试验方法

5.1　试验模拟门窗、试验顺序及试件制备

试验模拟门窗尺寸见表 8，第 4 章中的试验应按 4.1（外观）、4.3.1.2、4.3.2、4.3.3、4.3.4、4.3.5、4.3.6 的顺序在安装到试验模拟门窗的同一组合页上进行。4.3.1.1 在 3 件上部合页上进行，4.2（耐蚀性、膜厚度及附着力）在一组合页上进行。

表 8　试验模拟门窗的质量和尺寸

适用范围			试验模拟门（窗）扇（宽×高）尺寸(mm)
门用合页（铰链）	门扇质量	50kg 以上（含 50kg）	900×2300
窗用合页（铰链）	窗扇质量	不大于 130kg	1300×1200
		130kg 以上	1550×1400

5.4　力学性能

5.4.1　上部合页（铰链）承受静态荷载

取 3 件上部合页（铰链），将合页（铰链）框上部件固定，对扇上部件按表 6、表 7 的规定施加静荷载，在图 7 所示。

5.4.2 承载力矩

将一套合页（铰链）按其承载质量装在相应尺寸试验模拟门窗上，扇开启至 $90°\pm5°$。用精度 0.01mm 位移测量仪在距扇上角部自由端扇框型材外侧 55mm 处记录初始位置（如图 8 所示测量点 A）初始读数 L_0 后，在此点延长线框材边缘上施加垂直向下力 500N±10N，保持 60s 后卸载，卸载后 60s。记录测定点 A 竖直方向位置此时的读数 L_1，按公式（1-1）计算变化量。

$$L = L_1 - L_0 \tag{1-1}$$

式中　L——变化量，mm；

　　　L_1——测定点试验后的位置读数，mm；

　　　L_0——测试点的初始位置读数，mm。

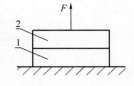

1—框上部件；2—扇上部件
图7　上部合页（铰链）
框上部件试验装置

5.4.3 转动力

转动力试验按 GB/T 9158—1988 6.1.3 的试验方法进行。

5.4.4 反复启闭

将一组合页（铰链）按其承载质量装在相应尺寸的试验模拟门窗上，在没有撑挡的状态下，通过测试机构将门窗扇平开至 $90°\pm5°$ 位置，扇在回到关闭位置 50mm±5mm 处停止。试验频率 250 次/h～275 次/h。用精度 0.01mm 位移测量仪，测量如图 8 所示测量点 A 试验前的初始位置 L_0'；试验后竖直方向的变化位置 L_1'，按公式（1-2）计算变化量 L'。在反复启闭测试过程中，每完成 5000 次测试循环，可按安装方法中的要求进行调整、润滑。

$$L' = L_1' - L_0' \tag{1-2}$$

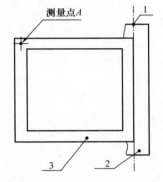

说明：1—合页转轴侧；2—门窗框；
3—门窗扇
图8　扇自由端扇框型材
中心线测量点 A 示意图

式中　L'——变化量，mm；

　　　L_1'——测定点试验后的位置读数，mm；

　　　L_0'——测试点的初始位置读数，mm。

5.4.5 悬端吊重

将一组合页（铰链）按其承载质量装在相应尺寸的试验模拟门窗上，将门窗扇开启到 $90°\pm5°$，在距门窗扇自由端型材外边缘 $55_{-5}^{\ 0}$mm 处的中心线上附加 1000N±10N 重力，保持 5min。

5.4.6 撞击洞口

将一组合页（铰链）按其承载质量装在相应尺寸的试验模拟门窗上，在没有撑挡装置的状态下，将模拟门窗扇从距测试基准面（撞到模拟墙的位置）450mm±10mm 处，用绳子（非弹性）与试验模拟门窗在距门窗扇自由端型材外边缘 $55_{-5}^{\ 0}$mm 处中间点相连接，通过一个 10kg±0.05kg 重物的自由落体使扇加速开启，重物在距测试基准面前 20mm±2mm 停止运动。每次测试后必须让试验模拟门窗扇充分摆动，此试验反复 3 次。测试装置如图 9 所示。

5.4.7 撞击障碍物

将一组合页（铰链）按其承载质量装在相应尺寸的试验模拟门窗上，在没有撑挡（平开限位器）的状态下，将试验模拟门窗扇从距测试基准面 200mm±10mm 时，将 10kg 自由落

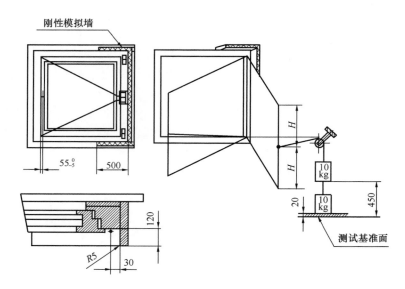

图 9　撞击洞口试验

体的重物用绳子（非弹性）与试验模拟门窗在距门窗扇自由端型材外边缘 55mm 处中间点处相连接，使模拟门窗扇加速关闭。在重物距离测试基准面 20mm±2mm 时，试验模拟门窗扇撞到障碍物（刚性），重物停止运动。每次测试后待模拟门窗扇摆动停止后，再进行下一次试验。此试验反复 3 次，测试装置如图 10 所示。

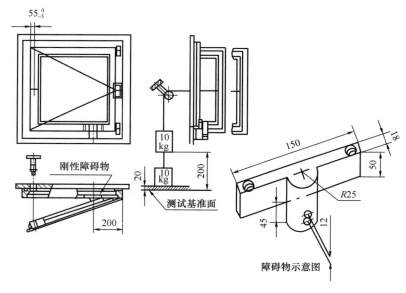

图 10　撞击障碍物试验

前面有提到，JG/T 125 目前正在修编，而且已处于待批号阶段。相较于 2007 版，对原来所规定的内容基本没变化，最大变化在于新增了两项内容：

（1）将隐藏式合页纳入到标准范围；

（2）增加了使用频率为Ⅰ（反复启闭不低于 20 万次）的合页的规定，对该类合页的规定［静态荷载（承载性能）和反复启闭以及对试验所用的试验模拟门等相关规定］则引用了 EN 1935：2002 的内容。

最新标准的正式文本，大家可进行密切关注。

三　小结

通过对以上标准的介绍以及中欧建筑门窗合页标准简介（上、中）两部分的内容，我们不难发现，相关标准之间是有紧密关联的。

表 9　国外三个标准的联系

标准所涵盖的主要内容	ANSI/BHMA A 156.7：1988	BS 7352：1990		EN 1935：2002	
	/ 无力学性能的要求	板式合页力学性能	静态荷载	板式合页力学性能	静态荷载
			反复启闭		反复启闭
					剪切强度
	板式合页尺寸规范	板式合页尺寸规范		/ 无合页尺寸的要求	

备注：

1. ANSI/BHMA A 156.7：1988：为系列化产品，促进不同厂家之间的产品的互换性，对合页的孔位尺寸等做出了相关要求；

2. BS 7352：1990 中关于板式合页尺寸规范的内容引用 ANSI/BHMA A 156.7：1988；

3. EN 1935：2002 中关于合页力学性能（静态荷载和耐久性）的内容引用 BS 7352：1990；

4. EN 1935：2002 在英国国内已替代 BS 7352：1990，但减少了板式合页尺寸要求内容。

表 10　国内外 4 个标准的联系

标准	部分性能	范围	部分性能	范围	备注	标准
EN 13126—8：2006 DD CEN/TS 13126—8：2004	上下合页承载	窗落地窗	上合页承载	使用频率为Ⅲ窗、使用频率为Ⅱ的门用合页	反复启闭：使用频率为Ⅱ的门用合页不低于 10 万次，使用频率为Ⅲ的窗用合页不低于 2.5 万次。	JG/T 125—201X
	悬端吊重		悬端吊重			
	撞击洞口		撞击洞口			
	撞击障碍物		撞击障碍物			
EN 1935：2002	静态荷载	通道窗通道门用板式合页	静态荷载	使用频率为Ⅰ的门用合页	反复启闭不低于 20 万次	
	反复启闭		反复启闭			
	剪切强度					

备注：

1. EN 13126—8：2006 虽然是内平开下悬和平开用窗和落地窗用五金系统标准，但对上下合页的承载性能作出了明确要求；

2. 在 JG/T 125—2007 版中，上合页的承载、悬端吊重、撞击洞口和撞击障碍物性能要求参考引用了 DD CEN/TS 13126—8：2004，值得注意的是，在 DD CEN/TS 13126—8：2004 中对于落地窗的部分要求，在 JG/T 125—2007 中则被引用成了门的要求；

3. JG/T 125 目前正在修编，已处于待批号、印刷阶段，新修编的标准增加了使用频率为Ⅰ的门合页的要求（反复启闭不低于 20 万次），对频率为Ⅰ的要求（静态荷载、反复启闭等）则参考了 EN 1935：2002。为进行有效区分，新修编的标准中按使用频率将合页分为 3 类：使用频率Ⅰ、使用频率Ⅱ和使用频率Ⅲ（频率Ⅱ和使用频率Ⅲ对应于原 2007 版中的内容，叫法发生变化，但内容未变），使用频率Ⅰ对应为板式合页（反复启闭不低于 20 万次），使用频率Ⅱ为铝合金、PVC 和木质有合页等五金安装构造的门型材用合页（即 2007 版中的门用合页、反复启闭不低于 10 万次），使用频率Ⅲ为铝合金、PVC 和木质有合页等五金安装构造的窗型材用合页（即 2007 版中的窗用合页、反复启闭不低于 2.5 万次）。

四 结语

标准是推动行业健康发展、保障消费者权益的重要手段之一。就建筑五金行业而言，无论是从消费体量还是从市场活跃度上衡量，中国都是较为重要的市场之一。由于国内工业发展要晚于欧美发达国家，因此，在进行国内标准的制修订时，往往会参照这些发达国家或地区的标准，这不仅能加快标准编制，更好更快的规范国内市场，更能使我们的标准与国际先进标准接轨，有益于今后国外市场的拓展。但中国的标准化进程较之发达国家和地区还是有一定的差距，参考他们的标准时，不仅需要对其标准的充分理解，更需要结合国内实情，只有这样，才能制定出一个发的、适用于本国的标准。

参考文献

[1] BS 7352：1990《Strength and durability performance of metal hinges for side hanging applications and dimensional requirements for template drilled hinges》

[2] EN 1935：2002《Building hardware-Single-axis hinges-Requirements and test methods》

[3] DD CEN/TS 13126—8：2004《Building hardware fittings for windows and door height windows-requirements and test methods-part 8 tilt&turn，tilt-first an turn-only hardware》

[4] EN 13126—8：2006《Building hardware-requirements and test methods for windows and doors height windows-part 8 tilt&turn，tilt-first an turn-only hardware》

[5] JG/T 125—2007(201X)《建筑门窗五金件 合页（铰链）》

作者简介

杜万明（Du Wanming），男，1961年生，高级工程师，研究方向：门窗及门窗五金；工作单位：广东坚朗五金制品股份有限公司；地址：广东省东莞市塘厦镇大坪坚朗路3号；邮编：523722；联系电话：13926809130；E-mail：dwanming1@kinlong.cn。

曾超（Zeng Chao），男，1987年生，助理工程师，研究方向：门窗五金；工作单位：广东坚朗五金制品股份有限公司；地址：广东省东莞市塘厦镇大坪坚朗路3号；邮编：523722；联系电话：18825290971；E-mail：zengchao@kinlong.cn。

关于建筑幕墙工程四性检测的介绍

陈 勇

弗思特工程咨询公司 高级合伙人

1 建筑幕墙的四性检测的定义

1) 检测内容：建筑幕墙气密、水密、抗风压、平面内变形性能检测；

2) 检测性质：四性检测是为确定工程中幕墙是否满足设计要求而进行的检测。对于每一个幕墙工程项目都应进行幕墙性能检测。

3) 其他事项：目前国内的行业现状，对工程的幕墙四性检测仅是对幕墙试件进行，检测结果是对试件负责。

4) 四性检测的时间节点和检测目的

（1）四性检测试验的时间节点

一般应在工程设计完成后，幕墙组件批量生产、加工和幕墙安装施工前进行。

（2）四性检测试验的检测目的

● 验证幕墙设计的正确性、合理性、工艺性，经济性，能否满足设计的性能指标要求；

● 同时也为改进设计、改进完善加工、组装、安装工艺方法提供依据；

● 使施工单位的操作人员能够通过幕墙试件的加工、组装和安装过程熟悉、掌握操作工艺和方法。

2 建筑幕墙 四性检测—报告样式

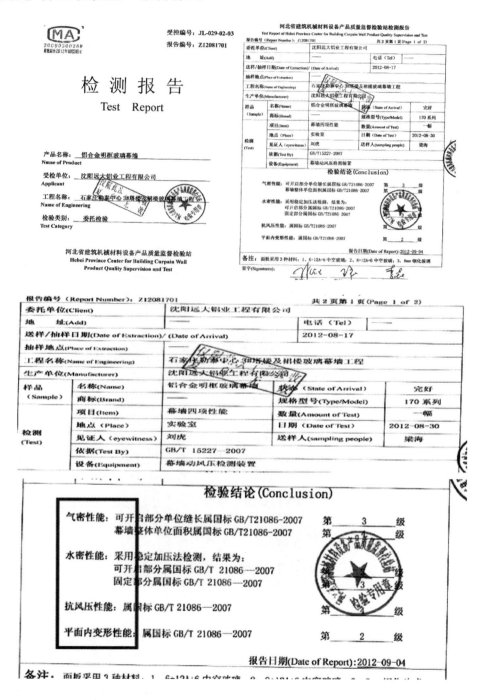

3 国家相关标准规范的要求

规范依据一：

《玻璃幕墙工程技术规范》（JGJ 102—2003），P15 4.2.10：玻璃幕墙性能检测项目，应包括抗风压性能、气密性能和水密性能，必要时可增加平面内变形性能及其他性能检测。

条文解释中说明：有抗震要求时，可增加平面内变形性能检测。

规范依据二：

《玻璃幕墙工程质量检验标准》（JGJ/T 139—2001），P20 6.1.2：玻璃幕墙安装，必须提交工程所采用的玻璃幕墙产品的空气渗透性能、雨水渗漏性能和风压变形性能的检验报告，还应根据设计的要求，提交包括平面内变形性能、保温隔热性能等的检验报告。

规范依据三：

《建筑装饰装修工程质量验收规范》（GB 50210—2001），P44 9.1.2：幕墙工程验收时应检查下列文件和记录：6 幕墙的抗风压性能、空气渗透性能、雨水渗漏性能及平面内变形性能检测报告。

规范依据四：

《建筑幕墙》（GB/T 21086—2007），P32 15.2 检验项目。

15.2 检验项目

表77 检验项目综合表

序 号	项 目 名 称	要求的章条号	检测方法章条号	检验类别		
				型式检验	中间检验	交收检验
一	幕墙性能					
1	抗风压性能	5.1.1	14.1	√		√
2	水密性能	5.1.2	14.2	√		√
3	现场淋水试验	5.1.2.3	14.2		△	△
4	气密性能	5.1.3	14.3	√		√
5	热工性能	5.1.4	14.4	√		△
6	空气声隔声性能	5.1.5	14.5	√		△
7	平面内变形性能	5.1.6.2	14.6	√		○
8	振动台抗震性能	5.1.6.3	14.6	△		△
9	耐撞击性能	5.1.7	14.7	△		△
10	光学性能	5.1.8	14.8			△
11	承重力性能	5.1.9	5.1.9			△
12	防雷功能	5.2.2	14.9		△	△

规范依据五：

《建筑幕墙》（GB/T 21086—2007），P35 15.5.2.2 交收检验。

15.5 交收检验

15.5.1 检验项目应符合表77中交收检验栏目的要求。

15.5.2 抽样

15.5.2.1 幕墙试验样品应具有代表性，工程中不同结构类型的幕墙可分别或以组合形式进行必检项目的检验。

15.5.2.2 对于应用高度不超过24 m，且总面积不超过300 m² 的建筑幕墙产品，交收检验时表77中幕墙性能必检项目可采用同类产品的型式试验结果，但型式试验结果必须满足:

　　a) 型式试验样品必须能够代表该幕墙产品。

　　b) 型式试验样品性能指标不低于该幕墙的性能指标。

15.5.2.3 检验批宜按照 GB 50210 的规定划分。

15.5.2.4 组件组装质量的检验，每个检验批每100 m² 应至少抽查一处，且每个检验批不得少于10处。

15.5.2.5 外观质量的检验，可选用全数检验方案。

35

4 建筑幕墙 四性检测的设备介绍

　　常见的建筑幕墙检测设备主要是通过模拟自然界的风、雨、地震作用等自然现象，并提供不同的效应组合用来检测幕墙的水密性能、气密性能、抗风压性能和平面内变形性能。

　　一般两种试验装法。

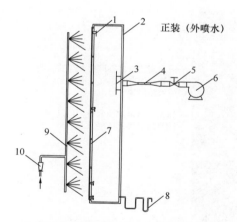

图1　检测装置示意（正装外喷水）

1—支承横架；2—压力箱；3—进气口挡板；
4—空气流量计；5—压力控制装置；6—供风
设备；7—试件；8—差压计；9—淋水装置；
10—水流量计

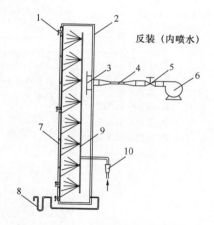

图2　检测装置示意（反装内喷水）

1—支承横架；2—压力箱；3—进气口挡板；
4—空气流量计；5—压力控制装置；6—供风
设备；7—试件；8—差压计；9—淋水装置；
10—水流量计

　　具体的设备包括：压力箱、反力架/安装架、供风系统、操作控制系统、数据采集系统、抗震油压系统。

◆ 压力箱
◆ 反力架/安装架
◆ 供风系统
◆ 操作控制系统
◆ 数据采集系统
◆ 抗震油压系统

- 以钢板焊接或以混凝土浇筑而成的一个三面开口的盒子。

- 用来和幕墙一起形成一个密闭的空间。

- 升高或降低箱体内部的压力，在幕墙内外表面形成压力差，模拟试件受到风荷载作用的条件。

- 箱体内布有雨水喷淋系统，通过流量计来控制水的流量。

◆ 压力箱
◆ 反力架/安装架
◆ 供风系统
◆ 操作控制系统
◆ 数据采集系统
◆ 抗震油压系统

- 主要用于安装幕墙样件，整体具有足够的刚度，避免受力时自身变形影响测试结果的准确性。

- 反力架/安装架上一般都固定有安装钢梁，来模拟建筑的楼板。

- 反力架/安装架有的单独安装的，也有一些是和压力箱固定在一起的。

◆ 压力箱
◆ 反力架/安装架
◆ 供风系统
◆ 操作控制系统
◆ 数据采集系统
◆ 抗震油压系统

- 采用高功率离心风机，通过风管向压力箱供气，以改变压力箱内的压力。

- 风机具有足够的容量，可以满足压力波动的要求。

◆ 压力箱
◆ 反力架/安装架
◆ 供风系统
◆ 操作控制系统
◆ 数据采集系统
◆ 抗震油压系统

- 采用计算机全反馈闭环自动化控制，只需要设定试验所需要的波形，系统便可都达到所设定的压力。

- 也可以根据需要进行线性反馈控制或全手动控制，通过计算机软件进行数据的采集和处理。

◆ 压力箱
◆ 反力架/安装架
◆ 供风系统
◆ 操作控制系统
◆ 数据采集系统
◆ 抗震油压系统

· 利用传感器测量建筑幕墙杆件和面板的变形。

· 通过多通道数字采集仪进行数据的采集和处理。

◆ 压力箱
◆ 反力架/安装架
◆ 供风系统
◆ 操作控制系统
◆ 数据采集系统
◆ 抗震油压系统

· 使用大型油压泵站驱动液压油缸，带动活动梁左右摆动，来模拟上下两个楼板出现层间位移角的情况。

· 抗震油压系统一般都是用计算机来控制和数据采集

5 建筑幕墙四性检测—具体内容和要求

1）建筑幕墙的气密性能检测

通过试验检测，确定幕墙检测试件在风压作用下，幕墙可开启部分处于关闭状态时，可开启部分以及幕墙整体阻止空气渗透的能力。

气密性能指标的大小直接影响的是幕墙的节能和隔声性能。

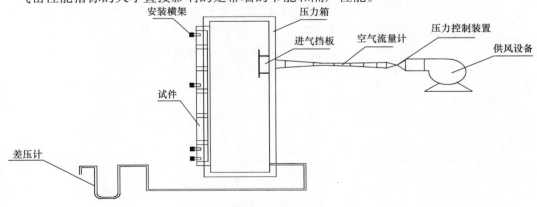

建筑幕墙气密检测装置示意图

试验程序：

首先将可开启部分开关不少于 5 次，然后关紧，先是加正压，预备加压，加 3 个 500Pa 的脉冲压，消除安装过程中可能产生的应力和可能存在的空隙；

然后开始气密性能检测，按上面的加压顺序，50－100－150－100－50，每个压力稳定 10s 以上，记录该压力下的空气流量，主要是 100Pa 压力下的流量，后面会将该数据换算成标准状态下的漏气量，并以此作为判断渗漏性能的指标。

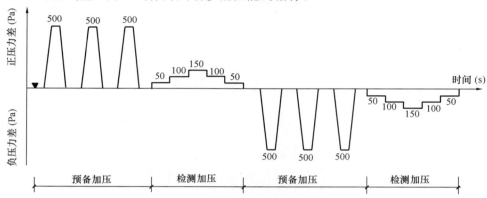

接下来进行的是负压气密性能检测，也是预备加压，3 个 500Pa 的脉冲压，消除安装过程中可能产生的应力和可能存在的空隙，正式开始检测，50－100－150－100－50，每个压力稳定 10s 以上，记录该压力下的空气流量。

备注：在气密试验过程中，会有"胶带或塑料薄膜将整个幕墙样件密封"，以及"拆除密封胶带或塑料薄膜"的两个动作。

2）建筑幕墙的水密性能检测

通过试验检测，确定幕墙检测试件在可开启部分为关闭状态时，在风雨同时作用下，阻止雨水渗漏的能力。

水密性能指标，它表征的是建筑幕墙的舒适性能。

试验程序（通常采用稳定加压的形式）：

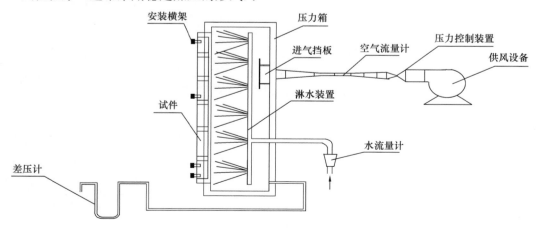

建筑幕墙水密检测装置示意图

➢预备加压。压力 500Pa，加压速度 100Pa/s，持续时间 3s，泄压不小于 1s；

➢淋水。均匀地淋水，淋水量 3L/(m² · min)；

➢加压。在淋水的同时施加稳定压力，定级检测时，逐级加压至幕墙固定部分严重渗漏为止；工程检测，首先加压至可开启部分设计指标值，压力稳定作用时间 15min 或幕墙试件可开启部分产生严重渗漏为止，然后加压至幕墙固定部分设计指标值，压力稳定作用时间 30min 或幕墙试件固定部分产生严重渗漏为止，无可开启部分的幕墙试件，压力稳定作用时间 30min 或产生严重渗漏为止。

表 1　稳定加压顺序表

加压顺序	1	2	3	4	5	6	7	8
检测压力差/Pa	0	250	350	500	700	1000	1500	2000
持续时间/min	10	5	5	5	5	5	5	5

注：水密设计指标值超过 2000Pa 时，按照水密设计压力值加压。

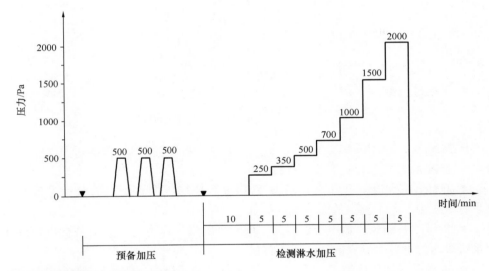

注：图中符号▼表示将试件的可开启部分开关5次。

图 4　稳定加压顺序示意图

备注：水密性能的检测采用两种加压方式，稳定加压和波动加压。

● 定级检测和工程所在地为非热带风暴和台风地区时，采用稳定加压。

● 如工程所在地为热带风暴和台风地区时采用波动加压。

关于严重渗漏的判定：

严重渗漏：雨水从幕墙试件室外侧持续或反复渗入室内侧，发生喷溅或流出试件界面的现象。

渗漏状态分为五种：

a. 室内出现水滴；

b. 水珠连成线，但未渗出试件表面；

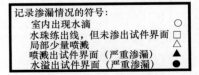

记录渗漏情况的符号：
室内出现水滴　　　　　　　　　　○
水珠练出线，但未渗出试件界面　　□
局部少量喷溅　　　　　　　　　　△
喷溅出试件界面（严重渗漏）　　　▲
水溢出试件界面（严重渗漏）　　　●

451

c. 局部少量喷溅；

d. 喷溅出试件界面（持续）；

e. 水溢出试件界面（持续）。

只有 d、e 两项才能判定为严重渗漏。

3）建筑幕墙的抗风压性能检测

通过试验检测，确定幕墙检测试件在可开启部分处于关闭状态时，在风压作用下，幕墙变形不超过允许值且不发生结构损坏（如：裂缝、面板破损、局部屈服、粘接失效等）及五金件松动、开启困难等功能障碍的能力。

抗风压性能指标，表征的是建筑幕墙的安全性能。

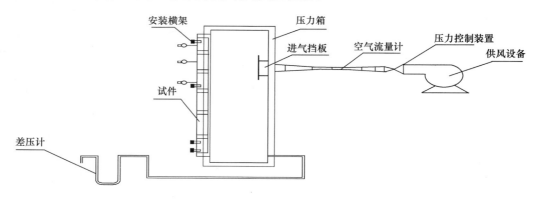

建筑幕墙抗风压检测装置示意图

试验程序（工程检测）：

● 确定最大变形处，安装位移针；

● 正压预备加压；正压变形检测 P_1：分级增加压力直到风荷载标准值的 40%（P_1），记录每级压力下各个测点的面法线位移量；

● 负压预备加压；负压变形检测 $-P_1$：分级增加压力直到风荷载标准值的 40%（P_1），记录每级压力下各个测点的面法线位移量；

● 正压反复加压检测 $P_2=1.5P_1$；负压反复加压检测 $-P_2=1.5P_1$；

● 以检测压力 $P_2=1.5P_1$ 为平均值，以平均值的 1/4 为波幅，进行波动检测，先后进行正负压检测。波动压力周期为 5～7 秒，波动次数不少于 10 次。

● 安全检测 $P_3=2.5P_1$；使压力升至 $P_3=2.5P_1$（此处 P_3 是对应幕墙设计风荷载标准值），随后降到 0，然后在降至 $-P_3$，随后升至 0，整个过程升、降压速度 300～500Pa/s，压力持续时间不少于 3s，记录面法线位移量、功能障碍、破损部位及情况。

● 判定等级：如未出现功能障碍及损坏，就可根据 P_3 确定幕墙等级，判定能否满足工程设计要求。

抗风压性能检测加压顺序

4）建筑幕墙的平面内变形能力检测

通过试验检测，确定幕墙检测试件在楼层反复变位作用下保持其墙体及连接部位不发生危及人身安全的破坏的平面内变形能力。

平面内变形能力指标，是用平面内层间位移角进行度量。

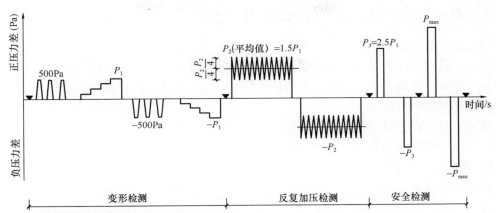

注：1:当工程有要求时，可进行P_{max}的检测（$P_{max}>P_3$）。

注：2:图中符号▼表示将试件的可开启部分开关5次。

图 7　检测加压顺序示意图

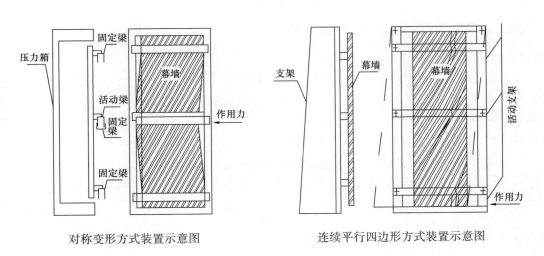

对称变形方式装置示意图　　　　　连续平行四边形方式装置示意图

试验程序：

预备加荷：以 1/600 位移角进行预加载正式加荷：从分级指标值的最低级开始，每级使模拟相邻楼层在幕墙内沿水平方向作左右相对往复移动三个周期，详细记录各级位移复位后幕墙试件的破损情况。

工程检测时，逐级检测到幕墙设计层间位移角为止，如没出现危及人身安全的破损就可判定为合格。

备注：试验时，是通过外力使安装上试件的横梁在幕墙平面内沿水平方向进行低周反复运动，模拟受地震或风荷载时幕墙产生平面内变形的作用。

表 2　建筑幕墙平面内变形性能分级

分级代号	1	2	3	4	5
分级指标值 γ	γ<1/300	1/300≤γ<1/200	1/200≤γ<1/150	1/150≤γ<1/100	γ≥1/100

注：表示分级指标为建筑幕墙层间位移角。

6 建筑幕墙四性检测—本项目试验样件的要求

试验样件要求：

构件式幕墙试件宽度至少应包括一个承受设计荷载的典型垂直承力构件。试件高度不宜小于一个层高，并应在垂直方向上有两处或两处以上与支撑结构相连接。推荐高度一个楼层以上，宽度至少两个分格。

其他试验所需资料

a. 板块分格图、节点图、计算书；

b. 监理证书复印件；

c. 型材厂家；

d. 结构胶、耐候胶品牌代号；

e. 玻璃厂家；

f. 立梃、横梁规格、表面处理。

另需有 2～3 名工人候场，准备双面胶条一捆，项目指定用透明玻璃胶一箱。

7 建筑幕墙四性检测—性能指标要求

1）气密性能

气密性能指标应符合《民用建筑热工设计规范》（GB 50176）、《公共建筑节能设计标准》（GB 50189）、《夏热冬冷地区居住建筑节能设计标准》（JGJ 134）、《严寒和寒冷地区居住建筑节能设计标准》（JGJ 26）的有关规定，并满足相关节能标准的要求，一般情况可按下表确定。

表 3　建筑幕墙气密性能设计指标一般规定

地区分类	建筑层数、高度	气密性能分级	气密性能指标小于	
			开启部分 q_L (m³/m·h)	幕墙整体 q_A (m²/m²·h)
夏热冬暖地区	10 层以下	2	2.5	2.0
	10 层及以上	3	1.5	1.2
其他地区	7 层以下	2	2.5	2.0
	7 层及以上	3	1.5	1.2

2）水密性能

《建筑气候区划标准》（GB 50178）中，ⅢA 和ⅣA 地区，即热带风暴和台风多发地区按下式计算，且固定部分不宜小于 1000Pa，可开启部分与固定部分同级。

$$P = 1000 \times \mu_z \times \mu_c \times W_0$$

式中　P——水密性能指标

　　　μ_z——风压高度变化系数

　　　μ_c——风力系数

　　　W_0——基本风压

其他地区可按上式计算值的 75% 选取，且固定部分取值不宜低于 700Pa，可开启部分与固定部分同级。

表 4　建筑幕墙水密性能分裂

分级代号		1	2	3	4	5
分级指标值 $\Delta P/P_a$	固定部分	$500 \leqslant \Delta P < 700$	$700 \leqslant \Delta P < 1000$	$1000 \leqslant \Delta P < 1500$	$1500 \leqslant \Delta P < 2000$	$\Delta P \geqslant 2000$
	可开启部分	$250 \leqslant \Delta P < 350$	$350 \leqslant \Delta P < 500$	$500 \leqslant \Delta P < 700$	$700 \leqslant \Delta P < 1000$	$\Delta P \geqslant 1000$

注：5 级时需同时标注固定部分和开启部分 ΔP 的测试值。

3）抗风压性能

幕墙的抗风压性能指标应根据幕墙所受的风荷载标准值 W_k 确定，其指标值不应低于 W_k，且不应小于 1.0kPa。

表 5　建筑幕墙抗风压性能分级

分级代号	1	2	3	4	5	6	7	8	9
分级指标值 P_3/kPa	$1.0 \leqslant P_3 < 1.5$	$1.5 \leqslant P_3 < 2.0$	$2.0 \leqslant P_3 < 2.5$	$2.5 \leqslant P_3 < 3.0$	$3.0 \leqslant P_3 < 3.5$	$3.5 \leqslant P_3 < 4.0$	$4.0 \leqslant P_3 < 4.5$	$4.5 \leqslant P_3 < 5.0$	$P_3 \geqslant 5.0$

注 1：9 级时需同时标注 P_3 的测试值。如：属 9 级（5.5kPa）。

注 2：分级指标值 P_3 为正、负风压测试值绝对值的较小值。

幕墙的相对挠度和绝对挠度要求。

表 6　幕墙支承结构、面板相对挠度和绝对挠度要求

支承结构类型		相对挠度（L 跨度）	绝对挠度/mm
构件式玻璃幕墙 单元式幕墙	铝合金型材	$L/180$	20（30）*
	钢型材	$L/250$	20（30）*
	玻璃面板	短边距/60	—
石材幕墙 金属板幕墙 人造板材幕墙	铝合金型材	$L/180$	—
	钢型材	$L/250$	—
点支承玻璃幕墙	钢结构	$L/250$	—
	索杆结构	$L/200$	—
	玻璃面板	长边孔距/60	—
全玻幕墙	玻璃肋	$L/200$	—
	玻璃面板	跨距/60	—

a　括号内数据适用于跨距超过 4500mm 的建筑幕墙产品。

4）平面内变形性能

- 建筑幕墙平面内变形性能以建筑幕墙层间位移角为性能指标；
- 在非抗震设计时，指标值应不小于主体结构弹性层间位移角控制值；

● 在抗震设计时，指标值应不小于主体结构弹性层间位移角控制值的 3 倍。

表 7 主体结构楼层最大弹性层间位移角

结构类型		建筑高度 H/m		
		$H{\leqslant}150$	$150{<}H{\leqslant}250$	$H{>}250$
钢筋混凝土结构	框架	1/550	—	—
	板柱-剪力墙	1/800	—	—
	框架-剪力墙、框架-核心筒	1/800	线性插值	—
	筒中筒	1/1000	线性插值	1/500
	剪力墙	1/1000	线性插值	—
	框支层	1/1000	—	—
多、高层钢结构		1/300		

注 1：表中弹性层间位移角＝Δ/h，Δ 为最大弹性层间位移量，h 为层高。

注 2：线性插值系指建筑高度在 150m～250m 间，层间位移角取 1/800（1/1000）与 1/500 线性插值。

8 建筑幕墙四性检测—试验过程中常见问题

1）气密性能检测（常见问题：漏气）

对框架幕墙来说问题主要集中在可开启部分：

● 开启窗过大，窗框在运输或安装过程中变形，安装后出现扇和框之间不能完全闭合；

● 扇和框之间没有完全闭合，开启扇安装不到位，有连续的缝隙；

● 密封胶条安装大意，胶条断点处未密闭；

2）水密性能检测（常见问题：漏水）

出现问题最多的，比较集中的，基本都在可开启部分，包括五金件安装、胶条的选择、安装工艺不合格等等问题。

● 五金件安装不到位，这会带让密封胶条不能与铝型材贴合，胶条防水线形同虚设；

● 选择的胶条尺寸过小，压缩量不够；

● 胶条下料偏短，对接处存在缝隙，没用密封胶对接。

3）抗风压性能检测

抗风压性能指标的检测，涉及安全性，是四项检测项目中最关键的一项检测 。

常见问题 A，五金件损坏：

常见问题 B，玻璃破损：

四、材料与性能篇

高温陶瓷化室温硫化硅橡胶

林坤华[1] 娄小浩[1] 余 飞[1] 陈中华[1,2]

1 广州集泰化工股份有限公司 广州 510000

2 华南理工大学材料科学与工程学院 广州 510000

摘 要 硅酮密封胶作为室温硫化硅橡胶的一种，是由端羟基聚二甲基硅氧烷为主要原料制成，具有优异的耐老化性和力学性能。本文通过对填料的特殊设计，成功开发出一款在高温中不灰化，不粉化并可陶瓷化的硅酮密封胶。研究了密封胶的力学性能和陶瓷化结构的抗压能力。并且此产品符合《防火封堵材料》（GB 23864—2009）的要求，可以在 1000℃下有效防火 3h，在火灾情况下能有效保持建筑结构完整性。力学性能符合《建筑用阻燃密封胶》（GB/T 24267—2009）。

关键词 室温硫化硅橡胶；陶瓷化；防火密封胶

1 研究背景

近年来，已建和在建的幕墙工程频频发生火灾。像上海公寓大火，重庆居民楼大火，香港旺角嘉禾大厦等高层建筑的重大火灾给老百姓的生命财产造成巨大损失，高层幕墙的防火安全越来越受关注。幕墙的防火安全再一次引起我们的重视。在建筑设计领域，多层建筑的每一个楼层是一个防火分区；楼层之间在楼板边缘应有高度不小于 800mm 的不燃烧墙体，防止下一楼层的火焰卷入上一个楼层。同一个楼层面积大于 2000m² 时，要用防火墙划分为若干个面积不大于 2000m² 的防火分区[1]。这些防火分区之间的部位要有相应的防火设施。同时在防火设计中应明确建筑物的耐火等级、构件材料的燃烧性能和耐火极限，合理划分防火分区，采取适当的防火、防烟措施。防火密封胶作为幕墙防火节点中的一个重要密封材料，能在火灾发生时有效的抑制烟雾，防止蹿火，阻止火灾进一步从建筑缝隙部位蔓延。

2 防火胶的性能要求

硅酮密封胶作为室温硫化硅橡胶的一种，是以端羟基聚二甲基硅氧烷为主要原料制成，具有优异的耐老化性和力学性能，且对大部分建筑材料具有良好的粘接性能，其在 200～300℃下即可燃烧，从某种角度来讲属于可燃物品，后来各大厂家陆续推出阻燃密封胶，以解决普通硅酮密封胶燃烧问题，阻燃密封胶应用于需要抑制燃烧的建筑领域。产品需符合《建筑用阻燃密封胶》（GB/T 24267—2009）标准。合格的阻燃密封胶能做到离火自熄，即不再施加火焰情况下密封胶停止燃烧。虽然如此，阻燃密封胶在持续火焰燃烧下最终仍然会和普通密封胶一样灰化，失去封堵作用。在当前消防领域越来越强调火灾状况下保持建筑构件完整性的大环境下显然不符合要求。

如图 1 所示为建筑缝隙火灾情况下的三种状态，火灾发生时，缝隙依次会窜烟、蹿火，

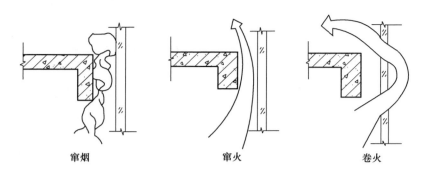

窜烟　　　　　　　窜火　　　　　　　卷火

图1　火灾情况下建筑缝隙的三种情况

火灾严重时候发生卷火，造成火灾失控，燃烧区域扩大。防火密封胶是在超高温度下保持密封胶原有形状为理念而设计出的具有高温陶瓷化功能的防火密封胶。其不仅具有阻燃密封胶离火自熄的阻燃能力，而且能在高温即火灾情况下不灰化，不粉化，发生陶瓷化。继续保持密封胶封堵作用，有效保持建筑构件完整性。防止卷烟、蹿火，其必须符合国家强制标准GB 23864，防火封堵材料能在1000℃至少3h保持背火面温度低于180℃，同时背火胶面需保持完整，不开裂，不窜火。建筑领域采用的防火密封胶最重要的功能是强调火灾情况下保持建筑构件完整性的能力。部分防火密封胶基于膨胀阻燃的理念设计出的产品，在高温下虽然也能满足需求，但从实际角度出发来看，在火灾情况下密封部位容易开裂破碎，有密封失败造成氧气加速进入燃烧区域的潜在隐患。阻燃密封胶更是不能当做防火密封胶使用。

在国民经济尤其是建筑幕墙中具有广泛应用。随着高层幕墙的发展，对于密封胶的功能也不仅局限于优异的粘接性能和耐老化性能。高层建筑的消防安全一直是各领域重点关注和研究的热点课题。

3　实验部分

3.1　主要原料及设备

α，ω—端羟基聚二甲基硅氧烷（107胶），新安化工；陶瓷粉，集泰化工；γ—氨丙基三乙氧基硅烷，新蓝天化工；气相二氧化硅，德国瓦克；交联剂；有机锡催化剂。高速搅拌混合机（佛山金银河）；万能电子拉力机（美特斯）。邵氏A硬度计（标格达）。

3.2　制备工艺

将一定量的107胶与陶瓷粉制成的防火胶浆混合后加入交联剂抽真空搅拌，加气相二氧化硅调节流变性，最后加入KH—550和催化剂抽真空混合制成密封胶，密封包装保存。

3.3　性能测试

根据《建筑密封材料试验方法》（GB 13477—2002）第5部分表干时间测定中的要求测定单组分密封胶的表干时间。

根据《建筑密封材料试验方法》（GB 13477—2002）第8部分拉伸粘接性测试中的要求制样，养护，测其常温下的拉伸粘接强度。

根据《建筑密封材料试验方法》（GB 13477—2002）第9部分浸水后拉伸粘接性测试中的要求制样，养护，测其浸水后的拉伸粘接强。

根据《硫化橡胶或热塑性橡胶压入硬度试验方法第1部分》（GB/T 531—2008）邵氏硬

度计法（邵尔硬度）中要求制样检测。

根据《建筑用阻燃密封胶》（GB/T 24267—2009）中的要求制样测其阻燃性能。

根据《硫化橡胶或热塑性橡胶拉伸应力应变性能的测定》（GB/T 528）中的要求制样做哑铃实验。

根据《防火封堵材料》（GB 23864—2009）中要求，测其防火性能和理化性能。

4　结果与讨论

4.1　填料对密封胶性能影响

如图 2 所示，不同种类的填料对密封胶性能影响程度不同，这主要是受填料本身的粒径和表面处理技术影响。随着添加量的增大，密封胶的抗拉强度都会不同程度的下降。粒径越小的填料由于能被聚硅氧烷分子链更紧密包裹，因此在相同添加量的情况下，粒径更小的陶瓷粉对密封胶的抗拉强度影响更小。

如图 3 所示，选取形成陶瓷化结构时陶瓷粉的最小添加量，并选取相同添加量的不同填料制成密封胶样品，其抗拉强度和伸长率陶瓷粉最优，并且阻燃级别能达到 V-0

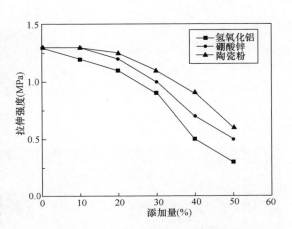

图 2　不同填料对密封胶力学性能影响

级。并且在高温下陶瓷化，氢氧化铝和硼酸锌在单独添加的条件下抗拉强度和阻燃效果不能兼顾，一般复配使用比较合理。但二者都不能使密封胶在高温下陶瓷化。

抗拉强度（MPa）	伸长率（%）	阻燃级别	高温煅烧
氢氧化铝	0.9	50	V-0	粉化
硼酸锌	1.0	60	V-1	粉化
陶瓷粉	1.1	90	V-0	陶瓷化

图 3　相同添加量的填料对密封胶性能影响

4.2　陶瓷化结构研究

本次实验中，把陶瓷粉添加进硅酮密封胶中，在常温下，矿石粉料由密封胶紧密包裹，其不影响密封胶的拉伸和粘接性能，在温度不断升高过程中，矿石粉料通过吸热形成致密保护膜隔绝氧气达到阻燃效果。同时矿石粉料具有成瓷作用的成分与阻燃剂在高温下协同作用，使密封胶在高温作用下烧结形成具有一定强度的陶瓷化结构（图 4）。

如图 5 所示，左图为普通阻燃密封胶在室温下的扫描电镜图，从图中可以看出填料被聚硅氧烷分子链紧密包裹，表面形态较好。中间图片为防火密封胶煅烧前扫描电镜图，从图中可以看出，粉体填料被聚硅氧烷聚合物紧密包裹，呈现较好的交联状态。右图为高温煅烧后扫描电镜图，在高温下，聚硅氧烷分解扩散，陶瓷粉吸热发生相变，形成致密的陶瓷化结构。保证密封胶不粉化，不碎裂。

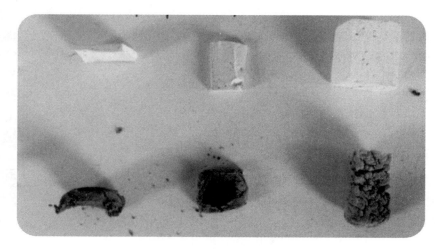

图4　陶瓷化效果示意图

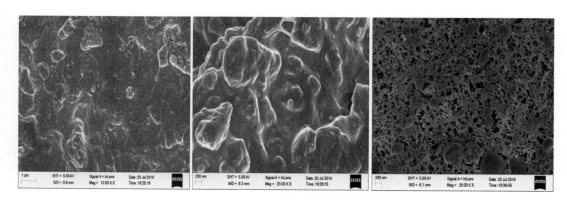

图5　样品在煅烧前后扫描电镜对比图

表1　陶瓷化结构抗压能力

陶瓷化结构规格（mm）	压碎时承受力（N）
20×9×6	221.8
6×11×7	215.6
10×17×12	108.0

　　由于在高温下形成的陶瓷化结构在尺寸上不能像室温胶条一样保持统一的大小。抗压试验选取三块不同尺寸陶瓷化胶条在拉力机上进行抗压试验。防火胶的陶瓷化结构受升温曲线、压力、缝隙宽度等多方面因素影响[3]。从实验可知，虽然最大承受力受不规则结构影响，但陶瓷化后的胶条小段仍然具有良好的承受能力。

4.3　防火密封胶与普通密封胶理化性能对比

　　表2是防火密封胶与普通硅酮密封胶主要指标对比，从表可知，在外观、表干时间、挤出性、下垂度等密封胶基础指标上二者没有明显区别，这主要是由于决定二者理化性能的基础聚合物相同[4]，最显著的差异表现在阻燃性能和防火性能。防火密封胶阻燃性能达到FV－0级要求，最主要的防火性能主要包括两个方面，一个是耐火完整性，一个是耐火隔热

性，达到 A3 级别的防火密封胶需要在 1000℃3h 下同时满足背火胶面完整和背火胶面表面温度低于标准要求两项指标。阻燃密封胶具有离火自熄的能力，阻燃性能达到 FV-0 级要求不具备防火能力。设计满足 GB 23864—2009《防火封堵材料》标准要求的防火密封胶可以有多种方案，本文中的防火密封胶属于高温陶瓷化室温硫化硅橡胶，具有优异的耐火性能。

表2　防火密封胶阻燃密封胶和普通密封胶性能对比

序号	测试标准	检验项目		标准要求	防火密封胶	阻燃密封胶	普通密封胶
1	GB 23864	耐火性能	耐火完整性	A3≥3.00h，试件背火面无连续 10s 的火焰穿出。棉垫未着火。	符合 A3 级	不耐火	不耐火
			耐火隔热性	A3≥3.00h，被检试样背火面任何一点温升＜180℃，背火面框架表面任何一点温升＜180℃。	符合 A3 级	不耐热	不耐热
3	GB 23864	外观		液体或膏状材料	合格	合格	合格
13	GB/T 24267	表干时间		≤3h	25min	23min	25min
14	GB/T 24267	挤出性 ml/min		≥80	351	309	300
15	GB/T 24267	断裂伸长率%		≥25	91	110	150
18	GB/T 24267	阻燃等级		FV-0	FV-0	FV-0	燃烧

5　结语

本文介绍了建筑防火的基本知识，对硅酮密封胶填料进行优化设计，对比了集泰化工的陶瓷粉和普通阻燃填料对密封胶力学性能的影响，并采用合适比例的陶瓷粉制成一款高温陶瓷化室温硫化硅橡胶，并将其作为防火密封胶应用于建筑防火领域，其力学性能符合密封胶基本要求，防火性能符合国家强制标准，实验证明其在 1000℃ 3h 下背火面温度远远低于标准要求，只有 40℃，是一款合格的防火密封胶。

参考文献

[1]　中国建筑标准设计研究院《建筑设计防火规范》图示 2015 年修改版
[2]　黄文润《液体硅橡胶》
[3]　宋希文安胜利《耐火材料概论》
[4]　来国桥辛松民《有机硅产品合成工艺及应用》

作者简介：

林坤华（Lin Kunhua），男，1962 年生，广州集泰化工股份有限公司，主要从事硅酮密封胶的研究工作，联系地址：广州黄埔区科学城南翔一路 62 号 c 座，邮编：510000，电话：13825106026；E-mail：13825106026@163.com。

门窗用密封胶的正确选用

蒋金博 张冠琦

广州市白云化工实业有限公司 广东广州 510540

摘 要 本文首先对门窗用密封胶标准做了简单介绍。用户要选择符合相应标准的密封胶产品，还需考虑到实际用途正确选用；同时，还要尽可能选用高品质的密封胶产品，千万不能选用填充矿物油的硅酮密封胶。笔者通过测试数据和案例对目前市场上部分填充矿物油的硅酮密封胶的危害进行了分析和阐述，并介绍了鉴别充油硅酮胶的方法。

关键词 门窗，密封胶，选用

Abstract The standards of sealants for doors and windows have been introduced in this paper. It is necessary to choose sealants which not only conform to the standards but also meet the applications. Furthermore，doors and windows needs silicone sealant with high quality and non—filled mineral oils. The detriments of silicone sealant which is filled mineral oils is analyzed by testing data and application，the method of distinguishing silicone sealant whether filled mineral oils is also introduced.

Keywords doors and windows，sealant，application

随着生活质量的不断提高，人们对住宅质量与性能有了明确要求，建筑门窗的节能性能、安全性能、隔音降噪、防晒、舒适度、耐用度受到越来越多的重视。消费者在购买建筑门窗产品时不仅要求产品美观，还越来越关注性能的优异。

密封胶在门窗制造过程中虽然只是辅助材料，所占成本比重很小，但是对门窗的性能起着相当重要的作用，特别是在水密、气密、保温、隔声等方面起着至关重要的作用[1]。

密封胶如果有质量问题，将导致漏水、漏气等问题，会严重影响门窗的气密性能和水密性能；因此要格外注意密封胶的正确选用，不可马虎敷衍，以免密封胶起不到应用的作用，导致门窗性能达不到预期要求。

1 门窗用密封胶的标准介绍

如何正确地选用门窗用密封胶？首先我们要选择符合标准的产品。笔者在此先对门窗用密封胶常用的几个标准进行介绍。

1.1 《硅酮建筑密封胶》(GB/T 14683—2003)[2]

《硅酮建筑密封胶》(GB/T 14683—2003) 参考了 ISO11600：2002，根据位移能力分为25 级、20 级，根据拉伸模量分别对低模和高模进行了区分。该标准中规定了镶装玻璃和建筑接缝用硅酮密封胶的产品分类、要求、试验方法和检验规则等。GB/T 14683—2003 密封胶级别分级如下：

表 1　《硅酮建筑密封胶》（GB/T 14683—2003）理化性能

序号	项　目		技术指标			
			25HM	20HM	25LM	20LM
1	密度（g/cm³）		规定值±0.1			
2	下垂度	垂直	≤3			
		水平	无变形			
3	表干时间（h）		≤3			
4	挤出性（mL/min）		≥80			
5	弹性恢复率（%）		≥80			
6	拉伸模量（MPa）	+23℃	>0.4 或>0.6		≤0.4 和≤0.6	
		−20℃				
7	定伸粘结性		无破坏			
8	紫外线辐照后粘结性		无破坏			
9	冷拉—热压后粘结性		无破坏			
10	浸水后定伸粘结性		无破坏			
11	质量损失（%）		≤10			

《硅酮建筑密封胶》（GB/T 14683—2003）适用于室温固化的单组分硅酮密封胶，符合该标准的产品完全适用于门窗的加工制作和安装。

1.2　《混凝土建筑接缝用密封胶》（JC/T 881—2001）[3]

《混凝土建筑接缝用密封胶》（JC/T 881—2001）制定时间较早，该标准非等效采用《建筑结构—密封材料—分类及要求》（ISO11600：1993）中 F 类产品的质量要求。因此，《混凝土建筑接缝用密封胶》（JC/T 881—2001）与 ISO11600 中 F 类分级和要求基本一致，根据位移能力分为 25 级、20 级、12.5 级和 7.5P 级，其中 25 级、20 级根据拉伸模量分别对低模和高模进行了区分，12.5 级按弹性恢复率分为弹性（E）和塑性（P）。

该标准中规定了混凝土接缝用密封胶的分类、技术要求、试验方法和检验规则等，符合该标准且位移能力不低于 12.5E 级的密封胶产品适用于门窗的安装。

1.3　《建筑窗用弹性密封胶》（JC/T 485—2007）[4]

《建筑窗用弹性密封胶》（JC/T 485—2007）参考了《建筑材料》（JIS A 5758：2004）和《建筑密封材料试验方法》（JIS A 1439：2004）。将密封胶根据物理力学性能要求分为 1 级、2 级、3 级，各级别主要力学性能指标要求见表 2。该标准参照的是日本标准，因此与上述两个标准分级有较大差别，但其分级的依据主要还是密封胶的位移能力。

表 2　《建筑窗用弹性密封胶》JC/T 485—2007 对窗用弹性密封胶分级和主要性能指标

项　目		1 级	2 级	3 级
拉伸粘结性能（MPa）　≤		0.4	0.5	0.6
热空气—水循环后定伸性能（%）		100	60	25
水—紫外线辐照后定伸性能（%）		100	60	25
低温柔性（℃）		−30	−20	−10
热空气—水循环后弹性恢复率（%）　≥		60	30	5
拉伸压缩循环性能	耐久性等级	9030	8020，7020	7010，7005
	粘结破坏面积（%）　≤	25		

该标准规定了建筑门窗及玻璃镶嵌用弹性密封胶的产品分类、要求、试验方法、检验规则等，适用产品类型包括硅酮和除硅酮以外的以合成高分子材料为主要成分的弹性密封胶。该标准只适用门窗接缝密封和玻璃镶嵌，不适用于建筑幕墙和中空玻璃。

2 密封胶的正确选用

2.1 正确选择符合标准的产品

在密封胶的选用过程中，除应关注其符合的标准，还应关注其对应的位移级别。位移能力是衡量密封胶弹性的最关键指标，位移能力越高，密封胶弹性越好。门窗的加工和安装应选用位移能力不低于 12.5 级的产品，以保证门窗的长久气密性和水密性。

《硅酮建筑密封胶》（GB/T 14683）有 25 级、20 级两个位移能力级别，符合该标准的产品品质较高。

在门窗安装使用过程中，普通密封胶与水泥混凝土的粘结效果通常比与门窗铝型材或玻璃的粘结效果会差一些，因此，门窗安装所用密封胶选用符合《混凝土建筑接缝用密封胶》（JC/T 881）的产品更为合适。

《建筑窗用弹性密封胶》（JC/T 485）由于参考的是日本标准，该标准分级和性能指标与其他接缝用密封胶有很大差别，为了标准体系的统一，该标准将改为与其他接缝密封胶标准类似的分级方法。因此，国内采用该标准的产品越来越少；而且该标准中的 3 级产品位移能力偏低，不适用于要求较高的门窗的加工和安装。

高位移级别产品承受接缝位移变化的能力更强，笔者建议尽可能选择高位移级别的产品。

2.2 根据用途正确选择密封胶产品

隐框窗、隐框开启扇需要结构密封胶起到结构粘结作用，一定要用硅酮结构密封胶，其粘结宽度和厚度要符合设计要求[5]。

在门窗安装过程中，石材接缝或一边是石材的接缝用密封胶应选用符合 GB/T 23261 标准的石材专用密封胶。

防火门窗或对耐火完整性有要求的建筑外门窗，选用防火密封胶更为合适。

对防霉有特殊要求的应用场所，如厨房、卫浴以及阴暗潮湿的部位，门窗接缝密封宜选用防霉密封胶。

2.3 不要选择充油的硅酮密封胶

硅酮密封胶与其他种类的密封胶相比，最大的特点是具有优异的耐紫外老化和耐气候老化性能，因而成为建筑幕墙、门窗和中空玻璃用密封胶的首选。但是，并不是所有的硅酮密封胶都具备优异的耐老化性能。

目前市面上充斥着大量的充油的门窗胶，美其名曰"流通胶"，该类产品填充了大量的矿物油，耐老化性能差，会导致诸多质量问题。

1）充油硅酮密封胶的组成

硅酮密封胶主要由有机硅基础聚合物、填料和助剂三部分组成，在这三种原材料中，有机硅基础聚合物价格高，同时在合理的硅酮密封胶配方中含量也最高，因此其成本常常占整个硅酮胶原材料成本的 75% 以上。考虑到性能，质量优良的硅酮密封胶产品中有机硅基础聚合物含量可达到 50%，甚至更高；但部分生产厂家只考虑成本而不顾性能，为了降低硅酮密封胶的成本，向密封胶中添加大量的低价填料，掺入矿物油，进而大幅降低有机硅基础聚合物的含量[6]。掺入了矿物油的硅酮密封胶，在行业内称为"充油硅酮密封胶"。矿物油属于饱和烷烃类石油蒸馏分，由于其分子结构与有机硅相差很大，因此其与硅酮密封胶体系相容性差，一段时间后，会从硅酮密封胶中迁移、渗透出来，而且在接触光和热时会慢慢氧化。因此，"充油密封胶"刚开始弹性还可以，使用一段时间后，填充的矿物油从密封胶中迁移、渗透出来，密封胶就会变硬、开裂、甚至出现不粘接的问题[7]。

市面上大部分低价硅酮密封胶填充了矿物油，其有机硅基础聚合物含量远低于 50％，部分甚至不到 20％。

2）硅酮密封胶的组成对耐老化性能影响

合理的硅酮密封胶配方组成是保证其性能的基础。我们知道硅酮密封胶优异的耐老化性能是由于其特殊的以硅—氧—硅键为主链的分子结构决定的，有机硅基础聚合物含量直接影响着硅酮密封胶的长期耐老化性能和耐久年限。如果硅酮密封胶掺入了矿物油、廉价填料，有机硅基础聚合物的含量明显下降，其耐久性必将会受到严重影响！

从表面上看，这些低成本的"充油硅酮密封胶"与不充油的硅酮密封胶无太大区别。部分产品甚至做得外观很好，很光亮，固化速度也快，初期固化力学性能也好。但随着使用时间的延长，充油硅酮密封胶与不充油的硅酮密封胶差异逐渐显现。

图 1 是充油硅酮密封胶与不充油的硅酮密封胶按照美国标准 ASTM C 1184 中紫外老化要求分别进行 5000h 紫外老化试验的对比，填充 15％矿物油的硅酮密封胶，在进行 5000 小时老化试验之前，最大强度伸长率与不充油的硅酮密封胶几乎无差异。但老化 500 小时后，其性能就出现了明显差异，充油硅酮密封胶弹性急剧下降，胶体变硬，失去弹性；老化 3500 小时后，粘结性也出现了问题，出现了严重脱胶的情况。而不充油的硅酮密封胶经过 5000 小时老化试验后，性能依然保持不变[8]。

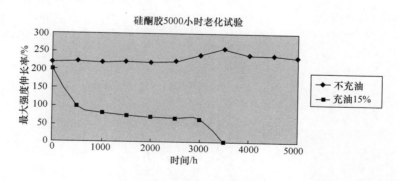

图 1　硅酮胶耐老化试验

3）充油硅酮密封胶的危害

门窗密封胶主要用于门窗的接缝密封，保证门窗的气密性、水密性。充油硅酮密封胶应用到门窗密封，往往不到一至两年就出现密封失效，导致门窗出现漏水（图 2），能耗上升，严重影响到正常使用。

如充油门窗密封胶与中空玻璃有接触，所充的矿物油还会迁移渗入到中空玻璃，导致中空玻璃的一道密封丁基胶被溶解而出现流油现象（图 3）。

4）充油硅酮密封胶使用成本分析

图 2　充油门窗密封胶导致开裂漏水

图 3　充油门窗密封胶
导致中空玻璃流油

行成本计算的。

图 4 是优质密封胶和劣质密封胶长期使用后的成本对比分析。选择优质密封胶产品，虽然在初期购买密封胶的价格略高一点，但是可以长期保存其使用性能，不会有质量问题。选用低价的劣质"充油密封胶"，虽然价格便宜，初期投入成本稍低；但是出了问题以后，后期的维护费用、返工时付出的产品成本、人工成本、品牌损失等等，这些代价可能是密封胶本身价格的几倍甚至几十倍；不仅没有节省费用，反而给用户增加了非常多的麻烦。

密封胶在门窗所占成本很低，但对质量和使用寿命至关重要。门窗是一个性能系统的有机组合，对各组成材料质量和性能稳定性需要有较高的要求，因此，密封胶的质量和性能稳定性非常重要。"充油硅酮密封胶"在给用户带来质量问题和安全隐患的同时，也造成门窗品牌信誉和业主信誉造成严重受损，这些损失更是无法进

用胶成本对比

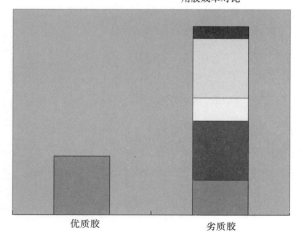

- ■ 返工人工
- □ 返工胶成本
- □ 脚手架费用
- ■ 割胶人工
- ■ 胶成本

优质胶　　　劣质胶

图 4　用胶成本对比

5）充油密封胶的鉴别

国家标准 GB/T 31851—2015《硅酮结构密封胶中烷烃增塑剂检测方法》于 2015 年 7 月发布，2016 年 6 月 1 日已实施。该标准适用于热重分析、热失重和红外光谱分析方法，定量或定性检测硅酮结构密封胶中的烷烃增塑剂（矿物油），也适用于其他硅酮密封胶[9]。

该标准规定的热重分析试验方法可定量判定被测样品中烷烃增塑剂的含量，但该方法仅适用于双组分密封胶。红外光谱试验分析方法采用傅立叶变换红外光谱仪（FTIR），该方法可同时适用于单组分和双组分密封胶，但只能定性。以上两种方法都可以快速鉴别密封胶是否充油，但是需要专业仪器和专业的分析人员。除此之外，GB/T 31851—2015《硅酮结构密封胶中烷烃增塑剂检测方法》中还有热失重法，该方法利用烷烃增塑剂在高温下易挥发的特点，采用鼓风式干燥箱和分析天平，一般的实验室可具备条件进行检测。

GB/T 31851—2015 规定的三种方法虽然都可以鉴别硅酮密封胶是否"充油"，但必须具备实验室的基本条件。在不具备实验室条件的施工现场或生产车间如何有效鉴别？笔者在这里给大家介绍一个既简单又非常有效的鉴别方法——塑料薄膜测试方法。该方法利用的是矿物油与硅酮胶体系的相容性差、容易从硅酮胶体系中迁移、渗透出来的原理。将充油的硅酮密封胶与塑料薄膜充分接触，矿物油会渗透到塑料薄膜里面，导致塑料薄膜变得不平整。该方法对单组分和双组分密封胶都适用。实验过程还发现：填充的矿物

图 5　在塑料薄膜表面涂抹密封胶

油的量越大，塑料薄膜出现收缩的时间越短、收缩现象越明显。

该方法所需材料仅为一块平整的软质塑料薄膜（比如农用塑料薄膜、PE 膜）。试验过程中将密封胶样涂抹在塑料薄膜上，刮平，使其与塑料薄膜有较大的接触面积，如图 5 所示。数小时后，一般在 24 小时内，密封胶有没有充油就能予以鉴别。密封胶如有充油，与之接触的塑料薄膜会收缩起皱（图 6），而不充油的密封胶即使放置更长时间，与之接触的塑料薄膜都不会收缩起皱（图 7）。

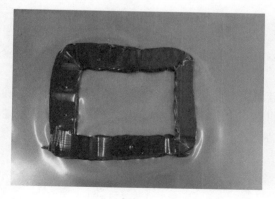

图 6　充油的密封胶

图 7　不充油的密封胶

2.4 产品品牌的选择

密封胶经过近十年来的迅速发展，目前市场生产厂家众多，竞争激烈，产品良莠不齐。据行业内反馈，部分门窗产品在设计使用寿命内，有的甚至不到一年，就出现了因密封胶质量问题导致的接缝密封失效的现象，表现形式有粘结失效、胶缝收缩、胶缝开裂粉化、渗油、溶解中空玻璃丁基胶导致中空玻璃失效等现象，给用户造成重大损失，给密封胶行业造成了严重的负面影响。因此，笔者建议用户在选择密封胶时应考虑产品品牌，如何选择产品品牌，建议用户从以下几个方面考虑：

1）产品的质量稳定性[10]

众所周知，某一批产品合格不代表每一批产品都合格，产品质量的稳定性有时候比其性能突出更加重要。某些厂家产品检测报告宣称满足某标准某级别，实际生产中因其生产过程质量波动及其质量控制水平等原因，造成产品性能下降而达不到其所宣称的级别。质量稳定性的重要性不言而喻，而保障质量稳定性要靠技术实力、先进的自动化设备和管理体系，要靠多年的积累。建议选择通过 ISO 9001/ISO 14001/OHSAS 18001 质量、环境、职业健康安全一体化管理体系认证的企业，以及具有全自动连续化生产线的企业。很难想象一个缺乏生产经验、没有技术团队、没有先进生产设备、没有完善质量管理体系的厂家能生产出没有波动、质量稳定的产品。

2）售后服务能力和水平

由于所使用材料、设备、环境影响和人员操作的熟练程度等原因，有时密封胶产品在使用过程中会遇到一些的问题，如果密封胶生产厂商的服务及时有效，通常会使问题很快得到解决。如果生产厂商的服务能力跟不上，服务不及时，则会对施工工期和施工质量造成很大影响。

3）产品价格

对用户而言，产品价格不是越低越好，用户需要的是合适的、性价比高的产品；只有将价格与上述因素综合起来进行考虑，才能选择到性价比高的产品。密封胶在整个门窗中的成本中所占的比例很低，却对门窗的质量和使用寿命有着很大的影响。劣质产品虽然价格便宜，但其粘结密封性能及耐久性方面下降明显，会带来诸多的质量问题，给门窗用户品牌信誉造成的重大损失，往往远超过密封胶的产品价格。

3 结语

通过测试数据和案例对目前市场上部分填充矿物油的硅酮密封胶的危害进行了分析和阐述；填充矿物油的硅酮密封胶耐老化性能差，会给用户带来诸多质量问题，文中介绍了相应的鉴别方法，能有效鉴别硅酮密封胶是否充油。

用户选择密封胶时，千万不要选用充油的硅酮密封胶。选用时，需考虑到实际用途正确选用，选择符合相应标准的密封胶产品。在此前提下，还有必要对密封胶质量和性能稳定性提出更高的要求，尽可能选择高位移级别、高品质的产品，同时还需关注产品品牌、质量稳定性以及售后服务质量。

参考文献

[1] 姚化泽，车建军，陈东. 密封胶在门窗中的应用[J]，门窗，2015，6：26-29.

［2］　GB/T 14683—2003《硅酮建筑密封胶》［S］.

［3］　JC/T 881—2001《混凝土建筑接缝用密封胶》［S］.

［4］　JC/T 485—2007《建筑窗用弹性密封胶》［S］.

［5］　GB/T 8478—2008《铝合金门窗》［S］.

［6］　赵陈超，章基凯.硅橡胶及其应用［M］，化学工业出版社，2015，297-298.

［7］　杨潇柯，张艳红.掺矿物油硅酮密封胶的性能及对玻璃幕墙的危害［J］，中国建筑防水，2011，9：13-15.

［8］　ASTM G 154—2006《Standard Practice for Operating Fluorescent Light Apparatus for UV Exposure of Nonmetallic Materials》［S］. ASTM Special Technical Publication，2006

［9］　GB/T 31851—2015《硅酮结构密封胶中烷烃增塑剂检测方法》［S］.

［10］　张冠琦.中空玻璃二道密封胶的选择与使用［C］. 2009 中国玻璃行业年会暨技术研讨会论文集：126-129.

组角胶在铝门窗节能中的应用

刘亚琼　龚洪洋　尹业琳　岳丽清　崔　洪

郑州中原思蓝德高科股份有限公司　郑州　450007

摘　要　随着建筑行业的不断发展，铝门窗也在不断的引进先进的节能技术。使用专用组角胶，可以有效提高铝门窗隔热性、气密性、水密性、隔声性等性能，保证铝门窗的节能效果。

关键词　铝门窗；节能；组角胶

Applications of Corner-combining Sealant in the Aluminium Window Energy Efficiency

Liu Yaqiong，Gong Hongyang，Yin Yelin，Yue Liqing，Cui Hong

(Zhengzhou Zhongyuan Silande High Technology Co.，
Ltd，China，Zhengzhou，450007)

Abstract　With the development of construction industry，aluminum Windows has been the introduction of advanced energy saving technology. the application of corner-combining sealant can improve the heat insulation performance，air tightness，water tightness and sound-insulation of aluminium window.

Keywords　aluminium window；energy efficiency；corner-combining sealant

　　当前，节能和环保已成为人类改善生存环境，社会寻求良性发展的主题之一。随着经济发展和人们生活质量的不断提高，建筑能耗已占到全国能耗 40％ 以上，成为能源消耗中不可忽视的一部分。门窗作为建筑围护结构中不可缺少的重要组成部分，可保证建筑的采光和通风，提高建筑物的美观性和居住舒适度，但同时，也是建筑围护结构中耗能最大的因素。有研究表明[1,2]，在建筑能耗中，通过玻璃门窗造成的能耗占到了建筑总能耗的 50％ 左右；其中由文献中[3]多层建筑的能耗分析可知，门窗散热约占建筑总散热的三分之一以上。因此，提高门窗的节能性能已经成为实现建筑节能的关键所在。采用新型节能材料、高效的保温系统和采光、遮阳设计等节能技术的节能门窗能够将整个建筑物的能源损耗降低将近 40％[4]。隔热断桥铝门窗更因为其优异的节能、隔声、防噪、防尘、防水等功能受到广大业主的青睐。而此类门窗在生产过程中，不可避免地存在着必要的切割组装工艺。简单地依靠精密的切割设备、适当的角码连接以及组角机组角固定生产的门窗角部，很容易在生产、运输、安装和长期的使用过程中受各种力的作用受到破坏[5]。使用专用组角胶，可以有效解决铝门窗的角部问题，提高铝门窗隔热性、气密性、水密性、隔音性等性能，保证铝门窗的节能效果。本文从铝门窗角部问题形成的原因、组角胶的作用和特点介绍以及组角胶应用技术现状进行了概括介绍。

1　角部问题形成原因

1.1　温差

材料自身由于温度的改变通常会引起一定的应力作用，表现为线性膨胀/收缩率。

铝合金型材在正常使用温度范围内的尺寸变化，即线性膨胀/收缩率计算公式为：

$$L = L_0(1 + \alpha \Delta T)$$

式中　L——变化后的长度；

　　　L_0——原长度；

　　　α——膨胀/收缩系数，在$-40\sim50℃$的范围内，其值为$2.4\times10^{-5}℃$；

　　　ΔT——摄氏温度变化值。

由公式计算，1m 长铝合金型材在$-40\sim50℃$的范围内 90℃温差变化下产生的变化量：

$L=1m\times（1+2.4\times10^{-5}\times90）=2.16mm$

这个 2.16mm 的变化率足以使门窗角部各零件相互位置错乱或变形，造成角部强度和密封性能下降，节能更无从谈起。

1.2　外力

许多无处不在、无可避免的必然和偶然的外力引起的变形应力会导致门窗的角部问题，例如：生产、运输以及安装施工过程中，产生的不同程度的碰撞、敲击；门窗安装完成后，长期随自身重量以及窗洞口、墙体变形静应力作用；开关窗、风压、环境声波等振动影响。这些均可造成门窗气密、隔热、隔音、隔尘性能下降，严重时还会引起门窗变形，成为门窗能耗产生的主要原因。

2　组角胶的作用和特点

为了解决铝门窗的角部问题，生产出符合节能性能要求的铝门窗，有效的做法是使用一种专为门窗设计的组角密封胶（简称组角胶），将角码或插件和型材腔壁进行粘接，起结构加强和密封作用，避免门窗框架因温差和外力形变造成错位变形，从而保证了门窗的气密、隔热、隔音、隔尘等性能。

因此，组角胶的性能需要满足：（1）硬度高、强度大、韧性好，可以使角码与型材腔壁之间形成结构性连接的同时也具有极好的防水性能；（2）可略微发泡、膨胀，形成金属与金属连接之间的弹性垫，以减弱各种力的传导，起到避震、缓冲垫的作用；（3）耐老化性要好，可耐$-40℃\sim80℃$的温度变化。

目前专业组角胶多为聚氨酯类密封胶。聚氨酯胶结构中含有很强极性和化学活泼性的—NCO（异氰酸根）、—NHCOO—（氨基甲酸酯基团），对金属、玻璃、塑料等表面光洁的材料都有优良的化学粘结力，具有较高的强度、硬度以及优异的抗冲击特性，适用于各种结构性粘合领域，通过配方和工艺设计可以满足组角胶的性能需求。

3 组角胶的应用技术现状与发展前景

3.1 组角胶的应用技术现状

随着我国节能降耗措施的实行，建筑行业逐渐将门窗幕墙的改造和节能设计作为建筑节能的重要发展方向，因此组角胶的应用也越来越受重视。但由于我国的门窗节能技术发展较晚，在门窗组角胶应用方面还存在着较多问题。

首先是假冒组角胶的问题。上述内容提到，专业的组角胶是一种能满足性能要求的聚氨酯类密封胶，具有硬度高、强度大、耐老化性好等特点。而有些门窗厂错误地将硅酮胶、环氧胶等当作铝合金门窗专用组角胶在使用，硅酮胶固化后硬度很低，弹性太大，固化时胶体不膨胀，不能使角码与型腔紧密粘接成一体；而环氧胶固化后无弹性，易酥化和破碎，无法适应窗体的微震，长期使用会产生开裂、掉渣现象。

其次是众多生产厂没有完全建立统一的标准化生产工艺，对组角胶的施工时间、固化速度等要求不一，要选择适合的组角胶才能更好地保证产品质量。据调查，目前应用组角胶生产门窗的生产工艺主要有两种，即开放性注胶工艺和整体注胶工艺。（1）开放性注胶工艺：直接将组角胶贴近型材空腔内部表面挤出，插入角码，连接两段型材，上组角机组角固定即可，该工艺要求足够的施工时间，以防还未组装完毕组角胶已固化，不能有效发挥作用；（2）整体注胶工艺：直接插入角码连接两段型材，上组角机组角固定并预制开孔，向预制孔内注胶，直至卡位点有胶溢出即可，该工艺为目前大力推广的标准化生产工艺，要求组角胶在密闭环境下能够快速固化，一般采用依靠两个组分化学反应固化的双组分聚氨酯组角胶，而单组分聚氨酯组角胶，依靠室温湿气固化，固化较为缓慢，一般不做推荐。

再次是根据市场需求设计的聚氨酯组角胶，单组分和双组分产品在技术参数上存在很大的不同。例如单组分组角胶操作简单，施工方便，一般在七天之后才可完全固化，剪切强度可以达到6MPa以上，固化之后可发泡膨胀；而双组分组角胶需要专用的打胶设备，可以快速固化，施工时间短，固化后硬度可达 shoreD70～shoreD80，剪切强度可以达到10MPa以上，固化之后可略有膨胀但不发泡。可以看出单组分组角具有更好的避震、缓冲作用，但固化缓慢，在生产效率和角部强度上的作用远不如双组分组角胶。而目前尚没有切实的证据证明哪一类组角胶更加有效。

最后是缺乏权威的行业标准规范组角胶的性能指标，技术说明中又往往只对表干时间、施工时间、固化速度、最终剪切强度做出描述，很难保证门窗角部在长期使用过程中不出现问题。而我公司根据调研考察情况，采用苛刻的高温和高温高湿老化项目，并参考国外同类产品的技术说明书、施工指南、检测报告等，引用了气候交变、冷强度、热强度等性能指标制定了企业标准《建筑门窗用聚氨酯组角胶》（Q/ZZY 037—2015）。依据 Q/ZZY 037—2015进行检测，我公司组角胶各项性能与国外同类产品基本相当，具有优良的耐热及耐湿热性能，经高温老化后衰减率不超过10％，经高温高湿老化后衰减率不超过25％。而个别国内品牌，经高温和高温高湿老化项目处理后，衰减率达80％，几乎不具备基本的粘接作用。

3.2 组角胶的发展前景

资源问题已经成为一个世界性的问题，建筑行业也不例外，门窗通过不断改革也在朝这个方向发展。目前，发达国家使用高性能节能门窗的比例已达门窗总量的70％，而在我国，高性能节能门窗只占门窗总量的0.5％。节能门窗普及率低造成我国的建筑能耗远远大于发达国家。随着节能环保观念的进一步深入，节能门窗必将得到大力的推广和应用。组角胶的应用也必将得到高度的重视。

我国每年约有 21 亿平方米的房屋建筑工程，相当于欧洲和美国的总和。通常建筑面积中门窗面积约占 25%～30%，按此推算，我国每年约有 5 亿多平方米的门窗工程量。按每平方米门窗组角胶的用量约在 0.1kg 左右计算，每年组角胶的用量约为 50000t，需求巨大。适应不断变化的市场需求，不断改进优化组角胶，打破国外垄断，对推动节能门窗的发展具有重要意义，必然形成良好的经济社会效益。

4 结语

组角胶是针对铝合金门窗角部结构加强及密封专业设计的，可适应多种组角要求，能够有效提高铝合金门窗隔热性、气密性、水密性、隔音性等性能。使用专用组角胶，打造高水平的铝合金门窗产品，将有力推动我国门窗节能事业的发展。

参考文献

[1] 李娜，徐金花. 节能门窗在建筑中的应用[J]. 建筑节能，2008(5)：49-51.

[2] 朱文鹏. 节能窗的研究与应用[J]. 建筑技术，2001(10)：673-675.

[3] 陈红兵，李德英等. 窗户对建筑能耗的影响研究[J]. 北京建筑工程学院学报，2004.20(4)：9-11.

[4] 詹行琼. 建筑幕墙门窗节能技术的应用及控制措施[J]. 工业设计，2016(3)：155-156.

[5] 王永波. 铝合金门窗的角部结构加强和密封[J]. 河北煤炭，2007(3)：53-54.

作者简介

刘亚琼（Liu Yaqiong），女，1985 年生。研究方向：从事聚氨酯密封胶的研究；工作单位：郑州中原思蓝德高科股份有限公司；地址：河南省郑州市高新区冬青西街 100 号；邮编：450007；联系电话：13703931192；E-mail：158389690@qq.com。

隐框玻璃幕墙结构胶过了保质期安全性调研

王海军

深圳市华辉装饰工程有限公司

摘　要　本文通过对老旧隐框幕墙的调研及试验检测分析了隐框幕墙结构胶过了质保期后安全状况。

关键词　隐框幕墙；过了质保期；玻璃脱落

深圳很多隐框玻璃幕墙已经使用了二十多年，大大超过了结构胶厂家 10 年质量保证期限。那么，过了结构胶质保期的玻璃幕墙还安不安全？会不会出现因结构胶失效造成玻璃脱落的问题？这是人们很关心的一个问题。今年 5、6 月份，深圳市建筑门窗幕墙学会（以下简称"学会"）受深圳市建设局的委托，组织幕墙及材料方面的专家对深圳市老旧幕墙进行了调研，其中，对隐框幕墙调研情况如下：

1　隐框幕墙调研项目

项目名称	项目地点	结构胶注胶时间	结构胶品牌
深圳发展中心大厦	人民南路 2010 号	1989～1990 年	法国罗纳
中建大厦	深南东路 2105 号	1993 年	
文锦广场	文锦北路 101 号	1993～1994 年	美国道康宁
深圳地王大厦	深南东路 5002 号	1994～1995 年	美国道康宁
深房广场	人民南路 3005 号	1994～1995 年	
深圳发展银行大厦 现改为平安银行大厦	南中路 5047 号	1995～1996 年	
中民时代广场	笋岗东路 3012 号	1997～1998 年	

以上项目的结构胶使用期都超过了保质期，玻璃都采用 6mm 镀膜，发展中心大厦玻璃采用了四边护边（图 1），其他没有护边，没有托块。

2　结构胶外表状态及使用情况

这些项目的结构胶看上去都没多大变化，用手摸感到变硬。在向各项目物业管理人员了解情况时，所有物业管理人员说，隐框幕墙没有发生过玻璃脱胶而坠落的情况。图 2 是文锦广场调研时拍的照片，可以看到结构胶外观状态与当初安装时没太多变化（此照片的铝立柱是内装修把粉末喷涂图层损坏）。

图1　已经使用26年的深圳
发展中心大厦隐框幕墙

图2　已经使用23年的文锦广场隐框窗扇

3　割胶取样及性能检测

　　本次活动的性质是调研，无法对调研的幕墙进行有目的、有手段地进行破坏性检测。但是，在得知文锦广场和发展中心大厦要更换玻璃时，学会便计划利用换玻璃的机会对这两个项目的结构胶取样检测，看看性能到底如何。

　　今年9月份，文锦广场更换自爆的仿石彩釉玻璃，学会组织了幕墙专家及结构胶专家到现场进行了割胶试验和取样。割胶试验按照《玻璃幕墙工程质量检验》JGJ/T 139—2001中2.5.2检查，沿基材面割开50mm，以90°的方向拉结构胶（图3）。

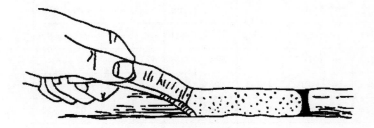

图3　现场割胶撕胶检查示意图

　　由于结构胶变硬，弹性变差，用力拉扯，结构胶本身断裂，没有沿着铝材面或玻璃面剥离，如图4所示：

　　因为是顺便检测，不能破坏性地做结构胶与基材的粘接性拉拔试验。广州市白云化工实业有限公司技术人员取了结构胶的样品，拿回到工厂实验室做了性能试验，试验按照GB 16776—2005《建筑用硅酮结构密封胶》进行，试件制备如图5所示，拉伸试验结果如图6所示，试验报告见附件1。

图 4　文锦广场隐框幕墙割胶情况

图 5　文锦广场隐框幕墙结构
胶性能检测试样制备

广州市白云化工实业有限公司
GUANGZHOU BAIYUN CHEMICAL INDUSTRY CO.,LTD.
地址：广州市白云区广州民营科技园云安路1号　邮编P.C:510540
Add:Guangzhou,Civilian Science & Technology
Park,Baiyun District,Guangzhou,China
电话Tel:(020)37312999　传真Fax:(020)37312900
网址:http://www.china-baiyun.com　E-mail:webmaster@china-baiyun.com

致力打造全球密封胶领袖
Dedicated to Building the Global Leading Brand of Silicone

深圳文锦广场结构胶拉伸试验报告

	硬度	拉伸强度	最大强度伸长率	断裂伸长率	10%模量	20%模量	40%模量	60%应力	100%应力	定拉伸强度的伸长率
单位	HsA	MPa	%	%	MPa	MPa	MPa	MPa	MPa	%
试片1	57	1.00	46.89	47.22	0.31	0.61	0.96	0.99	0.99	4.00
试片2	56	1.07	55.55	55.55	0.36	0.61	0.97	1.07	1.07	2.55
试片3	60	0.93	34.44	34.55	0.36	0.63	0.93	0.93	0.93	2.78
试片4	57	10.2	40.66	40.66	0.41	0.74	1.02	1.02	1.02	2.78
试片5	58	0.67	24.34	28.45	0.35	0.59	0.57	0.57	0.57	2.78

表1H型试片1-5拉伸剥离实验结果

图 6　文锦广场隐框幕墙结构胶性能检测结果

　　试验结果表明，文锦广场结构胶强度下降不多，弹性下降很多。拉伸强度在1MP左右，大于国标 GB 16776《建筑用硅酮结构密封胶》中 0.6MP 的要求，最大强度伸长率从 24.34 到 55.55％，比国标规定的 100％下降很多，并且，离散性很大。结构胶邵氏硬度为 60 左右，接近 GB 16776 标准要求的上限。

　　9月份深圳发展中心大厦换玻璃，学会又组织了专家去观察和取样，发展中心大厦的结构胶比较容易剥离，可以断断续续撕开，如图 7 所示。

图 7　发展中心大厦结构胶割胶检查情况

白云公司取样进行了检测，拉伸试验结果如图 8 所示，试验报告见附件 2。

深圳发展中心大厦结构胶拉伸实验报告

	硬度	拉伸强度	最大强度伸长率	断裂伸长率	10%模量	20%模量	40%模量	60%应力	100%应力	内聚破坏
单位	HsA	MPa	%	%	MPa	MPa	MPa	MPa	MPa	%
试片2	67	1.31	72.22	74.26	0.68	0.94	1.11	1.21	/	100
试片3	68	1.33	70.60	90.93	0.52	0.90	1.12	1.25	/	100
试片4	67	1.57	73.10	73.94	0.73	0.95	1.16	1.41	/	50（部分界面破坏）
试片5	66	1.36	53.66	62.73	0.81	1.01	1.21	1.30	/	100
试片6	68	1.62	34.40	34.72	0.92	1.26	/	/	/	100

表1H型试片2-6拉伸剥离实验结果

图 8　发展中心大厦结构胶性能检测结果

从实验结果来看，也是强度仍然合格，弹性下降。但对比两个实验结果，深圳发展中心大厦结构胶使用时间虽然比文锦广场还长几年，但是，结构胶弹性好一些，我们在现场手压也有这种感觉，也许是弹性好不容易撕断吧，割胶过程比文锦广场容易些，容易沿沿玻璃面及铝材面撕开。结构胶邵氏硬度达到 63～68，超过了 GB 16776 标准的上限值。

从以上调研结果来看，可以认为：至少在这两三年内，人们一直担心的结构胶过了保质期后可能失效，导致玻璃大面积脱落的问题不太可能出现。但是，结构胶老化，粘结力下降是必然的，这是由结构胶性质所决定的。应力、紫外线、水气、酸碱等很多因素都可慢慢破坏结构胶分子链，导致结构胶分子链断裂，这势必降低结构胶的粘接性能。结构胶水浸泡老化、紫外线老化、盐雾老化等试验也证明了这一点。弹性降低，结构胶变位能力变差，当结构胶变形引起的内应力大到一定程度时，结构胶会也会失效。至于结构胶什么时候可能失效，尚需通过定期检测试验来判断，并且是破坏性的拉拔试验检测。对于老旧幕墙，不能因为这几年玻璃暂时不会脱落就放弃检查。应该定期检查，根据检查结果采取措施，防患于未然。有关部门应该趁这几年玻璃还没有脱落，尽快完善试验方法及判定标准，因为既有玻璃幕墙多为钢化玻璃，无法按现行标准取样检测。

从学会调研的项目看，既有幕墙虽然没有出现玻璃因结构胶失效而坠落的现象，但还是有其他安全问题存在，如：使用全钢化玻璃的项目都发生过玻璃自爆现象；发展中心大厦、国贸大厦、地王大厦这些有名的玻璃幕墙都出现过窗扇坠落的问题，只是都比较幸运，没有砸到人。这些幕墙都是由国外设计，采用进口材料和配件。发展中心大厦和地王大厦窗扇坠落主要是窗扇没有锁闭或锁闭不牢，台风天气窗扇被反复作用的风压掀开并吹落。国贸大厦、深房广场除了上述原因，还有五金件变形，强行开窗造成窗扇坠落。

窗扇没有锁闭被台风吹落的问题让物业管理人员非常头痛。这么重的窗扇只要砸到人就是致命的！一栋楼有很多业主，很多租户，物业公司没法做到确保每个窗扇都锁闭牢靠。为了防止窗扇坠落伤人，发展中心大厦物业管理部门干脆把窗扇钉死，如图10所示。

图9　深房广场窗扇五金件已坏，开窗有坠落危险　　　图10　深圳发展中心大厦幕墙窗扇被钉死

显然，窗扇坠落与是不是隐框幕墙没有关系，国贸大厦、海景广场都是明框幕墙，都发生过窗扇坠落现象。

4　结语

（1）至少在这两三年内，人们一直担心的结构胶过了保质期后可能失效，导致玻璃大面积脱落的问题不太可能出现。

（2）结构胶老化，粘结力下降是必然的，这是由结构胶性质所决定。弹性降低，结构胶变位能力差，当结构胶变形时内力大到极限状态时结构胶会破坏，所以，因结构胶老化失效玻璃脱落是迟早的事。对于老旧幕墙，不能因为这几年玻璃可能不会脱落就放弃检查，高枕无忧。应该定期检查，特别是应该采取破坏性试验，定量检测结构胶与玻璃、铝材粘结力，根据检测结果采取措施，防止玻璃坠落。

（3）和隐框幕墙结构胶的安全性相比，更应关注事故频发的钢化玻璃自爆和窗扇坠落问题。